JN209868

消えゆく砂浜を守る

Against the Tide
—The Battle for America's Beaches

—海岸防災をめぐる波との闘い

コーネリア・ディーン 著
林 裕美子・宮下 純・堀内宜子 訳

地人書館

亡き父、ジョセフ・L・ディーンに捧ぐ

Against the Tide: The Battle for America's Beaches
by Cornelia Dean

This Japanese edition is a complete translation of the U.S. edition,
specially authorized by the original publisher,
Columbia University Press, New York
through Tuttle-Mori Agency, Inc., Tokyo.

消えゆく砂浜を守る
海岸防災をめぐる波との闘い

◉目次

第9章 見て見ぬふり 285

第10章 売りに出された海岸 331

エピローグ 371

Against the Tide

The Battle for America's Beaches

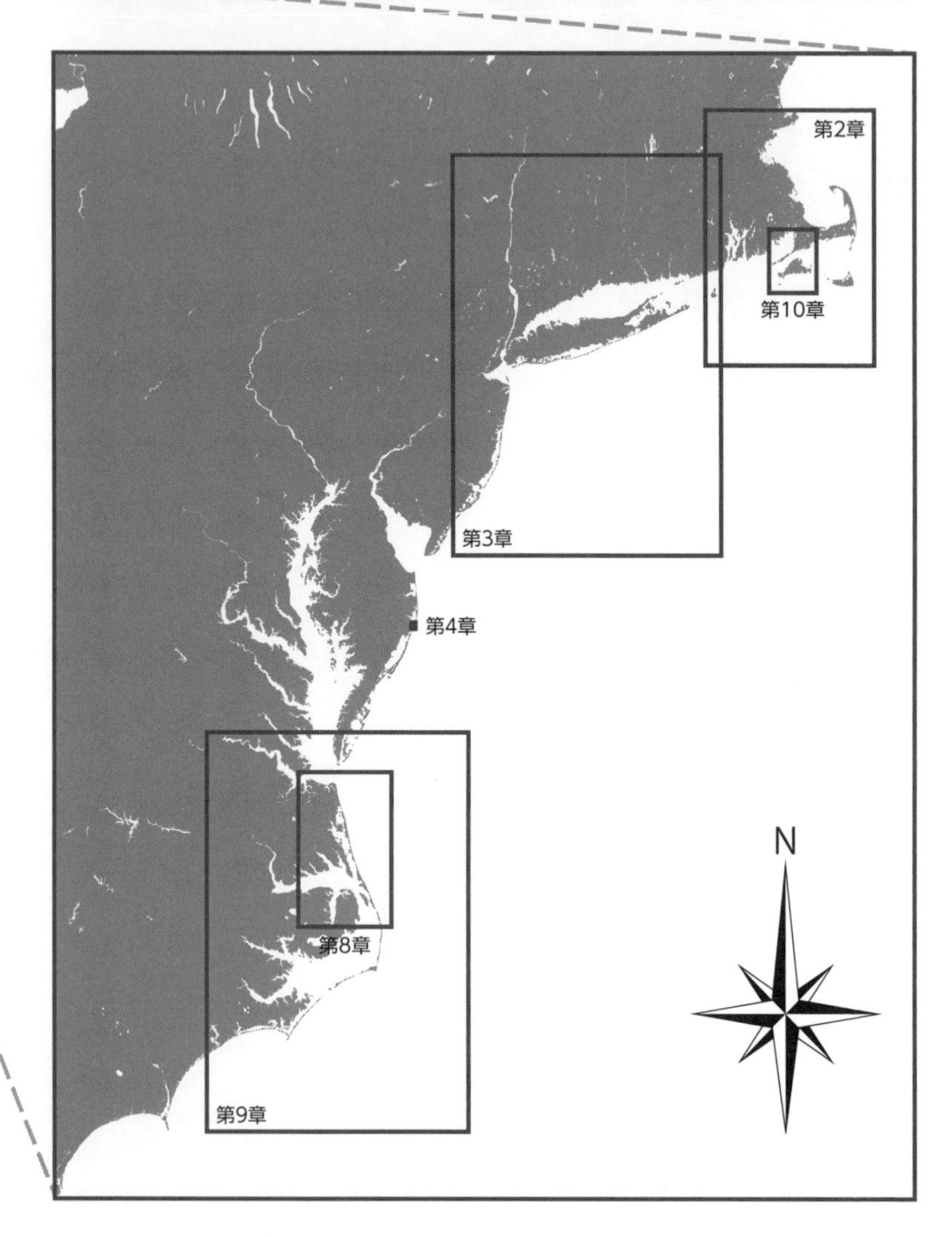

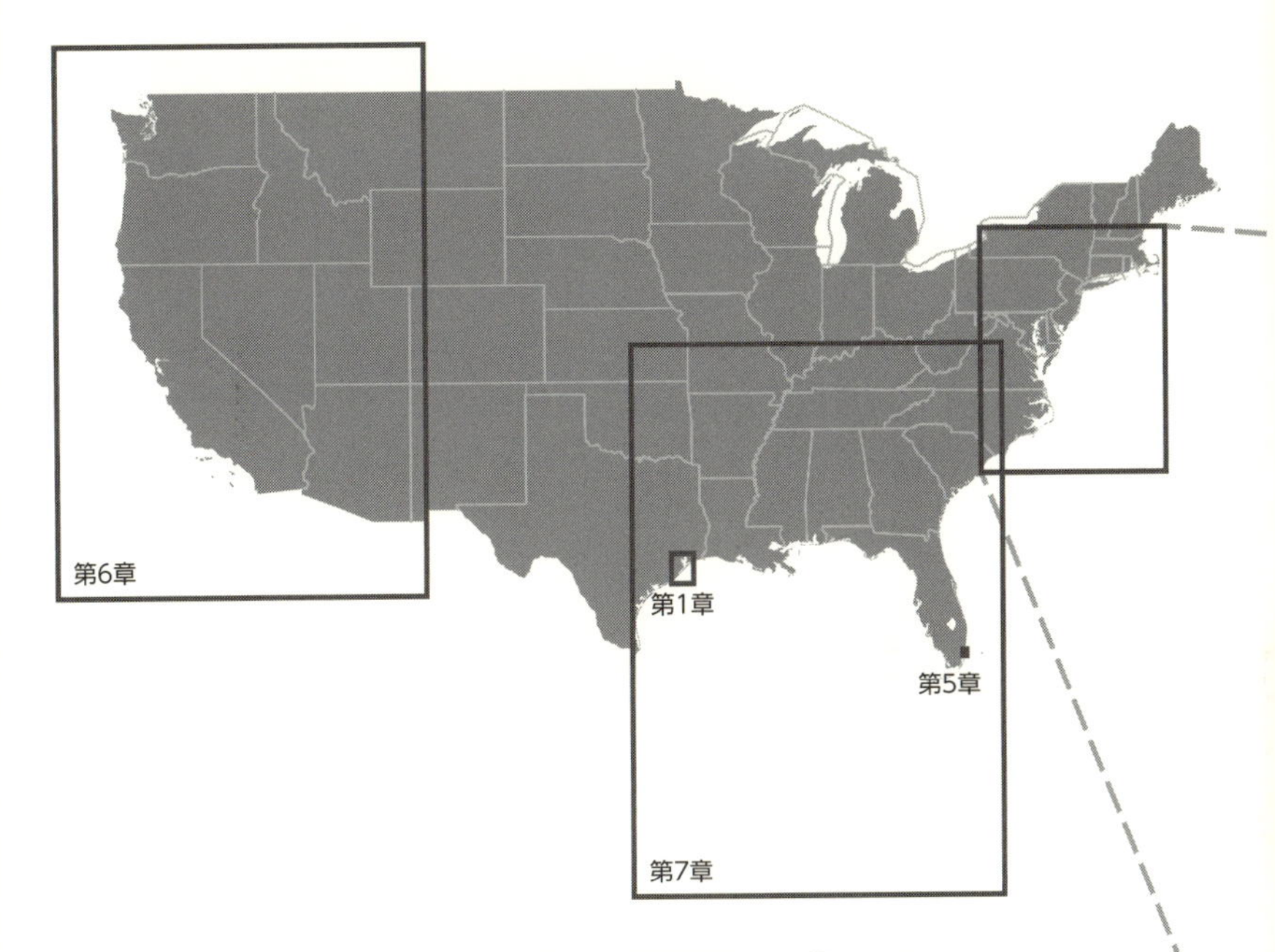

消えゆく砂浜を守る
——海岸防災をめぐる波との闘い

〈日本語版凡例〉

・本文中の＊は、訳者による注釈である。

・本文中に記されている（1）、（2）、……は、巻末（四〇三～四一二頁）に、各章ごとにまとめられている「原注」の各項目に対応する番号である。

・本文中の〔 〕内は、読者の理解を助けるための訳者による補いで、原文にはない。

プロローグ

もう二〇年近く前に、私はニューイングランド地方南部沿岸の小さな川の河口にある防波島*の砂浜と恋に落ちた。その島は、ケープコッド岬の人家密集地と、けばけばしいニューポートの街に挟まれていたにもかかわらず、なぜか開発の手が及んでいなかった。

ある夏、友達がこの浜に案内してくれた。私たちは州管轄の砂浜や市営の駐車場を横目に見ながら、島の背後の湿地側にある船着き場へと車を乗り入れた。船着き場を横切ってさらに進み、木製の平底船やスループ型帆船が水から引き上げられて木製の台座に乗せられている脇を通り過ぎた。水上では、船首に帆を立てたキャットボートが停泊場所で波に合わせて頷くように揺れていて、薄汚れた作業船が釣り客用の桟橋に結わいつけてあった。船着き場の奥に灰色の板張りの小屋があったので、その裏に車をとめ、狭い砂の小道を歩くことにした。左手には、捻じれた松と背の低いオークの林があり、その向こうには砂丘がそびえていた。右手には湿原の草が波を打つ絨毯のように、陽の光をキラキラ反射する河口に向かって広がっていた。裸足の足首にはツタウルシが絡みつき、砂の世界へ分け入ると、蚊や羽の生えたアリマキが体当たりしてきた。しかし小道がやっと砂丘を越えると、そこにはご褒美が待っていた。喧騒から隔絶されたきれいな柔らかい砂の砂浜が広がり、吸い込む息には、ほのかに海草の香りが混じり、浜辺をゆっくり引いていく波は、水底の砂粒が数えられるほど澄んでいた。

その後、何年もかけて私はこの浜の営みを学ぶことになる。赤い海草が打ち上げられても波がまた持ち去ることを知ったし、アワブネガイが打ち上がっても次の週には流れの向きが変わってホンビノスガイが打ち上げられることもあった。ある日、せいぜい三センチほどのヤドカリが、島の端を回り込んだところで無数に群れをなして背後の湿地帯に移動しているのに出会った。名もない生き物たちにも、何か用事があったのだろう。

どこの砂浜でもそうだが、砂浜のようすが前の日と同じということは一日としてなかった。潮の流れ、潮の干満、嵐の襲来によって古い痕跡は消し去られ、少しだけ違う形につくり変えられるのだ。あのとき私の足のまわりに溜まった砂は、翌日はもうその浜にはなかっただろう。風が砂丘へと運んだかもしれないし、嵐の大波が沖の海底砂州へ運んだかもしれない。波が砂粒を一つ持ち去れば、別の砂粒が持ち込まれてその場所を占めた。

何年かしてもう一度その砂浜へ行ってみた。ニューイングランドを離れてニューヨーク市に住むようになってから一〇年近くが経っていた。私と友達がたどった小道は、船着き場の経営者か誰かが花崗岩の岩をいくつか動かして塞いであった。だが、岩をよじ登るようにして回り込むのは簡単だった。小道は幅がいくらか狭まっていたが、木立や湿地の脇の道は美しいままだった。砂浜も以前のように手つかずで残されていた。

しかし本書を執筆するに当たって調べてみると、その浜はこれまで開発と無縁だったわけではなかったことを知った。二〇世紀に差し掛かった頃には、夏の休暇用のリゾート地だったのだ。手の込んだ板葺き屋根の「コテージ」が砂丘の上に立ち並ぶにぎやかな場所で、遥かフィラデルフィアから、都会の暑さを逃れて潮風を楽しむために金持ちたちが通ってきていた。

そして一九三八年九月の第一日曜日にすべてが一変した。ほとんど何の前触れもなく大西洋からハリケーンが東海岸に襲来し、ロングアイランド島を東へ横切って破壊の爪痕を残したあと、高さ六メートルの波を伴ってニューイングランドへと突進した。風と波がその浜にあったすべてのものを一掃した。砂丘すらなくなった。最初の大波に持ち応えた数少ない家の一つが最後に目撃されたのは、荒れ狂う波に乗って海の中を内陸方向へ移動している姿だった。

翌日、生存者が浜へ戻ってみると、島の地形はまったく違うものになっていた。数十年後に生存者の一人が語っている。「島のありさまを見たときは息を飲み、心臓が止まりそうになった。目にしたのは砂と石だけの荒地で、砂浜にたくさん並んでいた建物の残骸は棒一本として残っていなかった。舗装された道路もなくなっていた。ハリケーンで勢いづいた海がすべてを持ち去ってしまった[1]」。

自然の力が砂浜を元に戻すのに何年もかかったが、それでもしっかり元通りになった。その間に州政府と地元自治体が土地を買い上げ、またそこに家が建てられるのを防いだ。今は、波打つ砂丘と広大な砂浜があるので、嵐が来ても、少々侵食されても、何のことはない。嵐や侵食で砂浜がなくならないと言っているのではない。その正反対なのだ。この辺りの侵食率は年に九〇センチくらいにもなり、ニューイングランド地方に襲来する冬の嵐が激烈であることに変わりはない。しかし砂浜にはほとんど建物がないので、波が高くなっても、嵐が来ても、砂浜は自由に移動できる。ほかの多くの自然の浜と同じように、海が荒れても砂浜は自分で自分の身を守ることができる。位置は変わるかもしれないが、なくなってしまうことはない。

ほかのアメリカの多くの海岸では、そうはいかない。大西洋でも、太平洋でも、メキシコ湾でも、海水面が上昇するにつれて、そして洪水のように開発の波が押し寄せることによって、海岸沿いの砂浜は海に沈みつつある。人の往来と人がつくる構造物によって砂浜は動きが封じられ、動けなくなっておぼれるのだ。このような砂浜の消失を食い止めるために、あらゆる種類の対策（要らなくなったクリスマスツリーを浜に投げ込むことから、岩の壁の建設まで）が無数に行なわれている。しかし、こうした対策のほとんどは百害あって一利なしと言ってよい。

侵食する砂浜では、長い目で見た大規模な開発は続かない。そして、アメリカではほとんどの砂浜で侵食が進む。私たち自身が砂浜に対する姿勢を考え直さねばならない時期に来ている。私が本書を執筆したのは、こうした思いに駆り立てられたからだった。

一九九九年、チャパキデック島

＊防波島：英語で「バリアー・アイランド」と呼ばれる、日本では馴染みが薄い海岸地形。浅海に多量の砂があるような海岸の沖にできる、巨大な砂州のような島で、陸沿いに細長く連なることが多い（六〇、二四六、二八六ページの地図参照）。島の核となる岩盤がないので、砂の移動とともに島が移動したり切れ目ができたりする。「堡礁島」と訳されることもある。

第1章　九月のハリケーン、護岸壁の街の行く末

六月、そろそろ来るぞ。
七月、ぬかりはないか。
八月、ほら、言っただろう。
九月、どうなるか、よく覚えておけ。
一〇月、すべて終わりだ。

――R・インワーズ『天候の言い伝え』

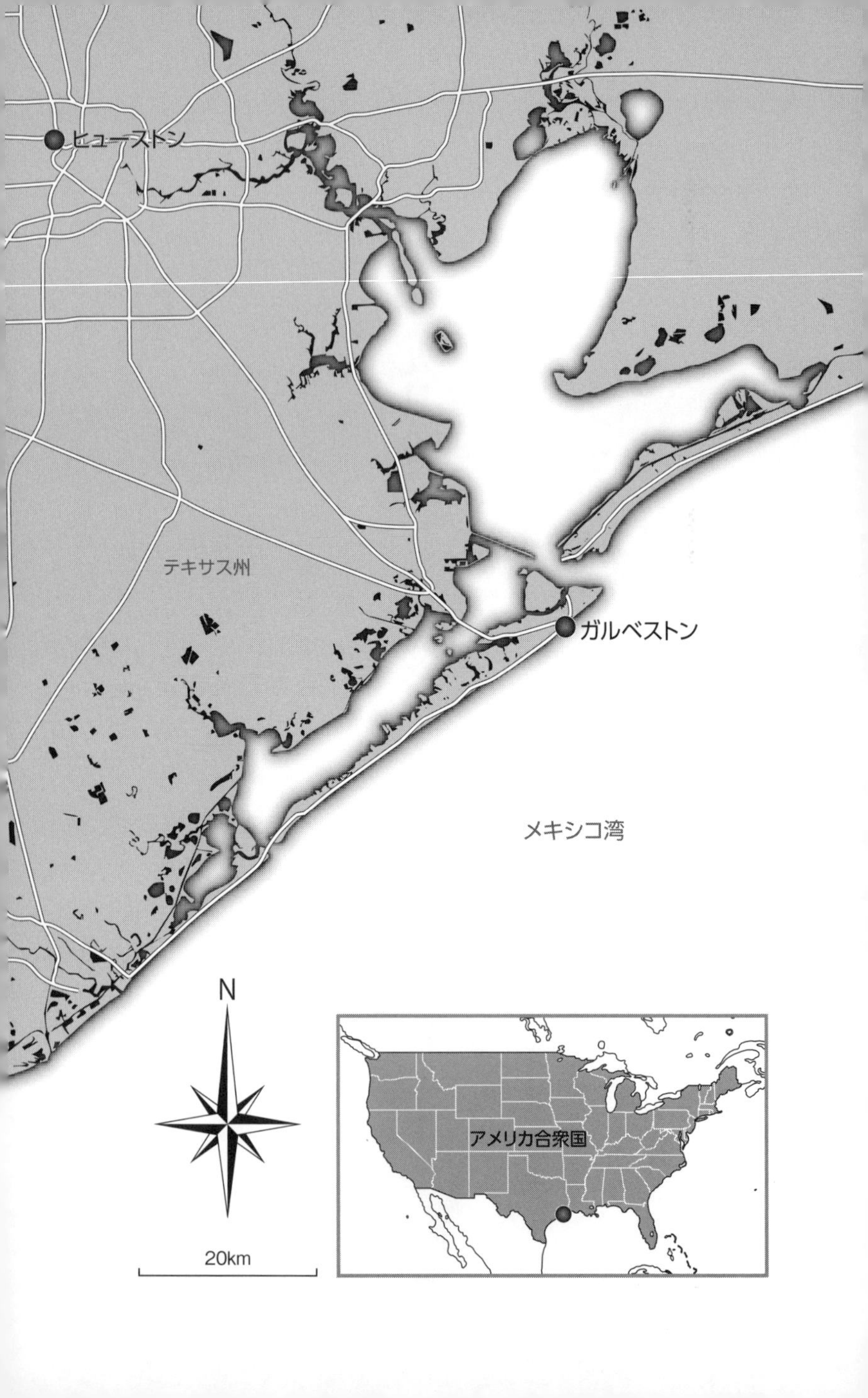
ヒューストン
テキサス州
ガルベストン
メキシコ湾
N
20km
アメリカ合衆国

防波島の街・ガルベストンを襲ったハリケーン

ときは二〇世紀の初頭。テキサス州にある防波島の街ガルベストンは繁栄をきわめていた。ガルベストン湾の出口にある細長い砂州に築かれた街は、船の停泊地としては最適の場所にあり、本土とは堤防の上を走る約五キロメートルの鉄道で結ばれていた。このような立地と交通の便の良さが、ガルベストンをアメリカ西南部一の繁栄を誇る街に押し上げた。物資や人はメキシコ湾を横切って往来し、ガルベストンを経由してテキサス州に持ち込まれ、綿花の取扱量が世界一になるのにそれほど時間はかからなかった。街の人口は四万人。オペラハウスが二つあり、医科大学もできたばかりだった。ガルベストンの住民一人当たりの所得はアメリカ全土で一番高く、風格のある目抜き通りには、商店、金融業者、建設業者の洒落たレンガ造りの家々が並んでいた。横道には、増え続ける中産階級の人たちの木造の家や、小さなアパートが軒を連ねた。一九〇〇年夏の天気の良い日には、海岸に面した歩道を散歩する人もいれば、広い砂浜に面したホテルのバルコニーでくつろぐ人もいた。

その夏の九月八日土曜日、『ガルベストン・デイリー・ニューズ』紙には、いつもと何ら変わらない記事が並んでいた。中国駐在のアメリカ外交官たちが清朝との交渉に臨んだこと、ブラゾス川の調査は滞りなく進んでいたこと、綿花の価格がリバプール市場で安定した価格を維持していたこと。しかし第二面には、「フロリダ州の海岸を嵐が通過」という小さな記事が載っていた。低気圧がフロリダの東海岸から州を横切ってメキシコ湾へ抜けたというもので、「強風は衰えず」とある。

ところが、次の日はまったく違う紙面になっていた。狭い紙上では明らかにスペースが足りないようすだった。その記事を当時のまま引用する。

『ガルベストン・デイリー・ニューズ』からのお知らせ

一九〇〇年九月九日（日）

確認が取れた死亡者リストを以下に掲載します。親族が行方不明の方は、本紙事務局にご連絡ください。情報が入りしだい、リストは随時更新します。

そしてこの記事の下には被害者の名前が二列で記されていた。男性、女性、夫、妻……。一家全員という場合もあった。新聞に目を通した人には、この人たちが亡くなった理由がわかっていた。前日には記事にするほどでもなかった低気圧がハリケーンに発達し、メキシコ湾を横切り、ガルベストンに致命的な被害を与えたのだ。街は一夜にして人口の二〇パーセントを失い、アメリカ合衆国始まって以来の惨事になった。

アメリカ気象台ガルベストン測候所の責任者だったアイザック・モンロー・クラインは、その土曜は当直だった。ガルベストンの測候所に勤務した一八年のうち一一年目になっていたが、ハリケーンに見舞われたことはなく、激しい嵐に遭遇した船舶報告を断片的に読んだことがあるだけだった。しかし、当日の午前中に風が強くなり、うねりが高くなって、潮位が平常の高さを遥かに越える頻度が増すのを見て、異常に強い嵐が島に接近しているのを見て取った。そして、ワシントン本部からの指示を待たずにハリケーン接近を知らせる旗を揚げ、できるだけ多くの市民に避難を呼びかけるために飛び出して行った。

「狩猟のときに使っていた二輪馬車に馬をつなぎ、浜沿いの街の端から端まで走った。大きな危険が迫っていると知らせて回ったのだ」と、何十年も経ってからクラインは書いている。[1]

こうして知らせて回ったからこそ、滞在を切り上げてフェリーや列車で本土へ帰る気になった休日の行楽客もいたと、のちにクラインは語っている。波が穏やかな日でもガルベストン湾を横切る鉄橋はかろうじて水に浸からない程度の高さしかないのに、この日の波は穏やかどころではなかった。まだ嵐が来ていないのに鉄橋は水をかぶり、フェリーは欠航になり、正午になるとガルベストンはすでに孤立していた。

商業活動にはうってつけの場所だったが、いったんハリケーンが襲来すれば実に具合の悪い位置にあった。ガルベストン島は長さ五〇キロメートルあまり、幅は広いところでも三キロメートルほどの帯状の砂州だった。街の最も標高が高い場所でも海抜は三メートルにもならず、[2]島の平均標高はたった一・五メートルしかなかった。それも、何もせずにこれだけの高さを維持できていたわけではない。海が荒れるときには島を護ってくれたかもしれない砂浜から砂を掘り上げて、街の中心部の標高の低い場所に投入していた。

その当日、午後三時ころになると島全体が水に浸かっていた。クラインは、助手でもある弟のジョーゼフ・クラインに、ワシントンの気象台本部へ「大災害発生」と打電するように指示した。[3]若いクラインは腰まで水に浸かって電報局にたどり着いたが、ほとんどの通信機材は使えず、断続的につながる一本の回線でヒューストンの西部支局にかろうじて通信を送った。そして送った途端、まったく通信できなくなった。

ジョーゼフは測候所へ引き返して兄と一緒に自宅へ戻ることにした。雨と風に加えて上昇を続ける水位と闘いながら、三キロメートルあまり離れたアイザックの自宅へ水の中を歩いた。するとそこにはアイザックの家族だけでなく、五〇人以上もの人たちが避難していた。嵐に見舞われたときに備えてアイザックは頑丈な家を建てていたので、強い風に飛ばされてきた物が当たっても、家は何時間も持ちこたえた。このときの風速がどれくらいだったかは誰にもわからない。のちに気象学者は、最大風速は秒速五〇メートルを超えていただろうと推測している。

水位はどんどん上がり、街の中心部では五メートル近くになった。クライン家に避難していた人たちはみな二階へ移動し、何とか生き延びられるだろうという安心感がしばらくは漂った。しかし午後八時頃に窓から外を見ていたアイザックは、稲妻が光った瞬間、波で破壊された路面電車の鉄橋が雄牛のように家に突進して来るのを見た。家は砕け、中にいた人たちは嵐のまっただ中に放り出されることになった。

アイザックと三人の子供たち、ジョーゼフ、そして水中から引き上げた小さな女の子は、漂う材木につかまり、風の音や、怪我をして助けを求める人たちの叫び声を聞きながら四時間を耐えた。真夜中になって水がひき始めたときには、クライン家に避難した人のほとんどは息絶えていた。「妻は服が廃材にからまって水面まで浮き上がれなかった」。遺体は、家族が生き延びるためにつかまっていた廃材の山の中から数週間後に発見された。(4)

翌日陽が昇るまでにガルベストンでは六〇〇〇人以上が溺れるか打撲によって死亡したとみられている。正確な数字は誰にもわからない。家という家が壊れ、街は瓦礫の山になった。道路を歩くことさえできず、頑丈な公共施設にも大きな被害が出た。

AP通信社は、「ガルベストンの市街地は廃墟になってしまった。数え切れないほどの遺体を目の当たりにして、その惨状を言い表す言葉もない。町中が悲しみのどん底に沈んでいる」(5)と伝えている。

風雨がおさまった後の瓦礫の山。被害者の遺体がいくつも見える。アメリカ赤十字会長だったクララ・バートンは、救援資金を調達するため、この写真も含めた被災地の写真集を編集して販売した（テキサス州ガルベストンのローゼンバーク図書館提供）

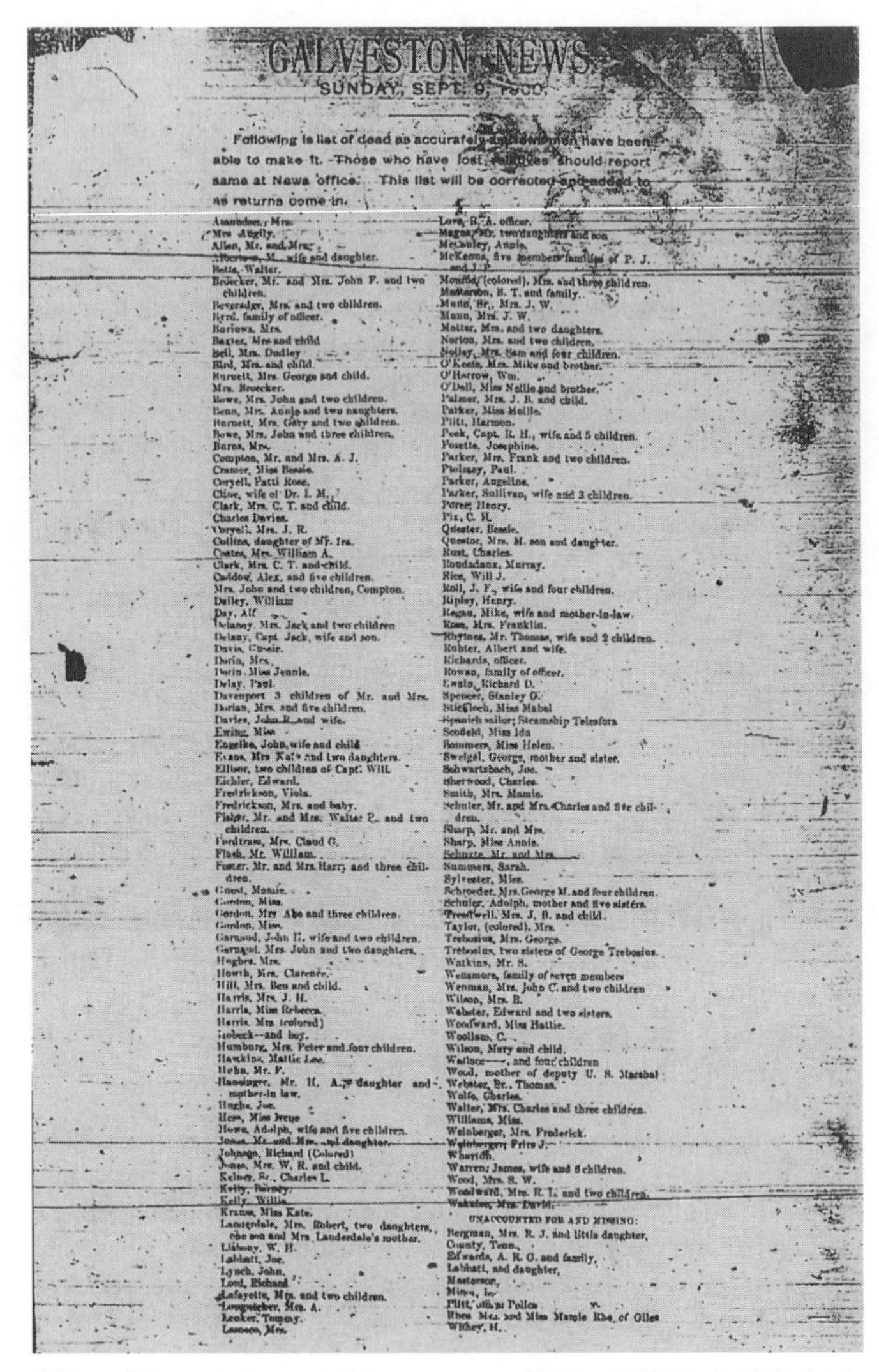

GALVESTON NEWS

SUNDAY, SEPT. 9, 1900.

Following is list of dead as accurately as [illegible] have been able to make it. Those who have lost [illegible] should report same at News office. This list will be corrected and added to as returns come in.

Asmundsen, Mrs.
Mrs Augily.
Allen, Mr. and Mrs.
[illegible], M., wife and daughter.
Betts, Walter.
Broecker, Mr. and Mrs. John F. and two children.
Beveridge, Mrs. and two children.
Byrd, family of officer.
Burrows, Mrs.
Baxter, Mrs and child
Bell, Mrs. Dudley
Bird, Mrs. and child
Burnett, Mrs. George and child.
Mrs. Broecker.
Bowe, Mrs. John and two children.
Benn, Mrs. Annie and two daughters.
Burnett, Mrs. Gary and two children.
Bowe, Mrs. John and three children.
Burns, Mrs.
Compton, Mr. and Mrs. A. J.
Cramer, Miss Bessie.
Coryell, Patti Rose.
Cline, wife of Dr. I. M.
Clark, Mrs. C. T. and child.
Charles Davies.
Coryell, Mrs. J. R.
Collins, daughter of Mr. Ira.
Coates, Mrs. William A.
Clark, Mrs. C. T. and child.
Caddow, Alex. and five children.
Mrs. John and two children, Compton.
Dailey, William
Day, Alf
Delaney, Mrs. Jack and two children
Delany, Capt. Jack, wife and son.
Davis, Cussie.
Dorin, Mrs.
Dorin, Miss Jennie.
Delay, Paul.
Davenport 3 children of Mr. and Mrs.
Dorian, Mrs. and five children.
Davies, John R. and wife.
Ewing, Miss
Engelke, John, wife and child
Evans, Mrs Kate and two daughters.
Ellison, two children of Capt. Will.
Eichler, Edward.
Fredrickson, Viola.
Fredrickson, Mrs. and baby.
Fisher, Mr. and Mrs. Walter P. and two children.
Fordtran, Mrs. Claud G.
Flash, Mr. William.
Foster, Mr. and Mrs. Harry and three children.
Guest, Mamie.
Gordon, Miss.
Gordon, Mrs Abe and three children.
Gordon, Miss.
Garnaud, John H., wife and two children.
Garnaud, Mrs. John and two daughters.
Hughes, Mrs.
Howth, Mrs. Clarence.
Hill, Mrs. Ben and child.
Harris, Mrs. J. H.
Harris, Miss Rebecca.
Harris, Mrs (colored)
[illegible]obeck--and boy.
Humburg, Mrs. Peter and four children.
Hawkins, Mattie Lee.
Hehn, Mr. F.
Hansinger, Mr. H. A., daughter and mother-in law.
Hughs, Joe.
Herr, Miss Irene
Howe, Adolph, wife and five children.
Jones, Mr. and Mrs. and daughter.
Johnson, Richard (Colored)
Jones, Mrs. W. R. and child.
Kelner, Sr., Charles L.
Kelly, Barney.
Kelly, Willie.
Krause, Miss Kate.
Lauderdale, Mrs. Robert, two daughters, one son and Mrs Lauderdale's mother.
Lisbony, W. H.
Labbatt, Joe.
Lynch, John.
Lord, Richard
Lafayette, Mrs. and two children.
Longnecker, Mrs. A.
Lenker, Tommy.
Lasseco, Mrs.
Love, R. A. officer.
Magna, Mr. two daughters and son
McCauley, Annie.
McKenna, five members families of P. J. and J. P.
Monroe (colored), Mrs. and three children.
Masterson, H. T. and family.
Munn, Sr., Mrs. J. W.
Munn, Mrs. J. W.
Motter, Mrs. and two daughters.
Norton, Mrs. and two children.
Nolley, Mrs. Sam and four children.
O'Keefe, Mrs. Mike and brother.
O'Harrow, Wm.
O'Dell, Miss Nellie and brother.
Palmer, Mrs. J. B. and child.
Parker, Miss Mollie.
Plitt, Harmon.
Peek, Capt. R. H., wife and 5 children.
Posette, Josephine.
Parker, Mrs. Frank and two children.
Ptolmay, Paul.
Parker, Angeline.
Parker, Sullivan, wife and 3 children.
Poree, Henry.
Pix, C. H.
Quester, Bessie.
Questor, Mrs. M. son and daughter.
Rust, Charles.
Roudadanx, Murray.
Rice, Will J.
Roll, J. F., wife and four children.
Ripley, Henry.
Regan, Mike, wife and mother-in-law.
Ross, Mrs. Franklin.
Rhymes, Mr. Thomas, wife and 2 children.
Rohter, Albert and wife.
Richards, officer.
Rowan, family of officer.
Ewalo, Richard D.
Spencer, Stanley G.
Stickloch, Miss Mabel
Spanish sailor, Steamship Telesfora
Scofield, Miss Ida
Sommers, Miss Helen.
Sweigel, George, mother and sister.
Schwartzbach, Joe.
Sherwood, Charles.
Smith, Mrs. Mamie.
Schuler, Mr. and Mrs. Charles and five children.
Sharp, Mr. and Mrs.
Sharp, Miss Annie.
Schutte, Mr. and Mrs.
Summers, Sarah.
Sylvester, Miss.
Schroeder, Mrs. George M. and four children.
Schuler, Adolph, mother and five sisters.
Treadwell, Mrs. J. B. and child.
Taylor, (colored), Mrs.
Trebosius, Mrs. George.
Trebosius, two sisters of George Trebosius.
Watkins, Mr. S.
Wensmore, family of seven members
Wenman, Mrs. John C. and two children
Wilson, Mrs. B.
Webster, Edward and two sisters.
Woodward, Miss Hattie.
Woollam, C.
Wilson, Mary and child.
Wallace——, and four children
Wood, mother of deputy U. S. Marshal
Webster, Sr., Thomas.
Wolfe, Charles.
Walter, Mrs. Charles and three children.
Williams, Miss.
Weinberger, Mrs. Frederick.
Weinberger, Fritz J.
Wharton
Warren, James, wife and 6 children.
Wood, Mrs. S. W.
Woodward, Mrs. R. L. and two children.
Wakelee, Mrs. David.

UNACCOUNTED FOR AND MISSING:

Bergman, Mrs. R. J. and little daughter, County, Tenn.,
Edwards, A. R. G. and family,
Labbatt, and daughter,
Masterson,
Mitre, [illegible]
Plitt, [illegible] Police
Rhee Mrs. and Miss Mamie Rhe, of Giles
Withey, H.

翌日の『ガルベストン・デイリー・ニューズ』紙。記事はこれだけ（テキサス州ガルベストン、ローゼンバーク図書館提供）

ハリケーンが通り過ぎたあとも被害者の遺体は放置されたままだった。埋める場所も、穴を掘る人手も足りなかったので、艀(はしけ)に乗せて沖へ持っていき、海へ投げ込まれたものもあったが、満ち潮に乗ってまた浜に打ち上げられた。救援活動に駆けつけた軍隊は、しかたなく遺体を浜で火葬にするように指示した。かがり火を焚くための廃材はいくらでもあったが、あまりにもおぞましい作業だったので、作業を続けるためには作業員を銃で脅さねばならなかった。これが何週間も続き、ガルベストンのかがり火は一一月になるまで本土からも見ることができた。身元が確認されたとして『ガルベストン・デイリー・ニューズ』紙に載った死亡者は最終的に四二六三人にのぼった。このほかに約一五〇〇人の遺体が身元を確認されないまま火葬されたと見られている。

護岸壁の建設

生き残った人たちの中には、島に立ち入れるようになるやいなや、使える家財をまとめ、ガルベストンを捨てて本土へ移り住む者もいた。街自体を本土に移すべきだと考える人もいたが、ガルベストンの有力者たちはその場に踏みとどまる方針を固め、二度とこのような惨事が起きないような対策を取ることで意見が一致した。

近代的な土木事業が進められる時代になっていたとはいえ、当時では考えられないような規模の構造物を、考えられないような費用をかけて建造するという無謀とも言える計画を思い描いていたのだ。街はコンクリートの壁で守ると言う。高さ約五メートル、基部の幅も約五メートル、頂上部の幅が一・五メートルの壁を約五キロメートルにわたって建設し、壁の内側の土地を五メートルかさ上げすれば、どんな嵐にも耐えることができる。ピラミッドの建設以来の偉大な土木事業になるだろうと住民は胸を張った。虚勢を張ったと言ってもよいかもしれない。

ここでまず建設費用が問題になった。貨物の取扱量は急速に回復していたものの、市税の基盤となる多くの施設はまだ再建されていなかった。道路、電力供給網、そのほかのインフラも復旧整備を待っているものが多い状態だった。このような状況にもかかわらず、護岸建設計画が策定・告知され、一九〇二年には住民投票が行なわれた。計画は、賛成三〇八五票、反対二三票で可決されて建設が即座に始まり、一年九カ月後に護岸壁が完成した。

護岸壁計画と合わせて、後背地をどの程度かさ上げするのがよいのかの検討も並行して行なわれ、電柱には、土砂を入れる予定の高さに作業員が白いペンキで印をつけて歩いた。ハリケーンで被害を受けなかった建物の持ち主は、家全体をかさ上げするか、取り壊すか、土砂に埋まるにまかせるかの選択を迫られた。

まず島へ土砂を運搬するために島の中央に運河が掘られ、来る日も来る日も浚渫(しゅんせつ)船が運河を往復してガルベストン港の海底から掘り上げた砂を運び、水と混ぜて運河の両岸に撒いていった。最初は護岸壁の脇に砂が盛られ、そのあと街中に順次砂が敷かれた。

建物を持ち上げる作業は力仕事以外の何物でもなかった。ネジ式のジャッキの上に載せた桁(けた)を建物の下に通し、腕力に自信のある者たちがハンドルを回して建物を持ち上げた。ジャッキのハンドルを一回りさせて持ち上がるのはせいぜい一センチ。なんとか必要な高さまで持ち上げておいて、その下に土台となる砂の地面を構築した。持ち上げた建物の数は、最終的に二一五六棟になった[6]。地面のかさ上げが完了するまでの間、子供たちはグラグラ揺れる狭い足場を登って学校の建物に入り、家庭で

砂の投入が始まる前に、ガルベストン中の電話線の柱に、どこまで家をかさ上げするかの目安にする印がつけられた。持ち主が家を持ち上げたあと、家の下に砂の地面が構築された。上下どちらの写真も、中央の人は、同じ支柱の同じ位置を指している（テキサス州ガルベストン、ローゼンバーク図書館提供）

は地面から五メートルの高さに張られた物干しロープに洗濯物を干す光景が見られた。

空中に持ち上げられたのは木造の建物だけではない。聖パトリック教会は三〇〇トンのレンガを使用して造られていたが、教会の業務を続ける地下ではネジ式ジャッキ二〇〇基のハンドルを回す作業員のうなり声が響き、最終的に約一・五メートル持ち上げられた。かさ上げをしなかったビクトリア朝の優雅な建物もある。その場合には一階部分を砂で埋もれさせるか、地下室に転用するといった方法がとられた。ある優美なレンガ造りの家の庭のまわりには、もともと高さ約三メートルの錬鉄製の柵が巡らされていたが、現在は元の柵の頂上部が砂を敷いた地面から突き出て、装飾を施した高さ三〇センチほどの鉄製の柵のようになっている。

ハリケーンの暴風の中を生き延びた庭木のほとんどは砂に埋もれるという運命をたどったが、裕福な家では、家と同時に庭木を持ち上げた者もいた。ガーデニングに熱心な人たちは庭の草木を鉢に取り、地面の改修が終わるまで屋根の上で育て、かさ上げした砂の地面の表面に本土から運ばれた土が敷かれると、そこに植え替えた。

内湾に面した側のかさ上げは約二・五メートル、新しい護岸に面した側では多いところで六メートルになり、傾斜のある街が完成して事業が完了した。ここに上下水道、ガス管、市電の軌道も整備された。

護岸の基部には事業の総仕上げとして防波効果を発揮する巨石が並べられ、護岸の上は、市民が新しい海岸景観を楽しむため、あるいはドライブや散歩ができるようにとの配慮から、広い石畳の道になった。小規模なかさ上げ事業は一九二八年まで続いたものの事業本体は一九一一年に完了し、護岸には約一二五万ドル〔今の日本円の価値にして約一三億円〕、かさ上げには約二〇〇万ドル〔同約二〇億円〕

ガルベストンの裕福な人の邸宅も、砂に埋もれないように持ち上げられた（テキサス州、ガルベストン、ローゼンバーク図書館提供）

が費やされた[7]。かさ上げに使用した砂の量は一一〇〇万立方メートル以上[8]になり、私有地のかさ上げ費用は所有者が負担した。

水害を防ぐという面から考えると、護岸壁建設は大成功だった。事業を記念して催された一九〇四年の式典では、推進者の一人であるJ・M・オルールケが、護岸壁の利点をいまさら強調する必要はないと挨拶し、「護岸壁はそこにあるだけで、有効性がわかると言ってよいだろう」と語っている[9]。そして一九一五年の八月一七日にガルベストンを別のハリケーンが襲い、オルールケのこの言葉が正しいことが証明された。激しい荒波が壁に打ちつけ、波消し用の巨石が壁の上に打ち上げられはしたが、護岸壁はハリケーンに耐えたのだ。街の大部分は水に浸かることもなく、死者は一〇人ほどだった[10]。前回のハリケーンよりも被害者が少なかったことから、護岸壁推進者や建設関係者は、海に立ち向かった結果、ガルベストンは輝かしい未来を手に入れたと考えた。

しかし、ガルベストンはファウスト的契約をしてしまったので、代償を支払わねばならなくなる。気象条件の巡り合わせや時代的背景の不運も重なり、街の運命を護岸壁にゆだねたことで、その後ガルベストンは長い衰退の坂を転がり落ちてゆくことになった。

砂浜が消えていく

砂浜と護岸構造物は長く共存できない。ガルベストンのように砂浜の侵食が進む海岸では特に共存が難しい。その理由は火を見るより明らかだ。侵食が起きる地域の海岸線は常に動いているのに、護岸壁は固定されている。海岸線は陸方向へと湾曲していくのに、壁は元の位置にそびえ立ったままになる。その結果、砂浜がどんどんやせ細り、ついには砂浜がなくなり、地質学者が「受動的侵食」と呼ぶ悪循環に陥る。侵食が進む砂浜にある護岸壁は、常に延長し、かさ上げし、造り直し、補強していなければ、海の波に対抗できずにやがては壁の基部が波に洗われるようになって倒壊する。荒波を和らげる砂浜の自然の営みを妨害することで、壁は自分自身の首を締めることになる。

海が荒れても砂浜には修復する力が備わっている。強い風が吹き始めると、砂浜表面の細かい砂は、すでに砂の堆積が起きている砂丘に吹き上げられる。風で吹き飛ばされなかった粗い砂があとに残り、表面を覆って浜を防護する。波が砂丘にまで達して砂が波間に運び去られても、海底砂州（バー）まで運ばれた砂は海中に沈んで溜まる。この海底砂州こそが、砂浜が必要としている地形なのだ。打ち寄せる波は、砂浜に到達する前に海底砂州で力が弱められる。砂丘という背後にいる砂の部隊が、砂を供給する最前線の部隊に変身すると言ってもよい。嵐が過ぎ去ると、穏やかなうねりが沖の海底砂州から砂を波打ち際へと運び、砂浜が再生する。

この砂の動きにはいくつも利点がある。人の手を借りずに勝手に進行すること、行政的な資金をまったく必要としないこと、そして、魅せられるような美しい砂浜が形成されるというおまけがつく。しかし、一つだけ大きな欠点がある。家、ホテル、歩道、駐車場、道路、排水管といったものを海岸沿いに造れない。荒い波に合わせて砂浜が自由に動けるようにしておかなければいけないからだ。ところが現在では、こうした建造物が海岸線の至るところに存在する。失うには惜しい建造物なので、それを守るための護岸壁を造ってほしいと要望の声があがる。砂浜が存在するからこそ失うには惜しいという価値が生まれると考える人はほとんどおらず、護岸壁を建設すると必ず砂浜を失うことになる。

護岸壁を設置したとたんに砂浜の消失が始まる場合もある。土地の所有者や住民の有力者は、できるだけ広く土地を守ろうとして、護岸壁をできるだけ海の近くに造る。砂丘の上や、波打ち際近くにする場合もあり、そうすると、壁の陸側にある砂は海側へ移動することができなくなる。ここへハリケーンが来ると、浜は砂丘に溜め込んでいた砂を利用できなくなる。それでも海底砂州は形成されるだろう。しかし、砂丘の砂を利用できなかったことによる代償は大きく、構造物の海側の緩やかな傾斜の浜の砂はますます減って、急傾斜の浜に変貌する。こうなると、波が砂浜に打ちつける衝撃が大きくなり、浜の侵食がさらに進む。波がおさまり、砂をまた浜に戻す作用が働いても、今度は壁が行く手を阻む。海水面の高さの変化や波の状態の変化に対処するために砂浜がもともと持っている機能は、砂丘と砕波帯の間で砂をやり取りすることによって発揮されるのだが、この機能がすべて失われてしまう。

これ以外にも護岸壁には問題がある。どんなに長い護岸壁でも必ず壁が途切れる地点があり、海が荒れて波がそこから背後に回り込むと、激しい侵食が起きることがある。また近隣の砂浜では、かつてなら漂砂となって移動してきたはずの砂が壁の背後に溜め込められたせいで侵食が進むことになる。このように、護岸壁が途切れる地点で砂浜侵食が激しくなることが多い。

あらかじめ予測しているかしていないかという違いはあるにしても、護岸壁を建設することは砂浜の消失に加担することになる。そして砂浜が消失したときに本当の苦難が始まる。それほど大きくない護岸壁でも、海の荒波を受ける構造物を維持していくには途方もなく費用がかかる。極端な場合には、護岸壁を維持する費用が、壁によって保護されている土地の価格より高額になることすらある。

「開かれた町」の行く末

ガルベストンがまだハリケーンの被害で混乱していた一九〇一年の一月に、すぐ近くのテキサス本土で調査をしていた地質学者がビューモント（スピンドルトップ）の油田を発見した。この発見はテキサス州の経済に新たな進展をもたらすことになるが、ハリケーンで傷めつけられていたガルベストンは新しい動きに対応できなかった。油田の発見をきっかけにしてガルベストン湾の奥にヒューストンという小さな町ができた。最初はガルベストンにとってはせいぜいライバルくらいの町だったが、やがてガルベストンを飲み込むほど経済的に発展していく。ガルベストンがそれ以上拡大できなかったのとは対照的に、ヒューストンはアメリカ合衆国で四番目に大きな都市へと発展した。

一方、ガルベストンの有力者は、砂浜そのものを町おこしに使おうと考え、第一次世界大戦が終わるとともに保養地として宣伝し始めた。ところが肝心の砂浜がなくなり始めたのだ。二〇年間に砂浜の幅は約三〇メートル狭くなった。かつては広い砂浜で自動車レースが行なわれたのに、干潮時に細い砂浜が現れるだけで、満潮時には波が巨石に打ちつけるようになってしまった。

砂浜がなくなった理由としてさまざまな説明がなされ、ガルベストン島の端に建設された導流堤も原因の一つに挙げられた。しかし、こうした理由の根本には、砂の移動を特徴とする地形のガルベストン島に、護岸壁を建設して海岸線を固定したという事実が厳然と横たわる。護岸壁で家や職場、銀行、店舗は護ることはできたが、代わりに砂浜と、リゾート地としての資格を失った。そのあと禁酒法が施行され、大恐慌が襲い、ヒューストンの勢いが増し、ついに第二次世界大戦が勃発した。ガルベストンは賭博の巣窟となり、娼婦が行き交い、浮浪者の溜まり場になった。古くからの住人は、「開かれた町」になったと虚勢を張った。

そうこうしている間にも波は島をむしばみ続け、護岸の前に並べた波消しブロックの下の浜を削り、護岸の西端から先の浜を侵食した。波の力を弱める構造物がもう一列追加建設され、護岸壁を護るための別の対策として、一三基の岩積みの防波堤や突堤が沖へ指が突き出すように建設された。この対策には有効性が認められたが、ほんのしばらくの間にすぎなかった。護岸壁は二回延長され、現在は約一〇キロメートルに及んでいる。世界でも稀に見る長い壁の一つになっている。

しかしメキシコ湾の波が引き起こす作用の速さは、人間が構造物を建設する速さに匹敵した。最後に護岸壁を延長したときには、壁の端から浜に降りられるようにと傾斜が造られたが、その坂の部分を降りた先の砂浜が海中に沈んでしまったので、今や何の意味もない。

護岸壁を造ることが町にどのような悪影響を及ぼすかを一九〇〇年の時点でガルベストンの有力者が知っていたとしても、別の方策を採ったかどうかはわからない。その後、海岸工学に関係する人たちの多くには護岸壁建設の弊害が知れわたったので、いまさら造る人はいないと言われている。海岸線を擁する州では、護岸壁を禁止する規制を設けたところさえある。

こうした規制は、海岸侵食により道路や建造物が波にのまれるという事態に陥らない限り問題視されることはない。一九八七年にマサチューセッツ州のチャタムにある砂の岬（砂嘴（さし））が切れて湾の沿岸にある住宅地が大西洋の荒波にさらされたときには、護岸壁を造らせないという州の規制が問題になった。ノースカロライナ州は海岸構造物を最初に規制した州の一つだが、コンクリートの護岸壁の代わりに袋に砂を詰めたサンドバッグで海岸沿いの道路やリゾート施設を守ることには目をつぶることにした。サウスカロライナ州では、ハリケーン・ヒューゴの襲来のあと被害者が困り果てて州を相手取った訴訟を一斉に起こしたため、海岸構造物建設の規制が緩和されてしまった。

　護岸を造ることによって公共財である砂浜が破壊されるのではないかと主張しても、その時点で実際に砂浜がなくなるのを目にするわけではない。だから、その主張が、建造物が海にのまれそうになっているという見た目にあまりにも明らかな危機にもとづいた主張と対立したとき、行政側の現実の決断は、砂浜ではなく建造物を守るというものになる。

　ガルベストンの一九〇〇年の被害を復旧するときに、有力者たちは街の中心部が一度海に浸かった痕跡をすべて消し去ろうとした。どのくらいの高さまで水が来たかを示すために印をつけていた人たちもいたが、ハリケーン被害の記録は町の経済発展の妨げにしかならないという理由から、印を消すよう強硬に求められた。

　今ではガルベストンの姿勢は様変わりし、再び海浜リゾート地として売り出している。皮肉なことに、町を消滅させたかもしれないハリケーンを観光の目玉にしている。サンフランシスコの地震やハワイの真珠湾攻撃のような惨事と同じように、町が海に沈んだという惨事を見物するために、観光客が博物館や土産物屋、そしてガルベストンが保存したビクトリア朝時代の建造物が残る地域を訪ねて回る。

　しかし、海浜リゾートとして生き残るためには、惨事があったという事実だけに頼るわけにはいかない。町の有力者は、護岸壁建設で消滅した砂浜を復元したいと考えている。砂を再び海底から掘り上げ、パイプを設置し、掘り上げた砂を浜に撒き、そしてもちろん、必要な費用の調達方法に頭を悩ませる。失われた砂浜を再生するために、数百万立方メートルという砂を水と一緒にポンプで、護岸壁の海側の海中へ向けて放出している。このような養浜(ようひん)対策は、後背地を護岸壁で囲って砂浜を失った地域や、何らかの理由で砂浜が危機にさらされている地域の多くで行なわれるようになった。

少し前までならば、連邦政府が陸軍工兵隊を通じて養浜事業に多くの資金を提供することもありえた。しかし、政府の財政状況が悪化して、レクレーション用の砂浜を再建するためには予算をつけなくなってきている。連邦政府が重視するのは、砂浜の後背地を荒波から守るということなのだ。しかし一九〇四年にオルールケが述べたように、後背地を守るためには護岸壁が有効であり、工兵隊もその点は認めている。そうすると、壁が後背地を守っている限りガルベストンに新たなハリケーン防御策を講じる必要はないことになる。このようなわけで、浜に砂を撒く事業の費用は、連邦政府に頼らずにガルベストンが自ら調達しなければならない。

海岸は不動の地形ではない

いまでは気象予報やハリケーンの進路予測の精度が増し、一九〇〇年八月のガルベストンのように住民に何の警報が発せられることもなくハリケーンが襲来するような事態は、アメリカ沿岸ではほとんどなくなった。しかし、被害を受けやすい地域の人口は一九〇〇年当時の一〇〇倍にも増えたので、一九〇〇年当時なら住民が十分避難できるくらい前に出された予報や警報でも、今日の沿岸地域の居住者が避難するには遅すぎるかもしれない。

二〇世紀になるまでは、砂浜の近くに居住地を構える人はそれほど多くはなかった。それは、あまりにも危険を伴う選択だったからだ。海岸沿いに住む場合は、波打ち際からかなり離れた高台に家を建てた。ガルベストンでも町の中心部や高級住宅街はメキシコ湾に面していない側に建てられていた。

海に面して家を建てる勇気のある数少い人たちは、すぐに移動できるか、失っても惜しくないような簡単な造りの家に納得ずくで住んでいた。

ところが今日はまったく逆の傾向が定着しつつある。一九七〇年代から一九八〇年代にかけてアメリカで造られた建造物の半数近くが海浜地域に建てられている[11]。人口学者は、二〇〇〇年にはアメリカの人口の八〇パーセントが海岸から車で一時間以内の地域に住むと予測している[12]。海岸以外の地域の人口密度は一平方キロメートル当たり四〇人以下だが、海岸地域の人口密度は二〇一〇年に一五〇人を超えるだろうと海洋・大気圏公団も述べている[13]。

しかし、海岸は不動の地形ではない。長い砂州の途中が切れて水路になったり、それがまた閉じたりして形を変え、海に面した崖は侵食を受けて崩落し、砂は漂流する。私たちは陸地を不動の大地だと考えがちだが、海が荒れている日に砂浜を眺めていると、地質学的変化を目の当たりにすることができる。

こうした海岸開発は、海岸の地質構造の変化が科学的に解明される遥か以前から行なわれてきた。大気と水と大地が出会う不可思議な場所で何が起きているのかは、今日でもわからないことが多い。調べるのが難しい環境ということもある。波打ち際の調査は困難をきわめ、海水と砂にまみれる不愉快さとともに危険も伴う。さらに悪いことに、砂浜に居住したいという市民の要望がますます高まり、すでに解明されたことをもとに対策を立てることを阻む大きな勢力になっている。ある種の「見て見ぬふり」と言ってもよく、海岸沿いの土地に多大な投資をしてしまっている人たちは、砂浜がどれほど脆弱な場所であるかという話に耳を貸そうとない。

沿岸地域は一九七〇年頃からかつてないほど開発が進められている。この間にハリケーンなどによる強い嵐の襲来はほとんどなかった。気象条件が二〇世紀の初めの状態に戻るようなことになれば、土地や建物への損害や人的被害は破局的なものになるだろう。そのうえ、海水面上昇の問題もある。現在主流の気候学で言われるように地球が温暖化しているのなら、事態は一層悪い方向へと向かう。地質学者によれば、緯度が低い四八州では海岸線の七〇パーセントが侵食を受けているという。この割合は九〇パーセント近いと言う学者もいる。ガルベストンが採用したような護岸壁建設という対策なら波の影響を押しとどめることはできるが、しばらくの間しか役に立たない。海岸線を守るには、広い健全な砂浜を維持することが最善の策となる。どんなに岩やコンクリートを投入しても砂浜を広げることはできないだけでなく、自然の摂理は、さらなる侵食という形で必ずしっぺ返しをしてくる。

第2章

波にのまれる砂の岬

……飢えた海が
岸に襲いかかってほしいままにするのを見てきた……。

――シェイクスピア『ソネット六四』

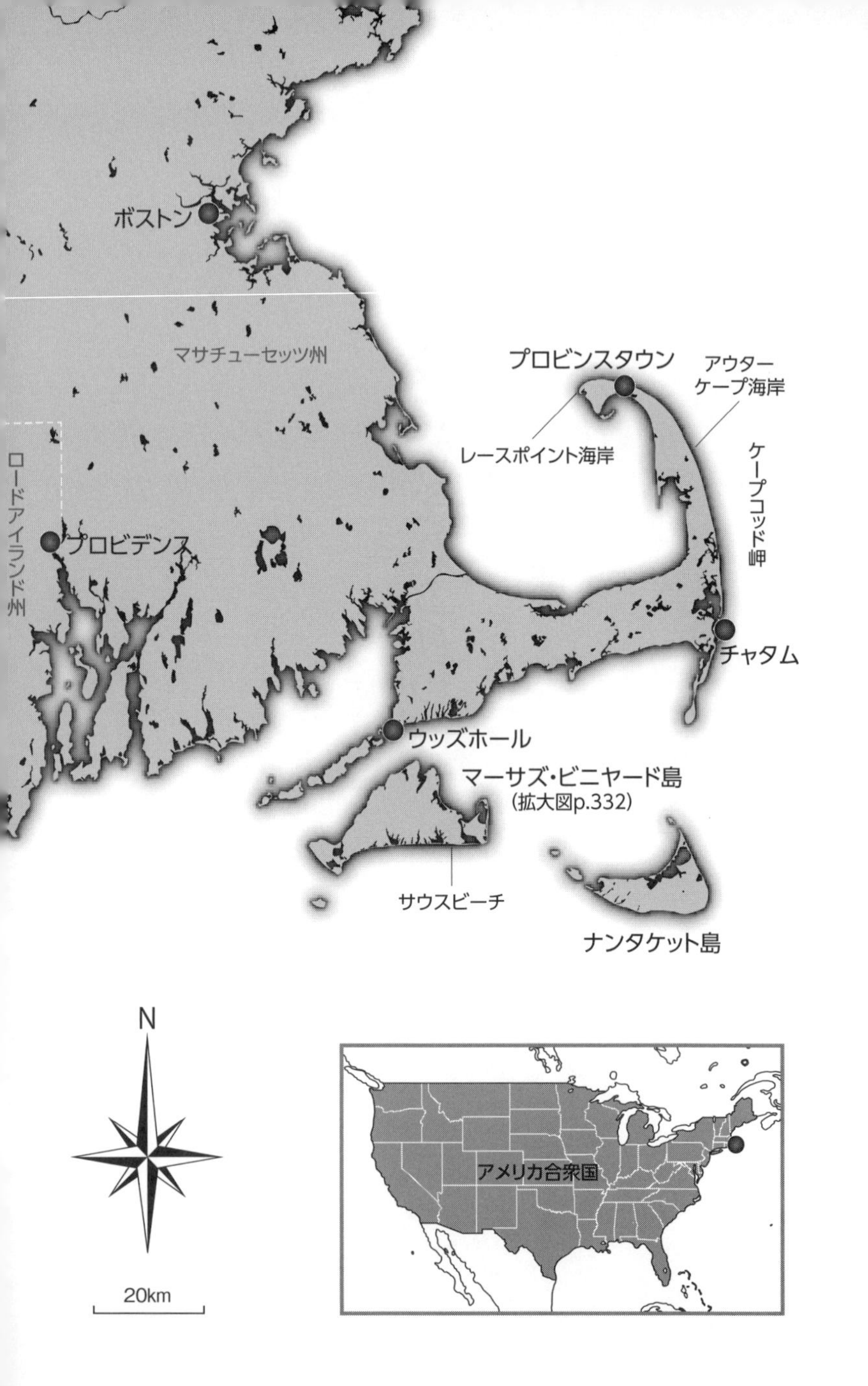
ボストン
マサチューセッツ州
ロードアイランド州
プロビデンス
プロビンスタウン
アウター
ケープ海岸
レースポイント海岸
ケープコッド岬
チャタム
ウッズホール
マーサズ・ビニヤード島
(拡大図p.332)
サウスビーチ
ナンタケット島
N
20km
アメリカ合衆国

埋もれた基準点

スティーブ・レザーマン[1]は一九九二年六月の朝、大西洋に面したマサチューセッツ州の砂浜へまた行ってみた。そこは一〇年以上前に海岸地質学者として研究を始めた場所だった。一九七九年の夏にバージニア大学の大学院での研究を終えようとしていたとき、大西洋に面して一〇キロも二〇キロも続くケープコッド国立海浜公園の浜崖の侵食度合いの調査を手伝ったのだ。現在はスティーブン・P・レザーマン博士としてメリーランド大学海岸研究所長を務め、ほかの著名な海岸地質学者や海岸工学者とともに海岸の危機に立ち向かっている。アメリカ中の海岸線が侵食でむしばまれているのに、侵食を食い止めるための対策は、効果がなかったり、かえって逆効果をもたらしたり、対策を維持していく費用を調達するのが難しいようなものばかりだった。

アメリカ科学アカデミーは、海岸対策を立案する地方自治体、州政府、連邦政府に、このような海岸の実態をどのように伝えていくべきかを検討するために専門家を招集した。ケープコッド岬南部の岩場の海岸町のウッズホールには、科学アカデミーが古くから所有する会議センターがあり、ここが会場になった。専門家たちはこの問題について議論を重ね、取り得る対策ごとに分科会に分かれてさらに話し合った。板葺き屋根の会議センターの窓からは、岩場まで続く青々とした芝生や港の脇にある小さな砂浜を見渡すことができた。初夏にさしかかろうとする時期だったが水はまだ冷たく、会議センターはときおり霧に包まれたにもかかわらず、センターの中では熱い議論が交わされた。

世界的に見ると七〇パーセントの砂浜が侵食を受けていて、アメリカだけを見ても、それと同じくらいかそれ以上が侵食されているかもしれないとレザーマンは会議出席者に説明した。海面上昇も侵食に拍車をかけていた。このような危機的状況にあるのに砂浜の開発は依然として続いている。地方自治体、州政府、連邦政府の政策立案者が海岸の開発を計画する際に、侵食問題も考慮させるにはどうしたらよいかと科学者たちは自問した。砂浜に構造物を造らせないためにはどうしたらよいかを考えたと言ってよいかもしれない。

これは今に始まったことではなかった。それより一一年前に、ジョージア州サバンナにあるスキダウェイ海洋研究所で開かれた会議でも小さな研究者グループが同じ問題に向き合った。そのときの報告書は一二ページにまとめられていたが、そこには厳しい内容の結論が書かれていた。

1　浜の「侵食問題」は、浜のすぐ近くに建造物を造った人たちに直接的な責任がある。建物や農地がない海岸では侵食は起きていない。

2　海岸線を固定するような構造物（防波堤、突堤、護岸壁など）は、浜沿いにある建物の延命を図るには有効であるが、ほとんどの場合に砂浜の侵食を加速させる。（中略）侵食されるのは構造物のすぐ脇の砂浜のこともあれば、（中略）数キロ離れた浜のこともある。

3　海岸保全事業の多くは何かしらの不動産を守るのが目的であり、砂浜を守るのが目的ではない。守るべき不動産を所有するのは一握りの人たちであり、砂浜の利用者のほうがずっと多い。侵食されても放っておけば、海岸線は内陸方向へ移動するものの砂浜がなくなることはない。

4　砂浜にある不動産を構造物で守ろうとすると費用がかさむ。守ろうとする不動産の価格よりも高額になることも多い。長期にわたってその対策を続けなければならない場合には特にその傾向が強い。

5　砂浜に構造物を造った結果を長い目で見ると（一〇年から一〇〇年という単位）、通常は外海に面した砂浜という貴重な自然資源はひどく消耗するか、まったくなくなる。

6　人類の歴史を振り返ると、一度海岸線を構造物で固定した海岸がまた元の状態に戻ることはない。砂浜をいったん固定すると、ほとんどの場合に固定したままの状態を維持することになり、費やす税金の額も増え続ける。[2]

このときの会議の主催者は、デューク大学の地質学者のオーリン・H・ピルキー教授とジェームズ・D・ハワード教授だった。二人はこの報告書をほかの地質学者にも見せ、一九八二年一月にレーガン大統領に送った。「私たちは、アメリカ合衆国の海岸域在住の研究者グループで、海岸および沿岸海域の地質学の研究に携わっています。わが国の海岸線は、何らかの新しい保全対策が早急に必要であると感じており、政府がこの問題に目を向けてくれることを期待します」という手紙を添えた。報告書には八五人にのぼるアメリカ各地の専門家が署名した。

しかし、ここまでしても政府の海岸政策は何も変わらなかった。このあと砂浜開発は加速し、それに伴って海岸侵食問題は深刻さを増した。一〇年後にウッズホールに集まった研究者の多くは、そもそもあの会議が海岸政策を作る人たちの啓蒙に失敗した証だと言った。レザーマンは「住民の関心を海岸に向けさせるためには、自然災害が起きなければいけないみたいだ」と陰鬱につぶやきながら、波で破壊された建物から数メートルしか離れていないところに建設中のノースカロライナ州ケープハッテラス岬のホテルのスライドを集まった人たちに見せた。「住民は海岸沿いに莫大な投資をしている。数兆ドルという資金を使って海岸線を固定している」。

この発表のあと、レザーマンは昔の砂浜の調査地に行ってみたくなった。そこで、会議が終わるとウッズホールをあとにし、一〇年以上前に調査したケープコッド岬がある半島の浜へ向かった。ケープコッド岬は腕を曲げたような形をしていて、レザーマンが目指したのは前腕に当たる部分の東側の海岸だった。ニューイングランド地方の人たちには「アウターケープ（岬の外側の意）」と呼ばれていた。アウターケープ海岸は、肘に当たる部分にあるチャタムという町から、曲げた手首付近のプロビンスタウンの近くのレースポイント海岸まで、およそ六五キロメートル続く。このほとんどの部分は大西洋に面した粘土と砂の崖になっていて、崖がゆうに三〇メートルを超える場所では、崖の足もとに砂浜が広がっている。

レザーマンにとって大学院時代の調査地を歩くということは、アメリカで初期の海岸調査を行なったヘンリー・L・マリンディンの足跡をたどることでもあった。マリンディンは一〇〇年以上前にアメリカ海岸測地測量局の研究補佐をしていて、一八八七年、一八八八年、一八八九年の夏に、立会人二人、記録係二人、磯舟を操る船員一人と一緒にケープコッド岬の大西洋岸に滞在し、地図の作成に携わった。かなり内陸に入った基準点から、崖を下って、砂丘、砂浜、そして海の沖合までを一本の調査線とし、南はチャタムから北はプロビンスタウンまで、二〇〇本以上平行に引いた調査線に沿って浜の地形を詳細に調べた。調査したそれぞれの地点では、「失われることがないと考えられる位置に基準点を残した」[3]。調査最高責任者宛ての報告書の中でマリンディンは、この基準点は「のちに海岸線の変化を研究する地質学者やほかの人たちが地形を比較する際の基準になる」[4]と述べている。

それよりさらに四〇年ほど前に、ヘンリー・デイビッド・ソローがこの「自然のままの広大な」海岸を訪れ、そのときのようすを著書『コッド岬――海辺の生活』に記している。このあと捕鯨の衰退

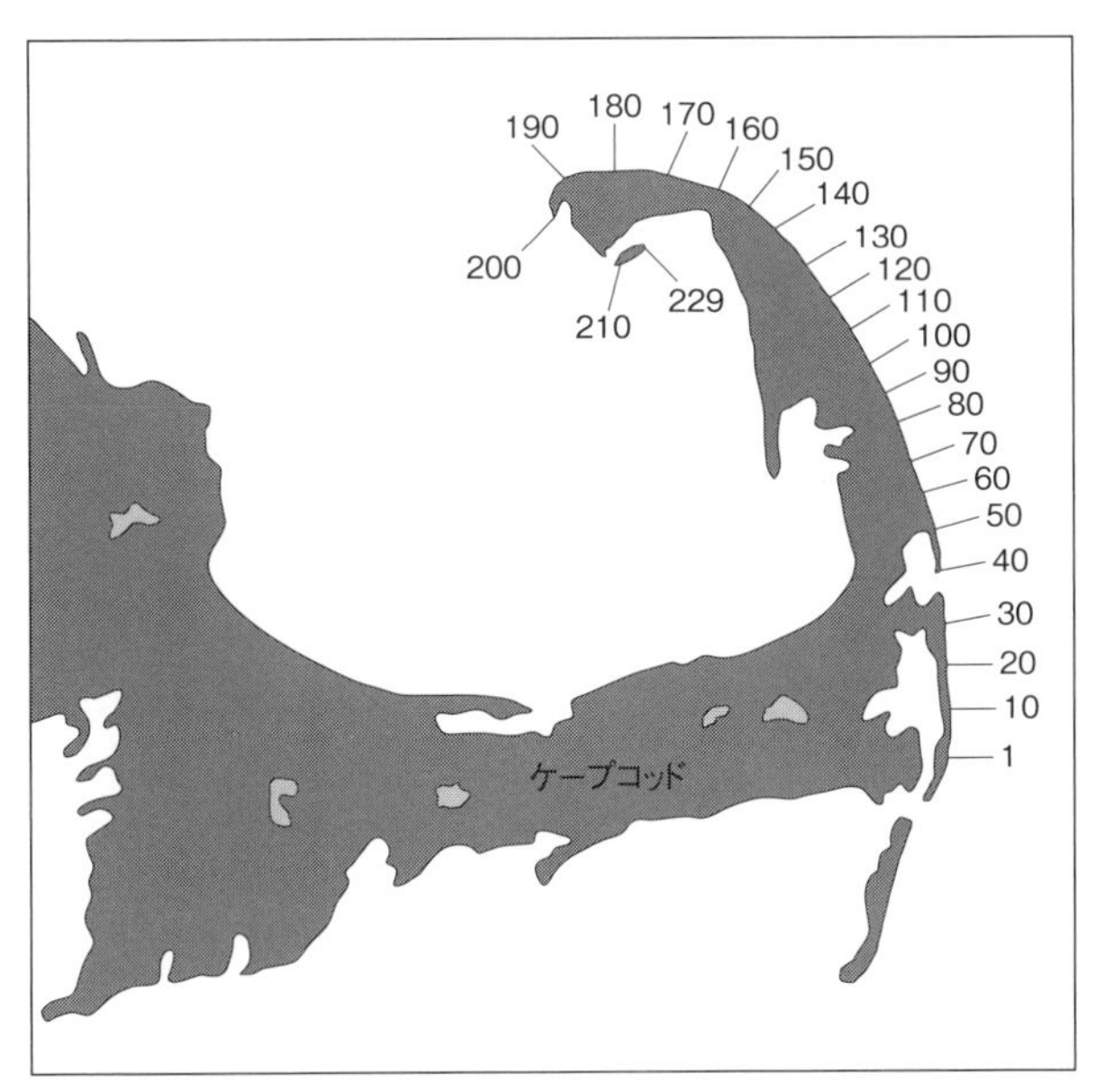

アメリカ海岸測地測量局の地質学者だったヘンリー・L・マリンディンは、ケープコッド岬がある半島に200カ所以上の測量基準点を設置した。その多くは、マリンディンが150年前に半島を調査したあと、海岸の侵食でなくなってしまった（スティーブン・P・レザーマン）

に伴い、ケープコッド岬の海の王国としての「黄金時代」は終わりを告げた。マリンディンが訪れたときには、半島のほとんどの地域はボストンやニューヨークと鉄道で結ばれていて、「この海岸は、いずれリゾート地になるだろう」というソローの予想が現実になるのにそれほど時間はかからなかった。

こうした変化の中で変わらなかったことが一つだけある。波が砂の崖をむしばみ続けたことだ。マリンディンは古い地図をいくつも使ってアウターケープ海岸の侵食速度を調べていた。一八五六年に作られた地図をおもに使い、一年に約一メートルの速さで崖が後退していると推定した。[5] 調べた区間全域では、「約二四六五万立方メートルの土や砂が消失したことがわかった」とマリンディンは記している。この量の土砂を首都ワシントンにある二二ヘクタールほどの国会議事堂の敷地に盛り上げると、建物の屋根にある彫像が二二メートルの砂に埋もれる計算になるとも述べている。[6]

マリンディンはワシントンに報告書を送ったものの、その報告書は書庫の奥深くにしまい込まれ、七〇年近くも忘れ去られることになった。しかし一九五〇年代半ばにウッズホール海洋研究所の研究グループがケープコッド岬のアウターケープ海岸を訪れ、測地の基準点を探して侵食速度を再計算する運びになった。その研究メンバーの一人が、軍隊を退役したばかりの科学者グラハム・ガイスだった。のちにガイスは、基準点を探すのがとても大変だったと述べている。マリンディンが最初に設置した木製の基準点はほとんど残っていなかった。波間に消えたものもあれば、風で砂が吹き積もって深く埋もれてしまったものもあった。しかしそれでも七四箇所の基準点を見つけ出し、基準点から崖のふちまでの距離を測った。このときガイスらは、崖は一年に平均七五センチの侵食速度で失われているという結果を出している。

そして古い基準点の替わりに長さ六メートル以上もある銅製の基準点を砂に打ち込んだ。上部の一〜一・五メートルはコンクリートで固定し、杭の先端には、基準点の番号、正確な位置、平均海抜高度を彫り込んだ真鍮の覆いをかぶせた。

ガイスは、この崖を一九七九年に再び調べている。そのときにはケープコッド岬の地質に関しては第一人者になっていた。レザーマンが調査を手伝ったのは、ほかでもないガイスだったのだ。二〇年前に仲間と作成した記録をもとに、ガイスはもう一度調べた。しかし、さらに多くの基準点が侵食により失われたり、砂に埋もれたりしていた。見つかったのは、たったの一八本だった。それでも、アウターケープ海岸は一九五〇年に調べたとき以来、年に六六センチずつ侵食されていることがわかった。「この貴重なデータを将来にわたって入手するため、そして砂崖の変化を追うため」に、残った基準点を何とかして守らなければならないとの思いをガイスは強くした。[7]そこで、次回の調査がしやすいように、それぞれの基準点の位置がわかるように、約二・四メートルの鉄製パイプを継ぎ足すことにした。そのときレザーマンは脚立の上に立ち、大きな槌でパイプを砂に打ち込んだ。今また基準点を探しに行こうとしてレザーマンは、「このように一〇〇年以上も記録のある基準点はアメリカではここしかない。誰にも真似はできない」と語った。

最初に立ち寄ったのはルカウント・ホローで、ケープコッド国立海浜公園にある砂浜に面する崖の上にある駐車場だった。どんよりと曇った肌寒い日だったが、元気な海水浴客が数人、木製の急な階段を下りたところにある砂浜にバスタオルを敷いたり折りたたみ椅子を並べたりしていた。レザーマンは赤っぽい髪を風になびかせながら、一五年前に手帳に記した古びた灰色の家とねじれた松の木を目印に、海に背を向けてゆっくりと崖の上を、オオハマガヤ、アキノキリンソウ、ノバラ、ヒースなどの膝丈ほどの草むらを歩きながら目を辺りに走らせた。色が赤いことから「イギリスの兵隊」と呼ばれる深紅の花がそこかしこに咲き乱れ、砂の表面にはいくつもスナガニの巣が口を開けていた。

レザーマンは、ほんの数分で探していたものを見つけた。何の変哲もないパイプが、砂から三〇センチほど突き出していた。「これだ、私たちが設置したパイプだ」。レザーマンはひざまずくと、「風が崖の上まで砂を運んで来たのだ」と言いながら、パイプの根元の砂をどけ始めた。そしてすぐに、断面一〇センチ四方のコンクリート製の杭を十数センチの砂の中に掘り当てた。杭の先端には、直径五センチの丸い真鍮のプレートが取り付けてあるが、風雨にさらされて緑がかった色に変色していた。「記念碑」と呼ばれるその杭には、「ウッズホール海洋研究所海岸調査部、八七番（杭番号）、AZ二五三・四七（方位）、MSL四三・一フィート（海抜約一四メートル）」と刻まれていた。

レザーマンがこの杭を一九七九年に見つけたときに駐車場はまだなかった。マリンディンとガイスがその前の調査で記録していた目印もほとんど役に立たなかった。マリンディンが調査のときに使った道路は波に持って行かれてもうなかった。一九五七年には通れたものが一九七九年にはなくなっていた。一九七九年には航空写真も用意していたが、それに写っている道路や電話線もなくなっていた」。しかたがないので、ガイスはみんなで金属探知機を使うことにした。「この杭を見つけるのに、この辺りを四日間探した。砂丘に落ちていた一セント銅貨は全部見つけたよ」と、レザーマンは懐かしそうに語った。

そしてレザーマンがその付近の植生や建物の配置を改めて記録してみると、これも以前とは違う点が二つあった。一九七九年に記録したハンニチバナ科のビーチ・ヘザーの群落は健在だったが、そのときに目印にした捻じれた松は枯れる寸前だった。次の研究者グループが杭を探しに来たときに松はおそらくもうないだろう。建物は植生より様変わりしていた。レザーマンが一九七九年に記録していた家の一軒は、いまや侵食が進む浜崖にコンクリート製の浄化槽が突き出ているだけで、そのほかの部分は見当たらなかった。崖ごと崩れ落ちてなくなっていたのだ。

その日のうちに、レザーマンは杭をもう一本見つけた。別の家の駐車場へ通じる小道の端にあった。そのコンクリート製の杭は傾いて地面から突き出していた（「明らかに誰かが、引っこ抜こうとした」と彼は思った）。真ちゅう製のプレートもなくなっていた。研究者が基準点の杭を目立たないように設置するのは、このようなことを防ぐためだった。「見つけると、壊したり、記念品として持ち帰りたくなるらしい。しょうがない奴らだ」と憤慨していた。一九七九年の記録を見ると、また別の通りに、もう一本杭があるはずだった。記録には「灰色の屋根で緑色のシャッターがある家の北西の角から北北西に約一五メートルの地点」とある。しかし、その未舗装の通りには現在、灰色の屋根で緑色のシャッターの家が六軒もあった。

別の場所では、砂の崖の縁から五メートルほどのところに板葺き屋根で白い縁取りのある灰色の家が建っているはずで、それが杭を探す目印だった。崖の上にはこの家だけが残っており、まだ目印として使えた。しかしここの砂浜は年に約一メートル後退しているとレザーマンは推定した。「あの家は、あと五年から一〇年は大丈夫だろうが、いずれ崖ごとなくなるだろう」と話した。

その日の調査終了間際に、道路の脇に立つ二本の電話線支柱の間に、もう一つ基準点を見つけた。この道路は以前の調査時にはなかった。「前に来たとき、ここに立って、帰りたくないと思ったのを覚えている。この杭を見つけたのがそれはうれしかったからだ。当時すでに海の中に没していた道路から計測して見つけた杭だった」とレザーマンは一九七九年を思い出しながら言った。

長い時間の中での海水面の上昇や降下

波はリズミカルに陸に打ち寄せる。浜に波が打ち寄せることは誰でも知っているだろう。その音を聞いていると心が和む。しかし、海が作り出すリズムはほかにもあり、そうしたリズムもまた海岸線をつくる。たとえば潮の満ち干があり、波の季節的な強弱があり、そして一番基本的な動きは海水面の上下動になる。地球は毎年同じ軌道をめぐりながら月と太陽の複雑な引力の影響を受け、それによって潮が満ちたり引いたりする。満潮時と干潮時の海水面の落差を示す干満の差は、同じ海岸でも地形が変われば場所によって違ってくる。そしてどこでも、月が上弦か下弦のときに干満の差が小さい小潮になり、二週間後に次の小潮が巡ってくるまでに月と太陽が地球と一直線に並ぶときがあり、両方の引力が合わさったときに干満の差が大きな大潮となる。また、月が最も地球に近づく近地点に来たときには月の引力の影響が最も大きくなって近地点潮になる。近地点潮の大潮のときに干満の差が一年で最大になる。

季節も海岸のリズムをつくる。夏の穏やかな海に見られる波長の長い、ゆっくりとしたうねりは浜に砂を運んでくるが、冬の荒れた波は砂を持ち去る。多くの海岸で砂浜は冬に細り、春にまた広がる。

海水面の上昇や降下は、数万年という時間が経過する中で地球の表面が暖まったり冷えたりするのに伴って起き、砂の消長にもっとも大きく影響する。地球が温暖化しているときには海水面は高い。アメリカ合衆国でも、海が内陸深くまで達していた時期があり、アパラチア高原でも海の波が侵食を引き起こしていた。リッチモンド、バージニア、ローリー、ノースカロライナなどの近代都市の位置は、こうした地質学的な歴史を如実に物語っていて、水力発電のエネルギーを利用しやすいように、水の流れの落差が大きい場所の近くに建設された。アパラチア高原を流れてきた川が、古代から波の作用で平らにならされてきた大西洋沿いの平野に流出する地点に当たるのだ。平野には、かつてここに生息していた海中の微小生物の残骸の賜物である石灰岩や燐鉱石の鉱山がある。[8] しかし地球の寒冷化に伴い、地上の水の多くが氷河や氷の層として陸上につなぎ止められると、海水面が下がった。氷と海水は気候の変動という音楽に合わせて数万年にわたってダンスのステップを踏んでいたことになる。

ケープコッド岬は七万年くらい前から始まった一番最近の氷河期にできた。氷の層がカナダから南へ広がりながら岩や礫や土砂を削り、氷河の先端は現在のニューヨーク州ロングアイランド島や、マサチューセッツ州の沖合に浮かぶマーサズ・ビニヤード島やナンタケット島にまで達していた。その当時の海水面は現在より一〇〇メートルくらい低く、海岸線は現在の岸から一二〇キロメートルも沖合にあった。

しかし一万八〇〇〇年くらい前から地球の温暖化が始まり、氷河が解けてその先端が後退し始めた。一万二〇〇〇年くらい前になると、氷河の後退速度が速まり、解けたあとには氷河先端部が運んできた土砂や岩が堆積した。氷河の解けた水は海へ注いで海水面が上昇し、大西洋沿岸の海抜の低い平野部を水浸しにしながら、海岸線は一年に約三〇メートルもの速さで内陸へと後退した。七〇〇〇年前になると、ナンタケット島の北東にあった延長約二三〇キロメートルのジョージズ・バンクという砂州の稜線部が島になった。そして四〇〇〇年前に気候変動がやや落ち着いた頃にジョージズ・バンクはすべて水没し、ナンタケット島とマーサズ・ビニヤード島は現在のようにケープコッド岬の沖合に浮かぶ島になった。

それ以降は地球の気候が比較的安定しており、海水面の上昇速度がとても遅くなったため、海と陸の境界は変わらないものだと人々は思い込んでいる。ところが実際はそうではない。海水面は、地球上の至るところでわずかずつ上昇している。そして、地球温暖化が気候学者の言うような問題ならば、海水面の上昇は二一世紀になってまた速くなるだろう。

しかし、アメリカの海岸で起きている侵食問題は、海水面の上昇だけでは説明しきれない。ほかに考えられる要因としては、地殻を形成している構造プレートの移動、砂の供給量の変化、そして、波や風や海流の作用などがある。アメリカ西海岸と東海岸で侵食の様相が異なるのは、こうした要因が異なるからだと説明されている。

東海岸の陸地は、北米プレートと大西洋プレートという二つの地殻がぶつかり合って形成された。この衝突でいろいろな地形が形成されたが、アパラチア山脈もその一つだ。この比較的古い時代にできた山の連なりが数百万年にわたって侵食されながら東海岸に土砂の一部を供給し、東海岸の広大な大陸棚や、起伏のある平野、背後に湾や潟湖（ラグーン）や入り江を持つ砂州の島などを形成してきた。北はニューイングランド地方から南はメキシコに達する沿岸域に多数の防波島（二四六ページの地図参照）が連なるのだが、これほどの距離にわたって連なるのは世界でもここだけしかない。

こうした防波島の中には海抜が高くて幅の広いものもあり、広い砂の台地には立派な海岸林が育つ。しかし、細くて海抜が低い防波島は砂の移動が激しく、樹木もほとんど生育しない。かろうじて砂が海面に顔を出す程度の島には、貧弱な砂丘しか発達しない。海面上昇が起きると、こうした防波島は海の動きを邪魔しないように自然に位置を変える。大きな波が島を乗り越えたときに運ばれた砂は島の背後に扇状地のように堆積し、このような背後の砂の堆積地には塩性湿地の植物群落が育ってさらに砂を留め込む。防波島の外洋側が侵食されるほど内陸側の面積が広がるため、全体としての形は変わらずに、浅い陸側へと島が移動することになる。細い島の場合には激しい波で島に切れ目が入ることもあり、そのあと満潮のたびに切れ目から砂が島の背後へ運ばれて、三角州のように浅瀬が形成される。

海面上昇がゆっくりならば、アメリカ東海岸とメキシコ湾沿岸は傾斜がなだらかなので防波島は海面に合わせてゆっくりと移動し、島の幅や形は変わらずに位置が陸のほうへずれるだけになる。島にある砂の量と海面上昇の度合いに応じて、数千年もの間このように移動し続けてきた防波島が多い[9]。

海から陸へ吹く風も砂州の島を陸側へ移動させる。浜から砂丘へと吹き上げられた砂は、さらに吹き飛ばされて内陸側へと移動していく。砂浜に面した土地の所有者が、自分の土地の前に防護のための砂丘をつくろうとして砂止めの柵を設置することがあるが、このような風による砂の移動を利用している。海岸植物の小枝や小さな流木のようなものでも、風で運ばれる砂粒を止める障害物としては十分で、このような砂だまりがもとになって大きな砂丘へと成長していくこともある。しかし、防波島の移動にとって、風が果たす役割は大きくはない。重要な二つの要因は、島の上を波が乗り越えることと、島に切れ込みができて海峡ができることで、ケープコッド岬から南の大西洋岸では特にこれら二つの要因が重要になる。

太平洋プレートが北米プレートの下に滑り込んで（沈み込んで）いるアメリカ西海岸では多少ようすが違う。西海岸沿いに南北に伸びるロッキー山脈と狭い大陸棚は、この比較的新しい活発な地殻変動によってできた。二つのプレートは衝突すると同時に、北米プレートは北西方向へ、太平洋プレートは南東方向へとすれ違うように移動している。

このような海岸で海面上昇が起きると、川が削ってできた谷が水没し、谷を形成していた高台や山脈は岬となって海岸線に突き出て、内陸の山から川によって運ばれてきた土砂が砂浜を形成する。そして海に突き出した岬が波に洗われると侵食が起きて崩落し、海中に崩れ落ちた岩や礫や土砂を波が細かく砕く。西海岸でも、海面上昇で砂浜は内陸へ位置を変えることはあっても、浜がなくなることはない。西海岸では絶え間なく続く活発な地殻変動が土地の隆起を引き起こしているので、海面上昇が直接関係して起きる海岸侵食はそれほど顕著ではない。そのかわり、岸の近くで水深が急に深くなっているため、砂浜は海岸にへばりつくように形成される。西海岸でも東海岸と同じような細い砂の岬(砂嘴(さし))はたくさん形成されるものの、西海岸の典型的な砂浜は幅が狭くて背後に険しい崖がある。

波と砂の複雑な動き

波が砕ける位置は海水面の高さでも変わるが、もっと重要なのは太陽だろう。太陽が大気を暖めて風を生み、この風が波の原動力になるからだ。打ち寄せる波は、実は太陽エネルギーを海岸に運んでいるとも言える。波の大きさは、風がどれくらいの時間、どれくらいの速さで、どれくらいの距離を(どれくらい沖合いから)吹いたかで決まってくる。強い風が、長い時間、長い距離を吹くほど、波は高くなる。

そして波を生んだ風に近いほど波は高く、発生した所から広がって落ち着いてくると、規則正しいうねりになる。浅瀬に近づくと、表面の水は摩擦が多い海底の水よりも速く動くため、波の凹凸が大きくなって不安定になる。水深が波の高さより少し深いだけの浅瀬に到達すると波は砕けてエネルギーのほとんどを放出し、そのエネルギーは浜の形を変えるのに使われる。

一方、海底に堆積した砂の表面を移動する海水は砂粒を動かし、一部を巻き上げて浜へ打ち上げる。砂粒の中には、海水の振動によって海底にできる不思議な波形模様とともに海底を移動するものもあるが、砂の多くは海水に運ばれて移動する。水の動きが速いほど運ばれる砂の量は多くなり、水の動きが遅くなると、運ばれてきた砂は沈んで海底に堆積する。波が砕けると砂は波に巻き上げられ、波

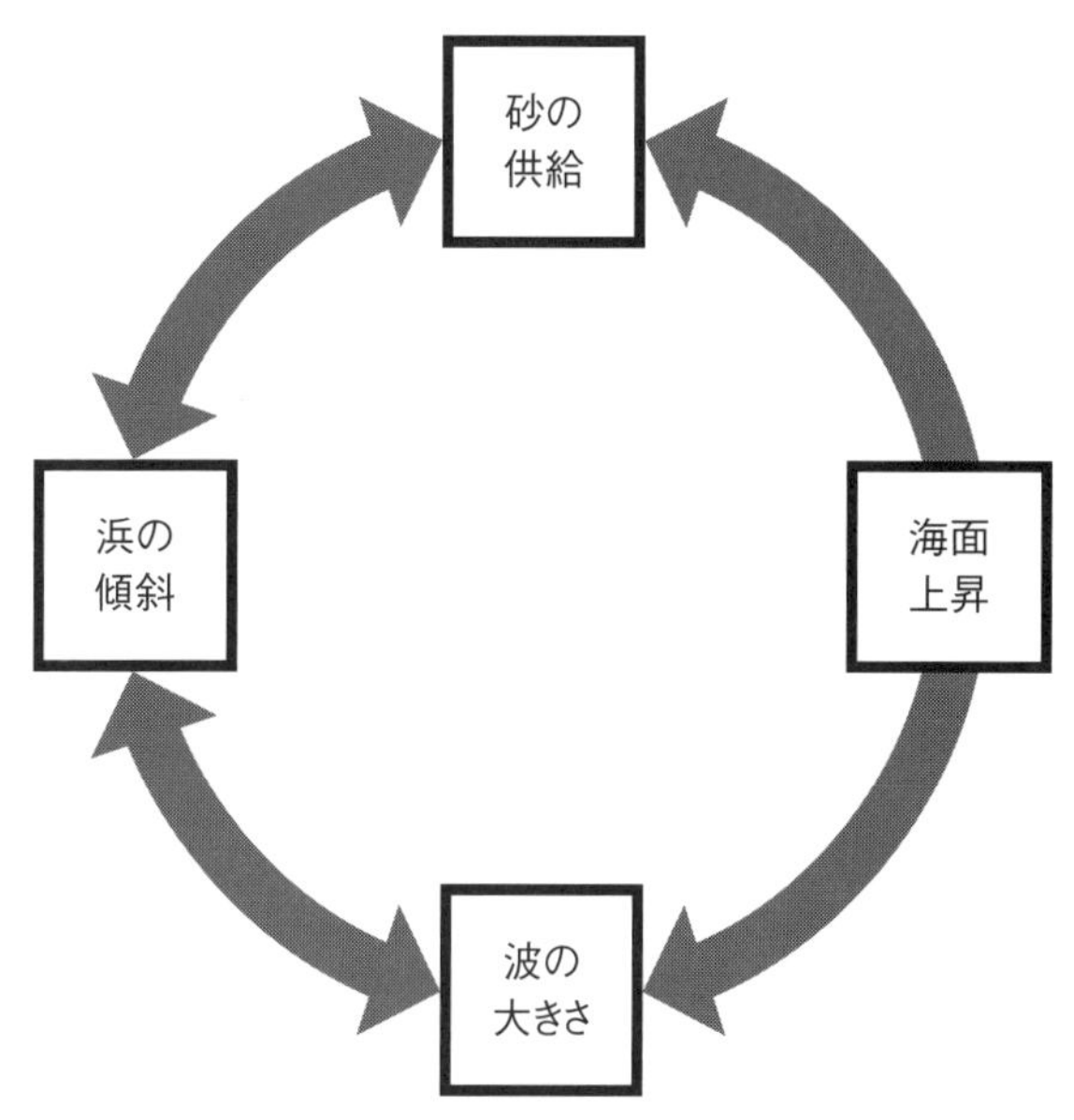

海岸線は、砂と、海面上昇と、地形と、気象が相互に作用し合ってつくられる（ジェン・クリスチャンセン）

が浜に到達して勢いがなくなるとそこに堆積する。浜に砂が積もる仕組みの説明としてはわかりやすいだろう。海が荒れたときに強い波が激しく海岸に打ちつけて浜を削り、引き波によって持ち去られた砂が沖の少し深い海底に堆積する仕組みも説明できる。海面の波の動きは深い海底にはほとんど伝わらない。よほど大きな波でなければ、水深が一〇メートルを超える海底まで砂を運ぶことはできない。

波が常に海岸線と平行に砕けるなら、砂粒は複雑な動きをしない。波が穏やかなときは岸に打ち上げられ、波が荒くなると沖へ運ばれるだけになる。しかし波はいつも沖からまっすぐに〔岸に対して直角方向から〕打ち寄せるわけではない。波の方向はさまざまな要因で決まるが、風の向きが一番多い方向

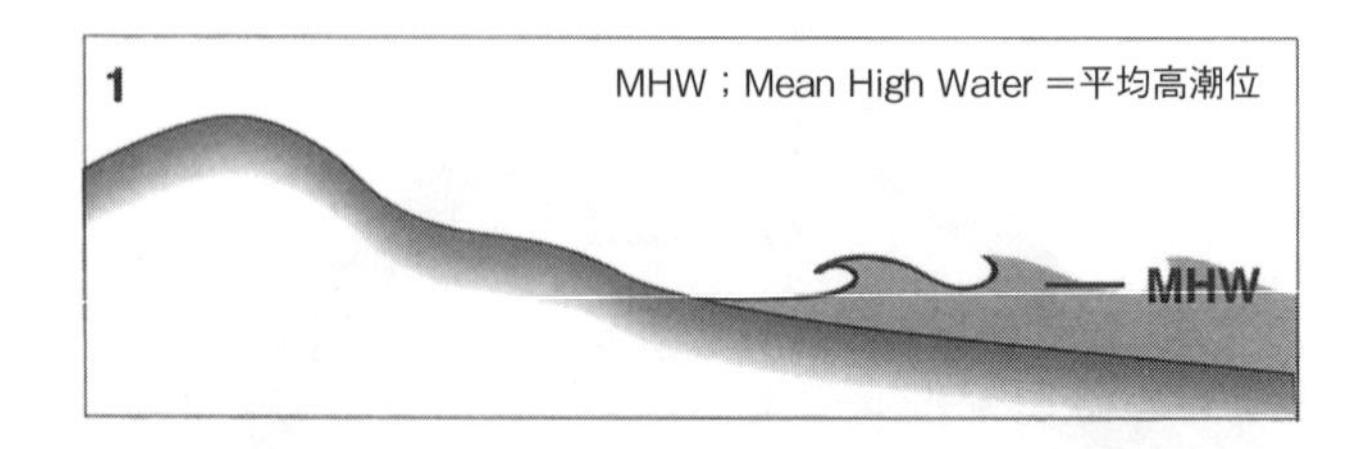

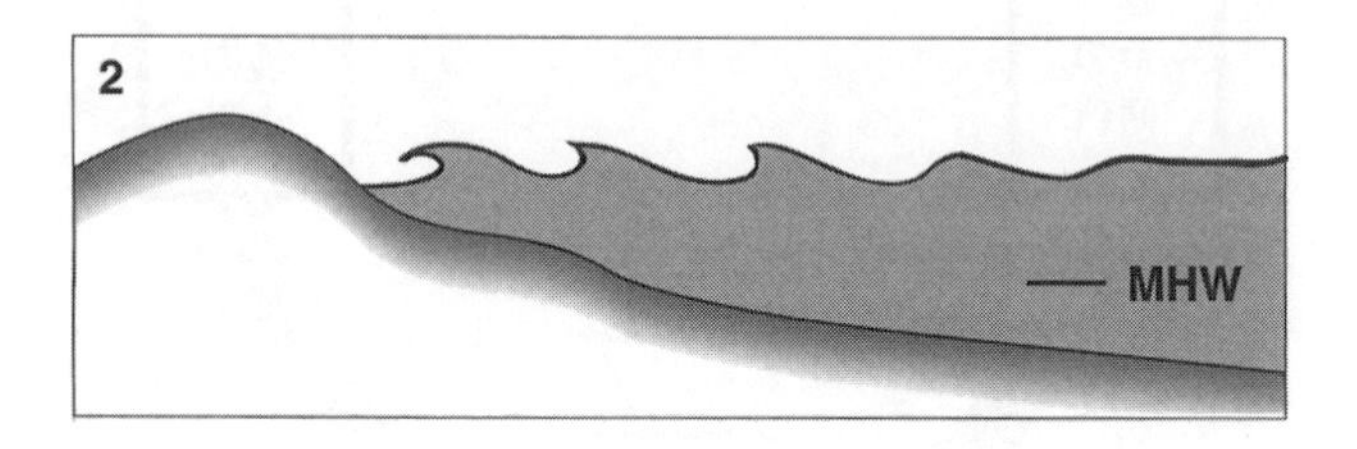

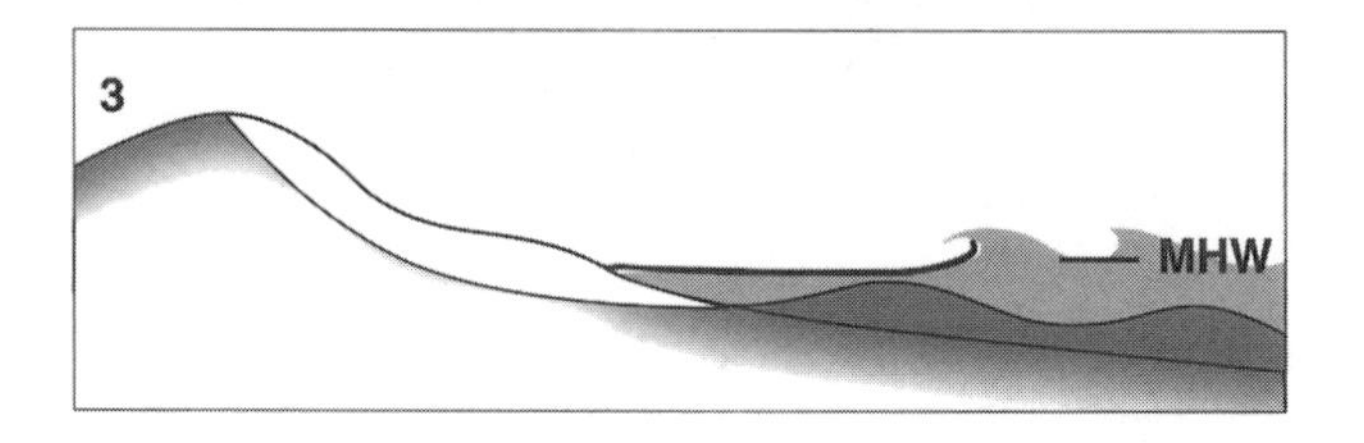

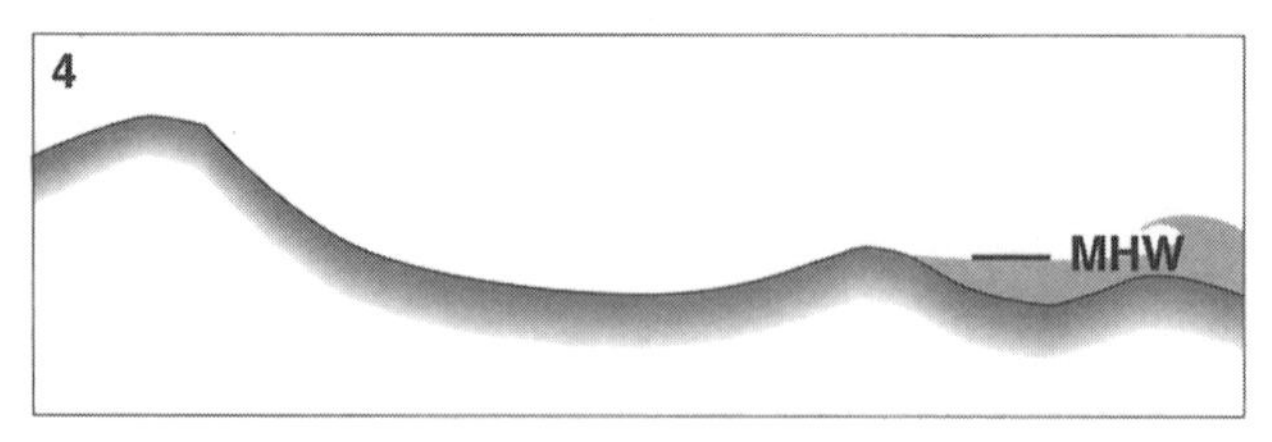

穏やかな天候のときは（1)、浜の登り傾斜で波が砕ける。海が荒れているときは（2)、大きな波が砂丘に達して砂を沖へ運び去り（3)、一つあるいは二つの海底砂州に堆積する（4)。天気が回復すると、穏やかな波のうねりによって海底砂州にある砂の一部が浜へ戻る（ジェン・クリスチャンセン）

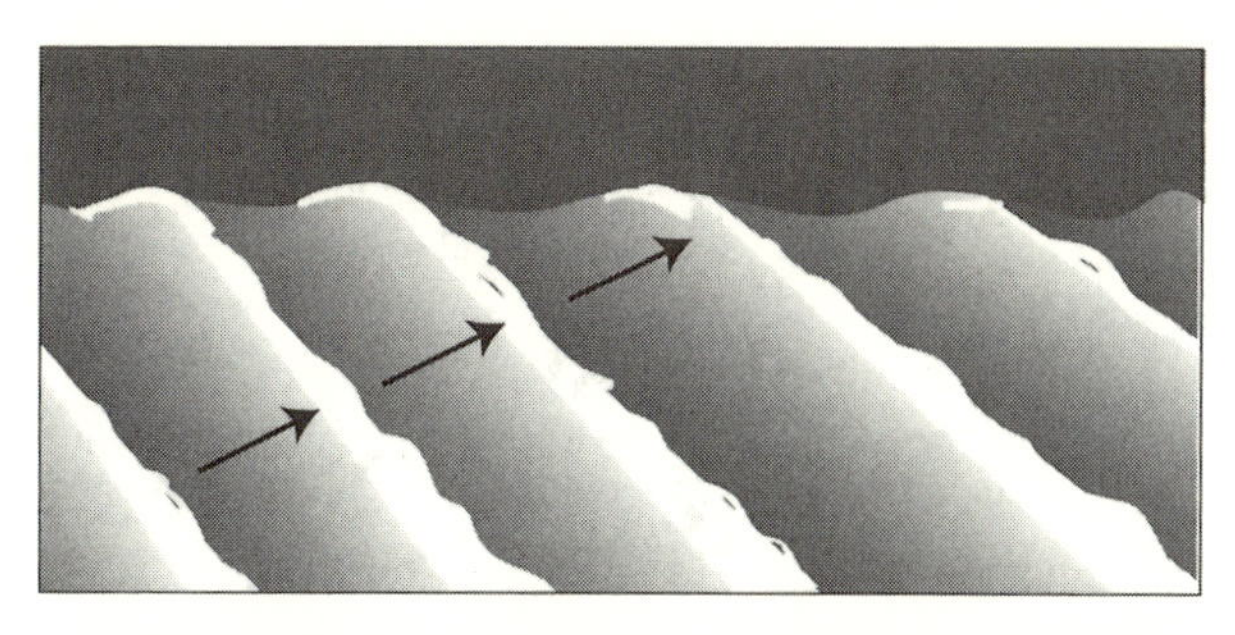

波はほとんどの場合に岸に対して少し斜めに打ち寄せるので、浜に平行に移動する水の流れができる。この流れが沿岸を漂流する砂を運搬する（ジェン・クリスチャンセン）

と強さに特に影響を受けるため、海岸線に対して多少斜めに打ち寄せる。わずかに斜めになるにすぎないので、浜の海水浴客の多くは気づかない。しかし、少しでも斜め方向から打ち寄せれば、浜に平行に吹く風とも連動して沿岸流が発生し、砂を一方向に移動させる。海が荒れたときには、この運搬作用が特に著しくなる。

こうした砂の動きを通常は一年以上調べて、移動した砂の総量をその浜の沿岸漂砂量とみなすが、場所によっては膨大な量の砂が移動する。ノースカロライナ州アウターバンクス海岸には東海岸特有の強い波が押し寄せるが、一カ所の砂浜で年におよそ五三万立方メートルもの砂が北から南へと移動すると地質学者は推定している（大きなダンプに積める砂は約七・五立方メートルあまり）。ケープコッド岬の先端部分、ちょうど腕の形の半島の手首に当たる部分に位置するプロビンスランド地域では、南から北方向へ流れる大量の砂が新たに何キロにもわたって砂浜を形成している。ほかの地域では風による砂の移動量がきわめて小さいため、一度海が荒れて浜の形状が変化すると数十年も元に戻らない場所もある。

海が荒れると、海水面が高くなり、波は大きくなり、海岸に打ち寄せる頻度も増え、砂浜はみるみるうちに形を変える。波が砕ける位置も岸に近づき、砂浜を削っていくようになる。大荒れの状態が長引く場合や、波がとてつもなく高い場合には、砂浜の背後にある砂丘や浜崖までも侵食されて砂が持ち去られる。しかし、砂が失われるわけではない。詳しい仕組みは完全には解明されていないが、波に持って行かれた砂は形を変えて海底砂州になり、沖からの荒波が砂浜に到達する前に波の威力を弱める働きをする。ひどい嵐のときには海底砂州が一本あるいは二本、ときには三本もできることがある。波の持つエネルギーをそれぞれの砂州が発散させるので、浜に打ち寄せた波は、浜の斜面を駆け上って隙間だらけの砂にしみ込んでまたしみ出すだけになり、ほとんど砂を持ち去ることはなくなる。

一方砂浜では、軽い小さな砂の粒子を風や波が吹き飛ばして後背地へ持ち去っても、浜に残った貝殻や石のかけら、深紅のザクロ石の粒といった重いものが、下層にある砂浜を守る鎧のような役割を果たす。（嵐が過ぎ去ると、こうした鉱物は浜に暗色の層となって残る。天気が良くなると、この層の上に色の薄い細かい砂が積もり、砂浜の色の変化を追うことで浜が回復したことを知ることができる。砂浜を掘って地下の断面の砂の層を「読む」ことで過去の浜の変化の履歴を知ることもできる。）

嵐が過ぎ去る頃には砂浜は大きく変化している。砂丘がなくなっているかもしれないし、背後に崖

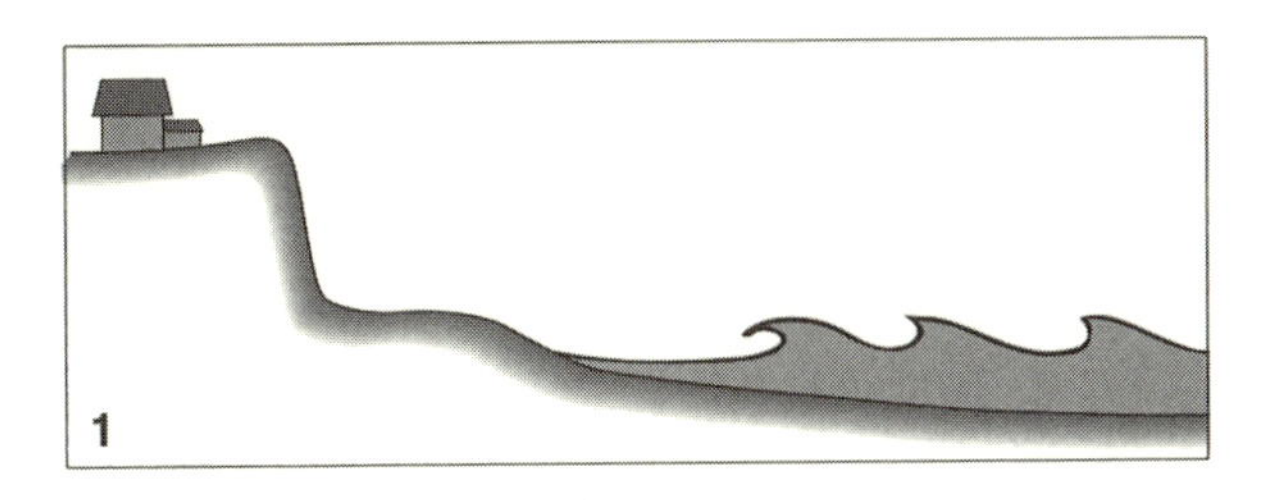

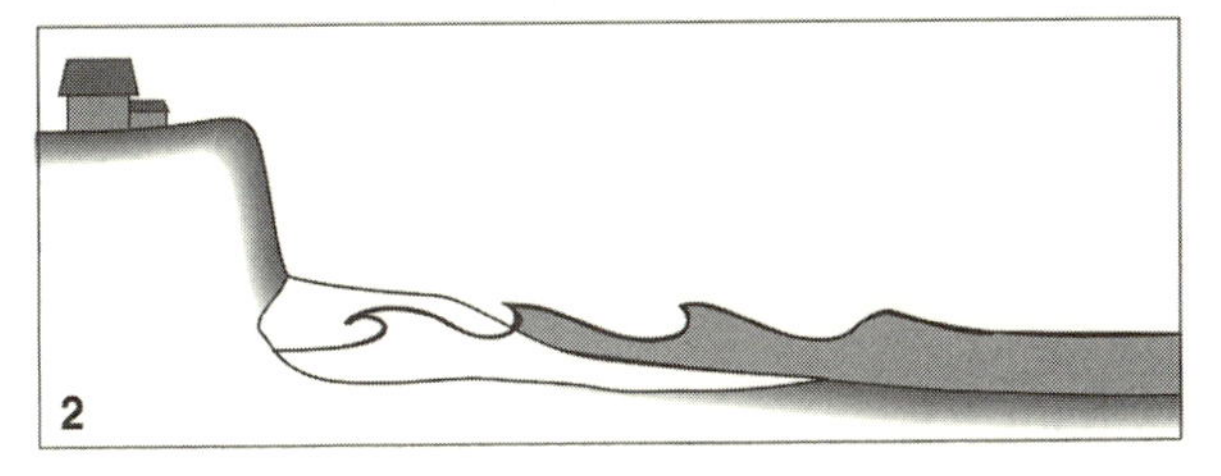

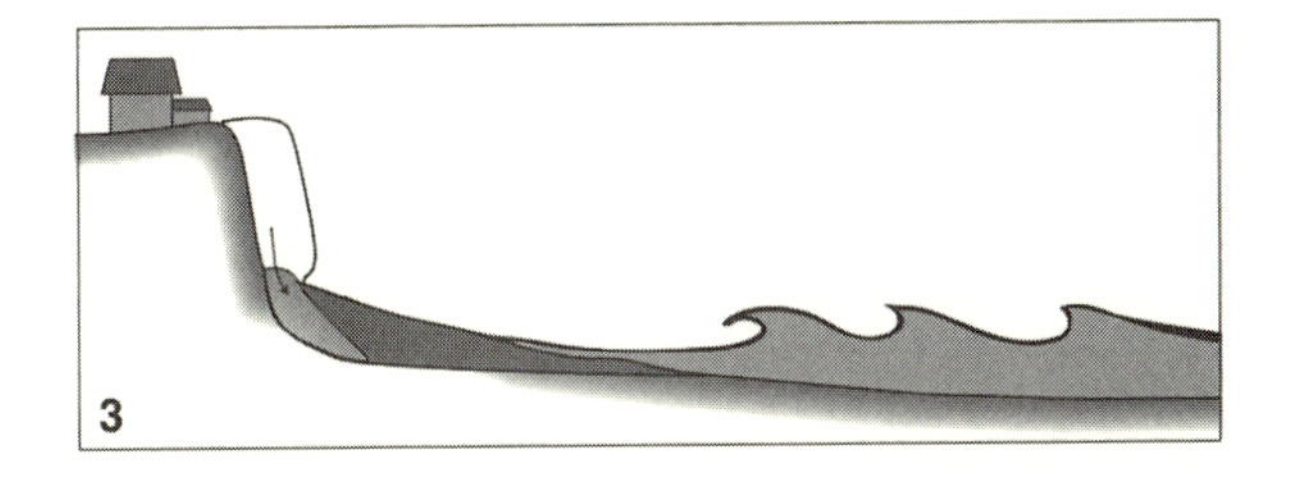

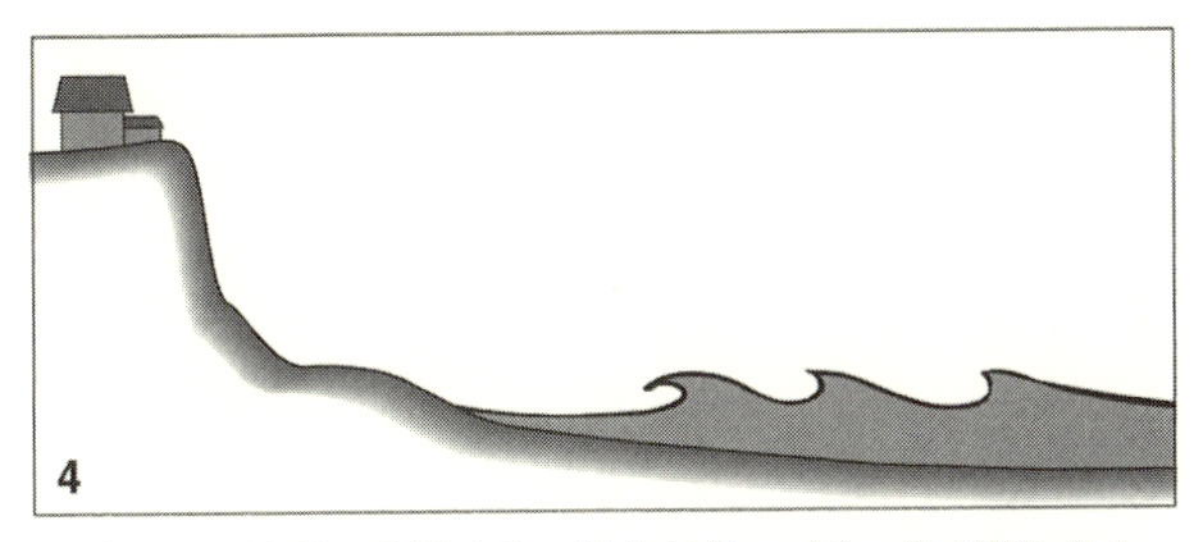

浜崖がある海岸の砂浜は狭い場合が多い（1)。海が荒れると、波が崖の根元を削り取る（2)。ついには崖が崩れ（3)、浜に砂を供給する（4)（ジェン・クリスチャンセン）

があれば、崖の下にあった砂浜はなくなって波が崖を洗っているかもしれない。そうすると砂浜は侵食されてしまったように見える。いや、実際に侵食されたのだが、別の視点からは侵食されたのではないとも言える。浜が自身を守るために砂という資源を使っただけなのだ。砂は水面下の海底砂州へ移動していて、天気が回復して波が穏やかになり、運が良ければ、また砂浜へと戻り始める。それには数週間、数カ月、あるいは数年を要することもあるが、砂の移動をさまたげるものがなければ、砂浜はほぼ元の状態に戻る。

海岸の崖の侵食と砂の供給

侵食は、ある区域の砂の流出量が流入量より多くなると起きる。これは実に単純で自明なことなので、海岸工学の専門家や、政策立案者、開発業者が、最近になってやっとこのことについて考え始めたと知ると驚いてしまう。

スクリップス海洋研究所の海岸研究センター長ダグラス・インマンと、ウッズホールでの会合の参加者の一人は、このような砂の動きの仕組みを一九七〇年代に理論的に説明した数少ない科学者だった。インマンは、砂浜が形成されるための要因は三つあるという理論を立てた。砂の供給源があること、供給された砂を動かす輸送の仕組みがあること、砂が深く沈んで失われる場所があること、の三つである。これらの要因が揃って初めて「沿岸単位（リトラル・セル）」と呼ぶ海岸地形が形成される。海岸というひとまとまりの地形を見ると、インマンの言う通り沿岸単位が連続して並んでいる。

「砂の供給源・輸送メカニズム・沈降場所から成る沿岸単位という考え方は、ごく当たり前のこと

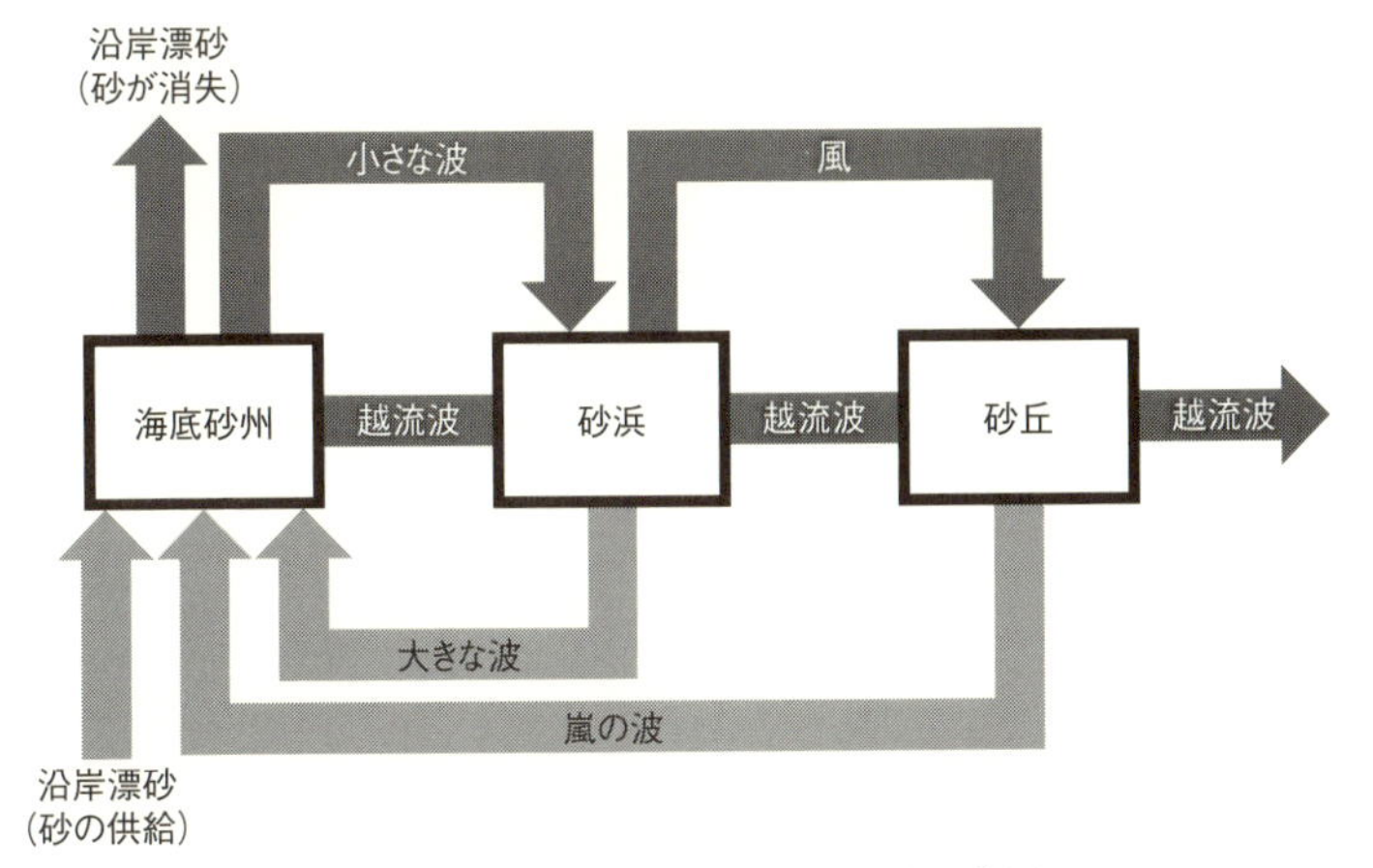

砂を持ち去ったり、運び込んだりする作用

のように思えるが、とても重要な概念になる。砂の供給源がわかっていれば、あるいは移動経路や堆積場所がわかっていれば、これらのどれか一つでも取り除いたときに何が起きるかを予測できる」と、インマンは後に述べている。

砂がどのように動くか厳密にわかっているわけではないが（「海岸線に沿って土砂を動かす力がどういうものか、誰にも見当がついていない」とインマンは言う）、この理論が見事に当てはまる事例はあまりにも多い。今まで誰も明言してこなかったのが不思議なくらいだとインマンも言う。「構造物が一九三〇年代に建設されたときにはわからなかった」。構造物とは、カリフォルニア南部の海岸に建設された導流堤、防波堤、そのほかの土木構造物を指す。「どうしてわからなかったのか私にはよくわからないが、とにかくわからなかった」。

インマンの最初の調査地だったカリフォルニアでは、両端が岩場の岬にさえぎられる一続きの浜が沿岸単位になる。それぞれの単位ごとに山から自然に流れ下る川や渓流があり、そこから砂が供給される。水が河岸や河床を浸食すると土砂が流され、海までたどり着くと土砂は海底に沈む。そのあと砂は沿岸流に乗って移動する。そして、海岸線近くにまで達する古い時代の河川渓谷や海底渓谷があると、沿岸流に運ばれていた砂は最終的にそこへ落ち込んでいく。こうした渓谷状の地形はどこでも砂が沈降していく場所となる。渓谷の上を横切るように流れる水は流速が落ちるため、流れに乗って運ばれていた粒子は渓谷の中に沈降し、海の底へと消えていく。

このように砂が失われても、内陸から土砂が供給されている限り、砂浜への影響はほとんどない。しかし太平洋に注ぐ河川のほとんどは、ここ五〇年ほどの間に洪水防止のためにコンクリートの堤防が築かれ、治水や発電のために完璧に堰き止められてきた。このため川に流れ込む土砂は減り、流れ込んだとしてもダムに行く手をさえぎられた。飢えた砂浜は、新しい砂の供給源を探し回ったすえに、西海岸の砂浜には背後に崖があることに気づいた。波が崖の根元を洗い始めると崖は崩落し、浜に新たに土砂が供給された。浜にこのように砂が供給されるようになった事例は枚挙に暇がない。一〇〇年前のサンディエゴの地図には今は存在しない崖の上の道路が記されているし、かつては崖に埋もれていた地層の中の岩が今は海の中にそびえ立つ岩塊になっている場所もある。

海岸の崖の侵食は常に起きているわけではない。天候が比較的穏やかならば、崖が数年にわたって侵食されずに残っている場合もあるだろうが、一度嵐が襲来すれば大きく侵食されることになる。たとえば、カリフォルニア州サンタクルーズにある浜崖の一つは、一九三一年から一九八二年にかけて約七・五メートル侵食された。平均して年に一五センチほどになる。しかし、一九八三年の一月に強烈な嵐が来て海が荒れたときには、崖の上部が約一四メートル削り取られた。この一回の悪天候で、年に一五センチだった平均侵食速度は年に四〇センチとなり、侵食速度が三倍近くに跳ね上がった。

当時カリフォルニアの海岸の調査をしていた二人の研究者は、「こうした調査結果からは、平均侵食速度を慎重に取り扱わなければならないことがわかる。可能な限り過去にさかのぼって変化のようすを把握しなければならない[10]」と指摘している。庭に水を撒いたり、家庭排水を流したりするだけでも地面の強度が弱まって波が来たときに崩れやすくなるので、崖が崩れる原因になる。

同じような砂の「供給――運搬――沈降」の仕組みはアメリカ東海岸にもあるが、その仕組みは西海岸ほどはっきりしたものではない。東海岸では、河川によって海岸まで運搬された土砂は、通常は防波島の背後にある汽水域に堆積し、大部分は防波島の砂浜を形成する砂の循環経路にたどり着かない。しかし岬が侵食されて浜に砂を供給している事例はある。たとえばケープコッド岬のアウターケープ海岸では、半島の前腕中央部に当たる部分で崖が侵食され、南北にある砂浜に砂が供給されている。「マサチューセッツ州南東部では、砂浜、海底砂州、防波島の浜や砂丘を形成するための砂は、ほとんど例外なく氷河期の堆積物が侵食されることで供給されている。崖が侵食されないよう対策をとれば、約八〇年後に砂浜は消失する」と、ガイスは述べている。

ここでも砂は西海岸と同じように沿岸流に乗って防波島に沿って移動し、島の切れ目の海峡に来ると移動が止まる。島の切れ目が自然の状態で保たれていれば、潮の干満に応じて切れ目の内側(上げ潮時)や外側(下げ潮時)にできる浅瀬に砂が堆積する。こうした防波島の切れ目を船が航行できるように導流堤を建設して維持すると、砂は導流堤のわきに溜まる。切れ目の海峡の海底を船が通れるように掘削すると、砂は沖に運ばれる場合が多く、浜に戻ることはない。いずれにしても、防波島の切れ目は砂が消失する場所であると言ってよい。

砂州崩壊を受け入れた町・チャタム

「沿岸単位」は比較的新しい考え方だが、海岸に関心のある人なら海岸は変化しやすいものだということは誰もが昔から知っている。マサチューセッツ州チャタムの町は、ケープコッド岬の半島の肘の部分に一七世紀に造られ、二〇〇年後のマリンディンの調査の始点になった。チャタムでは細長い砂嘴が浅いプレザント湾を外洋の荒波から守り、入植したヨーロッパ人が湾内に港を建造して以来、海岸線は同じような変化を何度か繰り返してきた。この砂嘴は、それより北にあるアウターケープ海岸の崖が侵食することで生まれた砂が沿岸流で運ばれてきて形成されている。

湾の入り口になっている小さな海峡は、砂嘴が大きくなるにつれて南へ移動しながら狭くなる。やがて海峡がこれ以上ないくらい狭まると、海が荒れて大きな波が砂州を越えて湾内に入ってきたときに、その海峡からは海水が外海へ出て行きにくくなる。湾内に閉じ込められた海水は出口を求めて砂州の脆弱な部分を探し回り、適当な場所が見つかるとそこを突破して、切れ目を押し広げながら一気に海へ流れ出る。

海が穏やかになると、潮の流れはまた砂を南方向へ運んでいく。しかし、新たな切れ目ができていると、切れ目の内側や外側に潮の干満によって砂州や浅瀬が形成され、砂はそこに堆積してしまう。そうすると新しい切れ目の南側では、砂嘴を維持するための砂が足りなくなり、やがて砂浜はなくなっていく。一方で、漂流してくる砂が供給される北側の砂嘴は再び大きくなり始めて南へ延びる。北から運ばれてくる砂の量は年におよそ二三万立方メートルにもなると考えられている。砂嘴が南へ延びてゆくサイクルがまた始まり、一四〇年くらいすると地形が以前の形に戻り、また切れ目が入る準備しで過ごすことになる。

一七世紀初頭にサミュエル・ド・シャンプランがこの海岸を探検したときは、ちょうど砂州に切れ目ができたあとで、砂州が南方向へ伸びている最中だった。一八四〇年にもまた切れ目ができたが、このときもまた砂が流れてきて修復された。一九七〇年代の後半にも細長い砂州がはるか南まで伸び、チャタムの住民は、また切れ目ができるのを不安げに待ち続けた。チャタム海岸保全委員会はガイスを雇い、現状を調べて砂州に切れ目ができたときの対処法を推奨してもらおうとした。しかしガイスにできるのは、せいぜい町が何を備蓄しておいたらよいかを説明するくらいだった。毎年、冬に北東からの強風ノーイースター〔アメリカ北東部やカナダの大西洋岸を襲う発達した温帯低気圧による嵐〕が吹き付けるたびに、チャタムの住民はかたずをのんで砂州が切れるのを待った。

そして一九八七年一月二日、夜明けに近地点潮の大潮と猛烈な吹雪とが重なった。ノーイースターの風は毎秒二二メートルになり、三メートルを超える波が細長い砂嘴に打ち寄せた。住民はプレザント湾の内側にあるチャタム灯台に集まり、町を守っている砂州がなくなるときがきたかどうかを見守っていた。正午過ぎに満潮になり、大波が砂州を越えて湾の中に流れ込んだ。数時間後に潮が引き始めると、湾内の海水は細い砂州を突き破り、外海へ怒涛となって流れ出した。翌日には、この部分が砂州の切れ目になった。湾の内側と外海を結ぶ新しい水路ができ、潮の干満のたびに切れ目が広がった。数週間しないうちに切れ目の南にある砂州が激しく侵食され、切れ目がさらに広がった。こうしてチャタムの町は、大西洋の荒波にまたさらされることになった。

ヨーロッパ人がケープコッド岬に住むようになってから砂州に切れ目が入った前の二回と同じよう

に、今回も切れ目は灯台が建つ崖のすぐ東側の砂州にできた。この灯台は、トーマス・ジェファーソン大統領が一八〇八年に最初に灯台守を任命して以来二回建て直されたのち、今の場所に建てられている。[11]最初の灯台は木造で一八四一年に使用禁止になった。二番目の灯台はレンガ造りのツインタワーで、一八四一年に奥まった場所に建てられた。しかし一八四七年に砂州が切れて、それまでは砂州に守られていた町の道路を大西洋の波が脅かすようになった。一八七〇年には、灯台のツインタワーから海岸までの距離がおよそ六八メートルになり、一八七四年にはその距離が五七メートルになり、二年後にはさらにその半分が失われた。そして一八七九年にはツインタワーの二塔のうち南側の一塔が海の中へと崩れ落ち、一五カ月後に残る一塔も続いた。[12]現在の灯台は、これよりさらに奥に建てられている。

ガイスがチャタム海岸保全委員会に提出した報告書は砂州への被害を食い止めるのに何の役にも立たなかったが、一つだけ大切な役割を果たした。「砂州が切れること、および、それに伴う海岸線の変化は避けようがないことを地域住民が広く受け入れたため、海岸保全委員会は、ほかの場所では考えられないくらい海岸線の開発を厳しく規制することができた」とのちにガイスは述べている。[13]しかしそれでも地元の土地所有者らは、海岸線に護岸壁などの構造物を造ることを州政府が規制したことに対して、構造物を造って住居を守りたいと激しい抗議の声を上げ、訴訟まで起こしている。

一八四七年の砂州崩壊以降、沿岸では多くの家屋が海の藻屑となって消えた。残ったものは高台へ移動し、昔のチャタムを知る住民は、現在の町の中心部に並ぶ美しい下見板張りの建物は、かつては侵食が進む湾に面したところに危なっかしく建っていたと語る。[14]それから一世紀以上が経ち、家屋を移動することもなくなった。家々はもはや小ぢんまりとした建物ではなくなり、移そうにも移動する先がなくなってしまった。砂州に切れ目が入って以来、チャタムの湾に面した区域では数億円に相当する家々が失われた。そして灯台にもまた危険が迫っている。「被害はかなり長い間続くと腹を据えなければならない」とガイスは言う。

海岸線の後退と海水面の上昇

氷河がケープコッド岬を覆って大西洋に面する海岸線が今よりずっと東にあったころ、地球表面の気温は平均して今より九度ほど低かったにすぎない。現在は世界的に気温が上昇傾向にあり、おそらくその結果、陸地から見ると海水面は上昇しているようだ。国連の「気候変動に関する政府間パネル（IPCC）」によれば、二一世紀の半ばになると海水面には三三センチから一・一メートルの上昇が見られると予測している。「それくらいなら最悪の状況とは言えない」と、ウッズホールの会合でレザーマンは言っている。「都市設計が悪いところは問題が起きる」。オランダでは「この予測値を深刻に捉え」、行政当局は九〇センチ以上の海面上昇に備えた対策を取ろうとしているとも言っている。

そのような海水面上昇が及ぼす影響は、それぞれの地域の地形によって大きく違ってくる。アメリカ東海岸では、海から山の麓（ふもと）までの平野の勾配はとてつもなく緩やかで、おおまかに言って、海水面が三〇センチ上昇したら海岸線は三〇メートルから六〇メートル後退する。「真剣に考えなければいけないのはそこなのだ」とレザーマンは言う。ウッズホールの会合でインマンは、すでに海水面がこれまでも一〇〇年で三〇センチから四〇センチずつ上昇してきたことが実測値からわかると言っている。

メキシコ湾沿岸（特にルイジアナ州沿岸）では、川の土砂の圧縮、塩性湿地の破壊、地中深くからの石油や天然ガスの採掘、そのほかさまざまな人間活動が、すでに危機的な海水面上昇を招いている。この地域に詳しい地質学者は、数十年のうちにルイジアナ州の郡のいくつかは事実上波に洗い流されると予測している。

構造プレートの衝突によって陸塊が隆起しているアメリカ西海岸では事情がやや異なる。隆起は、海水面上昇の速さを上回るほどではなく、海水面上昇率は東海岸の半分ほどになる。ウッズホールの会合でインマンは、「私たちは衝突が起きている海岸の上で生活している。このため西海岸では大陸棚の幅が狭く、浜崖が海に迫り、火山活動があり、断層が見られる。どれも西海岸ならでは現象だ」と話している。

東海岸については対照的なことを言っている。「海岸が低地にあり、海岸線は波の動きに合わせて決まる。このため海水面上昇の影響は、防波島が内陸方向へ移動するという形で現れる。だから、ノースカロライナ州アウターバンクスのように、海岸線が一年に一・五メートルから一・八メートル後退することになる。一〇年なら一五メートルから一八メートルになるということで、これはかなりの後退距離になる」。

「西海岸では海水面上昇が東海岸の半分でも、状況がまったく異なる。西海岸の砂浜は、陸が削り取られた段差の上に形成されているので、砂浜は東海岸と同じような速さで内陸へ後退できない。どんなに速くても、崖が侵食されるのと同じ速さになる」。

海水面が上昇しているにもかかわらず、ケープコッド岬のアウターケープ海岸の大部分は、ソローが崖の上を徒歩で踏破した一五〇年前とほぼ同じ景観を保っていると考えられる。しかし浜崖が年に六〇センチ以上の速さで後退しているので、ソローがかつて歩いた海沿いの道は、現在は海の沖合一〇〇メートルの位置にある。ソロー自身も、歩いている地面に地質学的にどのようなことが起きているか気づいていた。著書『コッド岬』の中で、「この崖の上に造られたものは、すべて崩落していく運命にある」と書いている。

ウッズホールの会合でレザーマンは、このように不安定な状況を安定させようと試みることの無益さについて語っている。「私たちの社会は、静的平衡を前提にしてできあがっている。しかし、海岸では静的な状態はありえない。海岸のきわに大きな建物を建てておいて、海岸線が後退したと大騒ぎする人たちの気が知れない」。

第3章 突堤を突き出して砂を止めたい

人間が身の丈に合ったことをしたためしはない。
地球の化石燃料も自然環境も使いつぶし
世代を重ねるごとに浪費する量は少しずつ増え
豊かになりたいという欲望や渇望に駆られて未来を食いつぶす。
——ドン・マーキス『アリの主張』

マサチューセッツ州
コネチカット州
ニューヨーク州
ハドソン川
ロングアイランド島
ニューヨーク
モントーク岬
シネコック海峡
ウェストハンプトン海岸
ウェストハンプトン・デューンズ村
モリチェス海峡
コニーアイランド
ファイヤーアイランド島
シーブライト
モンマスビーチ
ニュージャージー州
N
20km
アメリカ合衆国

ロングアイランド島の突堤と砂の行方

物語は、ジョージ・ワシントン大統領が一七九七年に、ニューヨーク州ロングアイランド島の東端にあるモントーク岬の砂浜にそびえる、高さが約一八メートル以上ある崖の上に灯台を造るよう指示したことから始まる。その崖はすでに波による侵食を受けていたが、崖のふちから九〇メートルも離して建てれば二〇〇年くらいは安泰だろうと大統領は考えた。そして二〇〇年が経ち、それが正しかったことが証明された。灯台は今も健在である。しかし現在は崖のふちからわずか一五メートルのところにかろうじて立っている。

モントーク岬の崖では、最終氷期が終わる直前に北から張り出していた氷河が融けて後退し始めたときに起きた自然現象の一環として、絶え間ない侵食が始まった。氷河が北方の内陸部から運んできた岩、石、礫、そして砂が、ニューヨーク市のブルックリンやクィーンズ地区から東へ約二四〇キロメートル細長く指のように延びるロングアイランド島を造る素材として使われた。

その後、氷河が融けて海水面が上昇するにつれて、大西洋の波が島の東端を蝕み始めた。崖に埋もれていた素材が次々と転がり出て石や土砂が海にばら撒かれ、波の絶え間ない動きがそれらを細かく砕いてきめ細かな砂の粒子を作り出した。砂は潮流によって新しくできた海岸に沿って西へ運ばれ、その量は年に一五万三〇〇〇立方メートルにもなった。砂が運び去られても崖が崩れ続けることで、崖の下には新たに砂が供給された。ワシントン大統領が灯台の位置を検討した頃までには、波と潮流がモントーク岬から運んだ砂は、ロングアイランドの南側の海岸線沿いのほとんど全域に、細い糸のように砂の防波島を形成するのに十分な量があった。

この砂浜の広がりは壮観で、薄い灰色の細かい粒子の砂が幅数百メートルにわたって堆積し、草に覆われた背後の砂丘は高さが六メートルほどにもなった。南向きの浜なので、冬に北東からのノーイースターの強風をまともに受けることもなかった。潮流が常に砂を運び去ったが、島の東端に位置するイーストエンドの崖が侵食されることで生み出される砂が十分に供給されていた。ときには海が荒れ、波が島を越えたり、風で吹き飛ばされて砂が島の背後に移動することもあったが、そこには湿地が形成されて、シネコック湾、モリチェス湾、グレートサウス湾内へと島はゆっくり後ろへ広がっていった。海水面が上昇するにつれて防波島の海岸線が徐々にロングアイランド島方向へ移動していくと、こうした湿地が新たな砂丘の土台になった。

しかし、一九三〇年代に襲来した二つのハリケーンがこのような状況を一変させた。一九三一年のハリケーンは、モントーク岬とマンハッタンの間にあるサウスショア海岸のちょうど真ん中辺りに、防波島を断ち切るように切れ込みを入れた。そのまま放っておけば、この切れ目は自然にふさがり、元の砂の流れが復活しただろう。しかし、防波島に切れ目ができたことで、ロングアイランド本島と外海を結ぶ貴重な航路ができたのだ。そこで、海底の掘削（浚渫(しゅんせつ)）と導流堤建設によって防波島の切れ目を維持することになった。こうしてできたモリチェス海峡は、ロングアイランド島の変化することのない景観の一つとなり、このときから西向きの砂の流れはここで止められることになった。その七年後の一九三八年にも特大のハリケーンが襲来し、今度はモリチェス海峡とモントーク岬の中間辺りの防波島に切れ目ができた。この切れ目も閉じないよう対策をとることになり、こちらはシネコック海峡と呼ばれることになった。このとき以来、これら二つの海峡の西側の砂浜は、みるみるうちに侵食が進むことになった。

それはちょうど防波島に家を建てて住む人が増えていった時期と重なり、特に第二次世界大戦後にニューヨーク市民がロングアイランド島になだれを打つように移り住んだ時期に当たる。人が住むと防波島の侵食は一大事になる。ニューヨーク州当局は合衆国連邦議会と陸軍工兵隊に助けを求め、一九五四年には工兵隊が関与することを連邦議会が認めた。こうして一九六〇年に報告書が作成された。この報告書の中で、シネコック海峡から西へモリチェス海峡を越えてファイヤーアイランド島までの区域の海岸沿いにある建造物を守るための段階的対策が提唱された。当時はファイヤーアイランド島の開発はまだあまり進んでいなかったので、対策はおもにモリチェス海峡とシネコック海峡の間の区間を想定したものになった。ウェストハンプトン海岸として知られる砂浜である。さまざまな対策が提唱されてきた中で報告書が推奨したのは、約二六〇〇万立方メートルの砂を投入して浜の幅を広げ、八〇戸ほどの建物を取り除くかかさ上げし、砂丘に植物を植え、そして「もし事業を進めながら必要だということになれば[1]」、投入した砂をその場にとどめるために突堤を五〇基ほど建設する、という内容だった。

突堤は、よく導流堤と混同されるが、砂浜から沖へ石積みあるいはブロック積みの短い棒形の構造物を延ばすものを指す。まるで指が砂浜から海へ突き出しているように見え、これが砂を止める働きをする。工兵隊の計画では、突堤なら潮流が砂を運び去るのを防いで砂浜を守れるということだった。突堤の建設は、砂の流れの最下流にある西端のモリチェス海峡の側から始め、東方向へ建設していく。そうすれば、投入した砂をそれぞれの突堤にできるだけたくさん受け止めさせられる。州当局はこの報告書を読んで、「建設許可を出す突堤の数は、五〇基を下回らないことを強く要望する」と工兵隊に伝えている[2]。

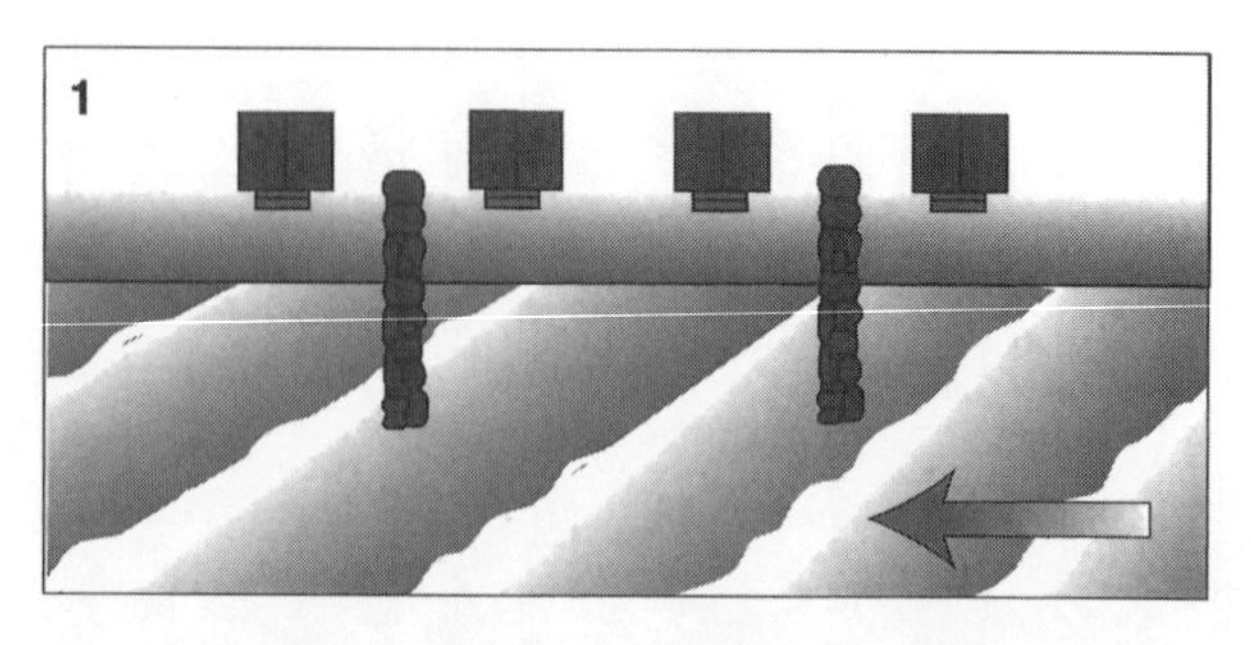

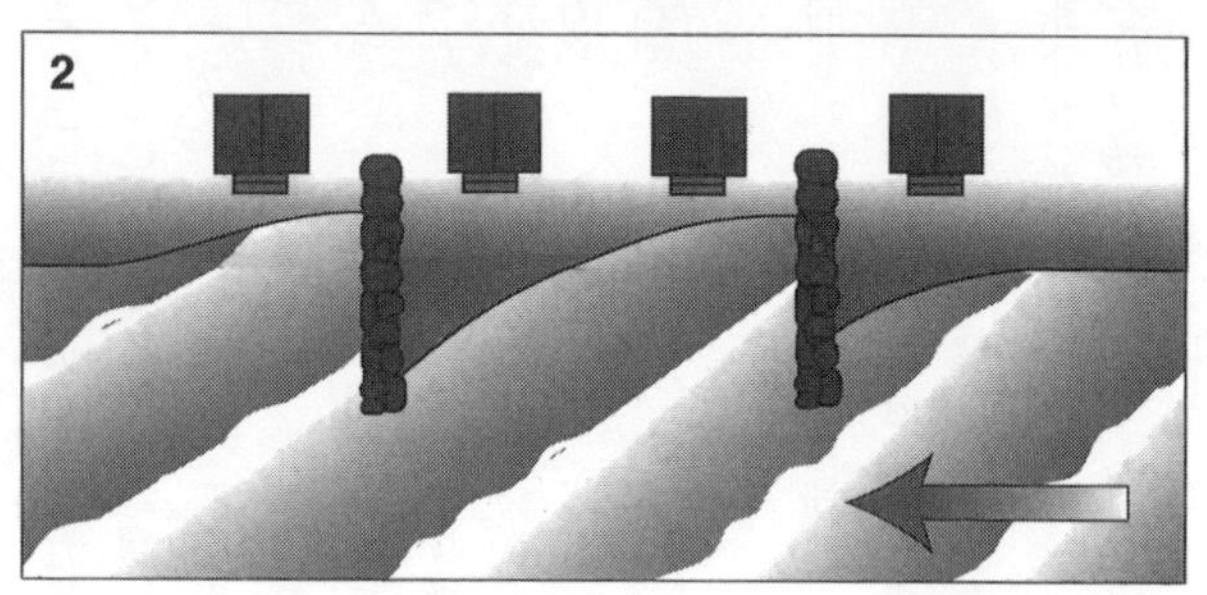

突堤は、沿岸流によって移動する砂を受け止める。海岸沿いの土地の所有者の中には、突堤の位置によって恩恵を受ける土地所有者もいたが、これは、ほかの場所から砂を奪ったことにほかならなかった（ジェン・クリスチャンセン）（注：p.66の写真と対応させるために、原書の図を左右反転して掲載）

しかし工兵隊は、この事業を完遂することができなかった。事業の第一段階は一九六四年に始まったが、ここで致命的な間違いを犯し、これがそのあと数十年にわたってこの地域の砂浜を苦しめることになる。突堤の建設が西端から始まっていれば、島に沿って流れてきた砂を受け止められたのだが、計画通りには建設が進まなかった。海岸に面した土地を所有する有力者の強い要望を受けて、突堤建設は東から始まってしまったのだ。最初の一一基は、ウェストハンプトン海岸のちょうど中央辺りに建設された。

案の定、突堤を建設した地

域の西側の砂浜の侵食がすぐに加速し、さらに先へ突堤を造れとの大合唱が起きた。そして四基が追加で建造されたが、侵食の著しい区域が西へ移動しただけだった。一九七〇年になると、財政的な問題や、突堤は有効性より弊害のほうが大きいと感じた環境保護団体からの批判もあって、突堤を建設中だったサフォーク郡の行政当局は建設費用の郡の負担分の支払いをやめてしまった。これを受けて工兵隊は事業を中断することにした。まずい計画がまずい展開になり、その後、この地域は最悪の事態に陥る。

砂の流れの上流区域に住む人たちは、突堤で広い砂浜ができて安泰だったが、突堤建設区域の西側に住む人たちは絶望的な状況に置かれた。潮流は相変わらず砂を持ち去るのに、突堤があるために新たな砂の供給がなくなり、砂浜はどんどんやせ細った。侵食は砂丘にも及び、細長い島の端から端まで続く二車線の舗装道路（皮肉にも「砂丘道路」と名づけられた）の両側に一列の家並みを残すだけになった。このような見た目にも明らかな一大事が起きているのに、住民は島の外海に面した側に大きな新しい家を建て続けた。連邦政府の洪水保険の基準を満たすために家は木製の土台の上に建てられたので、満潮時には、足のつま先を水に浸けた間抜けな水鳥のように見えた。

舗装道路の陸側に建てられていた家々は古く、建物の土台部分が低く、小さな家屋が多かった。こうした家の持ち主は、また別の脅威にさらされることになる。海が荒れると、ますますやせ細る島を波が越えてくるようになり、波が運んでくる砂の量がどんどん増え、居住者は庭や通路、そして居間にまで侵入する砂と戦う羽目になった。

突堤そのものも、侵食とは無関係でいられなかった。西端に造られた突堤は、付け根の浜の砂が波で持ち去られたので、波を横から受けるようになり、やがて砂浜から切り離されて突堤が海の中にた

ロングアイランド島のウェストハンプトン海岸の東側にある突堤（写真上部）は砂を溜め込んだが、その西側の砂浜では砂が足りなくなった（スティーブン・P・レザーマン）

たずむことになった。金属製の波板を矢板として砂浜に打ち込んで突堤を浜につなげようとしたが、波はこの矢板も根元までえぐってしまった。

そして一九九一年のハロウィーン（一〇月三一日）に、ロングアイランド島を含む東海岸一帯にノーイースターの強烈な北東の風が吹きつけた。突堤の西側の防波島は、このときすでに海面からかろうじて顔を出す平坦な地面が残るだけになっていて、大きな波が持ち去ってもよい余分な砂はもうなかった。海水が島全体を乗り越え、砂も一緒に内陸側へ運ばれたため、防波島の湾側では砂に埋もれてしまう家もあった。多くの家が強い北風の嵐で破壊され、残ったものも、壊れた家の瓦礫（がれき）でかろうじて支えられている状態になった（レザーマンは、ずたずたになった島の被害状況を調べにやって来て、とても危ない目に遭った。失われた砂の量があまりにも多かったので、被害を受けた海際の家を下から支えている瓦礫の間を縫うようにウェストハンプトン海岸を移動しなければならなかった。そのような家の下を歩いていたら、台所の床が突然抜けて、大きな冷蔵庫が足元に落ちてきた。幸い怪我はなかった）。コンクリートの浄化槽が砂から突き出している以外に何も残っていない家もあった。防波島の幅は、約七〇メートルにまで狭まっていた。

次の夏に砂浜は少し回復したものの、一九九二年から九三年にかけての冬には何度も大風が吹き、一二月に嵐に見舞われたときにはモリチェス湾へ通じる切れ込みが島の二カ所にできた。そのうちの一つは嵐がおさまってから自然にふさがったが、大きいほうの切れ込みは一月と三月にまた強烈な嵐がやってきたときにさらに幅が広がり、今ではリトル・パイクス海峡として知られている。かつては二五〇〇戸以上の家屋があった島の一部は切り離され、サフォーク郡が連邦軍に提供してもらった水陸両用船でしか行き来できなくなった。まだ九〇戸ほどの家屋は倒壊していなかったが、あまりにも危

1991年の嵐でウェストハンプトン海岸が切れた。連邦政府、州政府、郡政府は、莫大な費用を費やして修復しようとした（写真提供『ニューヨーク・タイムズ』紙）。

険な場所になってしまったので、住民は自宅に戻ることも禁じられた。さらに具合の悪いことに、ロングアイランド本島からモリチェス湾をモーターボートで横切ってやってくる不届き者が現れ、残っている家々に侵入して略奪を働いた。

被害を受けた区域に家を所有していた人たちは、サフォーク郡を相手取って集団訴訟を起こし、州政府や連邦政府も巻き込んだ係争になっている。家の持ち主たちは、侵食対策のための事業が砂浜を破壊したために、自分の家が被害を受けたと主張した。立ち入り禁止になった区域の家の所有者たちは訴訟を有利に進めるために、所有権や投票権についてのこれまで数十年間の判決例を参考にしながら、その区域をウェストハンプトン・デューンズ村という行政組織にした。所有地がすでに海に没している人たちも法的にはその海域を所有地であると主張できたので、実際には誰も住んでいないのに、新しい集落の公式な住民登録者数は五八〇名にのぼった。

裁判は一九九四年の一〇月に和解した。和解の条件は、連邦政府、州政府、郡政府が共同で約三四〇万立方メートルの砂を海岸に投入し、幅が一〇〇メートルあまりの新しい浜と、高さ五メートルの防護用砂丘を構築するというものだった。そして侵食域に一番近い二つの突堤は、砂が突堤を回り込んで移動できるように長さを短くすることになった。この浜をなぜ税金で修復するのかという批判に対応するため、海岸沿いの土地所有者は砂浜を一般に開放することに同意した。新たにできた切れ込みから州立公園の境界に当たる防波島の東端までの約三・二キロメートルの砂浜には、「砂丘道路」から浜へ通じる遊歩道を六カ所に造ることになった（しかし、「砂丘道路」には駐車場がなかったので、一般市民に便宜を図るための遊歩道設置は気休めでしかなかった）。家を失った人は、砂浜構築事業が終わった時点で所有地が水深七五フィート（約二三メートル）より深い所にあり、建て直す家が砂丘から少なくとも二五フィート（約八メートル）引っ込んでいれば家を再建してよいことになった。この事業の当初の予算額は三二〇〇万ドル（一ドル一〇〇円として約三二〇億円）と見積もられ、連邦政府（七〇パーセント）と州政府（二一パーセント）とサフォーク郡（九パーセント）が負担することになった。

この事業に賭けてきた人たちは、強い意志と十分な予算で海に対抗できる砂浜を「維持」できたとして、完成が近づくにつれて胸を張るようになった。また、政府が引き起こした被害なら訴訟を起こせば補償される前例になったと考える人たちもいた。「この事例は金字塔になります。行政のしたことで何か不具合が出たら、それに背を向けることはできないということを行政に知らしめました」と、ウェストハンプトン・デューンズ村の当時の村長ゲイリー・A・ベガリアンテは語っている[3]。和解時の合意によって、ベガリアンテと一緒に闘った所有者たちは一九九七年に新しい砂浜を手に入れ、今後三〇年間は、砂浜が侵食されたら行政が費用を負担して砂が補充されることになっている。

しかし、環境保全活動家たちや海岸研究者の多くの見方は違っていた。ウェストハンプトン・デューンズ村の事例は、実際の砂浜の仕組みを考えない人たちが、不安定な自然環境に構造物を建設し、続いて当然起きるはずの弊害に対して砂浜にさらに構造物を入れて対処しようとした末の惨状だとみなした。防波島に切れ込みができたときには、自然に修復されてまた砂の流れが回復するのを待たずに、自分たちの都合を優先させて導流堤を建設した。その結果、当然のことながら周囲の砂浜の侵食が深刻化し、突堤を建設した。突堤が事態をさらに悪化させると、今度は連邦政府、州政府、郡政府に頼った。つまり、一般の納税者に頼ったことになる。不安定な土地だと十分知り得たはずなのに、その土地を買ったり家を建てたりした人たちが多く、そこに途方もない額の税金が使われた。さらに、多くの被害者は連邦洪水保険制度から追加支援を受けられることになっていた。最初の見積もりでは、修復事業完了までの総費用は、被害区域一軒当たり三〇万ドル〔一ドル一〇〇円として三〇〇〇万円〕になった。その土地を買い上げるのに要する額とだいたい同じ額になる。

ところが、修復事業が終了すると、砂丘の上には、「売り家」の看板が増えていった。「ゴールドラッシュ以降は見かけないような家が立ち並んでいた」とベガリアンテ村長は語っている。[4]

ウェストハンプトン・デューンズ村の三〇年事業が終わるとどうなるのだろうか。一九九四年にロングアイランド島の海岸について行なわれた会議で、土地所有者の弁護人を務めたジョン・J・オーコネルは次のように述べている。「住民が砂浜について心配する必要がなくなってからかなりときが経過したあとの三一年後に事業は終わることになっている。しかし、アメリカ合衆国でも最も美しい公共の砂浜を八〇〇〇万ドル〔同八〇億円〕かけて構築するのだから、そこに住む子や孫の世代のためにも三一年後以降も行政は手を引いてはいけないと思っている。土地を引き継いだ者たちは、島に住んで、公共の砂浜が維持され続けるかを見届けるつもりでいる[5]」。

訴訟が和解してさほど時間が経っていない時期（ウェストハンプトン・デューンズ村が消滅しそうになってから二年が過ぎようとしていた頃）に「州知事海岸侵食対策検討会」が発表した報告書では、侵食の大きな原因になったのは、ロングアイランド島のサウスショア海岸を維持しようとした人たちの働きかけだったとしている。報告書では被害を復旧させるための手順もたくさん提案されている。皮肉なことに、ウェストハンプトン海岸の突堤付近へもポンプで砂を投入することを提案していた。防波島の切れ込みのまわりに砂をポンプで投入する、海岸一帯に砂を投入する、といった内容だった。つまり、すでに突堤が効率よく行なっていることを、さらに機材を投入して費用をかけて実施することを提案していたことになる。

この提案のせいで、それなら突堤を撤去してしまえばよいではないかとの疑問の声が上がった。しかし、これに対する答えはややこしい。まず、突堤の撤去は建設するよりもはるかに技術的に難しく、費用もかかる。さらに、突堤で砂浜が維持されている区域の後背地の住民は、突堤が撤去されることに反対の声を上げ、おそらく訴訟になるだろう。突堤の恩恵を受けているのは、突堤がある浜の後背地の住民だけなのだが、その恩恵は計り知れない。かなりの量の砂を溜め込んだ浜を手に入れたのだから。

突堤、潜堤、人工リーフ……

ウェストハンプトン・デューンズ村のいきさつは極端であるにしても、決して特殊な事例というわけではない。長年の間、土木技術者や開発事業に携わる関係者は、浜に砂を取り戻すためにあらゆることを試してきた。天然石の防波堤に始まり、人工海草も試した。岩や廃水処理場の汚泥を固めたブロックなどさまざまなもので海岸を固めたこともあった。しかし、海岸工学的な構造物と浜の砂の相互作用はとても複雑で、土木技術者が言うように「場所によって相互作用が異なる」。このため、誤った想定で行なわれた事業のつけは大きい。そして、このように砂浜を固定する事業はほとんどの場合に多大な出費と散々な結果を残してきた。

砂を溜めようとしたときに起きる弊害はさまざまなものがあるが、どんな工法にも共通している弱点がある。侵食傾向にある浜の砂を増やすことはできないという点だ。砂を止めるための構造物は、ふつうは砂を増やす代わりに、ある場所から砂を持ち去って別の場所へ運んで溜める。

突堤は、砂を溜めたり止めたりする原理がほとんどわかっていないのに、一番よく使われる。特に、その場しのぎの突堤は、土木工学の専門知識がなくても比較的安価にすぐに建設でき、少なくとも建設した人は効果を期待できる。木材で造られることもあれば、鉄鋼、コンクリート、岩なども用いられる。しかし、高さや長さ、間隔や透過性がほとんど変わらないように見えても、こうした要因が少し変わるだけで砂を止める効果に大きな影響を及ぼす。十分量の砂を止められなければ意味がない。逆に止める砂が多過ぎると余分な砂が沖合に流出し、砂浜全体としては砂の消失を招く。

突堤建設は、ふつうは砂浜を保全する効果よりも弊害のほうが大きい。見た目にも美しいとは言えず、かつては遮るもののない場所だったのに突堤を迂回しなければ歩くこともできない浜になる。波が寄せる砂浜では遊泳は危険を伴う。そして、砂が移動していく下流域にある浜では砂が足りなくなる。こうした下流部の浜の所有者は、自分たちにできる唯一の方法で対処する場合が多い。自分で突堤を建設し、問題をさらに下流部へ押し付ければよいのだ。海岸関係者がよく言う皮肉がある。「突堤は弁護士のようなもの」。誰か一人が利用すると、ほかの人がすべて利用しなければならなくなる。

このような見方は別に目新しいものではない。突堤は、すでに一世紀前に問題視されていた。「コニーアイランドには、かなり前から、さまざまな形や大きさの突堤が三〇基以上ある」と、土木技術者が一九二三年に専門誌に書いている。しかし、

全体として見ると、かなりの量の砂がいつしか失われて、砂浜の侵食は進んだ。侵食がさらに進むのを突堤が防いだ場合もあるが、突堤の効果として挙げられるのはそれだけだった。浜の後背地の所有者が突堤を造ると、突堤の間のどちらか片側に少量の砂が溜まったが、自然に供給される砂を止めたために、隣接する土地の砂浜には常に弊害をもたらした。長く延びる天然の砂浜を守るのに一番役立つのは砂そのものと言える。砂浜全体としては、どこの浜もほとんどの場合に導流堤や突堤によって傷めつけられているように見える。(6)

この記事では、砂浜を保全するには砂浜のままにしておくのが一番良いという真実を指摘していて、この点は今では広く理解されるようになってきている。しかしだからと言って、お金を使って海岸開発を進めようという圧力には対抗できない。突堤を造ってみたが役に立たないことがわかると、浜の

所有者や土木技術者たちは砂を止めるために、別のさまざまな構造物に目を向ける。建設するのは水中でも陸上でもかまわない。

水中に設置される構造物は、水の動きが速いほど砂が水中に持ち上げられる量も運搬される量も増えるという水理学の基本原理を利用している。水が底の堆積物（砂など）の表面を速く流れると、砂の粒子は持ち上げられて、流速が「運搬能力」の限界まで遅くならない限り運ばれ続ける。水の動きが遅くなると運搬能力が低下して、運ばれていた粒子は沈む。潜堤はこの原理を利用している。満潮時に水面下にあるものでも、打ち寄せる波が砕けるような高さに設計されている。波が砕けると水の動きが遅くなり、運搬能力が低下する。遅くなった波は、もはや新たに砂の粒子を持ち上げることはできなくなり、すでに運ばれてきた粒子は海底へと沈むので、理論的には健全な砂浜ができることになる。

潜堤の設計者は、砂の流れの下流側が悪影響を受けないように、相応の量の砂が潜堤をすり抜けられるように設計している場合が多い。しかし実際には、多くの潜堤で事は期待通りには運ばない。潜堤が大量の砂を止め、岸の砂浜が広がって潜堤とひと続きになることも珍しくない。カリフォルニア州サンタバーバラやサンタモニカをはじめ、ほかにも多くの海岸で現実に砂浜が広がった。一見すると「母なる自然」が砂を生み出したように見えるので、「自由に動ける」砂が堆積したと、浜の沖に潜堤建設を推奨する人たちはその効果に胸を張る。問題は、もし砂が潜堤で止められなかったら移動して行ったであろう先の潮の流れの下流側で何が起きているかということになる。潜堤に反対の立場をとるデューク大学のオーリン・ピルキーは、「もちろん効果があるだろうよ」と怒る。「潜堤は、別の場所から砂を盗んでいるようなものなのだから」。

砂浜に次々と構造物ができるにつれて、そして財政的に苦しくなってくるにつれて、土木技術者は周囲に悪影響を及ぼさずに砂を止めることを期待してさまざまな新しい波消し構造物を考え出す。

ニュージャージー州フレミントンにあるブレークウォーターズ・インターナショナル社は、アメリカのどこよりも砂浜の硬化と侵食がともに進んでいたニュージャージーの砂浜に、自社で考案した各種「ビーチセーバー（砂浜保全構造物）」のうち三種類を設置した。およそ二一〇万ドル（一ドル一〇〇円として二億一〇〇〇万円）の事業費は、州政府と連邦政府、それにアバロン、ベルマー、ケープメイ・ポイントといった市町村が負担し、これらの市町村の海岸の岸近くに人工リーフ（人工礁）が設置された。

これらの構造物は、打ち寄せる波の力の一部を砂浜ではなくリーフで発散させるために考案された。満潮時には水面下約一・八メートルの海中に沈むように設計されていたので、理論的には海が荒れたときに効果が最も大きいと考えられた。耐塩性・耐水性のコンクリートを型に入れてあらかじめ製造しておいたユニットを、長さ約三三メートルの構造物に組み上げる。ユニットは断面が三角形で、高さが約一・八メートル、最下部の長さが約四・五メートル、重さが二〇トンある。艀（はしけ）のクレー

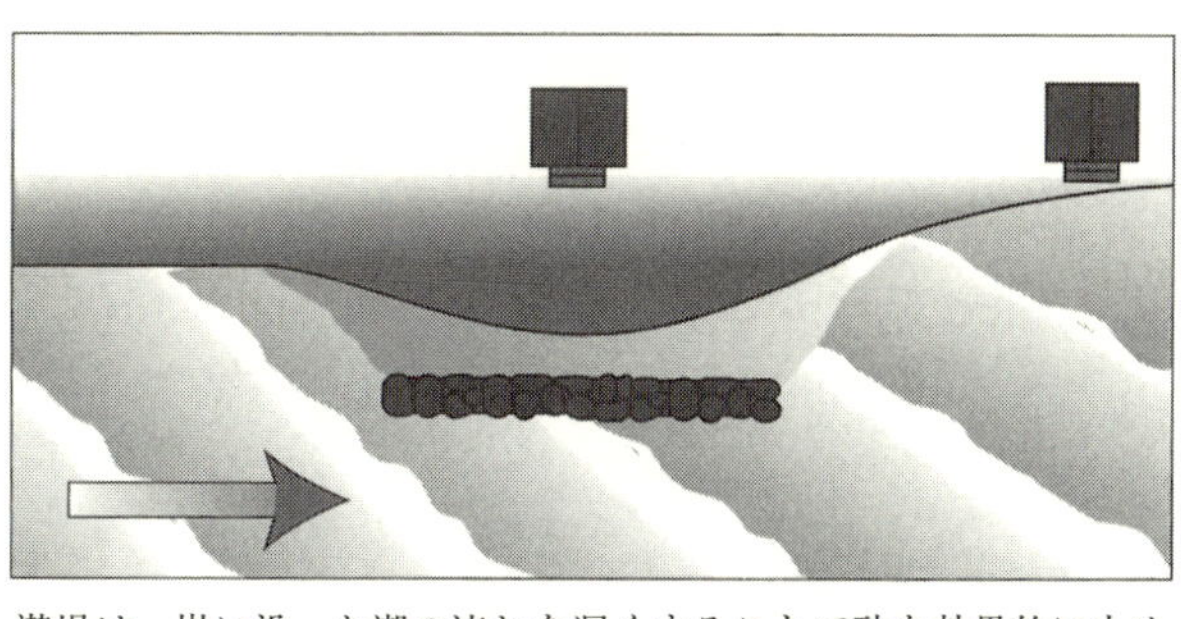

潜堤は、岸に沿った潮の流れを遅くすることで砂を効果的に止める。水に乗って運ばれていた砂は海底に沈む（ジェン・クリスチャンセン）

土木工学者が考案した「ビーチセーバー引き波用水路」は、止めた砂を波が浜へ運ぶように設計されていた。ニュージャージー州の海岸に構造物のユニットをダイバーが設置している（ニュージャージー州イセリンのポール・フィンケル・アソシエーツ社）

ンを使って一つずつ砂浜の沖に沈め、ほぞ継ぎでつなげていった。波を受ける傾斜面は階段状になっていて、少量の砂が人工リーフの基部に戻るよう設計されている。構造物の下の「洗掘」と呼ばれる激しい侵食を防ぐための工夫だ。陸に面した側は上部が反り返っていて、引いていく波を「水路」に導いて上方へ噴き上がらせるように設計されている。引き波で持ち去られる砂を、次に打ち寄せる波で岸に運ばせようという趣向になる。波が高いときには特に効果が期待できた。設計者によれば、上方へ噴き上がる波は、海が荒れたときには砂が沖へ運ばれるのも防ぐ。

このような構造物を砂浜に設置した効果をはっきりと見極めるには数十年かかるだろう。現在のところは、効果がはっきりしない事例と、芳しくない事例が見られる。

一九九三年七月にこれが最初に設置されたのは、アバロンの町の北端にあるタウンセンズ海峡の導流堤から南へ延びる砂浜だった。防波島にできた切れ込みであるこの海峡はきわめて不安定で（アバロンの町中の通りの名称が八番通りから始まるのには理由がある）、海峡の入り口付近の海中に人工リーフを固定することに懐疑的な人たちもいた。少なくとも最初はこの見方は正しかった。波が打ち寄せる砂の上に立っていると波が足のまわりの砂を洗い、くるぶしまで埋まってしまうのと同じように、人工リーフは置かれた砂地に沈んでいき、南の端では約一・五メートルも砂に沈んでしまった。結果的に人工リーフは設計者や行政当局が期待していたような効果を発揮しなかった。人工リーフに守られた砂浜には砂が堆積することもあれば、なくなることもあったが、設置してから一九九五年二月の予備調査までの間に、全体としては減少した。その一方で人工リーフの海側には砂が堆積し過ぎた。このようなことは想定されておらず、好ましくない展開だった。さらに、人工リーフの南端では礁の下面の侵食に関連した問題が起きた。[7]

二番目と三番目の型の人工リーフは一九九四年の夏に設置され、下面の砂がえぐり取られるのを防ぐために、ジオテキスタイル〔土木工事などで使われる不織布のような素材〕で上面を覆った石の「マットレス」の上に置かれた。ケープメイ・ポイントでは六月に設置され、ベルマーでは八月に設置された。いずれも、すでに護岸工事が行なわれていた砂浜の突堤と突堤の間に設置された。長期的な効果はまだわからないが、ラトガース大学で海岸変化を研究している海岸地質学者のノーバート・スーティーによれば、設置から一年も経たないうちにベルマーの人工リーフは沈み始めていることがわかっている。

一九八八年には、フロリダ州ウェスト・パームビーチに本拠地を置くアメリカン・コースタル・エンジニアリング社が設計した別の型の人工リーフがパームビーチ海岸に設置されている。設置したのは、海岸に土地を所有するウィリス・デュポンだった。化学製品で知られるデュポン社の跡取りである。二〇万ドル〔一ドル一〇〇円として二〇〇〇万円〕をかけて設置した人工リーフは「プレハブ式侵食防止装置（ＰＥＰ）」と呼ばれ、ビーチセーバーと同様に断面は三角形だったが、もっと背が高かった。デュポン氏の砂浜が広がったので、その後、ウェスト・パームビーチ当局はさらに大きな人工リーフを設置する許可を取得した。こちらも設置後に砂の量が増加し、近くにあった護岸壁の基部にも砂が堆積した。しかし、この人工リーフも、砂に沈むという問題を抱えていた。

海岸構造物に反対する人たちは、ニュージャージー州の新聞をはじめとするさまざまなメディアに人工リーフの批判を投稿した。そして人工リーフの製造者や販売者はそれに応酬した。ピルキーがブレークウォーター・インターナショナル社の人工リーフを「ハイテクに見せかけた古臭い策略」とこきおろしたのに対して、企業が設計した人工リーフが有効かどうかをホーボーケンにあるスティーブンス工科大学の実験水槽で確認したマイケル・ブルーノ教授は、『オーシャンシティ・センティネル・レッジャー』紙に自ら記事を書いて猛反撃した。この設計は学会で発表して「工学技術も、得られる成果も、海岸地域で承認が得られて」いて、ゆえにピルキーの言い分は「ほとんどでたらめ」であると述べている。

潮流の下流域における長期的な影響はいまもって不明と言ってよい。そして安全性についても、まだ断言はできないものの、水面下の人工リーフには問題があると言われている。人工リーフの近傍では、異常に強い離岸流が発生して水難事故が発生するという報告がいくつもある。ある報告では、部分的に水面下に沈む人工リーフの海側に流されて動けなくなった子供を助けようとした男性が溺死したとある。[8]

波を弱める人工構造物の中でも最も奇抜と言えるものは自然の営みを参考にしている。西海岸の砂浜の中には、沖にケルプという海草が繁茂しているところがあり、その砂浜の侵食はケルプが生えていない場所より少ないことがヒントになった。海草が海水の動きを弱めるため、波が運ぶ砂は明らかにそこに沈降していた。自然の海草はいとも簡単に砂を止めているように見えたのだが、人工海草の設置は、今のところ成功とは言えない結果に終わっている。ノースカロライナ州のアウターバンクス海岸で試しに設置されたものは、プラスチックの海草が固定部分からはずれ、漁具の網や漁船のスクリューに絡みつき、そうでないものは砂浜に打ち上げられるという事態になった。実験は失敗とみなされている。

砂浜の陸上部分にも、砂を止めるためにさまざまな構造物が設置されてきた。やはりニュージャージー州で考案されたものの一つに、「ステイブラー円盤形侵食防止システム」がある。リビングストンにあるエロージョン・コントロール社が販売している構造物で、コンクリートの円盤を三つつなげてある。一つの円盤は直径が約一・二メートル、厚さが約二〇センチで、それぞれの円盤の両端には金属製の輪か留め金があり、これを、砂浜に打ち込んだ木製の杭の上に載せて並べてつなげ、砂浜の高潮線より高い位置（潮上帯）に浜の端から端まで設置する。潮上帯ならば、理論的には、波が大きいときにだけ波の力を弱めて砂を止める。止めた砂で構造物が埋まり始めると、人が杭を少し持ち上げてやる必要があるが、そうすれば砂浜が高くなっても砂を溜め続けることができる。構造物の周辺の砂を波が持ち去ったら杭を打ち込んで、また一から始める。この構造物は、一九九三年にニュージャージー州スプリング・レイクで、二基の突堤に挟まれた約三〇〇メートルの砂浜に設置され、近隣の突堤に挟まれた浜と比較された。同社の依頼で研究者が調べたところ、円盤を設置した突堤間では、すぐ北隣の突堤間よりも最初は砂が増えたが、南隣の突堤間とはほとんど差がなかった。一年後に円盤設置区間では、その両隣の区間よりも砂が約四倍多くなったことがわかっている。

砂浜からまっすぐ沖へ移動する砂をこの円盤が止めているなら、近隣の砂浜への悪影響はほとんどないだろう。しかしそうでないなら、ほかの砂止め構造物が近隣の砂浜に及ぼすのと同じ弊害を引き起こす。さらに言えば、円盤は砂浜の一部を占領し、それほど目障りではないにしても、砂浜に並んでいる姿は美しいとは言えない。円盤が砂を止めて埋もれ始めると、危なくて気楽に砂浜を歩くこともできなくなる。しかし、販売促進部門を担当する副社長のゲーリー・ピーリンガーは、設置場所の視察に訪れたスーティーをはじめとする研究者を案内しながら、ニュージャージー州の人たちは砂浜に見慣れない構造物が設置されることに慣れていると語った。「この浜には、すでに突堤や杭がたくさんある。目に見えない砂の中にも危険なものがあることは、誰もが知っている」。

理想を言えば、砂浜の利用者が一番少なく、侵食の危険が一番大きい冬にだけ設置するのがよいともピーリンガーは語っている。しかし、この円盤構造物の設置には一フィート（約三〇センチ）当たり二〇〇ドル〔一ドル一〇〇円として二万円〕の費用がかかる。行政当局は、毎年これを設置しては撤去するのを繰り返すことをためらうだろう。円盤が砂に埋もれてきたら円盤の高さを調節し直さなければならないが、その作業ですら労力を要するということで「必要に応じた調節が行なわれていない」とピーリンガーは言う。

ルイジアナ州のメキシコ湾岸（二一六ページの地図参照）では、テュレーン大学が考案した別のコンクリート製の円錐形リングがシェル島に設置された。この「ビーチコーン（砂浜円錐構造物）」は一個の重さが約四二キロ、幅が約一メートルのドーナッツ形のコンクリート製構造物で、一九九二年にルイジアナ州を襲ったハリケーン・アンドリューには持ちこたえたが、どれくらい砂浜の侵食防止に役立ったのかは、よくわかっていない。ハリケーンのあと、それほど遠くないフォーション海岸にも設置され、想定通りここでも砂浜が広がった。しかし、詳細な調査をしなければ、この構造物が砂を増やしたのか、増やすのに何か役に立ったのかさえ、はっきりとはわからない。

砂を止めるための方法をほかにも開発しようと、地下水位が高い浜は乾燥した浜よりも侵食されやすいことに技術者たちは目をつけ、浜の地下水位と砂の動きの関係も調べている。この現象は一九四〇年代に発見されてからときどき思い出したように調べられてきた。濡れた砂のほうが理論的には水中に巻き上げられやすく移動しやすいことから、湿った浜のほうが乾いた浜よりも侵食されやすいというのはもっともなことだ。

こうしてアメリカでも、それ以外の国でも、砂の下にフィルター、パイプ、ポンプといった機器を設置して砂浜の「水分を取り除く」技術を販売する会社がいくつも設立された。地中の水分はフィルターを通過してパイプに導かれ、ポンプで所定の場所に集められる。そのまま海へ排水されることもあれば、フィルターを通して別の用途に利用されることもある。

しかし砂を浜にとどめるこの方法でも、ほかの方法で砂を止めるのと同じように潮流の下流域に意地悪な弊害をもたらす危険がある。アメリカにおける海岸工学の第一人者のフロリダ大学教授ロバート・G・ディーンは、スタビーチ海岸に一九八八年に設置された排水設備の効果を調べた。スタビーチ海岸は、フロリダ州の東海岸にあるセントルーシー海峡のすぐ北側のセールフィッシュ・ポイント半島にある。設置して二年後には、装置を埋設した砂浜は適度に砂が増え、近隣の砂浜には侵食されたところと若干砂が増えた場所があったとディーンは語っている。「砂浜の自然な変化と、装置による変化をはっきりと区別するのは難しい」と評価報告書で述べている。[9] 同様の装置はほかの海岸にも埋設されたが、長期的な観測による徹底的な調査はまだ行なわれていない。

砂浜保全設備を販売する人たちは、じわじわと忍び寄る海から所有地を守ろうと必死になっている住民を相手に利益を上げることから、ピルキーのような人たちは保全設備販売の営業マンたちのことを「ほら吹き」と呼んでいるが、そのような悪口が正当なものかはまったくわからない。だからと言って、これまでに販売された構造物の数々が、近隣の砂浜に弊害をもたらさずに、宣伝されているような効果を実際に生んできたかどうかもまったくわからない。長期的な効果になるとさらにわからない。調査研究の必要性が最近になって叫ばれるようになり、アメリカ研究評議会（NRC）の一部門である海事局は次のように述べている。「こうした構造物は「実験的性格を有するもので、設置してすぐの段階で相応の効果を予測することはできない。（中略）こうした構造物は、ふつうは侵食問題を抱えた個人や地方自治体に直接販売され、購入者は、製品が計画通りに設置されて砂浜保全にもたらすであろう効果、あるいはもたらした効果を、土木工学的に評価する手段を持たない」。さらに海事局のコメントは次のように続く。海岸侵食に悩む自治体は「養浜によって砂を供給し続けるために必要な手間と出費を重ねることと比べると、構造物が永遠に砂浜を保全するという謳い文句に魅力を感じてしまう。しかし、砂が失われ続けているというのが根本的な問題ならば（ほとんどの場合そうであるが）、住民にとって快適な砂浜を維持するための永遠の解決策になりえる構造物は存在しない」[10]。

こうした砂浜保全用の設備には、どれにも同じ決定的な欠陥がある。砂を止めることしかできないという欠陥である。しかし、それも悪くはないという事例もある。カリフォルニア州の一部の海岸では、放っておけば砂は海岸近くまで迫っている深海渓谷へ消えてしまうし、ニューヨーク州ロングアイランド島の西端にたどりついた砂はハドソン川が大昔に穿った海底渓谷に沈んでしまう。砂がこうした海底渓谷に飲み込まれると、決して砂浜へは戻ってこない。これゆえ、いわゆる「最終突堤」は、周囲にまったく迷惑をかけることはない。ほかにも、マイアミ港の中にあるフィッシャー島という私有地は島全体が人工物なので問題がないだろう。島にある砂はトラックで運ばれてきたものなので、突堤を使ってその場にとどめても近隣の島の砂浜には何ら影響はない。

しかし、このように事が具合よく運ぶ場所は、それほどたくさんはない。

ニュージャージー州のような砂浜のほうが遥かに多い。スーティーによれば、ニュージャージー州ではどこの海岸でも新たに砂はほとんど供給されない。いくらかでも砂を供給する可能性がある川でも、砂は河口域に堆積してしまう。ニュージャージーにおける砂の供給源は、浜の侵食によって生まれた砂か、すでにそこの海岸の砂浜に溜まっていたり、潮流によってそこの海岸を漂っていたりする砂のいずれかになる。このような潮の流れのあるところの砂を止めると、そこから下流の浜に砂が行かなくなる。だから、突堤、潜堤、人工リーフといった構造物に有効な作用が認められると、そこから下流域が代償を支払うことになる。

スーティーは、ビーチセーバー構造物を一緒に視察して回った研究者に、「私たちは、崖になっている海岸を扱っている」と語った。砂浜に沿って走る道路とその後背地にある住宅を指し示しながら、「砂の供給源はここしかないので、ここが最上流域になる」と説明した。

一九九五年にアメリカ科学アカデミーの研究機関であるアメリカ研究評議会が学術研究者の委員会

を開催し、このような「従来とは異なる」海岸工学について、これまで調べられてきた養浜事業と関連づけて話し合った。どの委員も技術革新を妨げることには乗り気ではなかったが、新規構造物については、水槽内だけではなく野外設置も含めた実験を重ねたうえで設置するよう勧告を出した。また実験期間については、長期的な効果が短期的な変動で見失われないくらい十分に長期にわたるものでなければならないと報告書で述べている。

「従来のものであろうと新規のものであろうと、どんな構造物も浜の砂を増やすことはできない。砂の量が増えたということは、とりもなおさず近隣の浜が犠牲になったことを意味する」と委員会は報告している。こうした構造物は便利なのだが、有効に機能しない場合には、「設置したことによって起きる弊害は、どんなものであろうと元のように戻すのは難しく費用がかさむ。効果が薄い構造物や、海岸利用者を危険にさらす構造物を撤去する必要が生じる場合も同様である。さらに、委員会の見解としては、新規構造物の販売には行きすぎがあり、設置効果を見ても、長期的に砂浜を保全できることは示されていない[11]」。

海岸構造物と侵食の加速

海岸を守るもう一つの方法としては、海と陸を隔てる壁を築いて岸を固めればよい。これまで人間は、何世紀にもわたって波による被害を防ごうと、大きさも形もさまざまな構造物を築いてきた。ガルベストンにある護岸壁のような土木工学の粋を集めたような構造物から、砂浜に面する小奇麗なホテルを守るための砂を詰めた袋（サンドバッグ）が列をなすものまである。ノースカロライナ州のケープハッテラス灯台が突然の波浪で倒壊しそうになったときには、国立海浜公園の職員の機転で、駐車場のアスファルトを砕いて灯台の土台付近の波打ち際に投げ入れて事なきを得た。この灯台付近の砂浜は、突堤が連続する部分の端にあって侵食が進んでいた。

一般に壁のような構造物は、押しとどめるべき波の強さを想定して設計される。簡単なものは傾斜護岸で、弱い波や潮流から岸を守る。砂浜の傾斜に合わせてコンクリートを一層打っただけのもの、コンクリートブロックをつなげたもの、あるいは天然石を並べた波消し構造物などがある。広い平らな固い地面に造られたものでなければ、小さな嵐でも砂に沈んで効果がなくなるため、設置そのものが疑問視されるようになってきている。隔壁はもう少し大掛かりで、耐久性も高い。後背地が大きな波で侵食されるのを防ぐ役割を担う。普通は、土台構造物の上に垂直に築かれた壁か、一枚が約六メートルの金属製の板を隙間なく砂浜に打ち込んだ壁になる。このような板状構造物を支えるために、海側に岩やブロックの波消し構造物が設置されることもある。どんな海岸構造物も波の力で崩壊する運命にあるが、隔壁は特に波に弱い。背後に多量の海水が入り込めば、海側へ倒れることもある。

最も大掛かりなものは護岸壁で、どんな波にも耐えられるような巨大構造物が建設される。ニュージャージー州北部のモンマスビーチとシーブライトにある巨大な壁のような護岸壁は、砂浜にじかに巨石を積み上げた「瓦礫の山」である。ガルベストンの護岸壁のように、念入りに設計されたものもある。基礎となる土台を地中深く埋め込み、波を受ける面は、打ち寄せる波の力をうまく海に跳ね返すよう綿密に計算されたカーブを描く。ガルベストンでもそうだが、こうした護岸壁の背後には隔壁が設置されたり、海側の足元に消波ブロックが設置されたりすることが多い。そこまでしても波は土台部分をえぐる。

護岸壁はほとんど例外なく建設された砂浜に悪影響を及ぼす。侵食が進む浜に建設すると（そうでない場合はほとんどないが）[12]、建設すること自体が砂浜消失につながる。ピルキーによれば、「海水面の高さ、波浪、そのほかの自然現象に応じて砂浜が内陸へ後退したり海側へ広がったりする作用は、陸地を守るという役割を砂浜が果たすためには欠かせないものであり、砂浜が消失しないためには必要なことである。自然の潮の動きに逆らって海岸線を固定することは、砂浜保全に反する行為になる」[13]。

砂浜が侵食傾向にあるなら、そこに護岸壁を建設すると砂浜の消失を招く。建設は砂浜に境界線を引くようなものだが、海はこのような境界線を理解するはずもないので、それまでと同じように海岸線を内陸へ移動させ続ける。たまたまそこに護岸壁があれば、砂浜が消失することになる。レザーマンが言うように、「固定された線と、移動する線があったら、遅かれ早かれ二本の線は一本になる」。まさにガルベストンで起きたことであり、このようなことが護岸壁を建設したアメリカのほとんどすべての砂浜で起きている。東海岸とメキシコ湾に面した地域は海水面上昇が最も速いので、このような事態が特に顕著に見られる。

浜崖のふもとに造られた護岸壁は寿命が長く、崖の侵食を防ぐ場合もある。しかし、モントーク岬の崖のように、日常の侵食や大波による侵食で生じた砂が砂浜を作っている場合もある。後背地が崖になっている砂浜が何キロにもわたって続き、海岸構造物が少ししかないような海岸では、崖が浜に砂を供給していることには気づかないかもしれない。しかし、西海岸で多く見られるように、小さな砂浜は程度の差こそあれ、岩の岬で区切られている。こうした場所で崖からの砂の供給を止めると、砂浜は破局的な影響を被る。

理由はよくわかっていないが、護岸壁があると壁の一番端で浜が大きくえぐられて、ここで侵食が

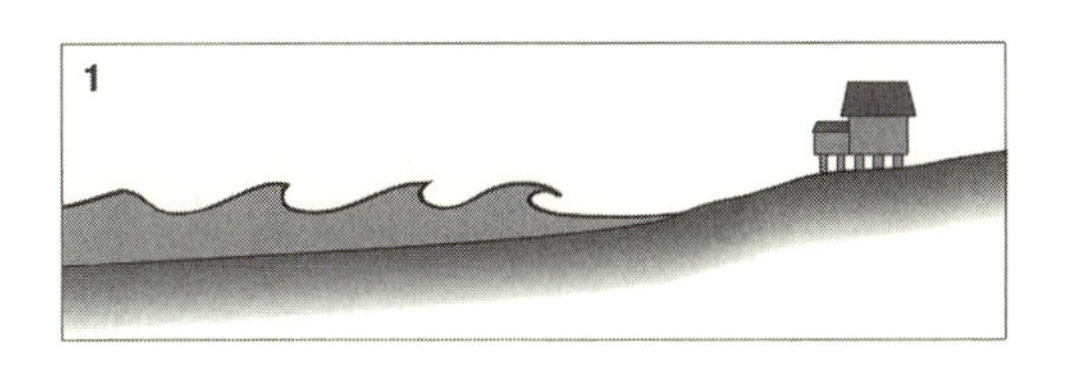

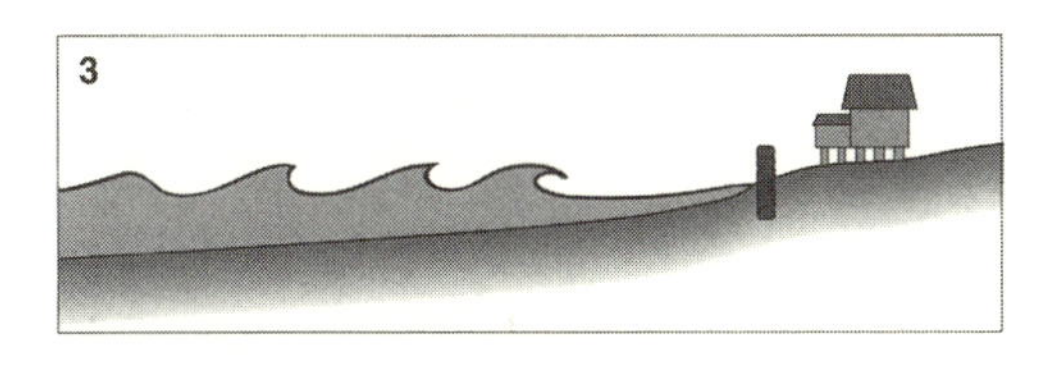

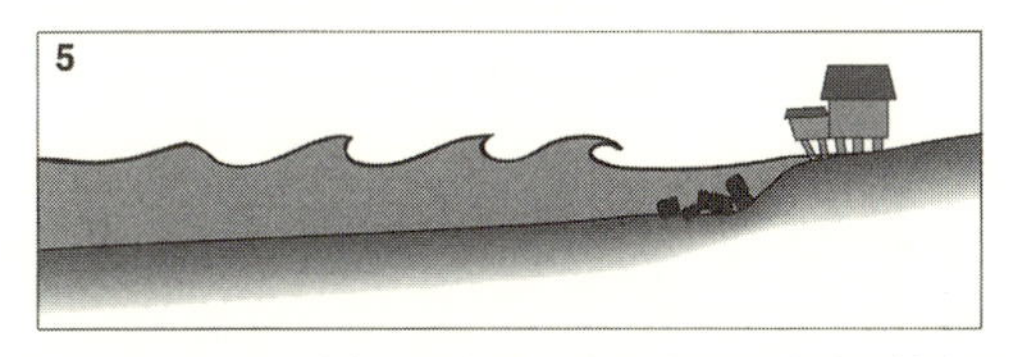

浜が侵食されているときに（1）、護岸壁を建設すると砂浜が被害を受ける。まず、壁があること自体が砂浜を狭める（2）。海岸線が陸方向へ後退すると（3）、護岸壁に行き当たって浜は水に浸かる（4）。ついには波が護岸壁の下をえぐって壁は崩壊する（5）（ジェン・クリスチャンセン）

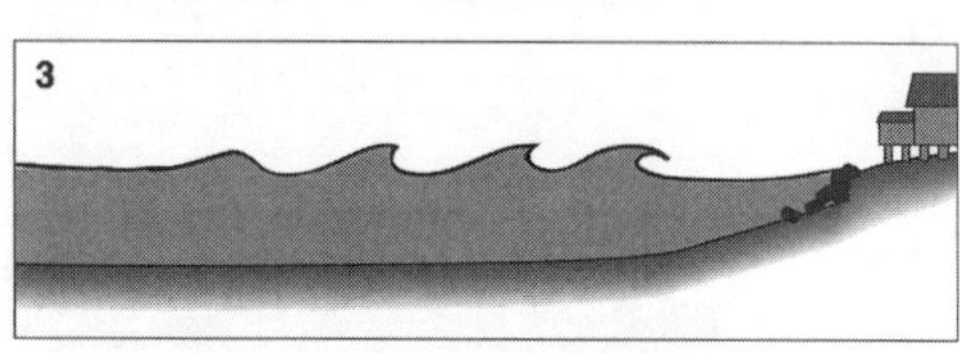

護岸壁が侵食を促すと考える研究者もいる。護岸壁が築かれると、理論的には嵐の波浪が砂に吸収されなくなる（1）。そのかわり波は護岸壁に当たって跳ね返り、壁の足元の浜をえぐる（2）。護岸壁は最終的に崩れる（3）（ジェン・クリスチャンセン）

一番ひどくなる。このようなことが起きるのは、砂の供給源だった護岸壁の陸側の浜を海側の浜と切り離すためだとも考えられる。波が運ぶ砂の量が変わらないなら、護岸壁の付近では海底の傾斜が急になるにちがいない。その結果、「末端効果」によって隣接地が侵食され始めたり、護岸そのものが危うくなったりするので、護岸壁を建設した町は何度も壁を延長しなければならなかった。

護岸壁を建設した場所で全体として海岸侵食が加速するかどうかについては、海岸工学関係者と地質学者がいまだに活発な議論を交わしている。アメリカ研究評議会による一九九〇年の報告書では、「適切に設計された直立護岸や傾斜護岸は、前面にある砂浜に弊害をもたらすことなく後背地を守ることができる」[14]としている。「適切に設計された」という部分が内包するあいまいさには目をつぶるとしても（もし川をまたぐ橋が護岸壁と同じ頻度で崩壊したら、川を渡るときには誰もが船を使うだろうと批判する人もいるが）、この結論には、海岸に構造物を建設することに反対する海岸地質学者から激しい抗議の声が上がった。

この抗議する側の論理は以下のようなものになる。波が天然の砂浜を駆け上ると、海水が砂にしみ込むことで波のエネルギーは失われる。波打ち際まで戻って来る頃には波のエネルギーはほとんどなくなっていて、引き波で砂が持ち去られることはない。ところが波が護岸壁に当たると、エネルギーの減衰がほとんどないまま波は跳ね返される。波の動きは速いままなので、海底の砂はかき乱され、砂粒は波にのって沖へ運ばれる。その結果、護岸壁の基部がえぐられ、壁自体も崩壊の危機にさらされるようになる。この論理については今後まだ検証していかなければならないが、どんな護岸壁も、このように基部がえぐれる現象とは無縁ではない。

海岸の散歩は石積み護岸壁の上で

ニュージャージー州ではアメリカで最も早くから砂浜開発が行なわれてきて、とても醜い海岸がいくつも連なる州として知られることになった。海岸線を固定するための大規模な野外実験が一二五年にわたって行なわれてきたと言ってもよいだろう。現在は、アメリカで最も海岸構造物が多い場所の一つになっている。砂浜の位置を固定するために、二〇世紀になって三〇〇基以上の突堤や護岸壁、傾斜護岸、隔壁、そのほかの構造物が建設された[15]。できあがったのは、危機的状況を呈する海岸だった。

最初の護岸壁は、侵食が進む砂浜を安定させるため、および、海岸沿いの道路や建物を嵐の波浪から守るために二〇世紀初頭に建設された。ニュージャージー州で一番（アメリカ中で一番と言ってもよい）長くて背が高い護岸壁は、ニューヨーク市の南にある防波島のシーブライトとモンマスビーチという二つの町の沿岸に造られた。ここにはかつて数百メートルの幅の砂浜があったが、現在は、嵐の波は岩の壁に当たって砕ける。海岸工学の専門家でさえ、この壁を「恥ずべき構造物」と呼ぶ[16]。

シーブライトは一九世紀前半には開発の遅れた幅の狭い砂の岬で、数十人の漁民が掘っ立て小屋に暮らしていた。一八六九年に耐久性の高い家屋が初めて建てられ、一八七七年になると浜沿いに家々が並んで砂丘はなくなった[17]。一八八六年の写真を見ると、少なくとも一軒の家が隔壁で守られているのがわかる。その一二年後には、初めて粗石を積み上げた護岸壁が造られた。そして一九三一年になると、高さ約六メートル、長さ約二〇キロメートルの現在のものに近い護岸壁が完成した。

この護岸壁の背後には、ほぼ全域に四車線の州道が通っている。この陰惨な灰色の要塞の裏を車で走行すると、砂浜で一日を過ごすのとはまったく正反対の気分になる。護岸壁はほとんどの部分で道路よりはるかに高くそびえているので、車を運転していても反対側に海があることには気づかない。海岸沿いのシーブライトの住民の中にも、家の二階か三階に上らなければ大西洋を臨めない者もいる。海を見たければ道路を歩いてわたり、岩をよじ登らなければならない。護岸壁の上に立つと、波が岩に当たって砕けるのが見える。砂浜はほとんどない。

このような巨大な構造物で守られているのは細長い砂地の土地で、場所によっては幅が一八〇メートルくらいしかない。護岸壁の北端の地域では、見栄えのしない宿屋や食事処が並んでいる。少し南には、もっとしゃれた建物が並ぶが、砂浜がなくなったことで、当然のことながら魅力的とは言えない地区になってしまった。たしかに護岸壁はサンディーフック岬へ通じる道を守っている。サンディーフックは、ニューヨーク港へ入港する際の目印になる湾曲した砂の岬で、利用者が最も多いアメリカの公園の一つに数えられる。しかし、もし砂浜が自由に動けるようにしてあったら、今でもたぶん歩いて渡れた(多少不便にはなっただろうが)。シーブライトの侵食を護岸壁によって食い止めたことで、北にあるサンディーフックへと移動していったはずの砂の供給を断ってしまったのだ。

とにかく、一九九四年までの何年にもわたって、この護岸壁を維持して後背地を守るために数千万ドル〔一ドル一〇〇円として数十億円〕という費用が投じられた。それなのに陸軍工兵隊は、これよりもっと大きな事業を計画していた。護岸壁が築かれて以降に失われた浜を再生するために、数百万立方メートルの砂を、護岸壁の足元と、南にあるいくつかの浜に投入する計画だった。一年後には、高い土台の上に家を建てた住民と、プライベートビーチがなくなってしまっていた民間の砂浜クラブ二軒では、護岸壁の向こう側に浜が見えるようになった。だが事業がまだ半分も終わらないうちに何度か嵐に見舞われて、投入した砂のほとんどが洗い流され、あとには誰もまだ答えを知らない疑問が残った。

再生した新しい砂浜はいつまで持つのだろう？　誰にもわからない。護岸壁のせいで水面下の砂浜は明らかに傾斜がかなりきつくなり、浜から約二七〇メートル沖では水深が一〇メートルかそれ以上になった。スーティーによれば、ニュージャージー州のほかの防波島では一・六キロメートルくらい沖に出なければこのような深さにはならない。海岸工学者が「平衡地形」と呼ぶ状態に投入した砂が落ち着くなら、砂はすぐに水面下に移動してしまうことになる。

五〇年に及ぶ事業に必要な予算〔一〇億ドル〔一ドル一〇〇円として一〇〇〇億円〕との試算がある〕は用意できるのだろうか？　すでに工兵隊は予算削減を検討している。そして、護岸壁で守られた後背地の開発や新しい砂浜は、投じる費用に見合うものなのだろうか？　ここで事業をしたり不動産取

連邦政府はニュージャージー州シーブライトにあるこの護岸壁を維持するために億単位の費用を拠出している。1991年10月31日(ハロウィーン)にノーイースターの強い北東風が吹いたあと撮影(『ニューヨーク・タイムズ』紙)

引をしたりする一握りの人たちは、大いに有効だと声高に言うが、それ以外の人たちは有効ではないと言う。

ニュージャージー州南端のビクトリアン海岸にあるケープメイでも同様な砂浜の消失が起きた。町の北側にあるケープメイ海峡に工兵隊が導流堤を建設し、それが原因で起きた侵食の対策として町が海岸構造物を設置したあとに起きている。今やケープメイで海岸の散歩と言えば、石積みの護岸壁の上の散歩を指す。

ニュージャージー州トレントンにあるライダー大学のメリー・ジョー・ホール教授は、一九八九年にニュージャージー州の海岸約一七〇キロメートルの地図を作成し、導流堤、突堤、護岸壁、隔壁、傾斜護岸、潜堤、そのほかの海岸構造物を記入した。平均してみると、海岸線を固定するような構造物がない砂浜は、高潮線から砂丘までの距離が約五五メートルあった。これに対して突堤や導流堤の下流側にある地域では平均一八メートルほどで、護岸壁に面する浜の幅は平均約九メートルしかなかった。護岸構造物のおかげで狭い範囲に砂が溜まっている場所もいくつかあったが、約一九キロメートルにわたって海岸構造物が建設されている区域では、満潮時に砂浜がまったくなくなることがわかった[18]。

ニュージャージー化

砂浜開発に反対する人たちは、砂浜保全より構造物建設が優先されたときにどのような事態に至るかを説明するときに「ニュージャージー化」という言葉をよく使う。しかし残念なことに、ほかの州ではニュージャージー州で起きた悲惨な前例を知らない人も多い。アメリカでは全体の五〇パーセント近い海岸に構造物が建設されたという推定もあり、構造物を制限するために新たな法整備が進むにもかかわらず、構造物は増加し続けていて、どこも予測通りの結末を招いている。

バージニア州サンドブリッジでも一例を見ることができる。ここはノースカロライナ州との州境から一六キロメートルほどのところの防波島の砂嘴(さし)につくられた小さな町で、二、三本の通りに並ぶ小さな敷地には地下室のある農家風の小奇麗な住宅が並ぶ。普通の住宅地と大きく違ったのは、典型的な郊外の新興住宅地といった趣を呈していた。一九六〇年代に最初に町ができた頃には、一〇〇メートルもの幅の砂浜に面していたことだった。

しかし、サンドブリッジの浜は急激に侵食が進んでいた。地質学的に見ると不運だったとしか言いようがない。ここでは海底が急に深くなる。水深二メートルの海が浜を取り囲み、浜からほんの九〇メートルあまり沖へ出るだけで水深は一〇メートルになると地質学者は言っている。水深が深いということは、打ち寄せる波が大きいことになる。ほかの地域とは違い、ここの住民は行政に助けを求めなかった。行政の手を借りると、再生した浜を一般開放せよと言われるのを嫌ったこともある。その代わり、海岸沿いの土地所有者は自前で隔壁を建設した。多くは、自宅の前の砂浜に矢板を深く打ち込み、三、四メートル低い位置にある砂浜へは木製の階段で下りられるようにした。そして、数軒が一九七八年に壁を建造したことからすべてが始まった。壁の近所は末端効果によって侵食が進み、すぐに訴訟沙汰になった。一九九〇年代初頭には、七キロメートルあまりあるサンドブリッジの海岸線の半分以上には杭が打ち込まれて壁が造られた。杭の多くは鉄製で、中にはコンクリート製や木製のものもあった。

隔壁建設がうまく機能した期間は長く続かなかった。杭を打ち込んでそれに打ちつけた壁の根元で侵食が進む場合もあれば、十分に排水できない場合もあった。海が荒れて大波が隔壁を越えると、海水の重みがかかって壁は前面の砂浜へ倒れた。

しかし、サンドブリッジで砂浜が消失したのは、構造物の形や、建設したこと自体に問題があったわけではない。沿岸の海底の傾斜もあまり関係ない。傾斜が急だと多少は侵食を早めるかもしれないが、隔壁を造ったことがいけなかったと言わせることになる根本的な原因とは言えない。サンドブリッジは、北端では年に九〇センチ、南端では年に約三メートルという侵食が急激に進む海岸に位置していた。海は常に内陸方向へ拡大していたのに、それと一緒に砂浜も内陸へ移動するのを護岸壁が阻んだのだ。サンドブリッジに住み着いた人たちは海岸線を固定しようとし、動きのある海は絶え間なくその固定線を突破しようとした。一九九〇年代初頭に危機的な状況になったときに、サンドブリッジ

1991年10月31日、ハロウィーン・ノーイースターの強い北東からの嵐のあとにバージニア州サンドブリッジで見られた護岸壁のようす（デューク大学海岸線開発研究センターのモート・フライマン撮影）

土地所有者組合の代表であるジョージ・オーウェンズは、「こんなに海の間近に住んでいるなんて馬鹿げているが、以前はこれほど近くなかった」と語っている。

現在はサンドブリッジに砂浜はほとんどない。多少なりとも残る砂浜を歩こうと思えば、急な階段を下りていかなければならない。しかしこの階段も砂浜から数十センチ上の空中で途切れている。かつては階段が届いていた砂浜が侵食されてなくなったからだ。壁が高くそびえ、狭い砂浜は錆び付いた鉄製の矢板の日陰になってしまうため、午後になると日光浴もできない。

そこから数百キロメートル南にあるフリップ島はサウスカロライナ州の高級リゾート地で、島への立ち入りは許可制になっている。しかし、高所得者向け宿泊施設のパンフレットには、泳げるのはプールだけと紹介されている。フリップ島のほとんどの海岸線は護岸構造物で固められていて、潮の干満によって砂浜がなくなる区域が多いからだ。島の長さは約五キロメートルしかなく、両端には岸の形が変わりやすい海峡があり、そこでは定期的に急激な侵食が起きる。このため海岸線には、突堤、導流堤、護岸壁、傾斜護岸、隔壁が建設されてきた。侵食されつつある島の海岸線を住民が固定しようとした結果、フリップ島でも砂浜が失われた。

住民の中には、砂の投入（養浜）を提案する者もいたが、雇ったコンサルタント会社は、養浜しても砂は洗い流されるだけなので推奨できないと返答した。この間にも、大きな嵐のたびに、海岸の土地所有者が造った隔壁が少しずつ破壊されていった。隔壁を造らなかった所有地が侵食されると、隣接する隔壁は側面から攻撃を受けて壁の強度が低下した。このため、所有地に壁を建設した人たちは、近所にも同じような隔壁を建設するよう促した。

皮肉なことに、一九九〇年の初めにサウスカロライナ州政府がフリップ島の北にあるハンティング島州立公園の海岸で養浜事業を行なったことで、フリップ島は破局的な事態をたまたま免れることになった。やせ細ったハンティング島の砂浜に投入された砂はほとんど洗い流されてしまい、ほとんどがフリップ島に流れ着いたのだ。だからといって、フリップ島がこれから先も安泰というわけではない。島を開発してきた事業者や土地所有者は、海岸を土木工事で守ってきた。そうしなければ所有地を諦めざるを得なかった。だから現在は海岸構造物で守られる島になってしまったわけだが、所有者たちは今後どうすべきか決めかねている。ピルキーが運営するデューク大学海岸線開発研究センターが発行している書籍シリーズの一冊『サウスカロライナの海岸とともに生きる』には、フリップ島への転居を考えている人たちへの気になるアドバイスが書かれている。「海岸に面した土地は避けるように。(中略)ハリケーン襲来の予報が出たら、できるだけ早く島から退避するように[19]」。

フロリダ州にも「砂浜がない」砂浜の町がある。フロリダ州西部の海岸沿いにあるボカグランデは最も哀れな末路をたどった例の一つと言えよう。ガスパリラ島はフロリダ州でも辺境地の趣を残す場所で(開発が進んでいない)、小さな町には白いしっくいに赤い屋根の家が立ち並ぶ。瓦の屋根には花が咲き乱れるツタ植物が絡みつき、中心街の道路はバニヤンの大木が涼しげな木陰のトンネルを作る。しかし、メキシコ湾に面した理想的な立地にありながら、ボカグランデには砂浜がほとんどない。湾に面する土地の所有者たちの多くは、優雅なしっくいの住宅を守るために、海岸沿いに岩の波消し構造物やコンクリートの壁を築いてきた。みずみずしい緑の芝生がその壁まで続くが、養浜が行なわれていないせいもあり、干潮のときに狭い砂浜がわずかに現れるだけになっている。

ガスパリラ島の南端にある灯台は史跡の一つに指定されていて、この部分にはそれなりの砂浜が広がるが、ここも岩の潜堤によって維持されている。おそらくこの潜堤が灯台周辺に砂を集めるため、すぐ近くの町の砂浜は、満潮時の幅が数メートルに縮小してしまったのだろう。この狭い砂浜の両端の土地所有者は、庭を構造物で囲ってしまったので、構造物と自然の砂浜が接する所では珍しくない事態が起きた。構造物がなかった町の中心部の砂浜が少しずつ後退し、構造物を造った部分だけが海に突き出すような形で横から波に洗われることになった。

同じような状況はパームビーチでも見られる。フロリダ州の反対側の海岸の防波島にあるこの街では豪勢な開発が進む。鉄道王だったヘンリー・モリソン・フラグラーが一八九四年にここに鉄道を敷いてムーア調の邸宅の建設ラッシュが始まった頃には、「神様が金持ちだったら造ったはずの街」と揶揄する者もいた。現在のパームビーチ海岸の一部は砂浜がないに等しい。海に面した海岸には隙間なく護岸壁が建設されている。後背地が高台にあるので、海の見晴らしが護岸壁でさえぎられることはなく、護岸壁の多くは花が咲くツル性植物などで覆い隠されているが、パームビーチには砂浜がほとんどないという事実は覆い隠しようがない。かろうじて砂浜が残る場所でも、汀線（海草や貝殻、小さな流木などが打ち上げられる満潮時の波打ち際）は、あったとしても護岸壁から数メートルしか離れていない。町の豪華な邸宅の住民の多くは、砂浜を歩きたければコンクリートの壁に取り付けられた金属製のはしごを降りていかねばならない。

アメリカの西海岸は地質が異なるが、砂浜は似たような状況を呈する。たとえばワシントン州のプジェット海峡は波が穏やかで侵食も大きな問題になっていないが、海岸線の多くには護岸壁が建設されている。中には単に海岸沿いの土地の「見栄えを良くする」ために建設された護岸壁もある。この海峡の東側のワシントン州キング郡では、海岸線の五〇パーセント以上が海岸構造物に覆われる。しかし、プジェット海峡でも、太平洋に面したノースウェスト地域のほかの海岸でも、短い砂浜が切れ切れに分布していて、近隣の浜崖が侵食されることによって砂が供給されている場合が多い。砂浜の大きさは崖の大きさや崖の土砂の組成によって変わるだけでなく、侵食される程度にも左右される。砂浜を形成するのに必要な量の砂が侵食で生み出されるなら砂浜は存続する。侵食される崖が一つしかなく、崩れないようにその崖を護岸壁で固めると、付近一帯の海岸には砂が足りなくなる。水面下の砂浜の傾斜は急になり、海岸は波に削られやすくなる。そうするとドミノ倒しのように、ほかの土地所有者も所有地を守るために構造物を建設せざるを得なくなる。しかし崖を守る構造物は、結局は基部が波で洗われるようになり、砂の供給と侵食の繰り返しがまた一から始まることになる。

以前は夏の休暇用の小さな別荘が崖の上に点々とあるだけだったが、近年は居住用の大きな家が崖の縁に建てられるようになって問題が深刻になった。崖が侵食されないように、もっとしっかりとした対策を早く立てるようにとの要望が出ている。

維持管理の矛盾

砂浜に被害をもたらすのはコンクリート製の護岸壁だけではない。ノースカロライナ州アウターバンクス海岸（二八六ページの地図参照）を訪れてもほとんどの人は気づかないが、バージニア州との州境からケープハッテラス岬を通ってオクラコークまで延びる細い防波島群には全域に護岸壁が建設されている。砂の砂丘が続くように見えるが、護岸壁であることに変わりない。この護岸壁は大恐慌のときに市民環境保全部隊が実施する事業として話が持ち上がり、一九三三年に二つのハリケーンが襲来したあと着工した。建設の目的は、波を防いでおいて舗装道路を建設し、さらにその道路を守る工事をしてアウターバンクスの経済を活性化させることだった。砂丘を自然の状態に「再生する」ための事業によって、数百人の雇用が生まれたのだろう。事業を計画した人たちは、嵐の波、木の伐採、過放牧などによって破壊される前は、防波島には自然な砂丘があったと考えていた。

しかし、数百年前にヨーロッパからの入植者がやってきた頃のアウターバンクス海岸の姿を知る人はいない。最も古い詳細な記録としては一八〇〇年代後半のものが残っているが、ヤギ、ヒツジ、牛、馬、豚といった家畜を連れて入植してからすでに一〇〇年以上が経っていて、生活のために多量の木材も必要とした。その記録の当時、防波島には平らな砂浜や小高い砂丘が延々と続き、草地や湿地に取って代わられつつあった。しかし、アメリカ先住民が防波島に住んでいた頃には、島は木で覆われて大きな砂丘があったと広く信じられていた。入植者が木を伐採し、家畜が草を食べつくしたことによって植生が破壊され、砂丘が貧弱になったという論理がなぜかまかり通っていた。だから、人工の砂丘を造れば昔の砂浜を取り戻せると考えた。

建設事業は一九五〇年代に終わった。雇われた作業員によって砂止めの柵が約三三〇キロメートルにわたって設置され、海岸植物が約一三平方キロメートルの砂浜に植えられ、二五〇万本の苗木、高木、潅木が植樹された[20]。その結果、草が生えた高さ五メートルから八メートルの砂丘が一六〇キロメートル近くにわたって続く海岸になった。しかしこの事業の前提は間違っていた。現在では地質学者の多くが、アウターバンクス海岸が大きな砂丘に守られて草木が繁茂するような安定した砂浜だったことはないと考えている。ナグスヘッドから南ではもともとの防波島の高さはたぶんずっと低く、湿地になっていた。そして、海水面の上昇に伴って防波島は本土の方向へ少しずつ移動していたことが科学的に明らかになりつつある。それは、暴風、大きな波のうねり、満潮時の波などが防波島を乗り越えるときに砂を本土側へ移動させることによって起きる。人工の砂丘が整備されるまでは、膨大な量の砂が防波島の内陸側の湿地帯へと絶え間なく移動していた。しかし、新たに砂丘を造ったことで、よほど海が荒れなければ波が防波島を越えることはなくなった。防波島の裏に堆積すべき砂が届けられなくなり、防波島は裏からも侵食が進行する。

かつてアメリカ国立公園局の生物調査官を務め、当時はマサチューセッツ大学の教授として植物学を教えていたポール・ゴッドフレイは、一九七〇年に内務省国立公園局が刊行している論文集にこの嘆かわしい事実を発表した[21]。このあと数年にわたって、ゴッドフレイをはじめとする何人かの研究者がこのような事例についての研究を行なっている。フロリダ州のエバーグレイド国立公園やカリフォルニア州のセコイア林やシャパラル群落では、日常的に起きる山火事が常に消し止められることによって林床に落ち葉などの有機物が堆積し、いったん山火事になるとこの堆積物が火勢を強めて破局的な事態を招く。こうした事例を引き合いに出しながら、「自然が引き起こす環境破壊は、そこの自然環境の生態系の構造や機能を維持するのに必要である場合が多い」と結論している。[22] さらに国立公園局の対応に関しては、「自然環境をレクリエーションの場として利用するための安全性は確保しなければならないが、同時に、その環境の生物物理学的な動きを妨げないようにしなければいけない」とも述べている。言い換えると、島を存続させるためには舗装道路も造れないほど波が頻繁に防波島を越えることが必要だということになる。このような状況をゴッドフレイらの研究者チームは、科学者特有の持って回った言い回しで「維持管理の矛盾」と呼んだ。アウターバンクスは、やがて、この維持管理の矛盾で苦しむことになる。

人工の砂丘がそれほどの弊害をもたらすとは到底信じられないと考える海岸地質学者も多いが、アウターバンクスに昔から住んでいた人たちは、ゴッドフレイの説が正しいと知っていた。海岸保全委員を引退したウェイン・グレイもその一人だった。人工砂丘が築かれる前にアウターバンクスで生まれ、第二次世界大戦までエイボンという小さな町で育った。当時は人口数百人の孤立した村で、近隣の村とは砂浜でつながっているだけだった。住民は砂浜を馬車で行き来し、冬に海が荒れると海水が家の下を通って背後の湿地へ流れ込んだことを思い出すと語っている。

一九七〇年代には、防波島の上を波が越えなくなって三〇年ほどが経過していた。人工砂丘を造らなかった南の防波島に比べ、アウターバンクスの砂浜の形状は大きく変化した。人工砂丘のない防波島では砂浜の幅は四〇から六〇メートルもあるのに、背後に人工砂丘を控えた砂浜は幅が一〇メートル以下になり、浜がまったくなくなった区域もあった。本来の侵食傾向に加えて、「恒久的な砂丘構造物があることで、波の大きなエネルギーが砂浜の波打ち際に集中し、その結果、浜の傾斜が急になり、波による攪拌が強くなり、砂が細かく砕かれて波に持ち去られる傾向が強まった[23]」。

この驚くべきゴッドフレイの説をのちに科学者も認めるようになり、国立公園局は人工砂丘の補強を継続するのをやめることにした。砂丘が侵食されるまま放置することにしたのである。国立公園局は次のような方針を固めた。

波浪で砂丘が侵食されても砂丘を人工的に再建はしないが、植生が何もない区域では再緑化事業を立ち上げる。激しい波浪で防波島が切れてできた海峡は、自然のままに移動したり閉塞したりできるようにしておく。このような方針の変更に伴い、今後は砂浜沿いに途切れなく道路を維持することが現実的ではなくなる事態も起こり得る[24]。

しかし道路はその時点ですでにケープハッテラス岬の北側にある開発地にまで達していて、道路の維持に口を出すのは国立公園局だけではないという事情があった。砂丘は防波島を行き来する唯一の手段である道路を守る構造物であることから、ノースカロライナ州当局は砂丘についての重要な利害関係者になった。数年後に嵐で砂丘が破壊されて数箇所で道路が冠水したときにグレイは、「砂丘を修復して道路を維持すれば、これまで通りの生活ができる。そのまま放置することもできるが、放置したら、そのあとどうしたらよいのか私にはわからない。一九五〇年には道路なしでも生活できたが、今はできない」。

しかし、護岸壁の宿命と同じように人工砂丘でも崩壊が始まっている。海が荒れるたびに、砂丘のどこかが波に流され、国立公園局の方針にもかかわらず、州当局は道路を守るために巨大な砂袋を設置し、目隠しの砂をかぶせている。高速道路の付け替えを行なった部分もあり、州当局はほかの区域の多くも付け替えたいと思っているが、いったいどこに建設し直すというのだろうか。防波島は幅が狭くなってしまい、道路を建設する余裕もないほどやせ細っている部分が多い。

沿岸単位の模範・サンタモニカ湾

自然に侵食されるスピードが非常に遅く、護岸壁に守られた土地の価値が非常に高ければ、たとえ砂浜がある程度失われても護岸壁建設の採算がとれる地域もたくさんある。

その一例としてサンフランシスコにあるオーショーネッシー護岸壁が挙げられる。この地域の海水温はかなり低いため海水浴には適さない。ウェットスーツを着たサーファーは、護岸の手前にある砂浜が狭くても、場合によってはまったくなくても、あまり気にかけないように見える。サンフランシスコ市民の多くも、一九二二年にコンクリートの階段護岸が完成して以来、海岸景観はむしろ改善したと考えている。[25] それ以前は市街地の海岸に面した地域を守るために、満潮になって危険が迫るたびに瓦礫を海に投入していたので、それよりは確かにましになったと言える。

ロードアイランド州のプロビデンス（二八ページの地図参照）にあるハリケーン防護壁も有効だった。ハリケーンによって市街地が一六年間に二回水害に見舞われたあと建設された防護壁は、護岸壁の一部に水門が設けられていて、被害が出そうな嵐が近づくと水門を閉じることができる。湾の入り口に林立するガスタンクや石油タンクに隠れて巨大な鉄製の水門はほとんど見えないが、三〇年前に建設されて以降、ほんの数回しか閉じられたことがない。しかし、プロビデンス市民は水門のおかげで安心して暮らせるようになり、海浜レジャーにも支障をきたしていない。テキサス州テキサスシティーにある巨大な石油コンビナートを守る護岸壁についても、造らなかったほうが良かったという声は聞かれない。護岸壁が守る施設の価値がとてつもなく高いからだ。

問題となる自然環境が人の手で完璧に整備され、多少手を加えても何ら問題が起きなくなる場合もある。カリフォルニア州サンタモニカ湾（一九二ページの地図参照）では、突堤、隔壁、護岸壁が実にうまく機能していて、砂浜の美観が問題になることもなくなった。こうした構造物がなければ、ここでは肝心の砂が海底渓谷に消えていくので、湾の中に砂を留められる海岸構造物を建設しても誰も困る人がいない。サンタモニカ湾に一九三〇年代に海岸構造物が建設され始めたとき、住民は何が始まったのかわからなかった。沿岸単位の理論を提唱したインマンによれば「サンタモニカ湾は、人の手で安定させた沿岸単位の模範と言える。最初からそのように意図していたわけではないが、三〇年、四〇年の歳月をかけて海岸に構造物を建設し続けたら沿岸単位ができあがった。サンタモニカ湾は当初から工業化が進み、人口も急増したので、このような結果になった。資金はこのようなことをするために動かすもので、うまくいく場合もあれば、うまくいかない場合もある」。

近くにはうまくいっていない海岸もあるとインマンは言い、例として、ロサンゼルスとサンディエゴの間にあるオーシャンサイドという海岸町を挙げた。「ここで同じことをすると、かかる費用は天井知らずになる」。オーシャンサイドの沿岸単位は延長約一〇〇キロメートルあり、サンタモニカ湾の三倍になる。サンタモニカのように突出した陸地はなく、外海からの波を遮るものはない。海岸線が固定されている唯一の場所は沿岸単位の中央部にあるオーシャンサイド港で、ここでは導流堤が砂の流れを遮ることが長年問題になってきた。

「私は浜の固定化を提唱しているのでも、自然状態の維持を強く勧めているのでもない。単に、問題全体をみて合理的な方策を取らなければいけないと言っているだけだ。海岸線の中央部だけ固定して、ほかの部分は固定しないことにするのは不可能だからだ」とインマンは言う。

砂が運ばれない飢えた砂浜

侵食は砂浜そのものを脅かすわけではない。海水面上昇が起きても放っておけば、砂浜は内陸方向へ移動するだけになる。海岸を守るために構造物を建設すると決めても、それは砂浜を守ると決めたことにはならず、むしろ逆のことが起きる。建設すると決めるということは、砂浜を犠牲にすると決めるようなものであり、近隣の砂浜が犠牲になる。しかしいくらそう言っても、家やホテルが崖から崩落するのを急いで防がなければならないというパニック的状況下では、残念ながら、このような論理は忘れ去られることが多い。海岸線を固定するときには、「構造物建設にかかる費用と、その構造物が守ろうとする場所の価値や建設した結果生まれる価値を比較して、決行するか中止するか判断しなければいけない」と、ロードアイランド州開発委員会は、別のハリケーンの後に海岸構造物を建設してほしいとの声が多数寄せられたあとの一九五四年という大昔に出した報告書で述べている。「十分な長さの海岸構造物（特に護岸壁）を造ろうとすると費用がかさむので、背後の土地の価値が高いとか、何かほかに差し迫った事情があるといった理由でしか建設は認められない」[26]。

しかし、こうした費用の算出は簡単ではない。守られる建物の価値が上がるという効果をこじつけることはできる。場所によっては、観光業の雇用促進のような効果が生まれることもあり、それに伴ってその地域のさまざまな分野が経済的に潤うこともあり得る。他方で、効果があるかどうかは建物がどこに立っているか、砂浜にどれくらい近いかによって左右される場合も多い。もし海岸構造物を建設した結果、その地域から砂浜が失われるなら、全体としてみれば効果ではなく弊害があったことになる。そしてこれは、以下のような負の面のほんの一つにすぎない。

・海岸構造物が砂浜を囲い込んだときや、構造物が侵食を誘発すると、砂浜の価値は下がる。「砂浜を岩で覆うと砂浜はなくなる」と、護岸壁の効果を調べたカリフォルニア大学サンタクルーズ校の地質学者であるゲイリー・グリッグスは言う。土木技術者は砂ではなく構造物に目が向いているため、護岸壁の効果を評価するときに付随する侵食を考慮しない場合が多い。
・護岸構造物のある砂浜は見苦しい。自然の砂浜と比べるとそれが特に著しい。
・砂浜の利用者には、護岸壁、突堤、隔壁は危険な構造物となる。海で泳ぐときには構造物に近寄らないようにしなければならず、浜を歩く人は岩登りをしなければならないかもしれない。石を積み上げただけの護岸壁で石が転がって指を挟まれたり、登っていて足首をくじいたり、不用心な海水浴客が波で岩壁のすきまに閉じ込められたりすることも珍しくない。水面下にある潜堤は船の航行に支障をきたす構造物となる。
・海岸構造物があると砂浜としての利用が減り、砂と波の景観が石やコンクリートのある景観に変わることで、浜を訪れる人も減る。

・突堤であろうと隔壁や護岸壁であろうと、海岸に構造物建設がいったん始まると、下流域の侵食が進むために建設区域が拡大しやすい。

・海岸構造物は設置するのにも、維持していくのにも費用がかかる。海岸構造物は道路や水道設備のように地域のインフラの一つになり、ほかのインフラと同じように永続的に維持していかなければならなくなる。建設した海岸構造物を守るには、沖の海底や近隣の防波島の切れ目の海峡から砂を掘り上げて構造物の海側に撒き、人工の砂浜を造るのが最良の方法だとわかり始めている。しかし、こうした養浜事業も費用がかかり、繰り返し行なわなければならない。

・実際に砂浜を利用する人の数を考えると、海岸構造物の恩恵を受けるのは比較的少数の人たちに限られる（恩恵を受ける人は費用を負担する人とは別である場合が多い）。

・海岸構造物によって砂浜が失われると、鳥や貝などの生き物の生息地が失われる。

・海岸構造物ができれば安全だという誤った認識が生まれ、無責任な建設がさらに進むことがある。

海岸線に構造物を建設することがもたらす有害な影響がようやく知られるようになって、海岸沿いで危険にさらされる建物を守る工法として構造物建設という対策が取られなくなることを海岸研究者の多くは望んでいる。ノースカロライナ、メイン、ニュージャージー、サウスカロライナといったいくつかの州では、これ以上の海岸構造物を建設することを禁止した。州によって差はあるが、傾斜護岸、隔壁、護岸壁、突堤、導流堤、そのほかの海岸構造物の建設を禁止している。ほかのたとえばフロリダのような州では、侵食対策として建設することに規制をかけている。レザーマンはアメリカ科学アカデミーが後援したウッズホールの会合の閉会の辞で、「今後は護岸壁はもうあまり建設されないだろう。最後の手段とみなされるようになった」と語っている。

しかし、この楽観的な意見を述べているうちにも、海岸の土地所有者はあっちでもこっちでも、自分の家や事業を守るために、短い護岸壁を一カ所だけ、あるいは小さな突堤を一本だけ建設するための許可を得ようとやっきになっている。護岸壁が砂浜に被害を与えているという目に見えない現象と、家が海に飲まれそうになっているという誰の目にも明らかな現象が対峙したときには、目に見えるほうが勝利する。自分の所有物が危険にさらされていればそれを守りたい、護岸壁や隔壁や岩の傾斜護岸のようなものの後ろに避難したい、というのが人情だ。建物と砂浜のどちらを守るかという選択を迫られたときに、砂浜を選ぶほど勇気がある人（先見の明がある、善意がある、十分な資金があるでもよい）はほとんどいない。とりあえず護岸壁が欲しい。砂浜の心配はあとでしよう。

モントーク灯台を愛してやまない人たちは、灯台を守る方法を考え出した。残念なことにその方法とは、灯台が建つ崖のふもとに波消し用の岩を置くというものだった。一九九一年のハロウィーン暴風雨で崖が一〇メートル近く崩れたあと実行に移され、一九九二年に一〇トン分の岩が置かれた。その費用は、イーストエンドの富裕層の寄付、歌手ポール・サイモンのチャーリティ・コンサート、崖のふもとに自分の岩を置けるという謳い文句で一般人から募った一人三〇〇ドル（一ドル一〇〇円換算で三万円）の寄付を集めた資金で賄われた。

一九九二年一二月に激烈なノーイースターの北東からの暴風が吹きつけたとき、『イーストハンプトン・スター』紙が被害状況を写真入りで記事にし、その写真の中には激しい砂浜侵食を伝えるものもあった。それとは別のページの下のほうには目立たない囲み記事があり、そこにはもう少し嬉しい内容が書かれていた。嬉しいように見える内容と言ったほうがよいかもしれない。モントーク灯台の侵食対策事業は「先週末に初めての耐久試験をくぐりぬけ、大成功を収めたようだ」とある。南に面した崖の足元に約六〇メートルにわたって波消し用の岩を置くという事業が終わってから嵐の暴風が直撃したが、事業設計をしたグレッグ・ドノヒューが言った通り、「岩の移動はなかった。耐久試験に合格したことになる。ポール・サイモンと、（コンサートの）列に並んでくれた人たちのおかげだ」。

しかし、これでロングアイランド島の飢えた砂浜へは砂が運ばれなくなった。

第4章 砂州の切れ目に導流堤は不親切

小さな岩が大きな波を押し返す。

——ホメロス『イーリアス』

フェンウィック島
メリーランド州
オーシャンシティ
アーサティーグ島
導流堤
N
500m
アメリカ合衆国

海の藻屑となったベイオーシャン

オレゴン州のティラムック湾のすぐ南にある人気のない海岸に、舗装道路から雑木の茂る細い砂の岬（砂嘴）へと延びる土の道がある。その角に立てられた一枚の看板には次のように書かれている。

「ベイオーシャン・パーク」の街

一九〇六年にカンザス・シティの不動産業者T・B・ポッターは、この半島が第二のアトランティック・シティになることを夢見た。一九〇七年に最初の区画を購入したフランシス・B・ミッチェルは、一九五二年にここを去った最後の一人になった。開発は一九一二年六月二二日に華々しく始まり、雑貨店、郵便局、三階建てのホテル、ボーリング場、金物屋、パン屋ができた。ホテルには自動の消火用スプリンクラーが備えられ、一五メートル×五〇メートルの屋内プールがあった。舗装道路は六キロメートル以上あり、電気、水道、電話が整備され、狭軌鉄道も敷かれた。一九一四年までに六〇〇区画の建設予定地が売れ、人口は二〇〇〇人になった。ところが一九三二年には海岸侵食のため屋内プールが破壊され、一九四九年までに二〇軒以上の家屋が海の藻屑になった。一九五二年には海が陸地を八〇〇メートル削り取ったためベイオーシャンは島になったが、防波堤が一九五六年に造られて、また半島になった。民家と夏用の別荘五九戸のうち五戸だけは移築が間に合った。一九六〇年二月一五日、最後に残った家が海中に没し、ベイオーシャンシティは再び夢となった。

この看板はアメリカ退職者協会の地方支部によって建てられたもので、ベイオーシャン・パークの名残を伝える唯一のものになる。この町は、役立ちそうに見えた海岸工事によって破壊されたのだった。

カンザス・シティの開発業者トマス・ベントン・ポッターの息子であるトマス・アービング・ポッターが一九〇六年にオレゴン州の北部の海岸で休暇を過ごしたことに話はさかのぼる。ある日ポッター青年と友人は、ポートランドの西にあるティラムック湾でボートに乗っていた。湾の入り口付近の半島に近づいたときにポッターが雁を見つけて撃ったら、雁は人気のない砂嘴に落ちた。二人はボートを岸につけ、ポッターは獲物を回収しようと砂丘を登って行った。砂丘の頂上に着くと、そこにはすばらしい眺望が目の前に広がっていた。三〇メートル以上の高さの砂丘が細長い半島に六キロメートル以上にわたって横たわり、砂丘にはトウヒやスギ、ヨウシュネズの木々がおい繁り、広い砂浜が半島の端から端まで延びていた。ポッターは家に帰ると、その手つかずの自然が広がる風景について父親に話した。T・B・ポッターはその土地を買ってリゾート地を建設し、「西部アトランティック・シティ」として売り出すとすぐに決めた。

一九一〇年には父ポッターによる開発は着々と進んでいた。半島がティラムック湾と太平洋に挟まれていたので、ポッターはそこをベイオーシャンと名付けた（一九二ページの地図参照）。そのリゾート地が一九一二年六月二二日に正式に盛大にオープンしたときには、ホテル、カフェ、パン屋、屋外プール、人工の波を完備した屋内プールなどの施設を誇った。一九一四年には鉄道ができ、フェリーも就航するようになり、一六〇〇区画の住宅建設地が販売された。買った人の多くは一年を通じてここに住んだ。初期の絵葉書には、つばの広い麦わら帽をかぶった若い女性が白いキャラコの長いドレスを着て広い砂浜をぶらついている姿も写っていた。

しかしその頃には、この地域を破滅に導くような計画がすでに持ち上がっていた。ベイオーシャンと狭い海峡を挟んで対岸にあるティラムック湾北岸にある町の事業家たちは、船を航行しやすくして、当時のおもな積み荷だった質の良くない丸太以外のものを取引きするために港を改良したいと思っていた。しかし、移動の激しい灰色の砂が浅瀬を造って海峡が閉塞するので、それができないでいた。

町当局が陸軍工兵隊に窮状を訴えると、工兵隊は導流堤を二本、つまり海峡の両岸に一本ずつ造る案を出してきた。海峡の両岸に海に指を突き出すように岩を積んで導流堤を建設すれば、北向きあるいは南向きに移動する砂をさえぎり、砂が湾の入り口に入らないだろう。計画では費用が二二〇万ドル〔今の日本円の価値にして約一五〇億円〕かかり、町が二五パーセントを負担するとなっていた。その金額に驚いた町は、導流堤を海峡の北側にのみ建設し、航路が浅くならないように海底の砂を掘り上げる（浚渫〔しゅんせつ〕）という代替案を提出した。これなら八一万四〇〇〇ドル〔同約五七億円〕で済むと見積もられた。[1] 導流堤はふつう海峡の両岸に一本ずつ二本一組で造るものなので、一本だけ造ってもその効果は期待できないと工兵隊当局は言ったが、ポッターは乗り気だった。この事業が終わったあかつきには、港はサンフランシスコとコロンビア川の間で最も安全かつ水深がある避難港になるだろうと、自ら発行していた『ザ・サーフ』紙に記事を載せている。この地域が「旅行者のメッカ」になるだろうとも書いている。[2]

北側の導流堤は一九一七年に完成し、ほぼ直後から砂がその後ろに溜まり始めた。時を同じくしてベイオーシャンの住民は砂浜が消えていくのを目の当たりにすることになる。太平洋に面した土地の所有者たちは一九二〇年までに、にじり寄る海から逃げるように家を後退させていた。導流堤は

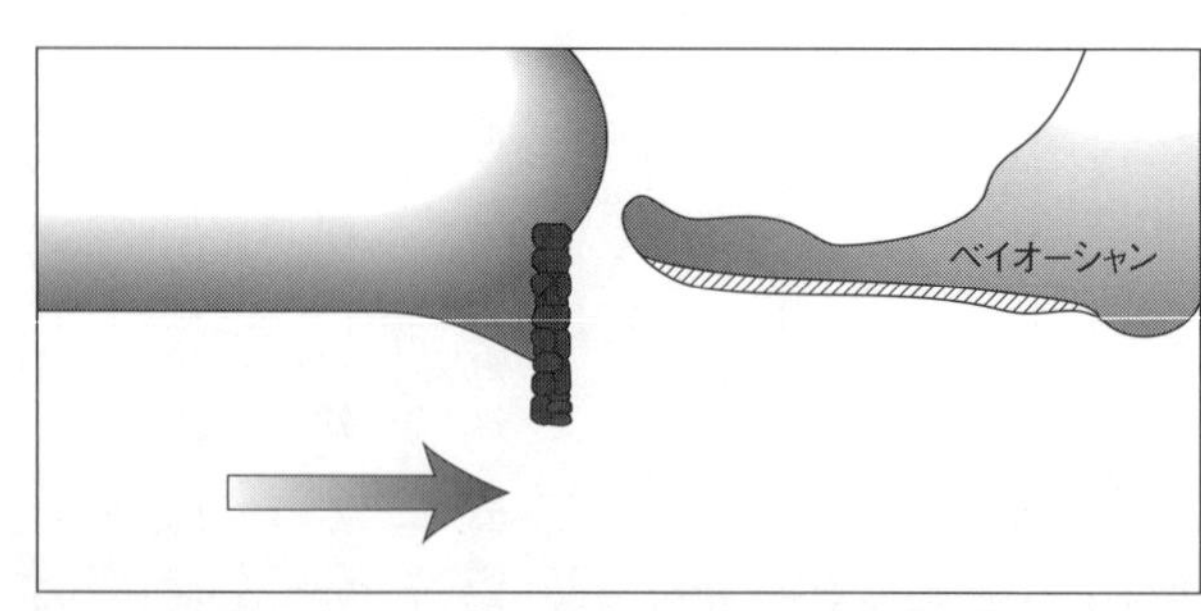

オレゴン州ベイオーシャンに工兵隊が導流堤を建設するまでは、潮流が砂を海岸にそって南北に移動させていた。導流堤を建設したら、北から来る砂を堰き止めてしまい、ベイオーシャンの砂嘴が侵食されることになった（ジェン・クリスチャンセン）

一九三二年と一九三三年に修理・延長され、ベイオーシャンの侵食はさらにひどくなった。一九三〇年代の半ばには、波は町の歩道や屋内プールの土台を持ち去った。その土台は砂丘の真上に建てられていて、大き過ぎて移動できなかったのだ。プールの屋根は一九三六年に陥没し、三年後の嵐で残っていた部分が破壊され、砂浜にコンクリートの塊がいくつか残るだけになってしまった。

一九四八年にはまた別の激しい嵐が襲来してベイオーシャンの砂嘴を破壊し、水道管と電気配線が切断された。このとき二〇戸以上の家が海に没し、数百メートルにわたって砂浜も消えた。まだ敷地に家を建てていなかった人たちは所有地をただ放置することにしたが、ティムロック郡は固定資産税を課した。しかし、課税された土地の多くはすでに海中に沈んでいた。一九五二年になると砂嘴が再び破断した。一九〇九年に華々しく開局したベイオーシャン郵便局は、一九五三年に閉鎖されることになった。ホテルが閉鎖されて廃墟になると不法定住者が移り住んだが、やがて、ホテルをはじめとするすべての建物が海の藻屑となった。そして一九六〇年に最後の家が海に崩れ落ちて行った。

今は大きく縮小した砂嘴の端まで砂利道が続いている。砂丘や背の高い木もない。その代わりに、トウヒの若木、エニシダ、ノラニンジンや草が生え、人が海岸の自然に干渉したときに何が起こるかを静かに証言している。

海峡はできては消えるもの

人間はこれまで何世紀にもわたって砂州にできた切れ目を制御しようとしてきた。最初は、切れ目を船が航行できる深さに保つために人手で砂を掘り上げた。しかしたいていの場合、これはうまくいかなかった。たとえば一八三〇年には、ノースカロライナ州アウターバンクスのオクラコーク海峡を人が掘って安定させようとしたが、砂を巻き上げた潮が絶え間なく流れて海峡は常に位置を変え、浅瀬がそこらじゅうにできるということを住民に知らしめた。一九世紀にはマーサズ・ビニヤード島の住民が何度も島の南岸の防波島に海峡を造ろうとしたができなかったのに、嵐が一回来たら、半日で島が切れて海峡ができてしまった。「このようなことを人為的に制御できるかどうかはまったくわからない」と、アメリカ沿岸測地調査の測量士ヘンリー・L・ホワイティングは、一八八九年に所長に提出した海峡に関する報告書の中で書いている[3]。

しかし海岸の土木工事の技術が進み、安全で便利な海への出口の経済的価値が高まるにつれて、さらに多くの沿岸の町が導流堤で切れ目を安定させた。今日、導流堤は海岸で最もよく見られる構造物であり、それはまた最も弊害が大きな構造物の一つになっている。まさにその名が物語るように、英語では導流堤を「ジェッティ（jetty）」と言うが、導流堤は海岸に沿って砂を運ぶ潮流を中断させ、砂を溜め込むか、深海に「ジェット噴射」させるかする。このため海岸に沿った自然な砂の動きを妨げ、潮流の下流域の浜が砂を失っても、その分を補充するのに必要な砂が流れ着かなくなる。

砂州の切れ目が海峡になると、こうした岸に沿った砂の流れを中断させるが、自然の状態では海峡は移動したり再編されたりといった複雑な動きをしながら通常は閉鎖する。強力なハリケーンが襲来すると、大波が防波島を越えることによって膨大な量の海水が内湾側に流れ込み、海水がまた海に引き返す数時間のうちに、防波島に深い切れ込みを入れて海峡になることがある。この海峡ができるという現象は、一九三三年にメリーランド州オーシャンシティでも、一九三八年にロングアイランド島南岸のシネコック湾にハリケーンが襲来したときにも見られた。大西洋の発達した低気圧が引き起こすノーイースターという北東からの強風では、切れ込みができるのにもう少し時間がかかる。というのは、満ち潮によって海水が繰り返し防波島を超えて内湾側に送り込まれ、引き潮で水が海へ引き返すときに水路を広げながら出ていくからだ。アメリカ東海岸では強いノーイースターによる荒天が数日続くことがよくあり、そのような場合には切れ目がいくつもできやすい。

砂州でできた島にいったん切れ込みが入ると、数年あるいはときには数十年も海峡として存続することもある。しかし、通常は嵐が治まりしだい閉鎖し始める。どのくらい早く閉鎖するかは、海岸を流れる砂の量と、潮の干満とともに切れ込みを通って内湾側に流れ込む水の量で決まる。もし潮流で大量の砂が海岸に沿って運ばれていて干満の差が小さければ、切れ目はすぐに砂でいっぱいになって閉じる。ノースカロライナ州アウターバンクスのように干満の差が六〇センチ以下で、かつ多量の砂が運搬されている海岸では、切れ込みはすぐに修復される傾向にある。四〇〇年前にヨーロッパ人が入植して以来、三〇回も切れ目ができては消えた。同じ場所が再び切れることもある。多少なりとも安定している切れ目が現在は三つある。オレゴン海峡とハッテラス海峡はいずれも一八四六年のハリケーンで開いた。そして、ヨーロッパ人が一七世紀に定住して以来、切れたままのオクラコーク海峡がある（二八六ページの地図参照）。

切れ目の修復は、引き潮と満ち潮が切れ目のすぐ内側と外側に耳たぶ状に砂を堆積させるところから始まる。引き潮が切れ目から流れ出るときにできる潮汐三角州に堆積した砂の一部は海岸沿いの流れに拾われて、また海岸沿いに移動していく（ベイオーシャンでは明らかにこの仕組みが十分量の砂を供給して砂浜を維持していた）。

一方、満ち潮のときには切れ目の内側に砂の「溜まり場」が自然にできて潮汐三角州になる。そこに砂が溜まると、ほかの場所よりも移動しにくくなる。海洋性の植物が生育すると海水の動きが遅くなり、さらに砂が積もる。砂の粒子が満ち潮によっていったん防波島の背後の三角州に取り込まれると、人間が手を加えないかぎり海に戻ることはまずない。

砂がますます堆積するにつれて切れ目の内側に浅瀬が広がり、海水を海に戻すための水路は浅瀬を縫うように流れるようになり、さらに砂が堆積する。やがて切れ目は砂でいっぱいになって閉じる。切れ目ができると付近の砂浜からは砂が消えるが、失われたわけではない。切れ目の裏側の三角州や古い切れ目付近に残された砂の量が防波島の容積の二〇パーセントから二五パーセントになるとする研究者もいる(4)。

二〇世紀になると、開発業者からの圧力や、スポーツ、商業、漁業への関心の高まりから、この過程に人が介入するようになった。オーシャンシティやシネコック海峡など多くの海岸では、切れ目にできた海峡は気象の神からの賜物、あるいは嵐のときに重くたれ込める暗雲に射す一条の希望の光だと考えられてきた。たとえば、ロングアイランド島の南岸の防波島が切れてシネコック海峡ができた

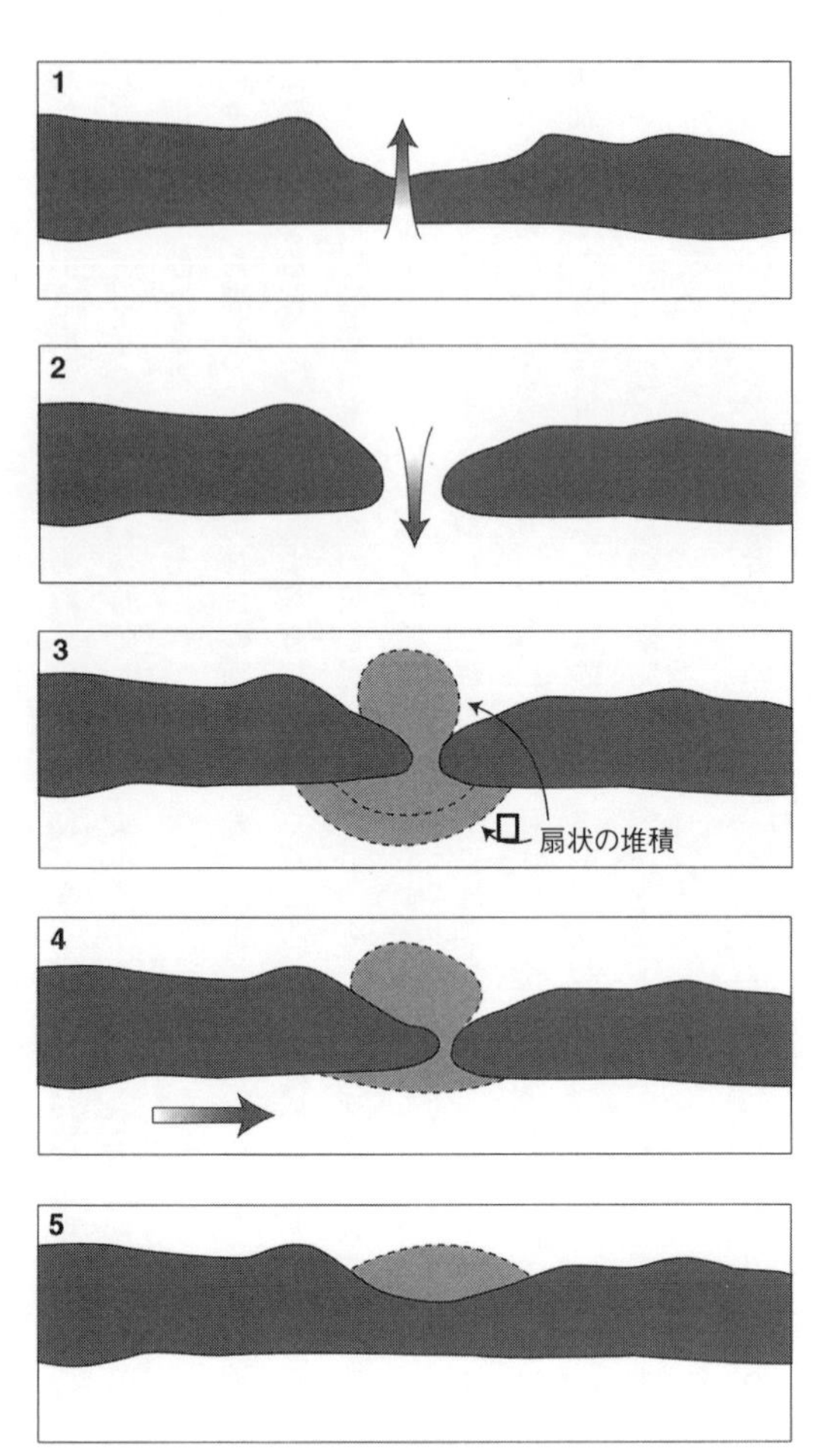

自然のままに任せると、防波島にできた切れ目の海峡はできては消えていく。ふつう海峡は、嵐の大波が防波島を越えて水が内湾側に流れ込むとできる（1)。嵐が過ぎ去ると、増えた水は海に戻ろうとし、防波島の弱い部分を探し当てて突き破る（2)。潮流が防波島の海岸に沿って砂を運び、潮の干満によって新しくできた切れ目からその砂が出し入れされ、切れ目付近に扇状に堆積する（3)。切れ目に浅瀬が広がり（4)、やがて切れ目は閉じる（5)（ジェン・クリスチャンセン）

とき、ロングアイランド島の人たちは、今までより簡単に船で外海に出られることに気づいた。漁業用の船団を持っている、あるいは持ちたいと思っている人が多い地域では、突然の新しい海峡の出現はありがたい。内陸の農業廃棄物や行き過ぎた開発が湾を汚染している場合も、新しい海峡ができて海水の出入りが増えれば汚染の影響が目立たなくなる。

これゆえ、新しい切れ目ができたときの最初の反応は、しばしばその切れ目をそこに「維持しよう」というものになった。しかしこのような方針は、程度の差こそあれ、アメリカ各地の砂浜を消滅へと導くもので、特に、防波島が多い東海岸やメキシコ湾岸で顕著だった。もし切れ目の水路が定期的に浚渫され、浚渫された砂が深海に捨てられると事態はいっそう悪化する。実際のところ、このような事例は多い。フロリダ州の東岸では、一九の海峡のうち二つを除いて人工的に開通した状態が保たれているのだが、研究者の推測によれば、海峡に導流堤を設けたことや浚渫をしたことが砂浜侵食の原因の八〇パーセントと関係がある。

導流堤で侵食が加速する

フロリダ州ブルバード郡のセバスチャン海峡は、ケープカナベラルの約五〇キロメートル南にある典型的な防波島の典型的な海峡として知られる。メルボルン〔フロリダ州東海岸ブルバード郡の都市〕にあるフロリダ工科大学の沿岸堆積学者で、セバスチャン海峡課税地域のコンサルタントでもあるランドール・パーキンソンは、海峡にかかる橋の中ほどまでよく歩いて行く。そこからは、北と南に湾と島を一望できる。最近行ったときには、大洋側の海岸線はほぼ真っすぐになっていることに気づいた。

しかし湾側の海岸線は非常に不規則で、あちこちに出っ張りがある。パーキンソンの説明によると、それぞれの出っ張りは昔の満ち潮が形成した耳たぶ状の潮汐三角州であり、「砂で埋まった昔の切れ目の位置を示す」。

海水は、海峡のすぐ内側でトルコ石のような明るい青色の透明感を失う。満ち潮による潮汐三角州、つまりセバスチャン海峡が沿岸流から奪い取った砂でできた耳たぶ状の浅瀬になると、色が暗くなるのだ。「満ち潮の浅瀬では砂は堆積したまま動かなくなる」とパーキンソンは言う。「誰かが掘り上げなければ、ずっとそのままだろう」。

海峡の大洋側では、あたかも海峡が海の方向へやさしく息を吹きかけているかのように波が立ち、海峡の入り口の辺りで弧を描いて砕けていた。波は引き潮でできた三角州、つまり引き潮によって海峡から運び出される砂が形成した三〇メートルほどの浅瀬の海側の端で砕けているとパーキンソンは説明してくれた。引き潮が浅瀬を形成するのに数年はかかるが、それがここの海峡に均衡状態をもたらしたとパーキンソンは言う。つまり、沿岸流を離脱して海峡の中や浅瀬に組み込まれる砂は比較的少ないことになる。セバスチャン海峡には導流堤が設けられているが、砂は浅瀬を伝いながら移動するようになった。

「一〇年前は防波島にできる切れ目はどこでも災難でしかないと思っていた」とパーキンソンは細く砕ける波を見て言った。「これ以上切れ目は造らせないとも思った。けれどその後、多くのことを学び、（中略）この海峡は、今は均衡を保っていると言える」。しかしパーキンソンは、この海峡は例外的だと締めくくっている。この地域では浅瀬でも航行できる浅喫水船が使われている。このため潮の干満でできる三角州を絶え間なく浚渫する必要がない。この海峡では人の要求と折り合いがついているが、ほかの多くの海峡ではそうはいかない。

ニュージャージー州ケープメイが良い例だろう。一八〇一年の昔、ケープメイの郵便局長だったエリス・ヒューズはフィラデルフィア・オーロラ新聞に広告を載せた。

私の家では海水浴客をもてなす準備ができました。広々とした部屋と、魚、牡蠣、蟹、それにお酒をお楽しみいただけます。男性には馬のお世話もします。馬車を海岸沿いに何マイル走らせても、砂には轍（わだち）がほとんど残りません。浜は遠浅なので、かなり沖合まで歩いて行けます。暑い季節に訪れるには最高に楽しい所です。(5)

南北戦争の頃には、ケープメイはアメリカで最も洗練された砂浜リゾート地の一つになっていた。たまたまアメリカの南部と北部を分けていたメーソン・ディクソン線の南側に位置していて、南部から多くの客が訪れたため、南北戦争の勃発時に北部への忠誠心を疑われたのも無理はなかった。戦後、観光業はますます盛んになり、一八七八年に大火事で町の大半が焼失したときには多少衰えたものの、火事のあと珍しいビクトリア調建築の美しい町に建て替えられて、今日でも多くの観光客を惹きつけている。しかし、行楽客がかつて馬車で行き来し、ヘンリー・フォードが自動車レースを一九〇八年に行なった砂浜はなくなってしまった。浜には大きな石の護岸壁と砕ける波しかない。

「この町は財政的にほとんど破たんしている」と市の長老たちはのちに連邦政府の支援を求めた嘆願書に書いている。「ほんの五年前に海沿いに建設した一・六キロメートルに及ぶ石の護岸壁は、砂浜がほとんど、あるいはまったくなくなったために、波が打ちつけて崩壊し始めた。（中略）ついに、侵食される砂浜がもはやどこにもない段階に来ている」[6]。

いったい何が起こったのだろうか。

ケープメイは常に不安定な場所で、そのため、突堤、人工砂丘、護岸壁などの構造物で徹底的な浜の安定化が図られた最初の地域の一つだった。しかし侵食のおもな原因は、北に位置するケープメイ海峡にあった。そこは陸軍工兵隊が一九一一年に掘削し、導流堤で安定させた海峡だった。八〇年後、ケープメイのすぐ上流域にある町ワイルドウッドクレストには、ニュージャージー州で最も広い砂浜ができた。近くのノースワイルドウッドを訪れた旅行客は、遊歩道から水辺までおよそ八〇〇メートル歩くことについて声高に不平を並べたので、町は旅行客を水際へ運ぶ路面電車を計画した。また「余分な」砂浜に三〇〇台分の駐車場を造ることで駐車場問題を解決することが決まった。

しかし、導流堤の南では砂浜が急速に痩せ細ってなくなった。ケープメイはそれ以来ずっとこの問題と向き合うことになり、補充用の砂をポンプで撒くことから、潜堤の建設まで、あらゆる対策を試みた。しかし、美しい自然の砂浜は過去のものになった。

サウスカロライナ州チャールストンの南にある島々でも同じようなドラマが繰り広げられた。そこでは陸軍工兵隊が一八七九年に導流堤を造り始めた。最初の影響は、一七六七年以来の灯台があったすぐ南のモリス島で現れた。最初の灯台は、南部連邦軍が北部の軍艦が使えないようにと一八六一年に破壊した。二番目の灯台は正式にはチャールストン灯台と言うが、サウスカロライナ州の人たちにはモリスアイランド灯台として知られており、同じ場所に一八七六年に建てられた。高さは約四九メートル、台座の直径は約一〇メートルで、広い砂浜とその背後にある低い砂丘を見渡すように建てられた。

ところが導流堤が完成すると、モリス島で侵食が加速した。今日、島に昔の面影はなく、海岸線は一八七九年にあったところよりはるか内陸にある。モリスアイランド灯台は、岸から八〇〇メートルの沖合にぽつんとたたずんでいる。一九六二年にはチャールストンの北にあるサリバンズ・アイランドの灯台が、チャールストン港の入り口を示す役目を引き継いだ。

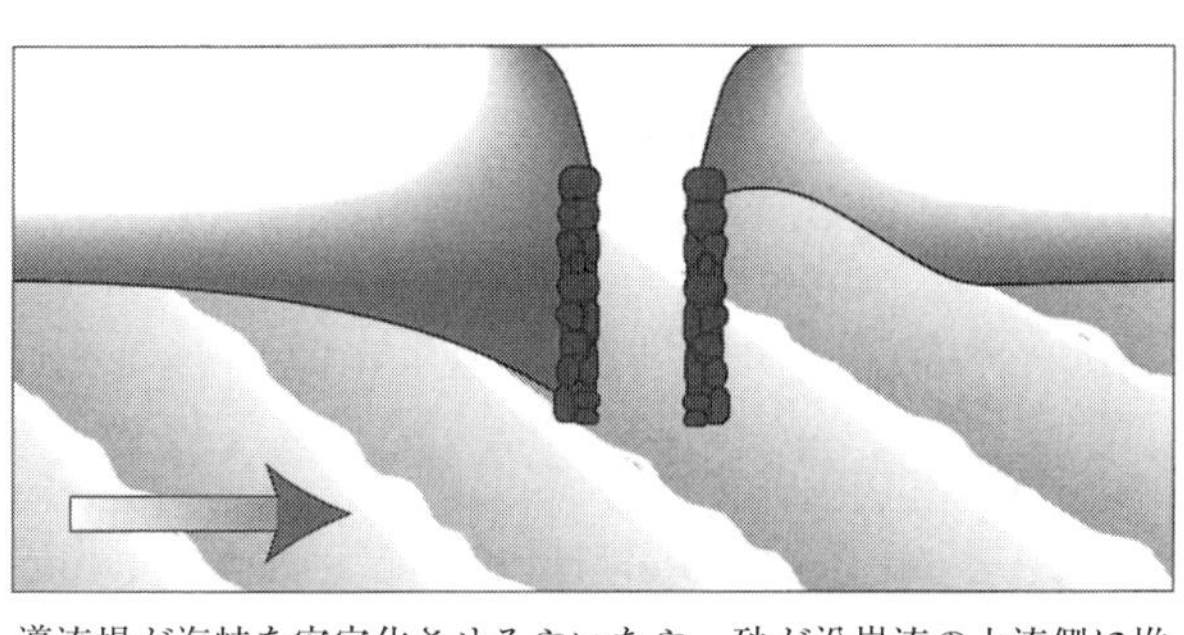

導流堤が海峡を安定化させるやいなや、砂が沿岸流の上流側に堆積する。下流側では、侵食が始まる（ジェン・クリスチャンセン）

一方で、導流堤の建設がちょうど始まった頃に住民は、チャールストンからモリス島のすぐ南にある防波島のフォリービーチに移住し始めた。ところがフォリービーチの開発が進むにつれて、導流堤が悪い影響を示し始め、砂浜が後退し始めた。町では数十年にわたって砂浜を救うためにあの手この手の努力をしているが、それも空しく、現在は連邦政府が数百万ドル〔一ドル一〇〇円として数億円〕の砂浜再建事業に乗り出している。

チャールストンのような都市部では、導流堤の費用対効果は思い通りには釣り合いがとれない。開発が行なわれたある地域の損失が、別の地域の開発であがった利益によって埋め合わされるからだ。導流堤建設が公園や野生生物保護区に被害を与えたときも、このような釣り合いが崩れる。おそらくアメリカ人は誰でも公園や保護区の恩恵にあずかっているので、砂浜が失われたときの喪失感が大きいのだろう。メリーランド州オーシャンシティの南にある公園がこの一例である。

オーシャンシティの開発は、一八六九年にアイザック・C・コッフィンという名の農夫がフェンウィック島に最初の「ホテル」を建てたときに始まった。フェンウィック島はメリーランド州の海岸に沿って、デラウェア州からバージニア州まで途切れることなく約七七キロメートル続く細い防波島だった。その宿屋は小さなロッジにすぎなかったが、釣りが楽しめるということですぐに人気が出て、金持ちの客が本土から小型のフェリーでどんどんやって来るようになった。コッフィンは自分のホテルをロードアイランド旅館と名付けた。言い伝えによると、ロードアイランド号と書かれた難破船の板が彼の家の前の浜に打ち上げられたので、この名を選んだということになっている。ほかにもホテル経営があとに続いた。特に島が一八八〇年に鉄橋で本土とつながってからは増え、やがて本土からの道路ができ、電灯がともり、遊園地や遊歩道ができて、この行楽地はオーシャンシティと呼ばれるようになった。

そして一九三三年八月、ハリケーンが襲来した。鉄橋を壊し、遊歩道を飲み込み、車を海に浮かべて運び去り、ホテルもいくつか破壊した。防波島を越えた波が引いたあと、道路は砂に埋もれ、島は町の南端で二つに分断された。嵐は災難だったが、置き土産の海峡はオーシャンシティの企業家たちにすぐに恩恵をもたらした。外洋に出ていく漁船を安全な防波島の湾側に係留しておいても、すぐに海に出ていくことができるようになったのだ。船釣りブームが起き、漁業も盛んになり、海峡は嵐による損害を補って余りある恩恵をもたらした。

海峡を安定化させるために、陸軍工兵隊は海峡の両岸に岩の導流堤を建設して、その外洋側の端を海に突き出すようにした。海岸に沿って北側から移動して来た砂は北側の導流堤で止められて、市街地の前の砂浜を広げた。今では、前より大きなホテルが建ち並び、遊歩道は新しくなり、砂浜には大きなアーケード街と遊園地ができている。導流堤の脇には砂が大量に溜まっていたので、駐車場にするために市がその大部分を舗装した。

しかし、海峡の南側のアーサティーグ島として知られるようになった防波島では話は違った。潮流は砂を南へ持ち去り続けたが、本来ならそれを補充するように届いていたはずの砂が導流堤に妨害されて移動してこなくなった。アーサティーグ島は急速に侵食され始めた。導流堤のすぐ下流側にあった島の一角は、かつては青々と木が茂り、探検家ジョバンニ・ダ・ベラザーノが「理想郷」と呼んだ場所だったが、現在は砂丘がなくなり木も生えていない。この島で唯一目を引くのは島の裏側にいくつか扇状地があることで、これは、嵐の波が島を越えていったときに砂を堆積させてできた。島は数十年にわたって砂を奪われ続け、防護となる砂丘はなくなり、海側で激しい侵食が起きている。アーサティーグとオーシャンシティは、かつては同じ島のとなり同士の地域だったのに、今はアーサティーグ島の大洋側の岸がオーシャンシティの内湾側の岸よりかなり陸に寄っている。アーサティーグ島の北半分は急速に陸方向へ後退しているので、地質学者は二〜三〇年のうちに崩壊して背後の本土に吸収されて消滅すると予測している。

浜に打ち上げられた流木や貝殻や瓦礫（がれき）が砂を捉えるのと同じように、アーサティーグ島の浜の古い砂止めの柵の残骸は今でも砂を捉え続けている。しかし砂の供給が少ないので、植物はなかなか繁茂することができない。なかでも重要な植物は島の北側の砂浜では数が多いアメリカオオハマガヤで、砂をよく捉えて、砂丘形成の強力な助人になる。しかし、アーサティーグ島は二つの主要な植物帯の境界付近に位置していて、生育できる植物の種類数は多いものの、成長の勢いの弱い種が多い。だか

1933年の嵐でメリーランド州オーシャンシティに切れ込みが入った。現在のアーサティーグ島は侵食が進み、嵐の波に対してもろくなっている。海岸が急速に後退したため、島の大洋側の浜が、北側にあるオーシャンシティの内湾側の岸と並ぶまでになった。

らオオハマガヤも、分布のほぼ南限にあるアーサティーグ島ではうまく育たない。成長は野生のポニーによっても邪魔される。ポニーは旅行客には人気があるが、生態学者にはひどく嫌われている。この大食漢の馬は植物を地面までかじり取るので、草が砂を捉える能力を奪ってしまう。具合の悪いことに、ポニーはアメリカオオハマガヤが大好物なのだ（南方の侵食されやすい島の多くでは砂丘で優占するのはオオハマガヤではなくワイルドオーツになるが、生息するポニーはワイルドオーツが好きではないおかげで島が存続できている面もある。しかし、ポニーは南方の島でも砂丘に多大な被害を与えている）。

レザーマンはオーシャンシティのまばゆい光が輝くけばけばしさよりも、アーサティーグ島のキャンプ場のような場所のほうが好きで、メリーランド大学の学生をしばしばこの島に現地調査に連れてきた。一行は島ではいつも、黄色い屋根の広々した家に滞在することが何年もの間続いた。昔は優雅な狩猟パーティーが行なわれていた家だった。

この家は建てられたときには、いくつか並んでいた砂丘の海側の一本目から約六〇メートル離れていたとレザーマンは一九九一年にここを訪れたときに語っている。しかし現地調査旅行を始めた頃には、一本の細い砂丘が家と波を隔てるだけになっていた。「ハリケーンが一回来ればひとたまりもない」とレザーマンが学生たちに言っていたところ、それにほぼ近い事態になった。数週間後のハロウィーンにノーイースターの北東からの強風が吹き荒れて家の下の砂丘を持ち去ったために、支柱がぐらついて家は使えなくなった。そして次の年の冬に天気が荒れたときに、とどめが刺された。

皮肉なことに、アーサティーグ島を飢えさせている導流堤はオーシャンシティ中心部の南側に多くの砂を堆積させ、導流堤付近にはこれ以上抱えきれないほど砂があるにもかかわらず、オーシャンシティ全体の砂浜を潤すのに十分な量の砂があるわけではない。オーシャンシティの北側には、近くの海底の形、沿岸流、そのほかのよくわかっていない要因によって、地質学者が「節（ノード）」と呼ぶ侵食の頻発地点が形成されている。つまり、町の中心部の砂浜には常に新しい砂を補給する必要があることになる。町の中心部にとっては、島に最初にあった砂丘が消滅したのに伴い（一つだけぽつんと砂浜に残っている柵で囲まれた小山だけがかつての見事な砂丘を偲ばせる）、侵食は絶え間ない脅威になっている。

オレゴン海峡をめぐる論争

信じられないかもしれないが、ノースカロライナ州では漁業関係者と行政当局がアウターバンクス海岸のオレゴン海峡（二八六ページの地図参照）で同じような悲惨な状況を数十年かけて造り出してきた。

「オレゴン海峡は二五〜三〇年の間ずっと多くの人たちの心配の種だった」と、この地域の行政計画の顧問をしてきたバージニア大学の海岸研究者ロバート・ドーランは述べている。「おそらくここは、利害関係の対立がある海岸のわかりやすい例の一つだろう」。ここでは、漁獲高が減っている漁業の支援と、国立公園の貴重な海辺と野生生物の保護をめぐって対立が見られる。

アウターバンクス海岸は、北アメリカ大陸の本土から離れた沖の防波島にあり、大西洋岸では一番大陸棚の縁の近くに位置する。ここは波のエネルギーが強く、アメリカ合衆国で最もハリケーンに襲われる頻度が高い地域の一つでもある。冬にはノーイースターが毎年のように襲来し、北東からの強風と荒波が何日も続いて、満潮のたびに地形が変わる。この荒天で沖合へ運ばれた砂は、網目状の浅瀬を形成して海底を常に動き回っている。遭難が絶えないため、「大西洋の墓場」という言い伝えも残る。

オレゴン海峡は、強烈なハリケーンによって一八四六年九月七日のお昼近くにロアノーク島のすぐ南にできた。直後に浅瀬で座礁した船があり、その船名オレゴン号にちなんで名付けられた。地質学者によると、毎年潮流が約五三万立方メートルの砂をこの海岸に沿って南へ運んでいる。昼も夜も七分ごとにおよそトラック一台分の砂を運んでいる計算になる。その砂のいくらかは海峡の北側にある湾曲した砂嘴の内側に堆積する。残りのほとんどは海峡の中に溜まって満潮と干満による三角洲を形成し、常に動き回っている。放っておけば、これらの砂州はやがて切れ目を完全にふさぎ、海峡は閉じてしまうだろう。しかし、海峡は絶えず掘り上げられ（浚渫され）、砂はできるだけ安価な方法で処分される。沖合の深海に捨てられるのだ。その結果、海峡の南側の防波島にあるピーアイランド国立野生生物保護区では、慢性的にひどく砂が不足して侵食が急速に進んでいる。

陸軍工兵隊は、地元の漁業関係者の要望に応えて、断続的に連邦政府と州政府の支援を受けながら巨大な導流堤を建設することで浚渫が必要な状況に終止符を打つよう提案した。海面下の土台は幅約六〇メートル、海面からの高さ約三メートルの堤防を、沖合にほぼ一・六キロメートル延ばす。この計画が実行されれば、ほぼ確実にピーアイランド島の侵食を加速してさらにひどい大惨事になる。

砂の浚渫が始まる前にオレゴン海峡では、どこの海峡でも見られる現象がすでに進行していた。砂嘴が延びるにつれて砂は海峡の北側の島の南端に溜まり、海峡の中央部には浅瀬ができ、その結果、海峡の南側の島への砂の供給は遅くなった。北側の島の南端が成長するにつれて、南側の島の浜の侵食が進み、切れ目の開口部は、でき始めたときより南へ移動した。海峡ができてからほどなくして南側の島に建てられた灯台は海に消え、代わりに造られたものも同じ運命をたどった。そして最終的に一八七二年には、アウターバンクス海岸のよく知られた灯台の一つであるボディアイランド灯台が海峡の北側の島に建てられたが、それもまた移動し続ける砂の餌食になった。現在はその灯台は約一・六キロ内陸に位置し、灯台として何の役にも立たなくなっている。

最初に浚渫が始まった頃には、蒸気式ショベルを乗せた平底船が海峡の水路に停泊し、大きな機械で「二枚貝」のようなショベルを海底へ下ろして砂をすくい上げた。この作業によって侵食は少し加速したものの、かなり効率が悪い方法だったので影響はあまりひどくはなかった。効果がほとんどなかったので、漁師たちは海峡の浅瀬問題が続いていることに不平を言ったほどだった。そこで浚渫業者は一九八二年にホッパー式浚渫機を持ち込み、これでずっと効果的に作業できるようになったが、海峡の南側のピーアイランド国立野生生物保護区では侵食が劇的に進むことになった。保護区には侵食の程度がわかる構造物がほとんどないので、つい最近までは、海峡の南側にあった沿岸警備隊施設の職員以外は侵食がどれほどひどいか知る人はほとんどいなかった。しかし職員たちは砂浜が消えていくのを目の当たりにしていた（特別に海が荒れたある冬には約一五〇メートル分の砂浜がなくなった、と彼らの一人が数年後に語っている）。最終的にこの警備隊施設は閉鎖され、代わりの施設が海峡の北側のパムリコ湾に面した側に造られた。ボート遊びをする人たちは、救助船が駆けつけるときには海峡を通って外海に出るので時間がかかり過ぎると不平を言うようになっている。海峡がさらに南へ移動すれば時間はもっとかかるだろう。

もし海峡から掘り上げた砂が海峡の南側の浜に置かれていたら、あるいは沿岸流に乗って南下できる程度の岸近くに置かれていたら、事態はずっとましな展開を見せたであろう。しかし、これはできない相談だった。掘り上げた砂を積んだ平底船を、波が高い岸近くの浅瀬に寄せるのは危険が大きすぎたし、費用がかかりすぎたからだ。

オレゴン海峡には幹線道路の橋がかかっていて、南側のバンクス海岸から本土へ行こうとすると、その橋を通らなければいけないので橋を維持する必要があり、状況は複雑になる。海峡は流れが速く非常に不安定なため、もともと橋をかけるのに向いていなかった。しかし、アウターバンクス海岸にもっと観光客を呼び込みたいという要望が出て、ともかく一九六二年に州政府は橋を造り始めたわけだが、当初から問題があるのは明らかだった。たとえば、ハーバート・C・ボナー橋が完成した頃には、橋の北端に造った漁師用の水路はすでに役に立たなかった。かつてその部分の橋の下は海だったが、そこに砂が移動してきて広い砂浜になっていた。一方、海峡の南側では橋の土台が侵食される危険が高まったので、巨大な岩の壁で補強しなければならなくなった。ノースカロライナ州政府は新しい橋の問題に少なくとも一億ドル〔一ドル一〇〇円として一〇〇億円〕の支援をすると表明したが[7]、海峡の侵食について何も対策が見つからなければ新しい橋も「海に消える」のではないかと多くの人は心配している。

ノースカロライナ州には、さらに致命的な事態を恐れている人もいる。海峡の北側にある砂嘴は南の岩場へと容赦なく延びていて、海峡が狭まってきているのだ。大きな嵐が来て波が防波島を乗り越えれば、狭い海峡ではそのときの引き潮の流れを引き受けきれないかもしれない。ピーアイランドはすでに数十年にわたる侵食で弱っているので、新しい切れ目ができることも考えられる。そうなればバンクス海岸にとって経済的に大打撃となる。

一方、構造物建設に反対する人たちは、岩による補強が導流堤建設への一歩になるのではないかと気をもんでいる。導流堤は海岸の建設計画のなかでも最も熱く論じられた計画の一つだからだ。ピルキーはデューク大学を拠点としていたために、州の海岸に関する論争の中心的存在なのだが、導流堤を造ると考えただけでも「怒りをほとんど抑えきれない」と述べている。しかし、バンクス海岸の中央部にあるマンテオのような町では漁船やスポーツ・フィッシング船の操業者が多いので、導流堤の建設計画はとても評判が良い。船の操業者にとってオレゴン海峡は、身の毛がよだつほど恐ろしい浅瀬が常に動き回っていなければ、大西洋の漁場と行き来するのに速くて、簡単で、安あがりな航路になる。風が強いときは、波が海峡のまさに入り口で砕ける。ホッパー船による浚渫で状況が少しは改善したと彼らは言っているが、マンテオを活気のある漁港にしたいなら、海峡に導流堤を造らなければ決してうまくいかないだろう。

導流堤建設計画は議論が紛糾してほぼ三〇年の間、先延ばしにされてきた。論争の中には導流堤の設計に関するものもあるが、根底にあるのは、導流堤がピーアイランド島や、ずっと南のケープハッテラス国立海浜公園の一部に及ぼす影響の大きさという問題だ。計画の支持者は、ブッシュ政権になって内務長官のマニュエル・ルハンが計画にゴーサインを出すつもりだと言ったことで勝利を予感した。ところが、クリントン政権の内務長官のブルース・バビットはそれを撤回してしまった。しかし、州政府や地方自治体当局はあきらめなかった。

計画の支持者たちは、砂を海峡の一方の側から他方の側へとポンプで移動させる機材を使うことが計画に含まれていれば、海峡の南側の侵食はたいしたことはないだろうと主張した。しかしこれは、多くの専門家にはどう考えてもおかしかった。一九八七年にスクリプス海洋学研究所のインマンが率いる専門委員会が出した報告書では工兵隊の提案を見直し、容赦なく批判している。砂の動きを見積もるに当たり、工兵隊は大事な要因である「効果が認められた方法の最も基本的な原理のいくつかを無視している」と述べている。導流堤の建設が海峡を安定させるという主張は「土木工学的な根拠や科学的根拠に反したものであり」、「間違って解釈された不適切なデータに基づいている」。報告書は、工兵隊は海水面上昇による影響を考慮に入れるのを不当に怠り、浚渫を続けながらその砂を陸に捨てることで水路を維持したり侵食を防いだりしようという、思慮の浅いことを行なったとも指摘している。

そのうえ、巨大なポンプを使った装置で導流堤を迂回するように砂をうまく動かせるかどうかはまったくわからない。メイン州の南の大西洋岸の、非常に高エネルギーの波が当たる遮蔽物のない海峡で、このようなポンプをうまく機能させなければいけない。このような砂の迂回が「今までうまく行なわれた場所は世界のどこにもない」と委員会は言った。

魚の専門家からは別の面からの反対意見が出た。大西洋の漁獲高の減少を考えると、計画の費用対効果の分析に使われている漁獲量の見積もりが非現実的と言えるほど大きすぎる。もしそのような楽観的な観測にもとづいた漁獲量を現実に達成すれば、付近の大西洋の魚が劇的に減少するだろうと言う。この海域の漁業資源の減少はすでに深刻な問題だったので連邦政府は漁獲割り当てを行なったが、その割り当てがあまりにも厳しいために、ノースカロライナ州の漁師たちは船をほかの州に移したり、ほかの国に移したりする者さえいた。また、導流堤が沖に延びると、岸近くの海中を移動する幼魚が海峡を通って防波島の背後の生育海域に移動するのを妨げてしまい、さらに魚の数が減ってしまうと専門家は言う。

ピルキーは海岸構造物の話になると語気を強めるのだが、導流堤建設を考える人が存在すること自体に怒りを露わにする。ピルキーによれば、導流堤の建設計画は工兵隊と漁業の馴れ合いの結果にすぎない。工兵隊の予算獲得はこのような計画に依存しているので、仕事を続けるために建設計画に賛成していると非難している。ピルキーは一九八七年の報告書で工兵隊の土木工事を非難しているが、その不誠実さを攻撃している。彼はノースカロライナ地域事務所のウィルミントン部隊の役人についても、「彼らが単に無能なだけだとは思っていない」、「私や、ほかの多くの人にとってこれは、工兵隊が二枚舌であり、不誠実であり、無能だということを表している」と言っている。

ボナー橋へと続く海峡の南側の道路は、今は巨大な岩塊によって守られているが、何か手を打たなければ岩塊だけでは橋全体を守るのに十分ではないとピルキーにはわかっていた。岩自体が補強されなければ、土台が侵食されてついには崩れ、同時に橋もなくなるだろう。しかし、バンクス海岸のほかの誰とも違い、ピルキーはその予測を平静に受け止めていた。海峡の南側にある保護区や公園、そしてバンクス海岸の小さな集落へは橋の替わりに陸軍仕様の浮橋かフェリーで十分行き来できると言う。

導流堤の支持者たちはピルキーの考えを笑い飛ばす。動きの大きな広い海峡に浮橋を渡すのは不可能だし、渡せたとしても浮橋では海峡を出入りしようとする船の妨げになると言う。フェリーは動き回る浅瀬に座礁する危険が常にあるし、うまく避けられたとしても、現在の橋と土手道なら五分以内に渡れる海峡を一時間かそれ以上かけて渡ることになるだろう。さらにフェリーや浮橋では、毎年夏に橋を利用している交通量をさばくことはとてもできないだろうと反対する。

導流堤の問題が解決されないかぎり、海峡の浚渫は続く。そして浚渫が続くかぎり、野生生物保護区の侵食も続く。保護区が位置する部分の防波島は狭く、外洋側と内湾側の幅は一八〇メートルあまりしかない部分が多い。だからここで重要な問題は、バンクス海岸の端から端まで走る州道一二号線をどのように維持するかということになる。防波島のほとんどの部分は幅がとても狭く、標高も低く、目立った地形もないので、小さな嵐が来るたびに道路は波をかぶる。州当局はすでに数カ所で道路を海岸から遠ざけるように付け替えたが、侵食が進む区域では島の背後の湿地しか移動させる余地がないので、そうなると今度は沼沢地保護法に抵触する。もう一つの可能性として道路の嵩上げもあるが、恩恵にあずかる地域の人口が比較的少ないことを考えると費用がかさみ過ぎる。

オレゴン海峡をめぐる論争は三〇年以上続いてきた。もしすぐに解決策を決められなければ、自然が代わりに決定を下すだろう。

海峡の浚渫とサンドバイパス工法

フロリダ州はほかのどの州よりも防波島にできる海峡の問題に注意を払っている。フロリダにはこうした海峡が三七もあり、そのほとんどが問題を起こしているという事情があるので気を配らざるをえない。大西洋岸にできた一九の切れ目のうち一七が今も切れたままで、海運業、漁業やそのほかの業種のために海峡としての補強がなされている。そしてフロリダ州の大西洋岸の砂浜は、それ以来ずっとその代償を払い続けている。

たとえば、ケープカナベラルでは一九五一年に防波島の南端に切れ目ができ、カナベラル港のためにすぐに導流堤が建設された。この港には今は潜水艦の基地があり、クルーズ船の取引が盛んに行なわれている。しかし、潮の下流にあるブルバード郡では砂浜が約九〇メートル失われた。それ以上になるかもしれない。海峡ができて以来、下流域の砂浜では一〇〇〇万立方メートル以上の砂が失われたと推定する技術者もいる。一年に約三メートルの砂浜が失われていることになる。住民と郡当局は、砂浜を失うとやっていけないと言う。ブルバード郡の固定資産税の四〇パーセント分の課税対象物件は防波島にあり、砂浜ツアーに関連した旅行業は一九九〇年に地域経済に四億三〇〇〇万ドル〔一ドル一〇〇円換算で四三〇億円〕の収益をもたらしたからだ[8]。

郡政府の職員として選出されたり指名されたりした人たちは、連邦政府と州政府に支援を求めた。

自分たちの浜に行政がポンプで砂を汲み上げるよう要求する者もいれば、導流堤を迂回させて砂を移動させる仕組みを要望する者もいた[9]。責任の所在は陸軍工兵隊と導流堤にあるとして、数百人にのぼる土地所有者が訴訟も起こした。土地所有者たちは工兵隊にすぐに対策を取らせるか、自分たちで養浜するのに十分な費用を勝ち取りたいと考えていた。一方、一九九六年には工兵隊による別の調査が行なわれ、ブルバード郡の砂浜三二キロメートルを平均で一五メートル広げるには約四五〇万立方メートルの砂が必要で、工事に四年かかり、費用は少なくとも六二〇〇万ドル〔一ドル一〇〇円として六二億円〕かかるとの結論を出した。

アメリカの海岸工学の第一人者であるフロリダ大学のロバート・G・ディーンは[10]、フロリダ州の侵食の八五パーセントが海峡に関係していると推定している。海峡問題がなければフロリダが侵食問題に煩わされることは比較的少なかっただろうとも考えている。特に大西洋岸ではサンゴ礁が強い波をある程度弱め、バハマ諸島が一種の防波堤として東から来る風と波を和らげてくれるからだ。しかし現実には、フロリダ州は海峡に関連した侵食で失った砂を補充するために年に三〇〇〇万ドル〔同三〇億円〕から五〇〇〇万ドル〔同五〇億円〕を費やしているとディーンは言う。

ごく最近まで、ほとんどの海岸工学者は海峡の導流堤による下流域への影響は海峡に比較的近い区域にしか及ばないと考えていた。しかし今ではより多くの研究者が、遠く離れた区域にも影響が及ぶと認めている。たとえばカナベラル港の導流堤が引き起こす砂不足は、四二キロメートル下流域でも見られると複数の工学者が主張している。

失われる砂の量は、ある地点で海岸に沿ってどれだけの量の砂が動いているかで変わってくる。フロリダ海岸の北部では、毎年約四五万立方メートルが海峡を通り過ぎたり、入り江に流れ込んだりしているとディーンは言う。マイアミに近づいてホールオーバーまで来ると、その量は約七五〇〇立方メートルに減る。ここ五〇年の間に浚渫作業によって海峡から約四二〇〇万立方メートルの砂が掘り上げられ、それが沖合に捨てられてきたとディーンは最近になって言っている。これをフロリダ州全体の砂浜で計算すると、海に向かって七メートル以上も砂浜を拡張するのに十分な量になるとディーンは推定している。現在の価格にすると砂は一立方メートル一三ドル〔一ドル一〇〇円として一三〇〇円〕あまりの価値があるので、少なくとも五億五〇〇〇万ドル〔同五五〇億円〕になる。

アメリカでは、海峡の水路や港を船が航行できるようにしておくために毎年約三億立方メートルの堆積物を浚渫して、そのほとんどを海に捨てている。[11] 多くの海岸地質学者が指摘しているように、これは、大きく成長した森の木を切ってその場で燃やすのと同じ行為になる。しかし、選択の余地がほとんどない場合も多い。もし人と産業が海峡に依存しているなら、海峡は開けたままにしておかざるをえない。

誰の目にも明らかな解決策の一つは、砂を単に海峡の下流側の砂浜の近くに捨てるというものだろう。そうすれば、あたかも砂が海峡に取り込まれなかったかのように、そこから潮流が砂の運搬を再開できるかもしれない。工兵隊はこの手順に乗り気で、一九六〇年にできた港の導流堤が下流域にかなりの侵食を引き起こしているオレゴン州ブルッキングズでこの手法を実施することにした。工兵隊は浚渫した土砂をブルッキングズの砂浜のすぐ沖に捨て、海底に砂州を造るように大きく盛り上げる計画を立てている。波とうねりが堆積物を砂浜まで運んで行くことを期待している。

しかし、岸に近いと波が高く、座礁する危険が大きいので、砂浜の近くで浚渫船を操作するのは危険を伴う場合が多い。そこで浚渫業者は、平底船で砂を水深がある沖合へ持って行って捨てることになる。もっと海岸に近い所に捨てるように指示されても、業者はより高額な請求することになり、たいていの行政機関は作業に費用をかけたくない。ともかく工兵隊は問題点を認識するようになり、できるかぎり問題を最小限にとどめようと努めてきたが、海峡を浚渫する契約を結んだときの目的はあくまでも海峡の整備であって、砂浜を守ることではない。

また、砂が海峡に堆積すると砂浜に適したものではなくなる場合が多い。湾内の水に含まれる重金属などの物質で汚染されるということもあるかもしれないが、それより、内陸部の川から湾や潟湖（ラグーン）に運ばれてきた粘土質や泥がたくさん混じる可能性が高くなる。粒子が細かい粘土質や泥は、たとえ砂浜に運ばれてもすぐに波に持ち去られるので、砂に一五パーセントから二〇パーセント以上の微粒子が含まれていたら砂浜に使うには不適だと判断される。粒子が細かい物質は砂浜では色が黒っぽくなり、見栄えが悪いことも多い。

最後になったが、砂が干潟になる浅瀬にいったん定着すると、生態学的に貴重な植物や動物が生息するようになり、ときには絶滅危惧種でさえ見かける。こうなると、砂浜にふさわしい砂がそこにあって費用をかけずにその砂を入手できるとしても、生き物が息づく環境を撹乱することに反対する人は多いだろう。

海峡の浚渫は下流域の砂浜に有害な影響をもたらすと今では広く認識されているので、土木技術者はその影響を減らす方法に思いを巡らせている。最近ケープカナベラルで行なわれた会議でもこれが話題になった。海峡ができる前は砂浜が大きくなっていたとブルバード郡当局は言っていた。つまり幅が広がっていたのだ。ディーンが算定したところ、海峡ができて以来約五二五万立方メートルの砂が海峡で浚渫され、それに伴って海峡の南側の砂浜は侵食され続けている。連邦政府は一九七四年に砂を補給したが、砂は長くとどまらなかった。一九九四年に別の事業が始まって砂を補給したが、砂が浜に投入されるや否や、侵食され始めた。

その会議には郡当局と、砂浜と命運を共にする地域の旅行業の代表が出席した。フロリダ州オルソン・アソシエイツ社の海岸工学者ケビン・ボッジは、最新式のホッパー式浚渫機をやめて旧式の二枚貝型式浚渫機を選ぶことが対策の一つになると提案した。「ホッパー式浚渫機はとても効率よく水路を一掃するが、良質の堆積物と不良な堆積物を混ぜてしまうので、砂浜に使うには適さない砂になる」。それに比べて「旧式の二枚貝型式浚渫機は良質の堆積物だけをすくい上げることができる」とボッジは述べている。良質の砂ならば、沿岸の流れにまた乗ることもできるし、砂浜に直接投入することもできる。

パーキンソンは落とし穴という別の対策も提案している。海峡の深い海底を浚渫すると、その上を通る流れが遅くなり、流れに乗っていた砂が沈んで浚渫した場所に集まる。そこに捉えられた砂を定期的に掘り上げれば、その砂は多分汚染されておらず、すぐに砂浜に使えるだろうと言う。これらの作戦の成否は、当然のことながら、浚渫された砂が海岸か岸の近くに捨てられるかどうかにかかっている。

安定した海峡（または安定した砂浜）に生活がかかっている人の多くは、浚渫の難しさを考えると、サンドバイパス工法に希望を託す。導流堤が建設されている海峡の一方の側からもう一方の側へ砂を機械で運ぶ方法だ。導流堤の上流域に堆積した砂を機械で取り込み、水と混ぜ懸濁液を作り、この懸濁液をパイプか巨大なホースで海峡の反対側へ送り、砂浜か波打ち際に撒くと、砂はそこから移動していく。本来は自然が勝手にしていることを機械にさせることになる。

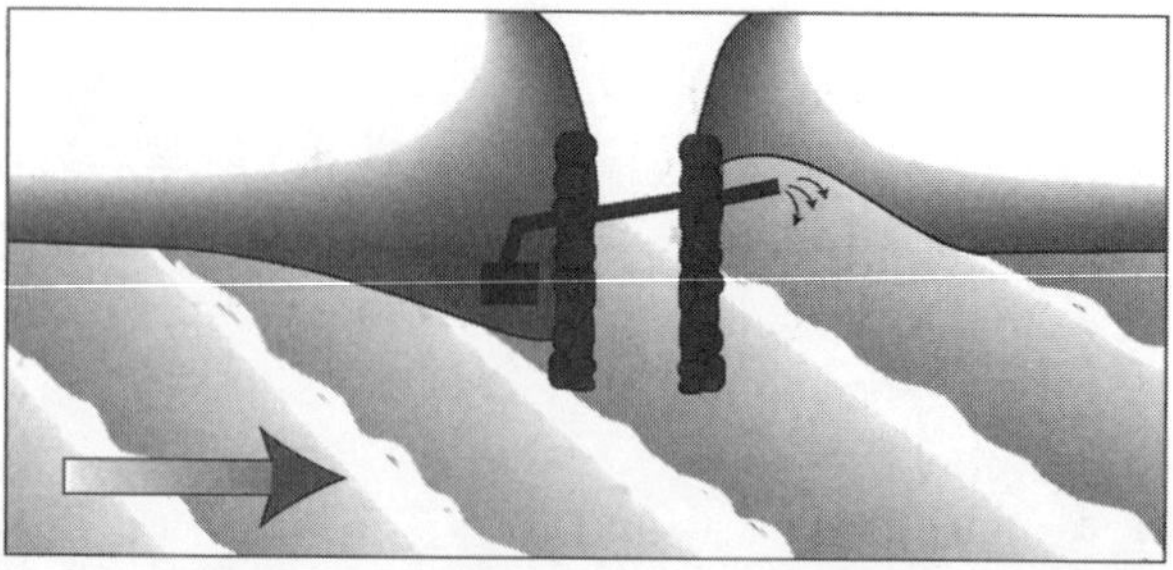

サンドバイパス工法は導流堤の弊害をいくらか緩和することができる。水に懸濁させた砂をポンプでパイプに送り込み、海峡の下流側へ運んで浜へ砂を補給する（ジャン・クリスチャンセン）

しかし、最も優秀な砂のバイパスシステムより自然は砂を移動させることにずっとたけていて、一見したところ簡単な工法でも実行に移すとなると難しく、費用もかかることがわかってきた（オレゴン海峡の導流堤の推進者たちは、導流堤建設の前提として砂のバイパスも多少考慮したが、海峡が大きく立ちはだかった。移動させなければならない砂の量が年に約五三万立法メートルにもなったのだ）。もしバイパス機材を陸上に据え付けるのでなく平底船に搭載するのであれば、冬はおそらく作業を中断しなければならないだろう。しかし、地域によっては砂浜に人があまりいない冬季にバイパス装置の使用を限定しようと考える。いずれにしても、毎年機材を設置したり取りはずしたりしなくてはならず、さらに費用がかかる。

機材そのものも見苦しいもので、騒音を出す。もしポンプをディーゼルエンジンで動かすなら、煙や排気ガスで大気汚染も発生するかもしれない。大々的にバイパス作業を行なえば、広かった砂浜が魅力のない浜になってしまったり、海水浴には安全でなくなったりすることもあるかもしれない。砂のバイパス装置がアメリカのごく限られた場所でしかうまく機能していないのも不思議ではない。

ふだんは風と波が穏やかな地域でも、波間に機材を設置したままにするのは難しい。装置はすぐに故障するからだ。たとえばカリフォルニア州オーシャンサイドでは市当局が港の周辺でバイパスシステムを長年にわたって運用しようとしてきたが、機械の故障に苦しめられた。「とても簡単でわかりやすいシステムなのに、なぜだか工兵隊は、装置をうまく作動させるような契約を結ぶことができない」とインマンは不満を述べる。作業経験の有無にかかわらず入札価格の低い業者と契約する仕組みに、いささか問題があるとインマンは考えている。

最初の砂のバイパスシステムは、フロリダ州パームビーチの内湾側にあるワース湖というラグーンの水質を改善するため、一九二七年にできたボイントン海峡に、一九三〇年代に設置された。導流堤が一九三六年に建設され、翌年バイパスシステムが年間約五万三〇〇〇立法メートルの砂を北から南に送り始めた。しかし、送る砂の量はそれでは十分でなく、南側の地域は繰り返し養浜しなければならなかった。

デラウェア州のインディアン・リバー海峡では、砂のバイパスシステムがもっとうまく機能している。海峡の北側の幹線道路が侵食の危険にさらされるようになり、一九九〇年にバイパス作業を開始した。ここの海峡は、一九三八年から一九四〇年にかけて掘削したのち導流堤が建設されたのだが、全体として北に向かう砂の流れを導流堤が遮ることになった。海峡の南側の導流堤に砂が溜まり、その砂が導流堤を回り込んで北に向かおうとすると、その多くが潮の干満でできた浅瀬に捉えられてしまった。一九五〇年代の半ばには海峡の北側の侵食が非常に進んだので、州当局は干潟になった浅瀬や湾の奥にある借地から採取した砂で浜の養浜を始めた。養浜は五年前後に一回の頻度で行なわれ、年間に換算すると平均して七万九〇〇〇立法メートルの砂が投入されてきた。

バイパスシステムは、海峡から水を汲み上げ、南側の導流堤に溜まった砂と混ぜ、懸濁液を海峡の橋に取り付けたパイプで北側の砂浜へ送って撒くように設計されている。うまく流れているときは、一時間に一五〇立法メートル以上の砂を運ぶことができるので、それ以前に養浜されていた年平均七万九〇〇〇立法メートルを補って余りある。これまでのところ、このシステムは導流堤の南側の砂浜の侵食を増大させることなく、海峡の北側の砂浜を安定させてきたように見える。バイパスシステムはうまくいってはいるが、海峡の北側で健全な砂浜が維持できているわけではないので、定期的な養浜が必要となる。ここではバイパスで年に七万五〇〇〇立法メートルを送ればよいだけだが、ほかの多くの海峡ではより高い処理能力を持ったシステムが必要となるだろう。

セバスチャン海峡

フロリダ海岸の現在セバスチャン海峡がある場所では、一九二〇年代に住民が海峡を造ろうとした。「彼らはシャベルを使った。もちろん上手くいかなかった」とパーキンソンは語る。しかし、シャベルではできなかったことを一九六〇年代にダイナマイトが成し遂げた。爆破によって六メートルから七・五メートルの深さの海峡が掘削され、導流堤で安定させた。今日、多くの人がセバスチャン海峡の課税地域は海峡の管理維持の模範だと考えている。海峡はインディアン・リバー郡とブルバード郡の境界線上に位置するが、行政上の境界ではなく地形をもとに両郡の一部を同じ課税地域として管理していることがよいのかもしれない。

さらにここの課税地域は、海峡の南側にあるセバスチャン海峡州立レクレーション公園に砂を供給し続けることを目指している。すでに約七万五〇〇〇立法メートルの砂がそこの砂浜に供給された。

これは海峡のせいで失われた砂を補うためめで、その約半分の量が毎年海峡に溜まっていると推定されている。「私たちの仕事は機械的に砂を南の浜へ送ることだ」とパーキンソンは言う。フロリダ州当局は、放っておけば海峡に溜まってしまう砂を全部バイパスで対岸へ運ぶよう、海峡のある地域に要求している。だが、それを実行させるための後ろ盾となる財源がない。

しかし、セバスチャン海峡の管理はそれほど難しくない。管理委員会には、砂浜を利用する人たちと、船で海峡を利用する人たち両方の代表が出席する。「船の航行を確保する事業と砂浜の侵食対策が事実上一体になっている」、「もし双方の利益が政治的にも法律的にも結びついていなければ、ほかの方法で結びつけるのは難しい」と、ケビン・ボッジはケープカナベラルの会議で語っている。

さらに、セバスチャン海峡では利害が対立するほどの深刻な要求が出ないという事情もある。海峡の下流域にある公園にはほとんど建造物がなく、海峡を利用するのは小型船ばかりなので大々的に浚渫しなくてよい。「管理しやすい状態の海岸の完璧な例をここで目にできる」、「海峡は大きすぎず、課税地域は比較的小さい。漁師、砂浜利用者、家の所有者、サーファー、ウミガメ、岩礁、ダイビングクラブなど、みなの要求をすべて満たそうとする点でやりやすい状況ができている」とパーキンソンは言った。

しかし、海峡の橋の上からは、海岸に向かって家々やコンドミニアムが増えているのが見える。もし開発が続けば、今の微妙なバランスが崩れるかもしれないとパーキンソンは危惧する。

第5章 養浜された海岸の異常な食欲

すべてのものは移動する。

——アーネスト・カレンバック
『エコロジー事典——環境を読み解く』

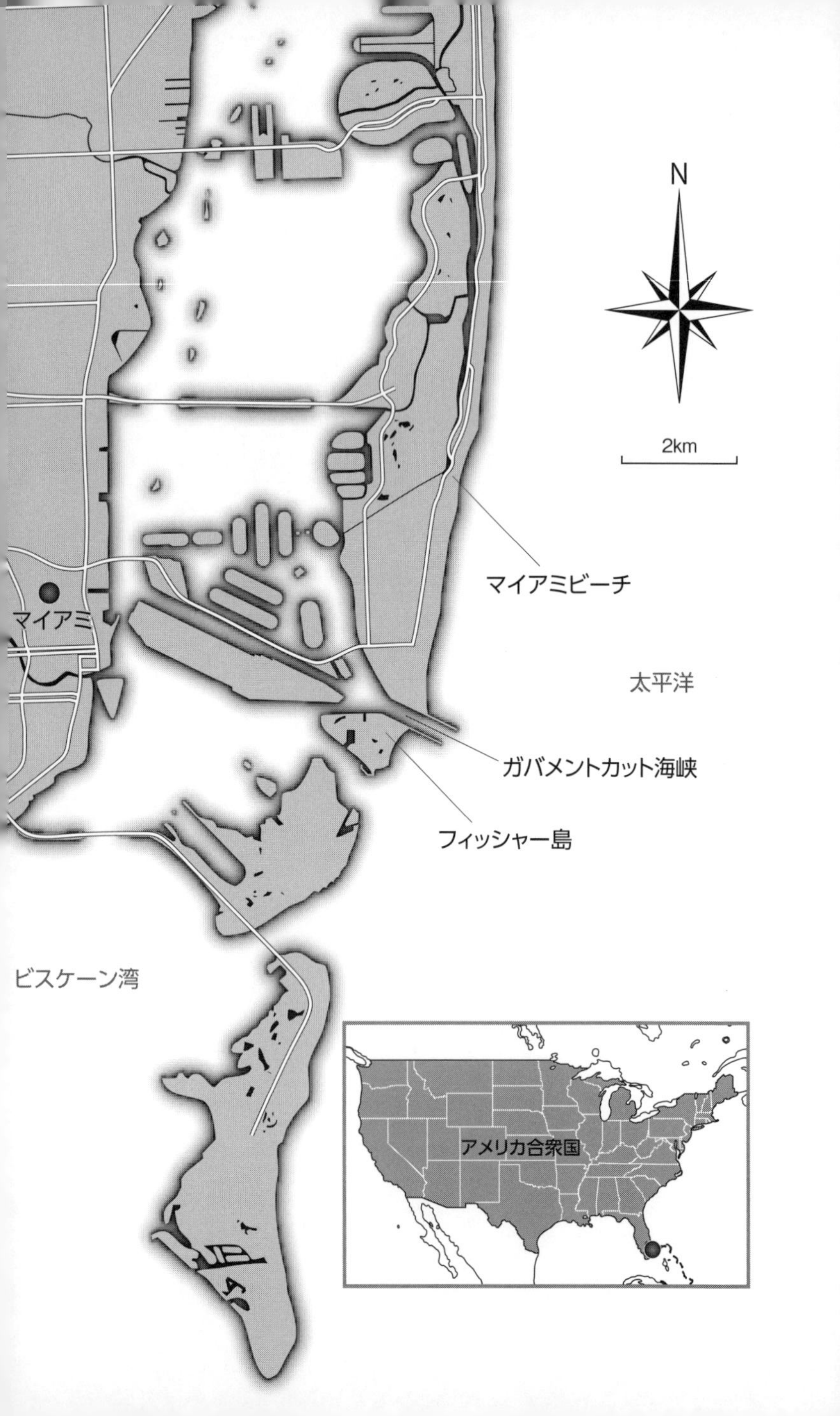
N
2km
マイアミビーチ
マイアミ
太平洋
ガバメントカット海峡
フィッシャー島
ビスケーン湾
アメリカ合衆国

ダーマーの愚行

一九七〇年のある晴れた春の朝、スーザン・ミラーはマイアミビーチの浜を歩き始めた。この浜は、ビスケーン湾を挟んでマイアミ市の対岸に位置する防波島にある。ちょうど潮が引く時間帯で、満潮時には海中に沈んで干潮時には姿を現す砂浜の湿った部分（潮間帯）を歩く予定だった。実は数年前に、連邦裁判所がこの潮間帯をフロリダ州の所有とする判決を出していて、州政府が住民のために維持管理することになっていた。『マイアミ・ヘラルド』紙の記者だったミラーは、浜がどのように運用されているか見たかった。

島の最南端には、マイアミの港の利便性を高めるために二〇世紀初頭に島を掘削して造られた人工の海峡があり、このガバメントカット海峡から歩き始めた。ここには砂浜があり、小さな市立公園の一部になっている。ところが北方向に歩き始めるとすぐに、通行を妨げる障害物に次々と遭遇することになった。浜には隔壁があり、大きなホテルの前にはコンクリート製の護岸壁や海まで張り出す巨大デッキがあり、そうしたデッキの中にはプールをしつらえたものすらあった。長い間波が打ちつけて腐食した金属製や木製の突堤も行く手を阻んだ。浜にはあらゆる構造物が建てられていて、潮が引いていても歩きにくいほどだった。市の中心部にある別の小さな海浜公園と、あちこちに点在する狭い砂浜を除けば、歩こうとしていた海辺はまるで軍隊の障害物訓練場のようだった。足を濡らさずにかつて砂浜だった場所を歩く唯一の方法は、コンクリート壁をよじ登り、きれいに囲ってあるホテルの敷地を不法に横切るしかなかった。そうでなければ、浅瀬を歩くか、深ければ泳ぐかしなければならなかった。とにかく、砂浜はもうないに等しいのだ。

島の最北端に着いたときにミラーは絶望的な気持ちになっていた。砂浜の大半は壊滅状態で、残っている部分もこれからなくなるかもしれない。記事には次のように記した。「私はノートにメモした。『今から一七年後にはどの辺りまで歩いて行けるだろう?』。未来に希望を持てるメモ内容ではなかった」[1]。

ところがそれから十数年後に、マイアミビーチの砂浜は回復していた。幅約六〇メートルの白砂の広い浜が、ガバメントカット海峡から防波島の北端にある人工のベーカーズ・ホーローバー海峡まで延びていた。これは陸軍工兵隊の下請け業者が、浜から一マイル（一・六キロメートル）かそれ以上沖合の海底の砂を掘り上げて（浚渫して）造成した浜だった。

この浜は公式には「デイド郡・砂浜侵食とハリケーン対策事業」として整備された浜だったが、市内のホテル業界から強い反発を受けたこともあって、完成までの工事は一筋縄ではなかった。ホテル側が反対した理由は、砂浜造成の費用を行政が負担すると、一般市民にも砂浜を利用する権利が発生するという単純なものだった。宿泊客が望んでいるのは、一般市民と共有しなければならない本物の砂浜海岸ではなく、海を見下ろすプライベートプールなのだとホテル側は考えていたのだ。南フロリダ・ホテル・モーテル協会の事務局長エドウィン・B・ディーン[2]は、砂浜を新しく造るという計画そのものを「作り話」と呼び、土地や建物の所有者からは前面にある砂浜を取り上げ、リゾート地に来る観光客からはプライバシーを奪う目的で計画されたと言った。「ホテルの前面に六〇メートルもの幅がある公共の砂浜が造成されると、マイアミビーチの街にもその経済にも、多大なる影響が及ぶことになる。マイアミビーチではプライベートビーチとしての所有権が認められていたからこそ、街は世界一の砂浜リゾート地に成長し、リスクキャピタル（危険負担資本）に巨額の資金が集まった」[3]。

そして状況によっては、自分たちの手で砂浜を管理するとホテルやモーテルの所有者たちは主張した。しかし、その後に起きたいくつかの出来事によって、この方針は現実にそぐわないとみなされた。エドウィン・ディーンが考えを改めたきっかけは、冬にホテルの最上階を予約してきた常連客が、護岸壁に打ち付ける波の音がうるさいという理由で予約をキャンセルしたことだったらしい。その一方で工兵隊はベーカーズ・ホーローバー海峡からガバメントカット海峡までの二三キロメートル区間の調査を行ない、侵食によって砂の年間流失量がおよそ一二万三〇〇〇立方メートルになることを明らかにした。これは、とてもホテル経営者たちが復元できる量ではなかった。そして、同じフロリダ州のオーランドにはディズニー・ワールドが開園し、観光収入の奪い合いが激化していた。挙げ句の果てに砂浜が消え始め、海から離れたマンションや戸建ての家は値が下がり、犯罪が増えた。そして「砂浜のないビーチ」と呼ばれるようになってしまった。

そうこうしているうちに、マイアミに新しい市長が誕生した。ニューヨーク州で弁護士をしていたジェイ・ダーマーで、一九五五年にマイアミビーチに移住したあと、砂浜再建推進派として一九六七年の市長選挙に出馬した。その再建計画は相手陣営からは「ダーマーの愚行」と揶揄され、冬の嵐が一回襲来すれば人工造成した砂浜は流失するだろうと言われたが、ダーマーは市長選挙で現職のフランクリン・D・ルーズベルトの息子のエリオット・ルーズベルトを破り、計画を押し進めた。そしてあのミラーの惨めな海辺の散策からほぼ丸七年が経った一九七七年、作業員が初めて海底から砂を艀(はしけ)一杯に浚渫し、水と撹拌して液状にして、マイアミビーチの砂浜となる場所へ撒いていった。

この事業は四年の歳月と六七〇〇万ドル〔今の日本円の価値にして約二四〇億円〕の費用をかけて完了した。砂の一部は間もなく流失し（多くは細粒の砂で、最初から使われるべきではなかった）、その後も何度か大量補充を余儀なくされたが、マイアミビーチの砂浜は今もなくなっていない。一九九二年に約四〇キロメートル南に上陸したハリケーン・アンドリューでもほとんど被害がなかった。ホテル経営者たちの当初の心配をよそに観光収入も爆発的に増えた。ガバメントカット海峡の近くのアールデコ建築で知られるサウスビーチでは、パステル調の低層ホテルやマンション群が建築物の宝庫として保護され、テレビ番組やファッション誌のロケ地として重宝された。さらに北のほうでは、高層のホテルやコンドミニアムが海岸沿いに建ち並び、世界中から観光客を呼び寄せた。

人工的に浜に砂を補充する手法を推奨する人たちは、侵食された砂浜を復元するには養浜事業が最も現実的な方法であることを示しているとして、マイアミビーチの事例を繰り返し取り上げた。また、砂浜を再生すれば、経済面からも行楽面からも、効果が長続きすることがわかると言う。フロリダ大学のロバート・ディーンも、「マイアミは模範事業だ」と言っていた。

しかし、果たしてそうだろうか。もしそうなら、ほかの場所にも応用できるのだろうか。

砂浜の養浜事業

護岸壁や突堤などの「堅固な」構造物には問題が山積していて、ほかに適切な解決策が見当たらないときには、沿岸部の防護として残された好ましい対策は養浜工法だけになる。深刻な海岸侵食に直面してきた大西洋沿岸、メキシコ湾沿岸、そして南カリフォルニアの海岸域でも、一九七〇年以降は最後の手段として数多くの養浜事業が始められた。

マイアミビーチのように砂浜を長期にわたって維持できた例もあるが、想定よりもはるかに早く砂が流失した場合が多い。なかには、業者が作業を終えて機材を撤収する前に、再生したばかりの砂浜がなくなった例もある。また、当初の見積りをはるかに上回る費用がかかった養浜事業もある。再生砂浜は一部の人には経済的な恩恵をもたらす一方で、金銭的にもそのほかの面でも、相当な負担を伴うものになった。

その結果、沿岸部の地域では、養浜事業の効果、弊害、費用について大きな議論が湧き起こった。フロリダ海岸砂浜保護協会（海岸侵食についての科学会議の開催や、海岸地域の土地所有者のためのロビー活動を行なう）のような団体は養浜事業を強硬に支持し、政府が財政支援するよう強く求めている。その一方で環境団体の連合組織コースト・アライアンスなどは、人工的に砂浜を再建するのは波間にお金を捨てる行為に等しいと批判的だ。自分たちの納めた税金が、はるかに裕福な人たちの別荘を保護するために使われる場合が多すぎると言っている。

そこで、アメリカ研究評議会は、海岸工学の技術者、沿岸地質学者、経済学者、そのほかの専門家を招集して、科学技術とその応用方法を調べて問題の解決を図ろうとした。そして、計画がよく練られていて、実施する海岸が自然の侵食や人為的な侵食をほとんど受けていなければ、養浜は多くの海岸線を守るのに役立つ手段となるとの結論を一九九五年に出した。しかし、養浜の効果が持続する事業と持続しない事業があるのはなぜなのかについては、まだ十分に解明が進んでいないことも認めている。解明が進まないのは、砂を補充した後に浜の継続観測がほとんど行なわれないからだとも言っている。つまり、目で確認できる砂浜のようす（地質学者が砂浜の「陸上」と呼ぶ部分）だけでなく、追跡調査するのが難しくて費用もかかる海中あるいは「水面下」のようすも継続観測しなければならないのに、それがされていないことになる。

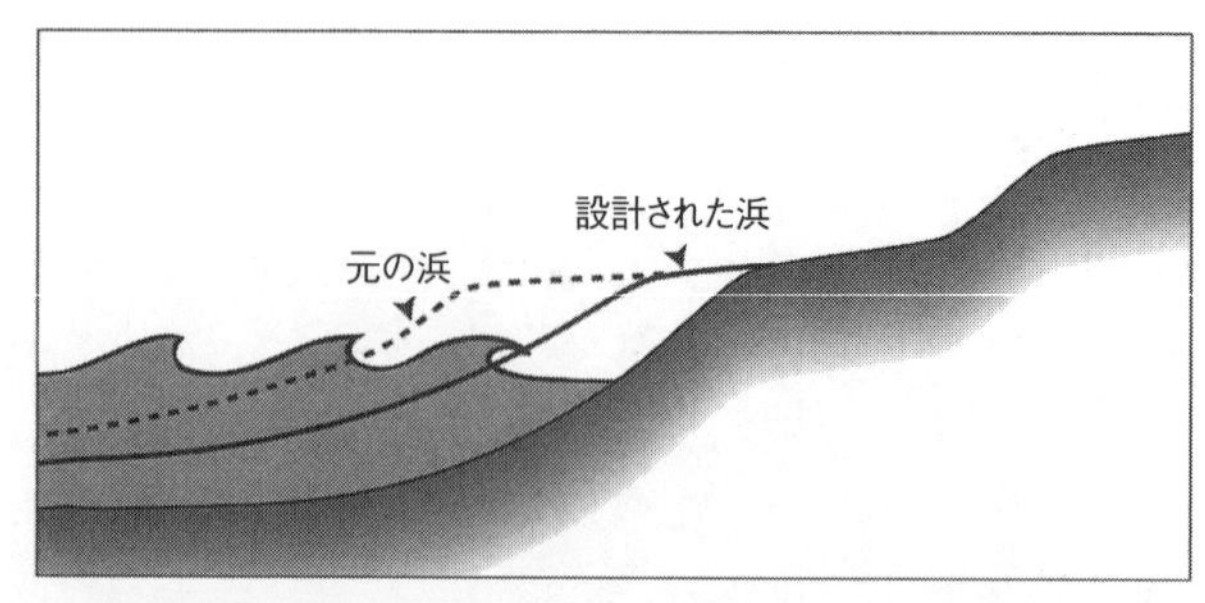

典型的な砂浜の再生事業の模式図。潮流が大量の砂を短期間で持ち去ってしまうため、必要量よりはるかに多量の砂を最初に浜に補充する（ジェン・クリスチャンセン）

砂浜の養浜事業の設計に関わる技術者は、浜に投入される砂の大半は最終的に水面下に落ち着くと推定しているが、どれくらいの量がどれくらい速く水面下に移動していくのかを事前に把握することはできないと言う。特に、波が荒く、嵐が多く、例外的に岩礁や浅瀬などが沖に点在している場所では難しい。アメリカ研究評議会の報告書にも、「養浜事業は数十年もの間積極的に行なわれてきたが、その後の経過を詳細に予測する方法がまだ確立されていない。その理由としては、岸に沿った砂の動きや岸から沖への砂の動きが複雑であること、このような事業を行なう場所の特徴が海岸によって違って多様であること、そして、過去に養浜された浜に働く波の力や養浜されたことによる海岸の反応の両方が十分に継続観測されていない場合が多いことから、採用可能な工法を評価したり、改善点をあぶり出せなかったことが挙げられる」と記されている[4]。

言い換えると、砂浜の砂がどのように移動するのかが解明されるまでは、養浜していつまで砂をつなぎ止められるかを正確に予測することは、どの事業でも不可能なのだ。

簡単に言うと、養浜事業は現存する砂浜の上に大量の砂を被せることにすぎない。砂の投入によって浜の平衡が崩れ、浜は新たに補充された砂の一部を海中に移動させて本来の傾斜を保つよう調整する。しかし、この砂の移動は速いので、一見すると侵食が起きたように見える。新しい砂浜を楽しもうと思っていたのに予想外にそれが短期間で終わってしまったと感じる人たちは、浜の傾斜の均衡の説明を聞いても納得しない場合が多い。砂浜に砂が補充されると聞いて連想するのは、ビーチタオルを広げてくつろぐことができる広大な砂浜であって、海中の浜の地形の変化ではない。だから、養浜事業を推進する人たちは、数十年は利用できると言ってきた砂浜が、なぜたった一回の冬の嵐で劇的に縮小するのかを説明して回るのに、いつも追われている。

木製遊歩道設置のために砂を補充

海岸沿いにある建造物に被害が及ぶほどひどい侵食が起きると、再養浜工事が始まることが多い。建造物の所有者たちは自治体に対策を取るよう強く働きかけ、その自治体は陸軍工兵隊を通して連邦政府に支援を求める。工兵隊は護岸構造物の建設だけでなく、今ではアメリカで養浜事業を進める中心組織になっている。

関係機関はまず現地調査を実施して問題の場所に養浜工事が適切かどうかを判断し、政治的な圧力を勘案しながら施工区域を決める。その後、必要な砂の量を計算し、事業費の割振りを行ない（これまで連邦政府の負担は七五パーセントだったが、最近はその比率が減る傾向にある）、砂浜に適した砂の調達先を探し（年々難しくなりつつある）、調達場所から浜までの移送方法を決める。関係機関と一緒になって実際の作業を行なう民間業者は、それから必要な許可を取得し、浚渫機やポンプなどの使用する機材を養浜する浜と砂の供給源の「採掘場所」に設置する。こうして砂の補充事業が始まるわけだが、最初の一掴みの砂が浜に撒かれるまでに、数年あるいは数十年という時間がかかる。

ほとんどの事業では、約一〇〇年前にガルベストンで行なわれたときと同様に、ポンプで砂と水を液状にしておいて吸い上げ、太いパイプや配管を使って浜に撒く。事業の規模にもよるが、ポンプで砂を撒く作業は数年かかることもある。冬になると悪天候のために作業は危険を伴うようになり、場合によっては中止せざるを得ないので、その場合には配管やポンプは春に設置して冬に撤収する。第二次世界大戦以降にアメリカでは、政府主導の大規模な砂の補充事業が数多く行なわれ、自治体主導の小規模事業も数百件が実施されてきた。沿岸域の開発に拍車がかかり、ますます侵食が進み、砂の補充事業計画も増加の一途をたどっている。

アメリカ初（世界初かもしれない）の砂の補充事業は一九二一年にニューヨーク市ブルックリン区のコニーアイランド（六〇ページの地図参照）で実施された。事業の当初の目的は砂浜の造成ではなく、アトランティック・シティに対抗できる木製遊歩道の設置だった。市はこの遊歩道の建設案を二〇世紀初頭から温めていたが、砂浜に面した土地の所有者の反対にあって着手できないでいた。反対した人たちの多くは海水浴客用の簡易更衣所などの設備使用料で生計を立てていたため、遊歩道が砂浜に場所を取りすぎることを心配した。また、コニーアイランドの海岸線は常に移動していたので、木製遊歩道の安全性を疑問視する声もあった。そこで、どちらの問題も解決できる策として採用されたのが人工ビーチの造成だった。砂を補充して浜を広げれば、遊歩道が海水浴客の邪魔になることはないし、海岸線の変化も穏やかになるだろう。しかし補充した砂の流失を防ぐために、この案では突堤をいくつも建設することになっていた。

ニューヨーク州議会は、ニューヨーク市がシーゲートからオーシャン・パークウェイにかけての全長約四・八キロメートルの海岸に公共の砂浜を整備し、そのために土地や地役権を取得することを一九一七年から一九二一年にかけて承認していった。契約が一九二一年一〇月に交わされ、翌年に工事が始まった。そして突堤が完成すると、約四六〇メートル沖合で浚渫した砂をポンプで移送する作業も始まった。使用した浚渫船は一隻で、船のポンプは蒸気ボイラ発電機二機を使って動かした。浚渫船が砂でいっぱいになると、砂を水と混ぜ、海上の艀と浜の木製の台座に張り巡らしたパイプを通じて拡張中の砂浜に撒いた。ところが、契約書に書かれたような白砂ではなく建築用の赤砂が突然パイプから吹き出すハプニングがあり、このときは工事がしばらく中断した。市の技術者フィリップ・P・ファーリーは、「これはとても残念な出来事だった。浜の利用者からはかなりの苦情が出た」と、事業の直後に記している[5]。幸いなことに白砂は別の場所から調達できた。

一九二三年五月に工事が終了するまでに約一一五万立方メートルの砂が撒かれたと推定されていて、浜は海側へ約一〇〇メートル拡張された。総工費は四〇〇万ドル〔今の日本円の価値にして約二四億円〕になり、そのおよそ半分は浜辺の土地所有者に対する補償費が占めた。ニューヨーク市は最終的に費用の六五パーセントを負担することになり、残りは「地域固定資産税」で賄われた[6]。

「この砂浜は、木製遊歩道の設置事業に付随して造成されたが、結果的にはこの事業の一番重要な部分になった」とのちにファーリーは報告している。「海底から浚渫した砂を岸へ運び、高潮線を海側へと前進させた人工海水浴場の建設は、どうやらこれが初めての試みだったようだ」。さらに、「最終的に浜がどうなるかは、完成して間もない今の時点ではもちろん確かなことは何も言えない。予測した通り、すでに波の動きで砂浜全体が平になり、高潮線と低潮線の位置は変化している。（中略）砂の量を計測し直していないので、砂が本当に失われているのかどうかについては、（中略）何かコメントするのは難しい」[7]。だが、砂は少なくとも東から西へと移動しているようで、これは以前からそこで見られる砂の動きと同じだとファーリーは付け加えた。

今になってみればわかることだが、この事業は、のちにロングアイランド島西端のロッカウェイズとコニーアイランドで数千万ドル（一ドル一〇〇円として数十億円）をかけて砂浜を構造物で覆い、護岸を建設し、砂浜を造成し直す数十年にわたる大規模な工事の端緒にすぎなかった。しかしニューヨーク市民にとっては有意義な事業となった。この浜の利用率の高さはアメリカでも有数で、「このような環境改善の大きなメリットは、大都会に住むことを余儀なくされている大勢の人たちの健康増進が図れて、幸福度が上がることだろう。余暇を楽しむために広大な遊び場が提供されたのだ」[8]と、ファーリーは記している。

しかし、コニーアイランドの養浜事業を悩ませた諸問題が今でも尾を引いているのは尋常ではない。近隣の土地所有者から出る苦情、砂浜に適した砂を探すのが難しい状況、砂を浜にとどめておくことの難しさ、高額な事業費、そして、補充した砂が浜にとどまらない理由がわかっていないことなど、問題はいろいろある。

それでもアメリカ沿岸部では数十年にわたって養浜工事が行なわれてきた。ロサンゼルス郡ではほとんどの浜が人工ビーチになっている。港湾で浚渫された土砂や、第二次世界大戦中に始まった地元の建築ラッシュのために内陸から運ばれてきた土砂などで造成されてきた。フロリダ州の砂浜も、定期的な砂の補充工事によって維持されている場合が多い。たとえばデルレイビーチ海岸では、建造物や南北に延びる幹線道路A1A号線を守るために設置された傾斜護岸の根元が波でえぐられ、一九七〇年代以降は数年おきに砂の補充工事が行なわれてきた。デルレイビーチで初めて大規模な養浜事業が実施されたのは一九七三年だったが、その後一九七八年、一九八四年、一九九二年と続き、地域の住民にも良い投資だと受け止められてきた。さらに、補充された砂の大半は施工区域から失われてしまったものの、その多くは一時的ではあれ近隣の砂浜を広げた。

その北にあるサウスカロライナ州ヒルトンヘッド島も人為的な砂浜造成で名を馳せている。ヒルトンヘッド島は防波島ではなく、サウスカロライナ州とジョージア州の間にいくつかある河口の島の一つと言ったほうがよい。島の土壌は砂質なのだが、浜辺が泥質だったため、カニや貝類などの生息には申し分なかったものの、人が日光浴をするのには向いていなかった。一九五〇年代にこの島に目をつけた開発業者たちはすぐに仕事にとりかかり、新しい砂浜に砂を運ぶための「水路」を、島を縦断するように掘った。だが、ほかの島と同じように、ここの砂浜も定期的な砂の補充を今も必要としている。

数値モデルはごまかし

人工的に砂が補充された砂浜の寿命は決して長いとは言えない。デューク大学のオーリン・ピルキーの広い視野で見回しても、フロリダ州以北の大西洋沿岸には、養浜された砂浜の潮上帯（波が届かない高い浜）が五年以上失われなかった例はない。ピルキーは海岸の予言者としてアメリカ中で名を知られていて、護岸壁や突堤などの堅固な構造物建設を痛烈に批判しているが、無責任な海岸開発と、その無責任な開発で頻繁に行なわれることが多い養浜事業に対する反対運動を精力的に展開している。また、ピルキーはたった一人で養浜事業をめぐる議論に火をつけ、工兵隊の無能さと不正をあぶり出してきた。これに対して（当時の海岸土木工学研究センター長のジェームズ・ヒューストンをはじめとする）工兵隊は、ピルキーの研究は非科学的ないい加減なもので、コンピューターによるシミュレーションや細かい数値解析をせずに経験と勘に基づいた観測をしているにすぎないと批判し返した。

養浜事業が沿岸部の市町村にかなりの経済効果をもたらすという点ではピルキーとヒューストンは意見の一致をみるが、ピルキーに言わせれば、アメリカの養浜事業は、継続的な追跡調査で効果があると証明も検証もされていない設計方法を拠り所にしているので、事業は「みせかけ」あるいは「詐欺」なのだという。自身の研究では人工ビーチは自然の砂浜より早く侵食するという結果が出ていて、海浜事業の設計に使う数理モデルには不備があると主張する。

しかしヒューストンは、ピルキーの研究には「大いに疑問がある。根拠にしている研究には基本的な資料が明記されていないので、別の人がその成果を検証したり再現したりできない」と、相手にしていない。特に、新たに補充された砂の半量が浜の陸上部（潮上帯）からなくなる期間を養浜事業の「寿命」としていることには批判的だ。二人が学術雑誌で繰り広げた応酬でも、「ピルキーらが養浜の済んだ陸上部におもに焦点を当てるときには、計画されていた養浜量とは無関係の砂の高い『消失』率を用いて、養浜する砂が運び込まれるやいなや、陸上部からその量の砂の『消失』があったとして計算している。砂浜の陸上部は、海中も含めた砂浜という大きな系の一部にすぎず、砂の移動が見られなくなる限界水深までの岸に近い地形全体に砂を補充しなければならない[9]」と、ヒューストンは記している。

この批判に対してピルキーは、ヒューストンも、概して工兵隊も、せめて職を失わないために養浜事業の太鼓持ちをしているだけで、養浜事業が砂浜侵食対策として費用対効果の高い方法だという主張は到底納得できるものではないと断言している。[10]
工兵隊が養浜事業の利点を解析する際には、最近は経済的な問題も考慮するようになっている。ヒューストンによると、合衆国政府が養浜事業に投じる額は比較的少ないのに（農作物に対する補助金や海外支援に使われる額の〇・一パーセント）、得られる観光収入は莫大な額になる。しかしこの議論で問題なのは、養浜をしなければ砂浜はなくなるという前提にある。砂浜はなくなるわけではない。養浜をしなくても、あるいは護岸構造物を建設しなくても、失われる建造物は確かにあるものの、砂浜そのものはなくならない。
いずれにせよ、数理解析やコンピューターによるシミュレーション・モデルにはほとんど頼らないと宣言したのはピルキーが初めてだった。ピルキーらは砂浜を規格に当てはめようとする数値モデルを重視しない。ある砂浜の形状、砂の供給量、波浪の変化、過去に襲来した嵐の履歴などの組み合わせを考えると、その膨大な組み合わせの情報解析はスーパーコンピューターでさえ困難なのに、すべての砂浜についてとなるとますます難しくなるとピルキーらは考えている。かつてピルキーはアメリカ研究評議会の養浜工法に関する数値モデルを推奨する報告書作成に専門家の一員として関わったが、数値モデルと実際の砂浜の変化を比較すると、数値モデルの「適合度を最適にするには、経験則にもとづく係数を使って何らかの調整をすること」が必要になると海岸工学者たち自身が認めていることに気づいた。[11] それをピルキーは「ごまかし」と呼んだ。
ピルキーはオランダとオーストラリアの海岸工学者の研究を引用しながら、浜に砂を補充する事業を何か始めるときには、一〇年かそれ以上の期間にわたってその砂浜をよく観察して詳細な計測をすることを勧めている。それくらい長く調べれば、その浜の年間の砂の流失量が算出できるようになり、補充事業が続く間、その浜にはどれくらいの量の砂が必要になるかが明確になる。調べる手法として「カミカゼ法」と呼ぶ別の手法も提案している。浜に大量の砂を投入して、何が起きるか経過観察するだけのことだが、すでにアメリカでは意図せず広く行なわれてきた。とくに、海峡や港の海底から掘り上げた砂を近隣の砂浜に投棄したときにはよく見られる。

「この方法だと、アメリカの砂の補充工事の計画段階につきものの高額な調査費が発生しない。数値モデルでは養浜した海岸がどれくらい持つかわからないので、初めから期間が設定されていない手法のほうがうまくいくかもしれない」とピルキーは言う。最初からこのような計画で進められる養浜工事は「簡単過ぎるように見えるかもしれないが、利点も多い。まずもって費用がかからない。（中略）利用者に誤った確信を与えないと言う意味でも、わかりやすい[12]」。

工兵隊も、どこかの浜でうまくいった手法をアメリカ中の浜で実施するのは難しいと認めている。「養浜している浜には、その浜だけの特徴が何かしらあり、機能の発揮、費用対効果、経済的利益、環境適合性のバランスが一番とれる事業計画を立てるには、その浜の特殊性にもとづいて浜を評価する必要がある[13]」。

そして肝心な点については、ピルキーもほかの専門家たちも意見が一致する。侵食が激しい区域では、妥当だとみなされる費用の範囲内で人為的に砂浜を維持することはできない。

キツネに鶏小屋を守らせる

しかし、地質学者と土木工学者が個々の養浜工事について議論し始めると、アリスの不思議の国に迷い込んだ気分になる。サウスカロライナ州のフォリービーチ海岸が良い例になる。アメリカ研究評議会のメンバーでもあるフロリダ大学のディーンは、ここは成功例だと言う。ピルキーは失敗例だと言う。どちらが正しいのだろうか？

フォリービーチの開発は、二〇世紀の初頭に北側に位置するチャールストン港の導流堤建設が着工した直後に始まった。チャールストンでは、夏の別荘や通年居住する家が次々と砂浜に建てられていたのに、浜の侵食が加速していた。一九三〇年代から一九四〇年代に襲来した嵐で砂浜は幅が二〇メートル以上も狭まり、砂丘や海辺の家に大きな被害をもたらした。一九四九年から一九六一年には、通り過ぎてしまう砂を止めるために、木製の突堤を海の中へ指が突き出すように四八基設置した。これらは後に巨石の突堤に造り変えられたが、何をしてもうまくいかなかった。その後、冬の嵐やハリケーンの襲来で数年の間侵食が進み、一九六五年には砂を補充する事業の話が持ち上がった。そのあと二〇年以上にわたって調査が行なわれ、調査報告書が提出され、新たな法律が制定され、さらに調査研究が続いて、一九八六年にフォリービーチの再造成にかかる費用の八五パーセントを連邦政府が支払うことで合意した（国の事業であった港の導流堤の建設が侵食に影響したと認めたので負担率がかなり高くなっている）。そのあと土木工学関係の最後の調査が始まり（途中一九八九年のハリケーン・ヒューゴの影響で中断した）、フォリービーチの町は一九九二年に砂浜を再生するために海に面した土地を買い取り始めた。多くの「土地」はすでに海中に没していたが、砂を補充するためにも、砂浜が完成してから一般公開するためにも、地役権を取得しなければならなかった。地役権の利用期間は、この事業の経済的寿命の五〇年に設定されることになっていた。

砂の補充事業は総工費が五〇年間で一億一六〇〇万ドル〔一ドル一〇〇円として一一六億円〕と推定さ

れ、フォリー川から採取した約一九〇万立方メートルの砂を約八キロメートルの海岸に置いていった。砂の一部は、人工砂丘として高さ約三メートルに積み上げられた。事業に懐疑的な人たちは、とても砂浜は維持できないと予測していて、とくにコンクリート製の高い護岸壁で保護されていたホリデー・インの周辺の海岸は、年に一・五メートルから三メートルという高い侵食率を示していたので難しいと考えていた。そして予想通りにホリデー・インの前の砂浜はすぐになくなってしまい、フォリービーチ当局は定期的な砂の補充を予定より前倒しした。

一九八〇年代にメリーランド州オーシャンシティで実施された別の事業も前途多難だった。オーシャンシティでは島の南端にある導流堤が砂を堰き止めているのだが、町の中心部は侵食の「ホットスポット」になっていて、ここでは何度も養浜が行なわれてきた。ここの養浜事業もフォリービーチと同じように、明らかな失敗だと冷笑を浴びると同時に町の救世主と賞賛もされてきた。

この事業は一九八九年にもう少しで終わろうとしていたのだが、ノーイースターが襲来してほぼすべての砂が持ち去られた。費用を追加して砂をさらに補充し、ようやく一九九一年の夏に事業が終了して浜の機材が片づけられた。ところが、その直後に壊滅的な嵐が次々とやってきた。ハロウィーン・ストームの翌月にはノーイースター、そして一九九二年一月四日にも激烈なノーイースターに襲われた。浜の陸上部に補充された砂は、ほぼすべて消えてしまった。

このような事態になったにもかかわらず、事業推進派のメリーランド州議会とオーシャンシティ当局、そして工兵隊は事業が成功したとみなした。まずもって、消えた砂の九五パーセントは沖に移動しただけで、なくなってはいないと工兵隊は説明した。また、壊滅的な浜の状況は、オーシャンシティの建造物が受けたかもしれない被害の大きさを物語るもので、建造物を海から守るには、このような

「犠牲になる砂浜」がどれくらい必要になるのかがわかるとも言った。

一月の嵐が砂浜を容赦なく叩きのめしたあと、スティーブ・レザーマンは次のように言っている。「多くのものが破壊されるのを防ぐことができたのは確かだが、本当に必要だった保護対策の半分でしかなかった。それに、かかった費用については誰も本当のことを言わない。一億ドル〔一ドル一〇〇円として一〇〇億円〕はかかったと私は考えている。工兵隊はうまくいったと言い回っているが、独立した第三者機関が評価したわけではない。費用は相当な額に膨れ上がっている」。

このレザーマンの発言は自治体や州政府の神経を逆なですることになり、州都に呼び出されて議会の聴聞会で説明を求められた。その聴聞会でレザーマンは、工兵隊が調査データの開示を拒否したために養浜事業の評価ができなくて困っていることを政治家に伝えた。工兵隊に自ら事業を監視させるのは、「キツネに鶏小屋を守らせるようなものだ。（中略）オーシャンシティ養浜事業の評価と監視は、独立した第三者機関が行なう必要が絶対にある」と述べた。また、一〇〇年に一度の嵐にも耐えるはずだと言われた養浜事業の八〇〜九〇パーセントが、一〇〜一五年に一度の嵐で「叩きのめされて」いるのは誰の目にも明らかだと付け加えた。

行政当局も反応が早かった。行政として養浜は適切な事業だと考えていることや、メリーランド州立大学カレッジパーク校に勤務するレザーマンの給料と研究費は、州の財政で賄われていることを指摘した。そのあとレザーマンは大学を去り、マイアミの国際ハリケーンセンター長に就任している。

ニュージャージー州のシーブライトとモンマスビーチ（六〇ページの地図参照）では、かつてないほど大掛かりな事業が実施されたが、それがどのような運命をたどるのか見定めるには、もうしばらく待たなければならない。一九二六年にその浜に護岸壁が完成したときには、壁の前面に幅が七〇メートルあまりの砂浜があった〔一八八〇年代の地図上では、その壁より海側の位置に二棟の建造物が確認できる〕。しかし、ラトガース大学のノーバート・スーティーが指摘するように、この辺りの海岸は、「小高い丘が侵食されて生まれた砂」以外には砂の供給源がない。ニュージャージー州のこの地域の海岸では砂浜のすぐ背後から丘が始まり、一九世紀半ばに高台を固め始めてから「砂浜は失われる一方になった」とスーティーは一九九五年に研究者が現地視察に訪れた際に説明している。

長年かけて護岸壁の前面の砂が失われたことで水面下の浜の自然な傾斜が急になり、嵐が来ればさらに高い波が押し寄せ、砂もさらに失われた。砂浜を造設するのに、これほど条件の悪い場所はほかにないだろう。このような状況にもかかわらず、約四〇年にわたる研究や交渉の末に工兵隊はそれを実現させせようとした。約一九キロメートルの護岸壁の全域にわたって、壁の前面に三〇メートルの幅の砂浜を平均低潮面より三メートル高く造成する計画だった。砂の供給源は、沖合四キロメートルの海底にある砂洲および太古の砂丘や防波島の残存物だった。浚渫船に掘り上げた砂を乗せ、浜の近くに設置したデッキに停泊させ、ポンプで浜に砂を撒く。この新しい砂浜は、やがてはニュージャージー州の沿岸のほとんどの砂浜に新たに砂を供給することになるもっと大規模な事業の第一段階にすぎない。当初の見積もりでは、およそ三二キロメートルの最初の区域を五〇年維持するのに一八億ドル〔一ドル一〇〇円として一八〇〇億円〕の費用がかかるとのことだった。

モンマスビーチの工事は一九九〇年に始まり、まずは、崩れ始めていた護岸壁の足元に一個一〇トン以上ある岩が並べられた。第一段階の予算は二億五〇〇〇万ドル〔同二五〇億円〕で、九万トンの岩と一七六〇万立方メートルの砂を必要とした。連邦政府が事業費の六五パーセントを負担し、工兵隊によれば、年間にして平均一七二〇万ドル〔同一七億二〇〇〇万円〕相当の陸上建造物が損壊を免れるという[14]。

そして四年後に、艀のポンプから砂浜になるはずの場所の海に、砂を水に混ぜてドロドロにしたスラリーが撒かれた。一九九五年には幅が約一一〇メートルの砂浜が海面上に姿を現わした。しかし大事なことは、一般市民はほとんどこの砂浜を利用できなかったことだろう。場所によっては隣接する土地の所有者と交渉の末に市民の利用が認められたが、平均満潮線より五メートルほど上までだけだった。そして公共駐車場がなかったことから、市民の利用は机上の空論に等しかった。しかしモンマスビーチにとってはありがたいことに、数十年ぶりに夏に人出が見られた。

六年おきに砂を追加補充すれば新しい砂浜を維持できると工兵隊は予測していたが、これには早々に疑問の声が上がっていた。スーティーも、この試算は「非常に楽観的」で、二年おきが好ましいとした。でなければ「この砂浜は、また壁まで後退することになる」とも言っている。もしスーティーらが正しいなら、長期事業の費用は当初の見積もり額をはるかに上回ることになるのだが、どうやらそれが本当のことになりそうだ。工兵隊は一九九五年の夏の終わりに、「天候不順」のせいで投入した砂のほとんどが流失したことを認めた。修復するには、さらに三八万立方メートルから九九万立方メートルもの砂が必要になった。事業に批判的な人たちは、この海岸域の天候は慢性的に「不安定」だとしたうえで、砂がなくなったということは、工兵隊が六年おきでよいとした砂の補充は見通しが非常に甘いものだったことがわかると述べた。それほど強くないノーイースターが数週間後に襲来したあとは、場所によっては波をかぶらない浜の幅が三メートルしか残っていなかった。工兵隊はこの問題を設計上のミスか何かで片づけようとしたが、ほかの人たちは、問題点がどこにあるのかを技術者が究明するまでは事業を中止するほうがよいと提案することになった[15]。

失われた砂は海岸線に沿って移動して近隣の浜を広げているかもしれないし、沖に移動していれば、天候が穏やかになったときに戻ってくるはずだと工兵隊は自らの主張を譲らなかった。しかしスーティーらは、護岸壁の前面の海中には傾斜の急な斜面があり、砂のほとんどが沈んだのは斜面の下の深い海底なので、浜に戻ってくることはあり得ないとした[16]。

モンマスビーチに建つ三棟のコンドミニアムの前面の砂浜は、養浜による再修復は不可能だと判明した。原因はわからないが（沖に岩場があるのかもしれないし、海岸の形状のせいかもしれない）、この区間の砂は補充されるやいなや侵食されてなくなった。そして、工兵隊以外の人たちが声高に訴えてきたことが、ようやく工兵隊内部でも囁かれるようになった。ここに砂浜を再構築するのは不可能かもしれない。海岸開発に反対する環境保護団体を取りまとめるコースト・アライアンスの当時の事務局長ベス・ミルマンは、「現実の世界へようこそ」と応じた[17]。

この養浜事業の着工前から護岸壁を調べていた研究者は、護岸壁が沈下しているのに気づいていた。波が壁の根元から砂を洗い流しているのが大きな原因だった。だから、その夏に起こったさまざまなことを見て海岸事業に批判的な人たちは、新しくできた砂浜が失われないなら、養浜は護岸壁を守るのに大きな役割を果たすことになると確信した。

砂の補充事業にかかる費用

どのような養浜事業でも重要な問題が持ち上がるのに、計画立案者も自治体関係者も市民も、そうした問題にしっかりと目を向けない場合が多い。なかでも特に大事な問題の一つは、その事業で誰が得をするのかということになる。これは、連邦政府が費用のほとんどを負担している場合には特に重要になってくる。

工兵隊は、それぞれの養浜事業について事業を進める前に費用対効果を調べるよう求められている。この計算には、観光収入の増加予測、資産価値と税収の上昇予測、広い砂浜がない場合に嵐に見舞われたら町のどれくらいが浸水するか、といったさまざまな数値が使われる。

しかし、こうした計算は簡単ではない。砂浜の造成の話が持ち上がっただけで、そのうち砂浜を楽しめる日が来ると不動産物件購入希望者の期待が高まって資産価値が上昇することもある。養浜計画があるだけで海岸の開発がさらに進むこともある。養浜の推進派は、開発がそれほど進んでいない地域で砂浜を造成する事業が行なわれることはほとんどないと否定するが、反対派は、浜に砂を投入することで儲けられるような開発が養浜事業によって助長され、それがさらなる開発を呼び込むという悪循環に陥ると言う。反対派の中には、養浜工事業の結果、地元の自治体は税収として手にする額よりも遥かに高い費用を払うはめになる場合がほとんどだと断言する者もいる。

アメリカ研究評議会の報告書によれば、養浜事業のもたらす恩恵は主として観光収入である。しかし報告書には、もし休暇を海岸で過ごさないなら、それ以外の場所で過ごすことになるだろうとも書かれている。つまり、養浜事業によって沿岸部のリゾート施設が得た収入は、養浜事業がなければ山間部やほかの観光施設に入っていたはずの収入なのだ（例外は外国人観光客で、この例外が増えつつあるのだが、アメリカの砂浜を訪れるのでなければそもそも旅行には出かけないか、どこかほかの国を訪れることになるだろう）。

そして費用対効果の分析では数値を操作しやすい。このため、提案されるほぼすべての事業には帳簿を誰かが改ざんしたとの疑惑がつきまとい、特に、保護対象になる建造物の価値が、それを保護する事業に長期的にかかる費用と比べて廉価な場合に多い。このような状況は、開発があまり進んでいなくて大きな観光施設がない地域でよく見られる。レザーマンは、「アトランティック・シティや、マイアミビーチは永久に砂の補充事業を行なうだろう」、「三年から五年おきに砂を撒いても、撒く甲斐がある」と言う。一方で、ホテルやモーテル、レストラン、カジノといった施設がまったくない、「経済性から言うと平均以下」とレザーマンが言うような砂浜の町も多い。

このような数値を見て、事業計画を縮小して経費を削減しようとする自治体も出てくるかもしれない。しかしこれは、効率の良くない方針と言わざるを得ない。養浜事業を立ち上げるには高額な費用がかさむ。レザーマンは、「パイプから吐き出される最初の一粒の砂は一〇〇万ドル〔一ドル一〇〇円として一億円〕する」と言う。機材を設置するのにも撤収するのにも一〇〇万ドルかかる。養浜事業をいったん始めたのちに意味のある成果を出そうとすると、かなり大がかりな工事をしなくてはいけない」。海岸工学の技術者の間でも、工事の規模が大きければ大きいほど砂浜の寿命が延びるという暗黙の了解がある。

砂の補充事業に実際にかかる費用を知ろうとすると、再生した砂浜のほぼすべては定期的に砂を追加補充し続けなければならないこともあって、計算がさらにややこしくなる〔養浜の推進派はこれを「継続中事業」だと言うが、反対派は「永久事業」と呼ぶ〕。事業にかかる費用を把握する上で、こうした必要経費を算入するのは重要だが、事前に見積もるのは難しい。サウスカロライナ州でコンサルタント業を営む海岸工学者ティム・カナは、一九九三年にヒルトンヘッド島で行なわれた会議で言っている。「経費にはさまざまなものがある」、「砂浜一フィート〔約三〇センチ〕当たり、年に〇・五立方ヤード〔約〇・四立方メートル〕の砂の流出がある浜もある。年に二〇立方ヤード失う浜もある。一立方ヤード一ドルで購入できる砂もあれば、一〇ドルする砂もある。費用の額に三桁もの差が出ることもある」（オーシャンシティの養浜事業が開始した当初は、工兵隊の試算では砂浜を五〇年維持するのに三億四二〇〇万ドル〔一ドル一〇〇円として三四二億円〕かかった。ピルキーに言わせると、この試算は「宣伝用」にすぎない。初めの五年で一億ドル〔同一〇〇億円〕以上を使い果たしていた）。

カナは、講演するときによく漫画を使って状況を説明する。自治体の関係者が海岸工学者に、提案された砂浜の事業について話しかけている。自治体側が「浜の幅はどのくらい広がるでしょうか」、「砂浜はどれぐらい長く持つでしょうか」と聞くと、海岸工学者は、汀潮線（ていちょうせん）、冬のバーム（汀段（ていだん））、波候、嵐の襲来頻度などの科学用語を散りばめた説明をする。うんざりした自治体関係者はため息をつきながら「人工ワカメはどうしますか？」と尋ねる。

さらに事態をややこしくするのは、砂浜の養浜事業の多くは一時的な恩恵しかもたらさず、しかも、恩恵が事業区域外にもたらされるという事実だ。砂を補充したあと砂が流出して、潮の流れの下流の海岸沿いに移動したような場合に起きる。サウスカロライナ州が数百万ドル〔同数億円〕の費用をかけて、ジョージア州サバンナから六四キロメートル北にあるサウスカロライナ州立公園のハンティング島の浜を再養浜した際にも起きた。砂の流出は工事の終了直後に始まり、その砂が南にあるフリップ島に移動して、立ち入り制限をしていた私有地の浜に設置してあった波消しブロック、護岸壁、傾斜護岸の前面に砂浜を形成してしまった。島の不安定な海岸に護岸工事を施すことは無意味だとカナ博士に言われていたフリップ島の住民は大喜びした。どれくらい砂がとどまるかはさっぱりわからなかったが、まったく懐を傷めることなく養浜工事が行なわれたのだ。しかし、ハンティング島の砂がほかの砂浜に移動したのはこれが初めてではなかった。一九六八年には、補充された約五〇万立方メートルの砂のうち、ほぼすべてが一八カ月後にはなくなった。一九七一年には二回目の養浜が行なわれたが、なくなるまでの期間はその半分にもならなかった。

養浜事業の費用対効果

アメリカ研究評議会の海洋学委員長として養浜工事に関する研究や報告書を取りまとめたチャールズ・A・ブックマンは、一九九二年にウッズホールで行なわれたアメリカ科学アカデミーのセミナーで、事業経費を見積もる際の問題点について発表した。「工学者が事業計画を立てて、計画では砂浜の寿命が一〇年維持されるとする」。そこに、オーシャンシティのように「嵐が来て、潮上帯ではなく別のところへ砂が移動したら、その事業は失敗だったと言われる。そうならないためには、計画する砂浜がいつまで持つかをうまく予測するための手法が必要で、砂がどこへ移動するのかを知る必要もある」。さらに、事業が終わったときに「うまくいったかどうかを、どのように知ることができるだろうか。明らかに継続観測が必要になる。砂は移動する。行き先は沖合かもしれない。その沿岸単位（リトラル・セル、詳細は第六章を参照）から失われたわけではなくても、意図しない場所へ移動したのかもしれない。これはとても複雑な海岸工学の課題になる」。

一見するとブックマンの問いかけに対する答えは自明のことのように思える。かつて砂浜がなかった場所に砂浜ができたり、以前は狭い浜しかなかった所が広い砂浜になったりしたら、事業は成功したとみなされる。これが一般の人の標準的な考え方だろう。しかし、養浜事業が砂浜の海岸線の位置を維持するために好んで用いられる標準的な手法になったら（再生させた途端になくなってしまう砂浜も多いのだが）、この標準的な考え方が問題を引き起こすことになる。

そうしている間にも予算が制約されるようになり、連邦政府も工兵隊もレクレーション用の砂浜再建事業ができなくなった。このため技術者たちが費用対効果を見積もる際に、砂浜を再建する効果としてレクレーションを挙げることができなくなった。そこで、嵐の襲来に備えることに目が向き、自分たちの仕事は新しい砂浜や広い砂浜を造ることではなく、浜の背後に建つ家、コンドミニアム、レストラン、店舗を守ることだという暗黙の了解ができあがっていった。この論法は必ずしも住民に歓迎されるとは限らない。たとえばフロリダ州パナマシティでは、町を嵐から守るには砂浜再建事業によって海が見えないほど高い砂丘を造る必要があると工兵隊は考えたのだが、この案は住民が却下してしまった。

嵐が襲来して新しく造成した砂浜が予想以上に早く侵食されると、政治的には、砂浜の再建ではなく嵐に対する防護を強調することが明らかに有利になる。そうすると、事業計画者は砂がなくなることではなく、建造物の安全確保を問題にするようになる。養浜事業は「身代わり」（浜はなくなるように計画されている）と説明され、浜の陸上部がなくなればその養浜事業が役割を果たしたことになる。このように考えると、再建した砂浜がどれくらい長く存続したかに関係なく、養浜事業はどれもうまくいったことになる。このような考え方をレザーマンは「言葉の定義では成功ということになるが、まったく馬鹿げた発想」と呼ぶ。

しかし、この「なくなるように計画されている」砂浜を造成する事業によって、連邦政府のある制度が問題を抱えることになった。連邦政府の洪水保険制度だ。この保険制度の内容は海岸沿いの土地所有者に金銭面で大きな影響を及ぼす。制度を運用しているのは連邦緊急事態管理庁で、民間保険会社が販売すれば土地所有者には手が出ないような保険料になる保険を（そのような補償をしようという民間保険会社を土地所有者が見つけられるかどうかは別にして）安い保険料で販売している。保険料が安くても、この制度があるので保険料率は設定しなくてはならない。保険料率は危険度に応じて決められ、危険度は地形に応じて決められる。ここで問題になるのは、砂の補充事業が行なわれた砂浜の将来性をどのように評価するか、対象の物件を守るためにどれくらいの期間、砂浜が維持できるか、ということになる。

川の洪水による被害を受ける危険性がある物件に対する保険料を設定する際には、ダムや堤防のような対策がとられていることが考慮される。海岸線付近の開発を是認する人たちは、海岸の養浜事業も同じように対策として扱うべきだと主張する。しかし、川と海のこれらの対策には大きな違いがある。ダムや堤防のような構造物は、一〇〇年に一度の嵐（この基準についての理解は海岸では混乱している。一〇〇年に一度の規模の嵐は一〇〇年間に一回しか襲来しないと考えている人が多い。ところが、この言い回しは、ある年にその規模の嵐が襲来する確率の話をしている。気象学者が一〇〇年に一度の嵐というときには、その年に一パーセントの確率でしか襲来しない規模の嵐、ということになる。しかし、あるとき、ある地域に一〇〇年に一度の嵐が来ても、翌週に同じ規模の嵐が襲来することもあるし、そのまた翌週に同じ規模の嵐が続くことだってあり得る。自然現象は予測不可能なのだ）による被害を防ぐだけでなく「耐え抜く」ように設計されている。これに対して砂浜の養浜事業は、嵐の荒波を受けてなくなるように設計される。つまり、嵐が過ぎ去ったあとには人工の砂浜は跡形もなく消え失せ、保険がかけられた建造物（と保険制度）が以前よりも危険な状態で残されることになる。

連邦政府の保険制度で保険料率を設定するときに、養浜事業を現状として「認める」のが良いかどうかについては活発に議論されている。保険制度の運用に携わる政府関係者は、養浜した浜を維持する費用を自治体や州政府や連邦政府が捻出する保証がないのであれば、人工的に造成した浜を恒久的な地形の一部とみなすのはやめたほうがよいと考えている。また、被害を受けた砂浜が次回の砂の補充を待つ間、いったいどのような一時しのぎの防護があるというのだろうか。

連邦緊急事態管理庁でこの問題を研究してきたトッド・デイブソンは、オーシャンシティの事例に注目する。「砂浜がまた海面下に沈んでしまえば養浜事業の評価は下がる。しかし一方で、養浜した浜の背後には水害を受けなかった建物がたくさんある。養浜していなかったら、こうはいかなかった」。しかし、浜をもう一度再生しない限り、この地域は前よりもひどい嵐の被害を受けることになる。近くの海峡を水路として維持するために海底から掘り上げた(浚渫した)砂を定期的に浜に撒いている町もある、とデイブソンは続けた。「工兵隊に浚渫する予算がなくなったり、浚渫作業が遅れたりしたら、その地域では問題が発生することになる」。

養浜事業の資金源

沿岸地域に不動産あるいは何か利益を生む物件を所有している人の多くは、砂浜海岸はインフラ、それも素晴らしいインフラだと考えている。そして、道路、下水処理場、水道設備などが維持管理を必要とするのと同じように、砂浜も修繕や整備を定期的に行なわなくてはいけないと言う。たとえば、地域の道路の舗装工事をするために予算を組むように、砂浜の修繕にも地域が資金を提供するべきだということになる。デラウェア州天然資源・環境管理局の事業部長でアメリカ研究評議会の委員でもあるアンソニー・P・プラットは、委員会の会議で、砂浜へ通じる道路の整備にデラウェア州が年に数百万ドル〔一ドル一〇〇円として数億円〕も使っていることに反対する人はほとんどいないのに、養浜事業となるとはるかに物議をかもすのを目の当たりにした。「私たちは道路にお金を使うことには慣れているが、砂浜にお金を出すことにはまだ慣れていない」。

いずれにせよ、養浜事業の成果を評価するときには、道路ではなくタイヤに例えるほうがよいだろうとプラットは言う。運転者がタイヤの評価をするときには、使用した期間の長短ではなく走行距離で評価する。養浜事業も同様で、波に耐える年数ではなく、襲来した嵐の回数とその規模で評価すべきだ、とプラットは続けた。しかし、この主張には二つ問題点がある。一つ目は、海辺に建造物や人の営みがなければ、このような砂浜の整備は必要ないこと。二つ目として、道路の建設業者もタイヤの製造業者もタイヤの耐久性についての情報はたくさん持っていて、養浜した砂浜がどれくらいの年月にわたって波に耐えるかを推定するために造成業者が持っている情報より遥かに多いことが挙げられる。

資金調達をしている事業に、債券（多くは一〇年債、二〇年債、三〇年債）を買う形で資金提供するのと同じように、養浜工事に資金提供をしたがために苦境に陥った地域もいくつかある。数十年は安泰と予測された養浜事業がわずか数年でなくなる事態が続いて、このような資金集めは行なわれなくなった。砂浜がなくなってしまった地域は、まるで、クレジットカードで安物の家具を買って、その家具が壊れてしまったり使いものにならなくなったりしたあとも支払いを続ける人のような状況になった。ノースカロライナ州パインノールショアズの海岸町では、一九九六年にハリケーンが砂丘をさらってしまい、満潮時に砂浜がまったくない状態になったときに、このようなことが起きた。町の有力者たちは、五五〇万ドル〔同五億五〇〇〇万円〕かけて砂を補充する事業を提案した。費用の八八パーセントは海辺の土地所有者が負担することになり、価格が三〇万ドル〔同三〇〇〇万円〕の家の所有者は、さらに税金が年に一七四九ドル〔同一七万四九〇〇円〕上乗せされて、それが八年続くことになった。計画反対派は、砂を補充しても強いノーイースターやハリケーンには耐えられず、借金だけが膨らむと反対した[18]。

連邦政府の財政支援が減ったことで、沿岸部の市町村は養浜事業を続けるためにほかの資金源を探すはめになった。消費税をわずかに上げるところもあれば、ホテル宿泊料や外食産業などの観光業から上がる税収の一部を当てるところもあった。ロングアイランド島の南岸にあるファイヤーアイランド島（六〇ページの地図参照）に物件を所有する人たちは、島の一七の市町村から成る侵食防止課税区を設けるために活動した。ニュージャージー州では、所有者が土地を売却したときに州政府に支払う手数料の一部が養浜事業に当てられている。ニュージャージー州の沿岸地域のためにロビー活動をするケン・スミスによれば、この手数料は年に五〇〇〇万ドル〔一ドル一〇〇円として五〇億円〕ほどになり、そのうちの一五〇〇万ドル〔同一五億円〕が海岸保全活動（嵐の後の養浜工事が多い）に使われている。「年間に必要な額の半分くらいだが、以前より増えた」とスミスは語る。

砂浜の養浜事業を連邦政府が財政支援することに批判的な人たちは、直接恩恵を受ける人〔海岸間際に所有地がある人〕が全額負担すべきだと言う。もし費用を用意できないなら、その土地を抵当に入れればよい。養浜事業を実施したのだから土地の評価額は上がっているだろう。もしそれもできないのであれば、養浜事業を続けるかどうかを考え直すときが来たということだ。

養浜に使う砂がない

砂浜の養浜事業が実施できるくらい財政が豊かな地域でも、新たな問題に直面し始めていた。養浜に使う砂がないのだ。たとえばニュージャージー州は一九五〇年代から三〇〇〇万立方メートル以上の砂を養浜に使ってきた。一九八五年から一九九五年までの一〇年間に使った量は、年平均でおよそ一三〇万立方メートルになる。ロングアイランド島南岸の地域では、一九五〇年以降の使用量は六一〇〇万立方メートル以上になる。しかし砂浜に適した砂は、必ずしも海底に大量にあるとは限らないので、好き勝手に浚渫して浜に撒けるわけではない。浜の砂とは違い、海底の砂が砂質であるとは限らず、むしろ泥質であることが多いという事情がある。

ところが東海岸では、沖の浅瀬や、数千年前の海面上昇で水没した古代の防波島や砂州に大量の砂がある。一九九四年に制定された法律によって、これらの砂を養浜用として利用する手続きが簡単になった。アメリカの沖合の資源を管理するのを仕事の一つにしているアメリカ鉱物資源管理部は、面倒な入札を行なわなくても、単に契約の交渉を進めるだけで砂を引き渡せるようになった。採掘する資源（砂）の量と価値、および、その資源を使うことによって得られる公共的な利益を評価して手数料が決められる。

アメリカ鉱物資源管理部の予備調査によると、大西洋中部の大陸棚には砂が三億立方メートル余りあり、大西洋南部の大陸棚には二億八〇〇〇万立方メートルくらいある。しかし、大部分の砂は質がよくわかっていない。また、砂の大半は三二キロメートル以上沖合の深い海底にあり、掘削して養浜する海岸へ移送するには危険を伴ううえに費用もかさむ。

しかし、砂の供給源が岸に近過ぎると、ただでさえ深刻な侵食が掘削作業によってさらに悪化する。ルイジアナ州のグランドアイル島（二一六ページの地図参照）では、まさにそれが起きてしまった。この島は、ルイジアナ州のメキシコ湾沿岸唯一の有人の防波島で、掘削地点は浜のすぐ沖に決まった。ところが採掘機が掘った穴は、落とし穴のような作用によって砂を溜め込むことになった。穴の上を通る海水は流れが遅くなり、流れに乗って運ばれていた砂が穴に沈んでしまったのだ。その結果、掘削した部分の浜には深刻な「侵食の影」ができてしまった。養浜したにもかかわらず、この人為的にできた侵食のホットスポットには最終的に護岸を設置して、侵食を防がなければならなかった。

入り江、河口、あるいは港湾のようなところに堆積している採掘しやすい砂は汚染物質が含まれていることがあり、もし粘土のように粒子が細かい素材が含まれていれば砂浜は固まって見苦しくなり、通常の砂よりも侵食が早く進む（ニューヨーク市近辺ではあまりにも砂の需要が多いため、砂を売り買いする業者は砂の汚れを取り除いてから販売している）。サンディエゴの海軍基地では、基地の前の砂を約六九〇万立方メートルポンプで近郊の浜に供給しようとしたが、迫撃砲弾や機関銃の銃弾が含まれていることがわかり、一九九七年に計画は白紙になった[19]。

利用できる砂が堆積している浅瀬のような場所は、所有権を巡る行政当局の考えが食い違うこともある。アーサティーグ国立海浜公園とメリーランド州オーシャンシティは、砂を採掘しようと狙っていたのが同じ浅瀬だった。この浅瀬はオーシャンシティの最南端にある導流堤の影響で形成されたもので、一九三〇年代に海峡を固定したとたんに砂が溜まり始めた。一九五〇年に導流堤にめいっぱい砂が溜まると、南方向へと新たに流れてきた砂は沖方向へ向きを変えて移動し、海峡の入り口に浅瀬を形成した。しかし一九八〇年代になると、アーサティーグ島や動植物の宝庫である公園のゆくえに関心のあった公園当局や島の関係者は、オーシャンシティのこの浅瀬に希望の光をみいだした。浅瀬はこれ以上大きくならないくらいの均衡に達したようで、アーサティーグ島の侵食は遅くなったように見えた。科学調査によって、砂は浅瀬に沿って島のほうへと流れているとの結論が出た。これでアーサティーグ島は最悪の事態を回避できたようだった。

しかしその頃、そこから北のオーシャンシティが予定していた養浜工事はすでに問題に直面していた。養浜のための安価な砂をいつも探していた市の関係者は、市の南端にある浅瀬に目を付けた。ここには約六〇〇万立方メートルの砂があると推定されていた。そして問題になったのは、誰がその砂の所有者なのかということだった。アーサティーグ島の公園関係者は「アーサティーグのものだ!」と言った。海峡に導流堤がなければ島にたどり着いたはずの砂だった。市側は「オーシャンシティのものだ!」と応じた。その砂のために養浜事業をすることになり、数百万ドル〔同数億円〕という大金を払ってきた。公園関係者は、砂の所有権を主張する市の動向に不安を感じている。

フロリダ州では養浜に使う砂が慢性的に足りないので、州西部の沿岸の町ベニスとシエスタキーは一九八〇年代後半と一九九〇年代初頭に裁判沙汰になるところだった。ベニスの町が、シエスタキーの沖に堆積する砂を自分たちの浜の砂の補充事業に使おうと考え始めたのが発端だった。フロリダ州が仲裁に入り、沿岸の砂はすべて州の資源だとベニス側をあきらめさせた。しかしフロリダ州環境保護事務次官のカービー・グリーンがのちにある講演会で語ったように、ベニスで再建した砂浜は二一世紀初頭にまた養浜が必要になる。そのときに議論が再燃するのは疑いないだろう。

マイアミの海岸事業の北半分に延びるコリンズ通り沿いの海岸では、所々でまた侵食が進み始めた。満潮時には浜を歩くことができなくなっている。デイド郡にあるいくつかの市町村当局は砂の補充事業を計画したが、これらの事業は珊瑚礁あるいはウミガメの産卵場所を破壊するとして訴訟を起こされたあげく中止になった。内陸部から一時しのぎに砂を運んでくる海岸もあり、ホテルでは砂浜がないお詫びとしてランチを無料で振舞った[20]。ほかにもフロリダ州の南東部各地の砂が足りない地域では、バハマ諸島の白い砂に目がいく。マイアミ港にある八六ヘクタールほどの私有地であるフィッシャー島ではバハマから砂を輸入して砂浜を維持していて、この方法は人気を呼びつつある（費用がかさむことや、比較的裕福なフロリダが貧しいバハマから地形の一部を購入することに対するうしろめたさがあるにもかかわらず）。一方、バハマの観光局は、フロリダの砂浜を維持するために砂を売ると、バハマの観光収入をフロリダに奪われることになるのではないかと心配している。環境保護活動家も、砂に飢えているアメリカ側と取引きをしたいバハマ当局が、環境に配慮した砂の採掘をしなくなるのではないかと懸念している。

アメリカ鉱物資源管理部が砂を移送する際には環境保護の規定に従わなければならない。そこで、養浜のために砂を採掘して環境を破壊した場所で、植物や動物がどのくらい早く戻ってくるのかを継続監視して情報を集めるようになった。今のところ結果は悪くないと管理部の担当者は言うが、環境基準がどのように設定され、それが守られていることをどのように監視するかについて心配する人もまだ多い。

しかし、解決した問題もいくつかある。採掘現場の近くにサンゴ礁があると、砂を採取する過程でシルトが舞い上がってサンゴ礁を覆うため、サンゴが死んでしまう。採掘作業に使う機材（特に海底の長い距離を這わせるパイプ）によって、傷つきやすいサンゴ礁が破壊されたり押しつぶされたりする。そして砂の採掘が終わると新たな問題が生じる。デューク大学のピルキーのもとで博士号を取得したロブ・シーラーは、「海底の穴は泥で埋まる。すると生き物の多様性が大きく減る」と言っている。

スーティーによると、ニュージャージー州モンマスビーチの養浜事業で砂の採掘を担当している業者は、こうした問題を避けるために、採掘している沖の海底砂州の頂上部を「削り取る」と言う。つまり、穴を掘るのではなく、長く延びる砂州の尾根部分を、多い場所でも表面から六メートルまで砂を削るのだ。海底の生き物にどのような影響があるかはわからないが、海岸線には悪い影響が出るかもしれないとスーティーは指摘する。尾根部をこれほど下げると、岸に打ち寄せる波が高くなり、結果的に砂浜の侵食が大きくなるからだ。

ウミガメの産卵

砂の補充を続けている養浜海岸は、もとの自然海岸ほど満足できる砂浜になることはほとんどない。自然が作り出す砂浜とは変化の仕方も違うし、砂の感触も異なるし、見た目も同じではなくなる。このような違いは造成が終わって間もない時期には著しいものの、時間の経過とともに感じられなくなる場合もあるが、ひどくなる一方の場合もある。

皮肉なことに、養浜事業そのものが周辺の砂浜の侵食を引き起こす元凶になることもある。海側に砂浜が広げられると海岸線に膨らみができ、これが潮の下流域に侵食の影と呼ばれる現象を引き起こすのだ。この膨らみは突堤と同じ役割をし、海岸沿いに上流域から流れて来る砂を堰き止め、その結果、下流域では砂が足りなくなる。海岸地質学者たちは、このような浜の突出と侵食の影が繰り返す地形のことを、カスプ地形と呼ぶ。このようなカスプ地形は、海峡を浚渫したあとに要らない土砂を隣接する砂浜に投棄して、無計画な養浜のようになった場合にも形成されることがある。海岸沿いにもともと流れている漂砂の量にもよるが、このような浜の突出は通常は下流方向へ増えていき、その効果と弊害も下流へ波及していく。

養浜で砂が補充された砂浜は、感触が自然の砂浜とは同じでないと多くの人が感じる。自然の浜より人工の浜のほうが硬い場合が多い。理由はいくつかあるが、砂浜に自然に運ばれてきた砂と、養浜事業によって海底から採掘された砂の違いに関係していることが多い。「細かい砂」(細かい粒子)が多すぎると砂は固まりやすくなる。工事中に重機が砂の上を何度も往復するようなときには特にその傾向が強くなる。また、干潟や海底から掘削した土砂は、自然の浜の砂よりも貝殻を多く含んでいる。そこの気候と砂の成分にもよるが、貝殻の断片が細かく砕かれると、具合の悪いことが起きる場合がある。フロリダ州で数多くの人工海岸を調べてきたフロリダ工科大学のパーキンソンは、「貝殻の微粒子は水と反応して固まる」と言う。そして石化作用、あるいはセメント化という過程を経ると、「水と貝殻の相互作用によって自然のセメントになる」。

また、養浜海岸の侵食の仕方も自然海岸のそれとは異なり、養浜海岸では波浪によって急勾配の浜崖ができる。ニュージャージー州モンマスビーチで造成された砂浜が侵食し始めたとき、海岸線には一～二メートルの段差ができた。子供たちは、波打際へはそこを飛び降りればよかったが、波が来ない浜に戻ろうとすると大変だった。切り立った浜崖は景観を損ねるだけではない。救護のための乗り物が水際へたどり着く妨げにもなるし、砂浜と密接に結びついて生活しているウミガメなどの野生動物にとっても切実な問題になる。

アメリカに生息するウミガメは、すべての種類が絶滅のおそれがある種、あるいは絶滅危惧種に指定されている。生物学者、地質学者、工学者たちの間では、養浜がウミガメを救う鍵となるのか、あるいは、絶滅に追いやる原因となるのか、いつも熱い議論が重ねられてきた。養浜賛成派の主張はとてもわかりやすい。砂浜はウミガメの産卵場所であり、砂浜がなくなるとウミガメは産卵できなくなる。養浜反対派のほうは少し複雑だ。一九九一年のアメリカ研究評議会の報告によると、砂浜の養浜は「確実に産卵の成功率を減少させている」。そのおもな理由として、一〇〇キロ以上もある巨体のカメは急勾配の浜崖を登れないことや、砂が硬くなった海岸では深さ約六〇センチの産卵用の穴を掘れないことがある。また、養浜で投入された大量の砂が巣穴を覆ってしまうと、孵化した子ガメが地表まで出られなくなることもある。養浜した砂浜では砂の粒径や水分含量などが変わるが、孵化した子ガメの生存率や性比などに影響があるかどうかは、まだわかっていない。

アメリカのウミガメの多くが産卵のために上陸するフロリダ州では、カメの産卵行動が見られる八カ月間は養浜工事を禁止する条例の制定が提案された。この提案に従うと、養浜関連の事業ができるのは冬季のみとなるが、冬は嵐の襲来などがあって危険を伴うため、一般に工事は休止になる。そこで養浜事業の推進派は妥協案を提案することにした。工事は今まで通り暖かい時期に実施する代わりに、毎朝巣の有無を確認し、夜間に産卵された卵は孵化場に移動させる。しかし生物学者たちは、メキシコで行なわれている行きすぎた人工孵化活動は、その地域の絶滅危惧種のウミガメの頭数を増やすことにつながらなかったと指摘している。

フロリダ州の砂浜にとってウミガメは、太平洋岸北西部の原生林のニシアメリカフクロウのような存在だ。どちらも、環境保護の代弁者である。パーキンソンは、「ウミガメに特に関心がない人たちが、砂浜保全につながる唯一の手段として手に入れたのが絶滅危惧種保護法だった」と言う。

海底砂州の造成

アメリカ各地で二〇年間も試験的に行なわれてきていたのに、あまり知られていない手法を用いれば、多くのウミガメが災難から逃れることができ、砂浜の養浜にかかる総費用を減らせるかもしれない。それは、陸上の浜に砂の投入するのではなく、岸近くの海中に投入する手法だ。

オーストラリアの海岸工学者A・W・サム・スミスは、生まれ故郷のクイーンズランドでこの工法を実施していくらか成果を出し、アメリカの学会へ出かけて行っては発表している。友人のピルキーと同様にスミスも数値モデルには意味がないと言う。しかし砂浜を十分に長い間調べ続ければ、砂州がどこにできるかわかるようになる。砂が不足していれば、足りない所に補ってやればよいとスミスは言う。波打ち際より上の浜を造成すれば、その砂は海底砂州や海中の砂の盛り上がりがあるべき場所へと移動するだけになる。もし砂州を海底に造成するなら、費用は陸上に造成する場合の半分ですむとも言っている。

工兵隊はこの工法をいくつかの海岸で試してみた。工兵隊の技術者たちは、サウスカロライナ州のフォリービーチ海岸で試してみようと検討したが、打ち寄せる波に影響が出るかもしれないと考えて断念した。しかし、テキサス州のサウスパドレ島の沖には深さ約八メートルの海底に海岸線と平行に延長一・二キロメートルの海底砂州があり、メキシコ国境に近いブラウンズビル・シップ・チャンネルとブラゾス・サンティアゴ・パスで約七万六千立方メートルの砂を掘り上げて、その砂州に足してやった。アラバマ州モービル郡にも「アメリカ海底砂州造成実演事業」としてもう一つ海底砂州を造った。ここでは事業後に砂浜に打ち寄せる波の勢いが弱まった。

工兵隊は、海底砂州をその作用に応じて、砂の供給源になっているタイプ、安定しているタイプ、縮小拡大するタイプの三つに分類している。供給源型は岸へ移動している砂州や海中も含めた浜全体に広がっていくものを指し、安定型は移動せずに波の力を減衰させるものを指し、縮小拡大型は縮小拡大する砂浜と同じで、侵食する可能性があっても嵐の荒波に立ち向かうものを指す。

工兵隊の技術者チェリル・ポラックは、海底砂州を工学的構造物として扱うべきだと、ヒルトンヘッド島の会議で述べている。たとえば、その場から移動せずに波のエネルギーを減衰させる（砂を堆積させる）海底砂州を造りたいなら、事業計画者はその海底砂州より下流域で侵食が加速するとの予測を立てなくてはいけない。海底砂州についてはオレゴン州立大学の大型造波水路などの造波水槽で数多くの実験が行なわれてきたが、実際に施工された例が少なく、最適な形状、寿命、近隣の浜への影響などについては不明な点が多い。

ミッキーマウス工法

沿岸部の町の多くでは、嵐のあとに安い費用でできる人工砂浜造成のようなことが行なわれる。干潮時に波打ち際にブルドーザーを入れ、低い浜の表面の砂を削り取って、波が来ない浜の高い部分に押し上げる。砂浜が嵐の傷跡から回復するにつれて、押し上げた砂のほとんどはなくなってしまうと考えられる。多くの海岸地質学者たちは砂浜を削り取る手法を「ミッキーマウス工法」と呼び、海岸線の維持という意味ではそれほど役に立つ手法ではないと考えている。しかし実際にはメリットがいくつかある。どれほど小規模であっても、次に襲来する嵐のときには防護壁になる。それと、護岸壁や傾斜護岸のような高額な構造物でもサンドバッグですらないが、所有地が危険にさらされている人たちは、自分たちのために何かしらの対策がとられたと安心する。ノースカロライナ大学チャペルヒル校の海岸地質学者ジョン・ウェルズはこの工法の研究者で、「効果のいかんにかかわらず、不安感は確かにやわらぐ。しかし、新たな砂を入れたわけではなく、そこにあった砂を単に動かしただけだ」と言う。

それでも、削り取り工法を行なう州は多く、海岸に堅固な構造物の設置を禁じているノースカロライナ州では特に多い。ノースカロライナ州ではこの工法のための規制も多数ある。たとえば、できあがった斜面は市民に危険が及ぶようなものであってはならない。つまり、砂浜に溝が残っていてはいけない。ほかの規制の多くは削り取る砂の量についてのもので、短期間（たとえば一日）で砂浜に自然に戻ってくる量を越えさせないようにしている。削り取れる砂の厚さは最大で三〇センチ（ウェルズによると「違反が多い」）、そして低潮線より下の砂を削り取ってはならない（こちらも「とても違反が多い」）。

また、浜を削り取ったことで隣接する土地に迷惑をかけてはならない。そんなことが問題になるのだろうか。「それは私にもわからない」とウェルズは言う。「答えはまだ出ていない。実験段階と考えたほうがよい。どれくらい効果があるかとか、どのような弊害があるかについては、やってみないとわからない。傷つきやすい環境を相手にしていて、そのような環境で思い通りの成果を出そうと実験をしていると思うと、なんだか落ち着かない」。

ウェルズが削り取り工法の研究を実施したのはノースカロライナ州のトップセイル島という防波島で、とても不安定なのに開発は非常に進んでいる島だった。ウェルズはその島で、いつも砂を削り取りって浜に押し上げている浜と、何もしていない浜の二カ所を比較した。一九八九年の春に襲来した大型の嵐のあとに、削り取りをした浜の砂丘のほうがいくらか頑丈だと気づいたウェルズは、この島での経験をもとに削り取り工法の基本的な考え方を提案している。まずは、この工法の限界を理解すること。削り取り工法は気分的な安心感を与え、多少の防災対策にもなるが、脆弱な島が切れて海峡が形成されるのを防ぐことはできない。また、保護したい建造物と高潮線との距離が短い場合、利用可能な砂が足りないこともある。そして、削り取り工法が砂浜を傷つけることにならないよう注意を払わねばならない。たとえばメリーランド州のオーシャンシティが砂の補充事業をして直面した問題のいくつかは、過剰な削り取りが原因だった可能性もあるとウェルズは言う。

海岸で起きているほかの多くの現象と同じで、「単純なことに見えるが、実際のところは、そうではないのだろう」とも語っている。

砂浜と呼ばれる硬い浜

レイチェル・カーソンは著書の『海辺』で、浜辺の散策は「地下都市の薄い屋根の上を歩いているよう」と表現した。「街の住民の姿は、ほとんど、あるいはまったく目にできない」と続ける。「しかし地下の住まいからは煙突、排気筒、換気口などが地上に出ていて、地下深くの暗闇に通じるさまざまな通路や回廊がある。入り口には地下から運び上げられた廃棄物の小山があり、まるで人間社会の清掃のようなことが行なわれているようだ。しかし棲んでいる生き物たちは姿を隠したままで、暗い不可思議な世界で静かに生活している」[21]。

しかし、多くの期待を背負いながら造られたマイアミビーチの海岸はそうではない。マイアミの砂浜に敷き詰められた砂には小さな貝殻のかけらがたくさん含まれていたので、それが長い年月を経て固まり、砂浜の表面は石のように硬くなってしまった。浜辺の店は、「砂」と呼ばれるこの硬い浜に寝ころびたくない人たちのために、ビーチチェアを貸し出して大繁盛している[22]。硬い砂は、砂浜に生息するスナガニやスナノミ、そのほかの生き物にとってもありがたいものではない。巣穴を掘ることはできても生活していくのは難しい。おもな食物である海草や浜の有機物も見当たらない。ホテル関係者が波打ち際を毎朝掃除して、小さな生き物たちの食物源を取り除いてしまうからだ。その結果、潮間帯やその付近には生息する生き物がほとんどいなくなり、そうした生き物を餌にする鳥たちもほかの場所で餌を探すようになってしまった。今は、生き物の気配が感じられない静かな砂浜があるだけになった。

幸いなことに、マイアミビーチに押し寄せる観光客は、このような環境の悪化にはほとんど気づかないようだ。とりわけ、サウスビーチに集うオシャレな人たちはその傾向が強い。改装して新しくなったホテルが最近リニューアルオープンしたときには大々的に報道されて脚光を浴びたが、ホテルが海の近くにあることは、サウスビーチという住所からしかわからない。宣伝しているのは、アールデコ調の建物、おいしい料理、「水辺のサロン」と呼ぶプールに限られる。しかしこれは今に始まったことではない。マイアミビーチを訪れる多くの人たちにとって広い砂浜は眺めるためのものであり、日光浴をしたり泳いだりするためのものではなくなった。サウスビーチの醍醐味と言えば、オーシャン通りにある屋外のテーブル席にすわって、海岸沿いにゆっくりと走る車を眺めることだ。今や砂浜は、人の手で維持される人工的な環境という背景の一つになってしまった。

第6章

山から下る砂がつくる浜

自然は、人間がだれも平等に使えるものを三つ与えてくれた。
空気と、山から流れ下る水と、海や浜辺である。

――『ユスティニアヌス法典』

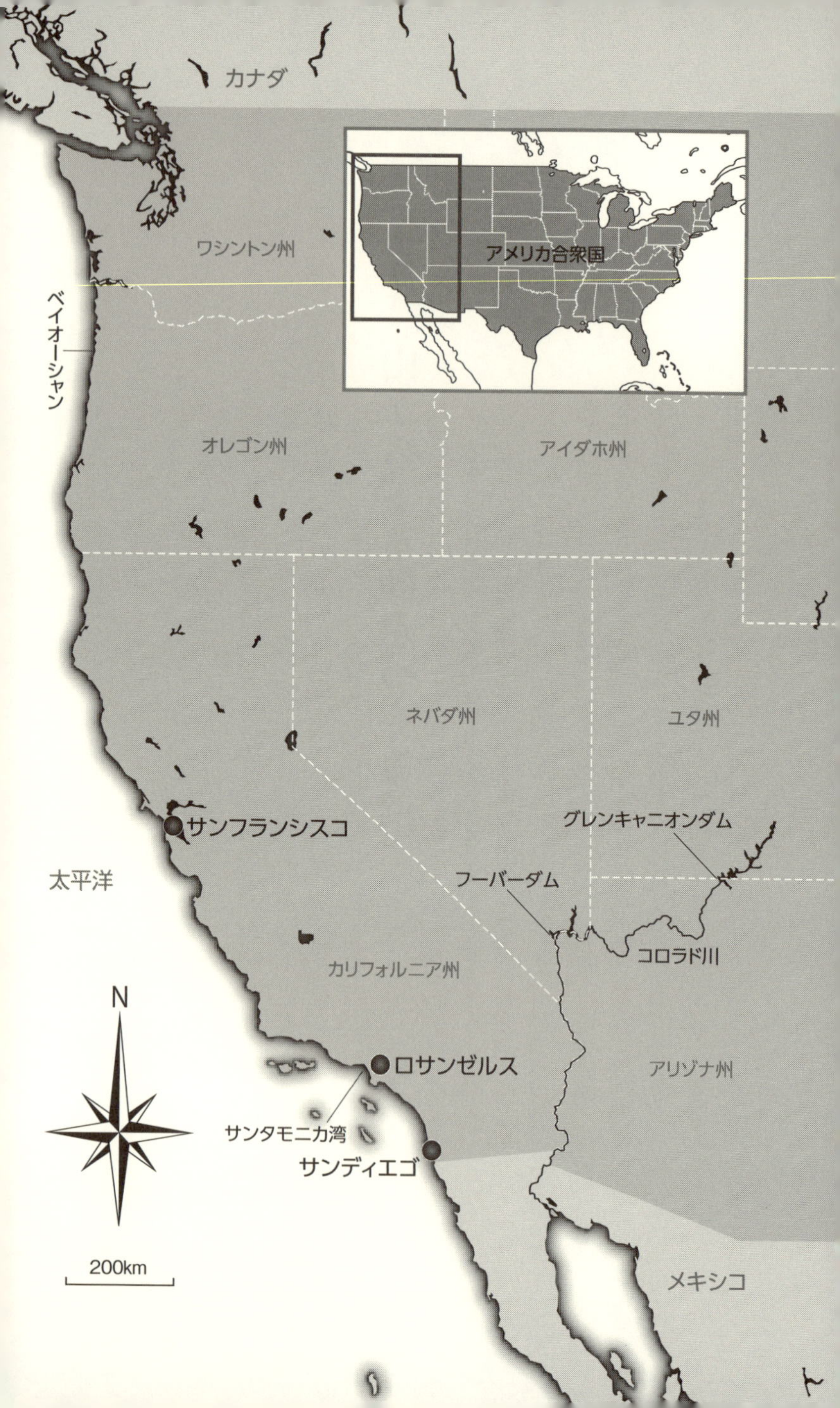

カナダ
ワシントン州
アメリカ合衆国
ベイオーシャン
オレゴン州
アイダホ州
ネバダ州
ユタ州
サンフランシスコ
グレンキャニオンダム
太平洋
フーバーダム
コロラド川
カリフォルニア州
N
ロサンゼルス
アリゾナ州
サンタモニカ湾
サンディエゴ
200km
メキシコ

「カリフォルニア式」砂の補充事業

一九九三年一〇月中旬に南カリフォルニアでは、秋になって熱いサンタアナ風が丘陵地帯をいつものように吹き抜け始めた。しかしその年の夏は異常に暑くて乾燥していたので、ロサンゼルスのすぐ南にある丘の斜面で山火事が発生すると、乾いた藪が風にあおられて猛火になった。消火活動は、乾燥した谷から谷へと飛び火していく炎を相手に何日も続いた。ようやく鎮火して疲れ果てた消防隊が辺りを見回すと、数十平方キロメートルという土地が焼け野原になっていた。

ラグーナビーチ海岸を見下ろす丘が下火になった頃、ロサンゼルス市の北にあるトパンガ渓谷ではさらに大きな火が燃え広がり始めていた。上空から見るとロサンゼルスはまるで戦場のようだった。大型輸送用ヘリコプター「チヌーク」は、約一一トンの容量の空中輸送用の消火バケツで太平洋の海水を汲み上げて渓谷の炎の上から撒き、C－一三〇輸送機は黒煙に難燃剤を投下していった。広い範囲から立ちのぼる黒煙は、高度約二八〇〇キロメートルを飛行していたスペースシャトルからも確認できた。数百人にのぼる消防士の活躍によって火は消し止められたが、植物は焼き尽くされ、広範囲の山（八〇〇平方キロメートル以上）が、葉のなくなった焼け焦げた立ち木が残る荒野のようになってしまった。

鎮火後に消防士たちは、過酷なマラソンのように昼夜を問わず、飲まず食わずで行なった消火活動の疲れを癒した。焼け野原となった地域の住民は、住む場所を失って悲嘆に暮れた。そのころロサンゼルス郡港湾局の事業企画専門家のグレゴリー・ウッデルは大仕事に取りかかろうとしていた。消防士たちがまだトパンガで炎との最後の対決をしていた頃に、ウッデルは次のように話している。「この火事のあと、大量の泥との戦いが待っている。最初に降る雨で泥が谷間を狂ったよう流れ下ってくる」。そしてそれがロサンゼルスの砂浜を埋めることになる。

案の定、数週間後に冬の雨が降り出して地面が崩れ始めた。ぬかるむ土壌を支える植物もなかったので丘陵地では侵食が始まり、増水した川には大量の土砂が流れ込んだ。一九九四年一月初旬には土砂崩れによって太平洋沿岸の高速道路はラグーナビーチとロサンゼルスの間が通行止めになり、そのあとロサンゼルスとトパンガの間も通れなくなった。さらに北にあるラコンチータという小さな海辺の地域には六〇万トンもの泥が怒涛のように山から流れ下って町を埋めたので、住民は町の将来を危ぶむことになった。海から何キロも離れた内陸から砂が海岸へ向かって移動し始めたのだ[1]。

まさに、「カリフォルニア式」の砂の補充事業になった。

南カリフォルニアの人工浜

カリフォルニアには、干ばつ、火事、洪水、地震という四つの季節があると冗談めかして言う人がいる。しかし実はこの四つの自然の力がカリフォルニア州の海岸を形づくってきた。数千年もの間カリフォルニアでは、地表の植物が火事で一掃され、豪雨で洪水が起き、土石崩れで大量の土砂が海岸へ運ばれてきた。多量の土砂が定期的に山の斜面から崩れて谷を流れ下り、浜にたどり着いたものは波や潮流によって粒子の大きさが揃えられ、沿岸各地に運ばれた。砂浜の砂の七五〜九五パーセントはこのような泥の洪水によって供給されていて、各地にサラサラした砂の海岸を形成した[2]。たとえば二〇世紀初頭には、幅が三〇メートルから八〇メートルの砂浜がサンディエゴから北へ七〇キロメートルから八〇キロメートル続いていた。当時の人たちが馬車でロサンゼルスに行くときには、この砂浜を通るのが一番早かった。

しかし、ヨーロッパから来た人たちがカリフォルニアへ入植し、特に二〇世紀に入ってからロサンゼルス近郊の「サウスランド」での開発ブームが起きてからは、自然を支配するためにますます手の込んだ工夫がされるようになっていった。二〇世紀初頭から始まった一連の開発は、一九三八年の壊滅的な洪水から復興するときに拍車がかかり、かつてカリフォルニアの海岸に砂を届けていた河川には、洪水対策あるいは人口増加に伴う水源確保のためにダムが建設された。ダムは、水を堰き止めるのと同じように海岸に流れ着くはずの砂も堰き止めてしまう。また、ダムで洪水を防ぐと、泥を巻き上げて下流へ運ぶような速い水の流れも弱めてしまう。流路がコンクリートで固められた川を水が流れても、海まで運ぶ土砂を巻き上げることはできない。ダム内に堆積した土砂は定期的に取り除かれるが、その土砂の大部分は内陸の建築用地で盛り土として利用される。ダムがなくても渓谷は建築用地にするために埋め立てられる。

カリフォルニア州当局は独自の工夫を重ねながら開発を続けているが、自然な水の流れを完全に手なずけたわけではない。しかし、水路の付け替えが行なわれて水の勢いが弱められるような川の流れの操作が行なわれた結果、砂浜への自然な砂の供給はほぼ皆無になってしまった。たとえば一九三八年の一回の大洪水でサンタクララ川が六〇〇万立方メートル以上もの土砂をベンチュラ郡の海岸に運んだようなことは、今後もう二度と起こらない。カリフォルニアの砂浜に大量の土砂が運ばれたのは、おそらくこのときが最後だろう。[3] コンクリートが多用されるようになって土砂の供給量はほぼ半分になってしまった。

カリフォルニア州の内陸部のダムには、およそ七六五〇万立方メートルもの砂が堆積しているという調査結果がある。カリフォルニア大学サンタクルーズ校の海岸研究者ゲイリー・グリッグスによると、「この沿岸地域では、過去二〇年だけ見ても、幅九一メートル、深さ〇・九メートル、長さ九七キロメートルの砂浜に匹敵する量の砂の供給が途絶えた。ベンチュラ川とそのすぐ北のサンタマリア川は、水系の六六パーセントがダムで堰き止められている」[4]。全長八二キロメートルのロサンゼルス川も、ほとんどの部分がコンクリートに覆われた水路になっていて、総延長六四〇キロメートルになる支流も同様にコンクリートで覆われている。工兵隊とロサンゼルス郡の公共事業部がこれらの川を海へ通じる巨大な豪雨排水管に変えてしまったのだ[5]。

一九一二年には一〇一号線などの高速道路の建設が始まったことで、路面の水を誘導する排水溝が設置されて水の自然な流れがさらに変化した[6]。そして海岸沿いに高速道路が完成すると、次は土砂崩れ防止策が必要になり、丘陵地はさらにコンクリートで覆われることになった。仮に海岸沿いの高速道路の脇が崩れても、土砂は即座に撤去されて、多くは内陸部に捨てられる。こうした土砂を砂浜に持って行きたいと思っても、今は砂浜に投入できる土砂には厳しい規制があり、投入する時期も決められているので、さまざまな手続きを踏まねばならない。

これに追い討ちをかけるようにカリフォルニア州では、砂や砕石の業者が、砂浜、砂丘、川床から何千トンもの砂を長年にわたって採取してきた。そして、海沿いに住みたい人たちがカリフォルニアの砂浜への最後の一撃を放つことになる。沿岸の崖の上に建てた家を守りたい人たちは、波消しブロック、傾斜護岸、護岸壁を使って崖を補強してきた。十分量の砂がないときに浜が最後の頼みの綱にしていたのはこうした海岸の崖からの砂の供給なのだが、それを断ってしまったのだ。こうして、カリフォルニアの浜は砂に餓えることになった。

スクリップス海洋研究所のダグラス・インマンは、砂の供給が止まると、いずれ砂浜は消滅すると何年も前に予測していた。しかしこの予測は長い間現実のものにはならなかった。皮肉なことにその原因は、問題の発端となったカリフォルニアの建設ラッシュだった。カリフォルニアの発展に伴って新しい港やマリーナを建設するためには大がかりな海底の浚渫（しゅんせつ）工事をしなければならず、この浚渫で数百万立方メートルという砂が掘り上げられ、一番簡単な処分方法として現場付近の浜へ投棄された。この浚渫ブームは、第二次世界大戦中にサンディエゴ海軍基地を拡張したときに始まったが、そのときはホテル・デルコロナドの前に現在広がる砂浜ができた。ロングビーチ港、デルレイ・マリーナ、ロサンゼルス国際空港、市の巨大なハイペリオン下水処理場、そのほかの建設事業で出た砂は合計で三八〇〇万立方メートルもの量になり、それが南カリフォルニアの砂浜を造るのに役立ったと考えられている。一九五三年にハイペリオン下水処理場が建設された際には、近くのドックワイラー州立海岸に投棄された砂の量があまりに多かったため、海中に切り立った急な斜面ができて高い波が砕ける頻度が増え、海水浴客の安全が懸念された。最終的にカリフォルニア州の海岸沿いには、合わせて七六〇〇万立方メートルの砂が人工的に補充されたことになる(7)。

今日の南カリフォルニアの砂浜は、ほとんどがこのような建設事業の副産物としてできた人工ビーチだ。今でも不定期だが浚渫工事は行なわれていて、下水処理場の拡張工事などがあると、ロサンゼルス郡の海岸に砂を供給するチャンスだとばかりにウッデルの目が光るが、カリフォルニアの砂浜ができたときのような建設ブームはついに終わった。そして、インマンの予測していたことが、現実味をおびてきた。

冬の荒波で浜が削られ、夏の穏やかなうねりが砂をまた浜辺に運んでくるような通常の季節変動に覆い隠されて、最初はカリフォルニアの砂浜が消失しつつあることがわからなかった。問題になったのは、元通りに回復する浜が年々少なくなったことで、冬の海が例年になく荒れると、砂浜は劇的に少なくなった。

サンタモニカ湾のように侵食防止のための構造物が並んでいて正常な砂の動きが妨げられている場所では、事態がややこしくなる。ここには一九三〇年代に市が建設した埠頭があり、この埠頭が砂の動きを変化させたために、最終的に港に防波堤を五基、導流堤を三基、突堤を一九基、傾斜護岸を五基建設して、そのほかにも「改善策」が施されることになった。(8) そうこうしているうちに、内陸部で行なわれた開発によって、湾に自然に供給されていた土砂がほとんどと言ってよいくらい流れて来なくなった。嵐で運ばれてくる砂を除けば、砂の移動という面から見るとその一帯の浜は死んでしまった。その結果、かつては不自然に広かった砂浜は、不自然に狭くなりつつある。海岸のほとんどの場所の海中の地形も、砂が来なくなったために傾斜が急になった。このような状況で仮に砂が補充されても、今まで以上に早く沖へ移動してしまうことになる。

ウッデルがデルレイ・マリーナの事務所の窓から炎の上がる丘陵地を眺めたときに、立ち上る煙に希望の光が射すのを見たのも不思議ではない。ウッデルはすぐに、工兵隊の担当者、自治体の公共事業部門、カリフォルニア交通局との電話連絡を済ませた。これから必ず発生する土砂崩れを利用して、かつては自然に行なわれていたことを再現したいと考えていた。

そこから約五〇キロメートル北に位置するベンチュラ郡では、ファリアビーチ海岸の自宅にいたキャサリン・ストーンも浜の砂の調達先を思案していた（彼女の言うところの原因と結果の法則についても考えていた）。ストーンはカリフォルニア出身の環境問題を得意とする弁護士で、一九八〇年代にカリフォルニア州オーシャンサイド市が連邦政府を相手取って起こした訴訟で弁護士として雇われたときに初めて海岸問題に関わった。第二次大戦中にキャンプ・ペンドルトン海兵隊基地に造られた突堤が、市の砂浜に供給されるはずの砂の移動を妨げているというのが訴えの内容だった。その訴訟の過程でスクリップス海洋研究所のインマンや、砂浜の地学の専門家や、内陸部で砂の採取に関わっている人たちと出会った。そしてのちに仲間の弁護士たちと共に、インマンの「沿岸単位（リトラル・セル）」の理論と、自然資源を享受する人たちの権利を組み合わせて、砂浜を保護するための新しい手法を考案した。

もしすべての砂浜が、砂の供給源も含めた自然の循環系の一部なら、砂の浜への移動を妨げる行為はどのようなものでも砂浜に対する破壊行為とみなせるとストーンは考えた。そのような破壊行為をする者は、何か別の手段を見つけて浜に砂を運ぶか、どこかほかの場所の砂を浜に補充する費用を出すか、どちらかの方法で砂浜に「補償」をしなければならない。ストーンはこの新しい考え方を「砂の権利」と呼んだ。

砂の権利

これは、六世紀の東ローマ帝国の皇帝ユスティニアヌスの時代の法典にもとづく考え方だ。ユスティニアヌス法典ではさまざまな権利に触れているが、漁をしたり、船を停泊させたり、荷の積み下ろしをするために海岸や川岸を利用する権利をすべてのローマ市民に与えていた。このローマ時代の法律は、形をほぼ変えることなくマグナ・カルタ以降のイギリスの慣習法として残り、アメリカに一三カ所あったイギリスの入植地の慣習法として引き継がれ、さらに、州となった今も州法に残っている(「新たに」できた三七の州では、合衆国に組み入れられたときの「航行水域」の法的定義により多少内容が異なる)。一五〇〇年前に整理された原則に合衆国憲法にもとづいた修正が加えられ、今日では公益信託法理として知られる。

かつてイギリスの植民地だった地域では、君主の名のもとに一般市民が利用して楽しむための干潟と海域が守られてきたが、今日ではこの法理によって、すべての人たちが利用して楽しめるように「海岸、海底、干潟、水面下の沿岸、航行可能な淡水域、また、そうした水域に生息する動植物[9]」が守られている。これらの環境資源は個人が所有することもできるが(私法 jus privatum)、州が所有している場合は譲渡されることはないと考えてよい(公法 jus publicum)。個人や企業は干潟、海浜、そのほかの公益信託財産の所有権を主張することはできるのだが、仮に固定資産税の納税者が一人であっても、あるいは、その土地にほかの所有者が誰も登記記載されていなくても、所有者は私法に守られた権利だけを有しているのであって、原則として、その土地は公法によって一般市民の公益に供さなければならない。

公益的な利用が中止されるのはほんの限られた場合で、より大きな公益を実現しようとする場合にだけ利用が中止される。たとえば、航路改善のために埠頭を建設するときには、建設する部分の公益権を中断できる。しかし法律上は、州が負う義務を一般市民に肩代わりさせることはできないので、公法にもとづいた権利を国が放棄したり、譲渡したり、売却したり、贈与することはできない。州は公益信託を無効にすることはできず、個人は公益信託に対して既得権を主張できない。州には信託の権限外のことは行なえないが、公益信託の対象を管理する立場になったら、管理者という弱い立場ではなく、所有者としての権利を行使できる。

公益信託については、ときおり訴訟が起きる。たとえば一九八七年にワシントン州の最高裁判所は、開発業者が自社所有のピュジェット湾北部の干潟を埋め立てる許可を得られなかったことに対して行なった補償金請求を棄却した。埋め立てを規制することになった土地区分が、その干潟を自然の状態で保存するという公益信託の方針にかなっていたからだった[10]。

歴史的に見ると、この法理が重視してきたのは船の航行、商業、漁業であり、水路や、その河床や支流に適用されることはほとんどなかった。しかし近年は、土地が提供する公益性は幅広いことを裁判所も認識するようになり、遊泳、散策、景観保全、環境保護といったことも利用に含める。

海岸線を有する二三州すべてで、この公益信託によって市民には潮間帯（低潮線と高潮線の間の湿った砂浜）を利用する何らかの権利が与えられている（マサチューセッツ州とメイン州の人たちには潮間帯を娯楽目的で利用する権利がない。これは、両州が最初に属していたマサチューセッツ湾植民地の独特の憲章に由来する）。いくつかの州の裁判所は、潮間帯を利用できるなら、潮間帯に立ち入るために少なくとも高潮線より上の浜（潮上帯）にも立ち入れることにした。また、公益資源を保護する権利を拡大解釈して、信託の対象になっているものを傷つける行為を禁止している州もある。たとえば漁業を存続させるためには魚が必要で、魚に害を及ぼす汚染物質の規制も必要になるという理屈になる。ストーンは似たような論理を砂浜に当てはめた。砂浜を存続させたいなら砂がなければならない。だから砂の自然な供給を妨げる行為はどのようなものであっても、程度を抑えるか中止させる必要がある。

浜も砂もすべての人の共有物

砂の権利という考え方に火がついたのは、一九八九年にオーデュボン協会がロサンゼルス市を相手取った裁判で勝訴したときだった。ヨセミテ国立公園の東にはモノ湖があり、そこに注ぐ支流をロサンゼルス市が分水したことの是非が問われた。市は水利権を購入していたが、分水したことで長年の間に湖の水位は大きく下がり、生息する鳥や動物の巣作り、繁殖、子育てに適していた環境が破壊された。カリフォルニア州最高裁判所は、ロサンゼルス市が取水権を購入したとしても、湖の野生生物が絶滅するほどの量を利用する権利はないという画期的な判決を下した。裁判所はユスティニアヌス法典を引用して、野生生物は州政府の公益信託になっていて、州政府はそれらを保護する義務があると述べている。市は判決を不服として何年も争ったが、一九九四年にようやく和解し、湖から取水するのをやめて水位を元に戻すことになった[11]。

ストーンは何年も経ってから当時を振り返っている。「自然の法則と私が学んだ事実とを結び付け、インマン博士の砂の流れの理論や海岸の変化についての沿岸単位の理論を学び、どのようなことが砂の動きを妨害するのかを調べて、砂の権利の理論を組み上げた」。そして、「ここでは、浜に砂を供給する集水域が一回り大きな沿岸単位と考えられ、この大きな沿岸単位の中を、物理的法則と人間社会の法律に従いながらどこへ砂が移動するのかを決めるのが」公益信託法理なのだと説明している。

浜はすべての人が共有するものならば、その浜に供給される砂も、すべての人の共有物にちがいない、と説明が続いた。もしそうなら、砂が浜へ移動するのを妨げる行為は他者の権利を侵害していることになる。「砂の権利の理論の基本にあるのは、海岸は常に動いているのに、その片隅に構造物を建てても問題は起きないだろうと考えるのは愚かだという見方だ」とストーンは言う。「限られた人たちの家を守るために大きな洪水対策用の構造物を建設すると、その一部の人たちの所有地の地価を上げる手助けをしたことになるだけでなく、その下流域にある浜に害を及ぼすことになる。その下流域の浜は公共の浜かもしれないし、別の人の家を守っている浜かもしれない。一部の人たちのために補助金が使われているのだ。少し計算してみれば、それが天文学的な額になることがわかる。現在の法制度のもとで支出される補助金は、基本的には沿岸域の開発に使われている。砂の権利の理論でそれを見直すことができるだろう」。

一九八五年にサンタバーバラで行なわれた会議で話した内容をストーンは論文にして発表している。一九八八年には仲間のベンジャミン・カウフマンと共著で『ショア・アンド・ビーチ』誌に論文を投稿し、砂の権利の理論を説明している。その論文では、もし砂の移動経路が変わると海岸ではどのような問題が起きるかを説明し、いくつか裁判の判例を挙げて、州政府には砂浜を保護する義務があると述べている。二人の結論は、自然な形で確実に砂浜に砂が供給されるように州政府は行動を起こさねばならないというものだった。つまり州政府は、砂浜に与えられている「砂の権利」を守らなくてはならない。

ストーンは砂の権利の理論の裏付けとして、連邦最高裁判所と州裁判所で判決が出た事例をいくつか取り上げている。そこにはミシシッピ州の最高裁の判決もあり、公益信託の保護の対象を航行以外の「日光浴、海水浴、レクレーション、漁業、鉱物資源開発」にまで広げた[12]。

州のカリフォルニア最高裁判所も一九七一年に類似の判決を出していて、ストーンはこちらも引用している。マリン郡の湾に面した土地の所有者二人が境界争いをして、その判決を出す際に裁判所は、公益信託の権利は環境保護、レクレーション、そのほかの活動でも主張できるとした[13]。「干潟信託の重要な利用方法の一つは干潟を自然の姿で保存することだという認識が広まりつつある。自然の姿で守れば学術研究で一括りの生態系として利用できるし、開けた空間としても使える。鳥や海の生き物の餌場やすみかにもなるし、その地域の景観と気象に良い影響ももたらす[14]」。

訴訟と突堤の所有者

砂の自然な移動を妨害して大きな損害を出すことが訴訟問題に発展しかねないことは、理屈の上では、開発をしようと思っている人たちに将来的な法的責任を考えさせることになるため、抑止力の一種になる。しかし今のところ州政府は、被害を被った土地所有者や市町村に対策を施すよう求めるにとどまっている。土地所有者や市町村が法廷で砂の権利のようなことを主張して、それが判決で認められた場合もあれば、認められなかった場合もある。

実はフロリダ州には、改良された（導流堤を設置した）海峡についての法律の一条項に「砂の権利」に似た条例がある。沿岸の漂砂によって砂が失われたら、海峡の下流域には毎年十分な量の砂を補わなければならないという主旨のことが法令に書かれている。つまり、海峡の上流域に溜まった砂を、海峡の下流域に移動させなければならない。フロリダ州の沿岸各地で起きている侵食問題を見ればわかるように、防波島の切れ目で問題が起きたときには、たいていの場合この法令が役に立つ。

一九九〇年に判決が出た有名な裁判では、一九一八年に人為的に掘削したボイントン海峡に設置された導流堤が海岸の砂の移動に影響を及ぼしているとして、フロリダ州のオーシャンリッジとそのほかいくつかの町が一緒になってサウスレイク・ワース・インレット地方当局を提訴した。原告は、導流堤の下流側にあるオーシャンリッジの町には砂浜に供給されるはずの砂がなく、これはインレット地方が砂を奪っているからだと主張した。導流堤の設置許可は、砂が蓄積する海峡の北側から海峡の南側へ砂を移すことを条件にしていたので、インレット地方は砂を迂回させる施設を建設して年間約五万～五万四〇〇〇立方メートルの砂を移送できるようにした。裁判所は専門家の証言を参考にしたうえで、これでは移送量が足りないという判決を出した。年間の自然な沿岸漂砂は一四万一〇〇〇～一五万三〇〇〇立方メートルになるのに、この砂の施設はいつも稼働しているわけではないと判決で指摘されている。

裁判所は、海峡の南側に位置する四キロメートルの浜に、少なくとも七〇万から八〇万立方メートルの砂浜に適した砂を入れて再養浜するようインレット地方と郡に命じた。さらに、再養浜された浜の海岸線を維持するために、砂のバイパス施設の移送量を増やすよう被告側に指示した。また、インレット地方と郡に対して、砂のバイパス事業と再養浜事業を長期にわたって継続観測するよう命じた。

ロングアイランド島の南岸にあるニューヨーク州イーストハンプトンでも似たようなことが起き、ここでは三つの小型の突堤が、海岸に沿って移動する砂の動きを妨げていた。美容界の大物ロナルド・ローダーは、突堤が引き起こした侵食が突堤の下流域の海沿いにある自分の所有地にそのうち悪影響を及ぼすのではないかと心配した。そこでローダーは、レザーマンを雇って現状の調査をするとともに、状況を改善するために取るべき手順について助言を求めた。

海峡のすぐ下流側にある海沿いの所有地では、これよりも前に訴訟が起きていて、工兵隊は、突堤の西側で見られる侵食は突堤が原因ではなく、砂州に定期的に入る小さな切れ目から背後の池に海水が流れ込むせいだと断言していた。海岸に沿って西に移動していくはずの砂が、その池の干潟に捉われてしまっているという工兵隊の説明を聞いて、レザーマンは苦笑した。足りない砂の量を考えると、池は完全に砂に埋もれてしまっていることになる。砂を堰き止めているのは池ではなく、突堤なのだ。

この件についてレザーマンは驚くような解決策を提案している。突堤を短くするか、まるごと撤去するというものだった。突堤を短くすれば、「突堤のまわりを砂が動き回り始めるのがすぐにわかるだろう。それぞれの突堤のまわりの砂の動きが安定するまで数年待てばよい。そのうち海岸線のへこみもなくなるだろう」。

しかし、これを実行に移すのは不可能だということがわかった。一つには、突堤の変更には許可が要るのだが、誰が許可を出すのかが決まらなかった。連邦政府も、州政府も、郡も、自治体も、みな許可を出したがらなかった。おそらく、許可を出せば突堤の所有者だと認めることになり、突堤が引き起こしているほかの損害についても、そのうち補償をすることになるからだ。また、突堤に使われている巨石を撤去後にどのように処分するかという問題もあった。巨石は設置するよりも撤去するほうが面倒を引き起こすことは、誰の目にも明らかだった。

メリーランド州オーシャンシティの浅瀬についての議論の中でも砂の権利が取り上げられた。市の南側に位置するアーサティーグ海浜公園の資源管理専門家ゴードン・オールセンは、「私たちは断固たる態度をとった。あの浅瀬がいじられるのを見たくない。あそこの砂は、本当ならアーサティーグにたどり着くはずのものだと思っている」と言う。

工兵隊も、砂浜の養浜事業に砂の権利がどれくらい関わってくるかを検討する中で、違った意味で砂の権利を捉えている。工兵隊が実施した航路改善策などの事業が原因で砂浜が侵食されたということがわかってくるほど、砂浜の権利が関与する割合が上がる（劇的に上がることもある）。このような改善策としては、海峡に導流堤を設置した場合が多い。

しかし、今のところ砂の権利はまだ理論の段階にあり、連邦最高裁判所で見る限りは法律的な原則として確立されてない。砂の権利を争点に据えた訴訟もまだ起きていない。

砂の権利と開発事業者

ストーンは弁護士だが、浜に必要な砂を取り戻すためには訴訟が最良の方法だとは考えていない（ストーンをこの問題に巻き込んだ当のオーシャンサイドの町は、砂を堆積させる突堤について政府を提訴するのをやめて、突堤を迂回するように砂を移動させるサンドバイパス工法を導入することにした）。また、開発した場所を元に戻せと言っているわけでもない。むしろ、ストーンをはじめとする砂の権利を主張する人たちは、自治体や州政府が税金を課したり、手数料を取ったり、事業によって砂浜が受ける影響を開発業者に調べさせるような規制を設けたりするべきで、そのうえで現状を回復する手段をとるべきだと言っている。

現状を完璧に回復させたり、行なった事業の影響を和らげるための費用を出させたりすることで、砂浜を破壊するような海岸開発の意欲を削ぐことができる。海岸の最も脆弱な場所へ人が近づかないようにすることもできる。さらに、航行できるような水路の整備、水力発電、洪水対策、灌漑事業、宅地開発やそのほかの開発にかかる費用をもっと正確に見積もることができるようにもなる。

ストーンは、一九八九年のカリフォルニア海岸砂浜保護協会の会議に提出した論文の中で次のように述べている。「砂の権利の重要な点は、沿岸単位内で自然に起きる海岸の作用を妨げて砂浜に堆積する砂の量を減らすような動きがあったときに、その動きが生み出した恩恵と弊害を公平に割り振ることにある。たとえば、開発事業者から影響負担金や影響緩和費のような形で費用を徴収して問題の解決に当ててもよい。場合によっては、進める開発が沿岸部から遥か遠い場所で実施されたものも含めてもよい[15]」。

インマンに言わせると次のようになる。

ダムは水源になるが、海岸へ供給されるはずの砂の流れを妨げる。ダムは都市部、工業、農業に恩恵をもたらすが、砂浜、海岸域、沿岸地域に被害を与える。沿岸地域の住民や砂浜の利用者に対するこのような不公平な仕打ちは是正しなければならない。だから、ダムで堰き止められた砂と同じ量の砂で養浜をする費用は、水道料で賄うのが理にかなっているだろう。砂を浜に補充する費用は、水の利用者が負担するべきだ[16]。

海岸の砂の権利を「守る」ためにとり得る法的手段は三つあり、そのいずれかを採用すればよいとストーンは言う。一つ目は、州裁判所が砂の権利に関わる州の責任を明確にして、それに沿うような判決を出すこと、二つ目は、砂浜に影響を及ぼす可能性のある事業を進める際には、その影響を考慮して弊害を緩和するような計画を立てるよう連邦議会と州議会が求められるようにすること、三つ目は、民間団体に対策をとる権限を与えること、である。

たとえば開発業者が必要な許可を申請して規制当局が審査をするときに、砂の補充ができるかどうかを検討項目に加えておいてもよい。「海岸環境への影響についての調査報告にはすべて、その事業が砂浜に及ぼした影響を分析して、弊害を可能な限り緩和するための適切な代替事業案について述べる項目を加えるのがよい」とストーンは言う。

もう少し簡単な方法としては、自治体または州政府が用途を限った資金を用意して（たとえば開発手数料など）、浜に砂を供給したり、その砂浜を維持したりするために利用するという手法もある。砂浜保護のための特別税を徴収することもできる。侵食を加速させる事業（開発事業そのものでもよいかもしれない）には弊害緩和のための手数料を課してもよい。あるいは、たとえば砂の採取のための既存の砂浜使用料や立ち入り許可料に手を加えて、養浜事業の費用に組み込んでもよい。

インマンは、自身の沿岸単位の理論を多少考慮した手順を推奨している。沿岸単位全域を管轄する公的機関を発足させ、その砂浜の管理を任せるというものだ。サンディエゴの北にある沿岸部を例に挙げている。そこの砂の供給源は内陸の丘陵で、大小の河川が運搬経路になって砂を海まで運び、海に出ると潮流が砂を海底渓谷へ持って行って沈める。しかし、この地域ではいくつもの市町村が勢力争いをしていて、この沿岸単位だけでも沿岸部のオーシャンサイド、カールスバド、デルマー、サンディエゴのすべての市町村が管轄したいと名乗りを上げていた。そこで、この手法を推し進めるインマンをはじめとする人たちは州議会を動かして、沿岸単位にある複数の町が砂浜地区として合同で管理できるよう後押しする法案を州議会で通過させた。「自分たちの砂浜を保護し、調査し、保全するための連合体として」機能するとインマンは述べている。

サンタバーバラ郡とベンチュラ郡の海岸沿いの自治体も、地区委員会を立ち上げたところがたくさんあった。この地区ではサンタクララ川の調査を行ない、以前は年間約四六万立方メートルもの土砂を川が海岸へ運んでいたことが判明した。しかしその量が今はおよそ一一万立方メートルにまで減っている。「川の下流域の地域は、思っていたより遥かに前から、長期にわたって問題を抱えていた」とインマンは語っている。

しかし、この海岸地区の権限はそれほど広範囲には及ばない。連合体がとる対策は海岸沿いの町しか対象にならず、沿岸単位全域を対象にしているわけではない。インマンは言う。「沿岸単位すべての地域を含むべきだ」、「それは可能だ。しかし、たとえばパロマー山の山あいに住む人たちに、砂浜のことを真剣に考えるのに時間を費やさなければいけないと思わせるのは難しい。だがそうは言っても、山で起きていることが現実に砂浜に直接影響している」。

インマンは次のようにまとめている。「キャシー（ストーン）の砂の権利の法的な話と、私の物理的環境の話を一般の人たちに啓発しなくてはならない。（中略）事態の進展には、とても時間がかかる」。

砂の補充をめぐるせめぎ合い

第一歩としてすべきことは環境保護の規則を緩和することであり、そうすれば浜に砂を投入する可能性が広がると、カリフォルニア州の一部では言われる。現状では、内陸からトラックで移送された砂と、移送先の浜の砂が同じでなければ、補充をやめるよう勧告されるか、禁止命令が出る。また、たとえば砂浜で巣づくりする鳥など、絶滅が心配される動物の生息を脅かす危険がある場合は砂の投入が禁止されることもある。

「私たちは砂の補充に対する考え方そのものを変えなくてはならない」と元スクリップス海洋研究所の研究員でコンサルタント業を営むデイビッド・スケリーは言う。「仮に、海岸から約二～三キロメートルのところにある四〇ヘクタールの土地を所有する開発業者が地層の調査をしたとする。地層にはかなりの量の砂が含まれていたが、それを自分で砂浜へ持って行くことができない。手続きも面倒だ。手続きをせずに運べば高額な罰金を払わなければならなくなるかもしれない。砂浜へ持って行くには、その浜の元の砂と「きっちり」同じものでなければならないからだ。しかし、母なる自然が砂を浜に満たすときには、そんな手間はかけない。崖を崩せばよい。それが母なる自然が行なう養浜なのだ」。

規則があることで問題なのは、利用価値のある土砂の多くが砂浜にたどり着かないことだとスケリーは言う。「浜に置いてもよい土砂を持っている人がいても、砂浜にシルト（泥）があるのをしばらくは見たくないと一部の人が言えば、浜へ投入する許可は出ない。でも、そのような土砂でも浜に置いておけば波が泥を選り分けて持ち去ってくれる。あるいは、利用されていない浜の一画に積んでおいてもよいし、浜に人気がなくなる冬に投入すればよい」。

ところが、「開発業者に頼むと、砂を内陸部へ運んで谷を埋め立てて平らにし、建物を建てようとする。海岸へ運ぶよりとんでもなく遠くまで運ぶことになる。委員会の規制が大きく妨害しているのだ。その規制に異議がない人もいれば、万策尽きたあげくに意にそぐわない手段をとらざるを得ない人もいる。また、このようなことに関わろうという気にさせる動機になるものが何もない。純粋な動機を持っている人でさえも、関わろうという気がくじかれる」。

ロサンゼルス郡の砂浜専門家であるウッデルも、一九九三年のカリフォルニア海浜砂浜保全協会の講演で、このような問題についての体験談をしている。その数年前にロサンゼルスでは大きな下水処理場を拡張する工事をして、砂浜に使える砂が数千立方メートルも出たが、市当局はその砂を浜に補充する許可をウッデルに出そうとしなかった。講演でウッデルは、「市から協力は得られなかった。担当者には『できないからやめろ』と言われた」と語っている。

しかしウッデルは、何とかして砂を手に入れようと思っていた（講演会では、「手に入れられなければ辞職する」と言っていた）。たまたまその年に選挙があり、ウッデルがよく話をしていた公共事業部の担当者がトム・ブラッドリー市長の再選に向けて選挙運動をしていた。そこでウッデルはその担当者を呼びつけ、砂問題の内容を公にすると脅した。最後に、すでに『ロサンゼルス・タイムズ』紙から取材申し込みが二度来ていることも付け加えた。

「五分後に電話が掛かってきた。『砂を好きなようにしてよい』と言ってきた」とウッデルは締めくくっている。

放流という名の攪乱

一九九五年三月二六日の朝。内務長官ブルース・バビットはアリゾナ州北部のグランドキャニオン国立公園にあるグレンキャニオン・ダムに向かい、コロラド川を本来の姿に戻すために、とりあえず小さな一歩を踏み出した。バビットがダムの制御装置のボタンを押すと、四カ所の放流口から大量の貯水（毎秒一二六〇トン）が放たれ、およそ一八〇メートル下の川へと落下していった。そして一時間も経たないうちにダムに堰き止められていた土砂も流れ出し、川はかつてのような銅金色に戻っていった。ダムによって砂がなくなった河岸にも少しずつ砂が溜まるようになった。一九六三年にダムが完成して以来初めて、正常に近い形で水が川を流れた。

この放流の実現には、観光業界からの圧力が大きな原動力になった。特に、ラフティングの川下りを主宰する会社では、利用客が休める岸辺を必要としていた。考古学者や環境保護活動家も、川に土砂が溜まれば川岸の貴重な遺跡が川の水で侵食されにくくなると言っていた。しかし、電力業界は危機感を抱いて事態を見守っていた。電気の大部分はダムで発電されたものを購入しているため、下流の環境保全のためにダムの放流量が変わると、年間数百万ドル〔一ドル一〇〇円として数億円〕もの多額の費用がかかると述べている[17]。

このときの放流は短期間で終了した。七日後に水量は徐々に減らされ、放流前の最高レベルである毎秒八四〇トンに戻った。ところが、この放流は劇的な成果をもたらした。土地管理局によると、ダムから下流およそ九八キロメートルの川岸には、三カ月もしないうちに砂の岸辺が新たに五五カ所もできたのだ（ダムの底に溜まっていた栄養豊富な堆積物も流れ出したことで、魚や鳥の生息数も増えたと土地管理局は話している）[18]。この成果を見て内務省は、定期的に放流を行なうよう通達を出すことにした。川の生態系を正常に保つためには、放流という名の「攪乱」が必要だと気づいたことになる[19]。

川の水が自然に流れた一週間で、ロサンゼルス市への水の供給量七カ月分に当たる四億五四〇〇万トンの水がダムを通過した[20]。放流された水と、その水が運ぶ堆積物は、最終的にはカリフォルニア湾に達したかもしれず、海辺の浜にも何かしらの影響があったかもしれない。しかし、たかが砂浜のために貴重な水を使うのはもったいなかったのだろう。下流にフーバーダムができて、水も、水が運ぶ堆積物も、また堰き止められてしまった。(21)

第7章 特大が接近中、避難せよ

大惨事につながらなくても
危険は避けるべきだ。

――ロバート・マクナマラ『マクナマラ回顧録』(1)

ミズーリ州
ケンタッキー州
バージニア州
オクラホマ州
テネシー州
ノースカロライナ州
アーカンソー州
サウスカロライナ州
テキサス州
ミシシッピ州
アラバマ州
ジョージア州
ルイジアナ州
ヒューストン
ガルベストン
(拡大図p.6)
ニューオーリンズ
ペンサコーラ
シーサイド
フロリダ州
グランドアイル島
N
マイアミ
ガスパリラ島
メキシコ湾
200km
アメリカ合衆国

ハリケーン・アンドリュー

ハリケーンが接近してくると、住民はそれが「悪夢の嵐」ではないかと心配する。これは、アメリカ東海岸のマイアミを直撃したあとにフロリダ州を西に横断してフォートマイヤーズまたはタンパに向かい、メキシコ湾を抜けてニューオリンズの近くに再上陸する大型ハリケーンを指す。フロリダでも最も開発が進んだ地域を通って、被害を受けやすいルイジアナの低地を横切って行くため、建物などの被害総額は数十億ドル〔一ドル一〇〇円換算で数千億円〕にのぼり、ニューオリンズなどの街は壊滅的な洪水被害に見舞われて、弱者やお年寄りを含む数百人の命が失われる。一九九二年八月二三日の日曜日の深夜。フロリダ州のコーラルゲーブルスにあるアメリカ・ハリケーンセンターでは気象学者たちが観測機を確認していた。そして、まさにこの悪夢が姿を現そうとしていた。

かろうじて確認できる程度の弱い熱帯低気圧が小アンティル諸島付近をさまよっている姿をレーダーと人工衛星と気象観測機が捉えたのは、たった二日前のことだった。しかし、これがバハマ諸島へと方向を変えると、カリブ海の暖かいエネルギーを吸収し、渦の形が次第にはっきりしてきて、目（熱帯低気圧の中心）の周辺の風速もどんどん強くなった。八月二二日土曜日の朝には風速が毎秒三三メートル以上になり、正式にハリケーンと発表された。そして、みながハラハラと見守る中、三六時間を過ぎた頃には、風速はもう少しで倍の毎秒六七メートルに達するところだった。「アンドリュー」と命名されたこのハリケーンは、最強レベルの「カテゴリー5」に匹敵するくらい強い「カテゴリー4」に分類され、時速三二キロメートル以上の速さでフロリダ州南東部の最も開発が進む海岸めがけて進んだ。アメリカ・ハリケーンセンターの気象学者たちは、マイアミに上陸する時刻を月曜の深夜一二時から数時間以内と予測した。

土曜日には、ハリケーンセンターの科学者たちが、フロリダキーズからケープカナベラルまでの沿岸全域に最初の注意報を出した。いつも通り警戒区域は三つに区分され、四八時間以内にいずれかの区域を直撃する確率は五分の一だった[2]。それが日曜日には確率が三分の一に上がり、注意報は警報に切り替えられて、ハリケーンが一二～二四時間以内に直撃することが確実となった[3]。

ところが、フロリダ州南東部沿岸の住民で日曜の昼までに自宅をあとにして内陸部の避難所へ向かったのは三分の一以下だった。避難せずにとどまった人たちに対して気象予報士は、避難するにはもう遅すぎるとテレビで伝えた。今からでは、内陸部に移動すると高速道路を走行中にハリケーンに巻き込まれる危険があった。その通り、防波島と内陸を結ぶ低い堤防道路はすでに水に浸かっていた。NBC放送のマイアミ支局であるWTVJ局の気象学者ブライアン・ノークロスは視聴者に「今夜、南フロリダに安全な場所はありません」と伝えた。

この数カ月前にノークロスは、ハリケーン襲来時でも放送できるよう緊急用の放送設備を整えるべきだと、懐疑派をやり込めながら局に進言していた。だからこの夜、WTVJ局の業務はすべて仮設センターに移されていた。風が強まり、雨が激しくなり、地域一帯が停電する中、局は放送を続け、おびえた住民から寄せられる電話内容や、切羽詰まったときの対策としてノークロスが思いつくことを伝え続けた。風呂場では水道管がある程度は壁の補強の役割を果たすので、風呂場に逃げてください。家族そろって湯船の中に座り、ベッドのマットレスで頭上を覆います。無事を祈ります。

そして月曜の朝五時五分にハリケーンが上陸した。激しい雨が屋根をたたき、風速は毎秒六五メートル、最大瞬間風速は七八メートルにもなった。強風に煽られた海水は四メートルから五メートルもある高波となって陸に襲いかかった。マイアミの南に位置するハリケーンセンター本部では屋上の観測器が飛ばされ、のちに科学者たちは、州の別の場所に設置されていた観測器の記録を使ってハリケーンの進路をたどった。センターの救援要請を放送で知ったアマチュアの気象学者たちの観測記録も多かった。のちにセンターがハリケーンについて公式に説明する場で明かしている。「驚いたことに、一〇〇件以上の観測情報が寄せられた。情報の多くは身もすくむような状況下でデータを取り続けたもので、計器や家までもが破壊された瞬間にも記録し続けた例が数件あった[4]」。

　アンドリューは四時間かけてフロリダ州を横断し、勢力も少し弱まったが、メキシコ湾の暖かい海上を横切る間に再び発達した。そして、アラバマ州モービル郡からテキサス州サビーンパスまでのルイジアナ沿岸部全域にハリケーン注意報が発令された。ニューオリンズより南側の低地からは、多くの家族がルイジアナ州兵の運転するバスで避難した。

　のちにルイジアナ州非常事態準備室のウィリアム・J・クロフト大佐はこう振り返った。「まるで

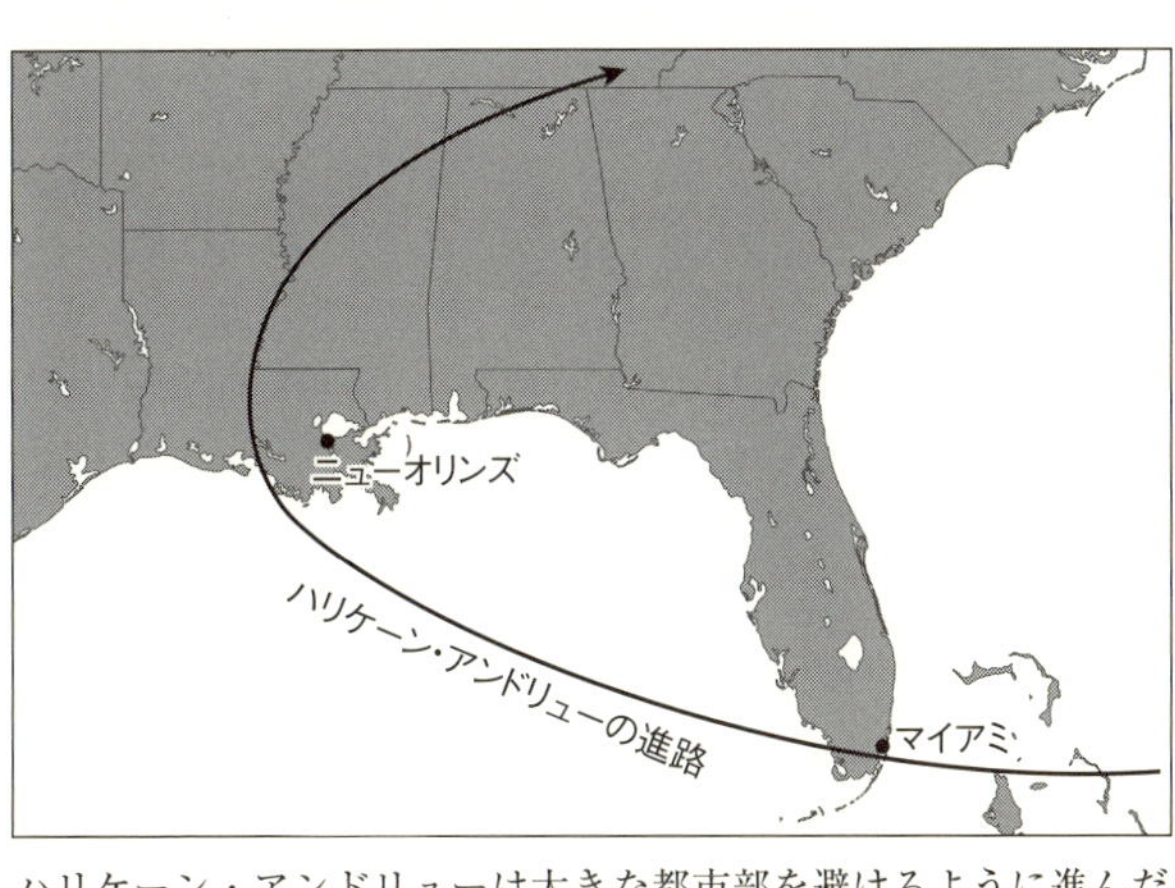

ハリケーン・アンドリューは大きな都市部を避けるように進んだ。進路があと 32 km 北にずれていたら、被害はさらに拡大していたと見られる（アメリカ・ハリケーンセンター）

ルイジアナに爆弾が投下されたようだった。投下された後は、ただ爆発を待つしかなかった。私はニューオリンズの繁華街が五メートルから六メートル浸水する状況を想定し、そうなったら、その地域の人たちをどうしたらよいかを考えた。（中略）最悪の事態に備えなくてはならなかった」。

ハリケーンは弧を描くようにメキシコ湾を北西方向に曲がり、ニューオリンズ南西のアチャファラヤ川流域に移動した。そして八月二六日水曜日の夜明け前には北に向きを変えて内陸部へ向かった。「カテゴリー3」にまで勢力は弱まっていたが、脆弱な防波島に壊滅的な被害を与える余力はまだあった。外洋側の浜からは大量の砂が内陸側へ吹き飛ばされ、まるで島が内陸側へ転がったようだった。アメリカ地質調査所の沿岸科学者S・ジェフェス・ウィリアムズによると「起伏の少ないこの島では、砂が嵐の高潮や波によって浜の後背地に運ばれる。しかし今回は、波打ち際からふだんは海水をかぶらない潮上帯に移動したのではなく、防波島の裏側へ運ばれたのだ。島が転がった稀な例になる」。

しかしその頃には暴風も力尽きていた。アンドリューは北東に移動して二日後には勢力が弱まり、大西洋岸の中央部にあった前線に吸収された。

最悪の自然災害

『マイアミ・ヘラルド』紙はハリケーン・アンドリューを「ビッグ・ワン（特大）」と報じた。ハリケーンの勢力の目安となる中心気圧の低さから言うと、アンドリューはアメリカ史上三番目に強いハリケーンだった（上位二つは、一九三五年にフロリダキーズに壊滅的な被害をもたらしたものと、一九六九年にミシシッピ州沿岸に上陸した二〇世紀に唯一「カテゴリー5」のハリケーン・カミール）。

アンドリューは五二人の死者を出し、三〇〇億ドル〔一ドル一〇〇円として三兆円〕の住宅被害と経済的損害を与えた。そして数万人が家を失った。

新聞でビッグ・ワンと騒がれたアンドリューだったが、気象学者にとっては恐れていた「悪夢」ではなかった。最悪の事例とみなされたのは、ハリケーンで命拾いした人たちが自分たちは最悪の自然災害に見舞われたのだと思い込んだからだった。しかし見方を変えると、フロリダ州とルイジアナ州にとっては一番良いケースだったとも解釈できる。

アンドリューが上陸したのは、ガラス張りのコンドミニアムがひしめき合うマイアミではなく、三二キロメートルほど南のビスケーン国立公園だった。ぬかるんだ海岸にマングローブの木が繁り、開発業者には不人気な場所だ。マイアミ近郊ではハリケーン並みの風も観測されなかった地域が多く、デイド郡北部でも一番大きな被害は停電ですんだ。ホームステッド空軍基地付近では数百という家屋が被害を受け、近くの種苗場はすべての苗木を失い、地域住民は甚大な被害を被ったが、ほかのハリケーンと比べると被害は少ないほうだった。エバーグレーズ国立公園の湿地を抜けたハリケーンの進路上には、国防総省（ペンタゴン）が閉鎖を決めていた空軍基地以外に行く手を阻むような大型の建造物もなかった。そして、メキシコ湾へと抜けた地点も、人口密度の高いタンパやフォートマイヤーズではなく、そこから南の人口の比較的少ない沿岸部だった。

暖かいメキシコ湾に抜けたあと、アンドリューはさらに勢力を増して北上し始めた。災害対策関係者たちは息をひそめてそのようすを見ていたが、運の良いことに、ルイジアナ州で再上陸したのは、ニューオリンズより遥か西の、ぬかるんだ常緑樹の海岸林だった。ここも開発はあまり進んでおらず、防波島は無人の島だった。

アメリカ・ハリケーンセンターの当時の所長ロバート・C・シーツは、第一七回アメリカ・ハリケーン会議で次のように述べている。「気象学的にどのような条件が重なればそうなるのか正確には予測できないのだが、もしも進路があと三二キロメートル北にずれていたら、マイアミ中心部はホームステッド空軍基地のようになっていただろう。また、私たちが想定していた悪夢のルートを通ってニューオリンズを通ったら、ポンチャートレイン湖には大量の水が流れ込み、それがニューオリンズの街にあふれて、街は五メートルから六メートル浸水したと思われる。アンドリューが仮にこの北寄りの進路をとっていたら、フロリダの被害は二の次になっていた」。そして、被害総額は一〇〇〇億ドル（一ドル一〇〇円として一〇兆円）を超えたと思われる（災害対策当局によると、一九八九年にサウスカロライナ州を襲ったハリケーン・ヒューゴについても同様の指摘がある。猛烈なハリケーンではあったが、比較的人口の少ない州立フランシス・マリオン森林公園に上陸していた）。

ハリケーン・アンドリューでは大きな被害はかろうじて免れたが、この襲来は過剰な沿岸開発に対する警告として記憶されるべきだろう。しかし住民はそのようには考えなかった。クロフト大佐も苦言を呈している。「被害に遭わなかった住民はこう言うだろう。またカテゴリー4のハリケーンがやって来るようだが私は大丈夫。これは大間違いで、安全という意味を理解できていない。次の嵐にはまた別の物語がある」。

避難命令の難しさ

一九〇〇年にガルベストンの街の命運を左右するハリケーンが襲来したとき、気象予報機関が事前に得ていた情報は、嵐に遭遇した船舶から打電されたものだけだった。一九三八年、ロングアイランドとニューイングランドを強いハリケーンが直撃した際にも、住民は巨大な嵐が来ることを知らず、六〇〇人以上が犠牲になった。この頃から比べると、気象学者がハリケーンの進路を予想できる技術は飛躍的に進歩した。しかし、それを上回る勢いで沿岸部の人口も増加した。東海岸やメキシコ湾の沿岸地域では避難移動する人数が多いため、ハリケーンの上陸場所が特定された後に避難命令が出されても、それでは遅すぎるほどになっていて、状況は悪化の一途をたどっている。災害対策関係者によると、一九六〇年代のフロリダ州沿岸には五〇〇万人が住んでいたが、二〇一〇年までには一六〇〇万人かそれ以上になると予測されている。

問題は特に防波島で深刻になる。避難ルートとなる道が一本か二本の堤防道路しかない場合が多く、その出入り口は嵐が襲来する何時間も前に冠水するからだ。デイド郡の防波島とフロリダ本土をつなぐ橋は七本あるが、六本は豪雨の際に問題が発生すると思われる可動橋で、すべての橋の出入り口は堤防道路になっている。約二二〇キロメートルにわたって連なるフロリダキーズの島々も開発が著しく、特に危険な場所になる。島の標高は平均すると一メートル足らずで、九〇パーセントが海抜一・五メートル以下しかない。島内に一七カ所ある赤十字の避難所も、カテゴリー3程度のハリケーンで冠水するだろう。

ノースカロライナ州のオクラコーク島や、ロングアイランド島南岸に位置するファイヤーアイランド島などでは、フェリーが唯一の移動手段になるが、ハリケーンが上陸する前日あるいはそれ以前から強風のため欠航することがある。

交通の便が比較的良い場所でも避難が難しい場合が多い。気象学者たちがハリケーンの直撃を断言できるのは、早くても襲来の八時間から一二時間前になる。沿岸部の人たちが避難するにはとても十分な時間とは言えない。フロリダ州公安当局の試算でも、フォートマイヤーズ、フロリダキーズ、パームビーチといった地域で避難するとなると、避難が完了するのに三〇時間以上はかかると見られている。[5] シーツは、ハリケーン・アンドリューのあとに、ルイジアナ州でも特にニューオリンズでは無理矢理にでも住民をほかの地域に避難させるべきだったと振り返った。しかし、市はこの批判に激怒し反論した。ニューオリンズで迅速に避難するのは不可能である。車の所有率が低いことも考慮して避難命令を出すとしたら、ハリケーンが直撃する七〇時間も前、つまり、ハリケーンがまだカリブ海上で熱帯低気圧としてさまよっている頃でないと間に合わない。シーツはこの主張に理解を示し、フロリダ南東部でも避難にはおそらく八〇時間以上はかかるだろうと述べている。[6]

問題はそれで終わりではない。避難命令は、住民が目覚めていて聞き取れる状況下で出されなければ意味がない。また、避難行動を起こすのは日中のできれば干潮時、ハリケーンの接近を告げる豪雨の前に出すのがよい。しかし、これらの条件がすべて揃うことはおそらくないだろう。一九九五年一〇月三日にフロリダ州北西部のパンハンドル地域に接近していたハリケーン・オパールは、その時点ではまだ風力がハリケーン級とは言えなかった。ところが一晩で劇的に勢いを増し、一〇月四日の明け方に風速は毎秒六七メートルに達した。[7] しかしその頃にはすでに橋は閉鎖され、パンハンドル地域の主要避難ルートである州間ハイウェイ一〇号線では渋滞が起きていた。幸いなことに上陸時には風力も弱まっていたものの、オパールはフロリダ州のハリケーン史上で最も破壊力の大きなハリケーンの一つとなった。

避難命令はいつ出すべきなのか、どのくらい強制力を持たせるべきなのか。メキシコ湾沿岸や東海岸では市民の安全を考えるときにこれが最も難しい問題となる。避難命令を出すと、州や自治体は出費がかさみ、市民も仕事を休んだり職を失ったり、あるいは身を寄せる先を探すことになったりするので、行政官の多くは発令したがらない。アメリカ海洋大気庁によると、平均的な避難と避難準備には六三〇〇万ドル〔一ドル一〇〇円として六三億円〕のコストがかかるとされる。別の試算では、海岸一マイル〔一・六キロメートル〕当たり一〇〇万ドル〔同一億円〕になる。[8] もし、ハリケーンの進路が避難を終えた地域からそれた場合、避難に費やした労力と費用が水の泡になったと住民は怒るだろう。そして次に避難命令が出た際には従う気がなくなるだろう。

しかし、ハリケーンの上陸場所をほぼ正確に特定できるのは、上陸のわずか八時間から一二時間前になる。担当部局にその情報が伝わってから避難命令を出すと遅すぎる。シーツはある取材に対して次のように述べている。「住民の反応は過剰にもなるし、鈍くもなる。リスクの高いほうを選ばないことを願うが、何よりも政府が気にかけるのは、避難命令に従ってもらえるかどうかになる」。

ハリケーンの進路予想技術は進んだものの、依然として勘に頼っている部分も多い。一九九四年にメキシコ湾で発生した熱帯低気圧ゴードンの場合には、コンピューターによる進路予測がいくつか出された。メキシコ湾を横断するようすから、七二時間後に毎秒四四・七メートルの風を伴ってフロリダに上陸すると予測が絞り込まれた。その頃すでにフロリダ南部では大雨が降り、暴風圏も時速三二キロで移動していた。ところが突然ゴードンは立ち止まったと思ったら方向転換したのだ（ハリケーン会議でシーツはこう振り返った。「私は観測担当者に、ゴードンがスリップした跡が海上に残っていないか確認して欲しいと伝えた」）。暴風圏は大西洋に抜けた後、数回にわたって方向を急に変え、ニューヨーク沖で衰えた。「この段階になって、私は辞表を提出することにした」とシーツは語った。

ハリケーンセンターによると、二一世紀には新たなコンピューターによるシミュレーション・モデル、レーダー、偵察機が導入され、ハリケーンの進路予測の精度が二〇パーセントかそれ以上向上する。つまり、気象予報士が警戒地域を絞れる確率が二〇パーセント上がることになる。これはかなりの改善になるが、残念ながらそれでも問題をすべて解決できるわけではない。また、こうした改善は、合衆国議会が新型偵察機や新型コンピューターを導入する予算をつけて初めて実現する。

高速道路の渋滞対策

いったん避難命令が発令されると、今度は速やかにそれを実施に移さなければならない。しかしそれが現実には一筋縄ではいかない。沿岸部の町では夏の間はひどい渋滞が続くのだが、もしそこに避難命令が出されると、高速道路の渋滞はさらにひどくなる。しかし、ハリケーン・ヒューゴがチャールストンに迫ってきたときに、サウスカロライナ州知事の機転が解決策になった。知事は、州間高速道路二六号線の片側の走行を逆にして、高速道路を内陸へ向かう巨大な一方通行道路にするよう州警察に命じたのだ。同様の渋滞問題に直面していた沿岸部のほかの公安当局は、この事例を参考にしようとしている。

このような対策がいずれ必要になることに道路建設業界が気づいたときには、残念なことに多くの海岸沿いの高速道路はすでに完成していた。設計の段階でわかっていれば、出入り口の侵入道路のつけ方やインターチェンジの構造などを、緊急時に進行方向を容易に変更できるように設計できたはずだ。将来的に、既存の高速道路にこのような仕組みを導入する予定の州もある。クロフトによると、ルイジアナ州ではそのような緊急時に利用できる立体交差を建設する予定になっている。

一方で、すでにある高速道路を有効に活用しようとするところもある。ニュージャージー州の沿岸部にある人口一八〇〇人のアバロンという町は、観光シーズンになると人口が四万人あまりに膨れ上がる。夏場はふだんでも渋滞がひどく、緊急避難時には高速道路が機能しなくなると以前から指摘されていた。ハリケーンの経験が少ないニュージャージーの人たちは避難が遅れがちになり、ギリギリになって避難する人で道路が溢れかえることは十分に考えられる。そこで一九九三年に、緊急事態管理局と州警察が緊急避難実験を行なったところ、州南部にあるリゾート地のケープメイ郡から避難するには三六時間かかるという結果が出た。しかし、南北に走る主要高速道路であるガーデン・ステート・パークウェイを一方通行の避難道路にすると、避難時間を半分に短縮することができる。

そのあとニュージャージー州では、この避難方法を組み込んだ緊急時対策ができた。高速道路用の所定の場所に通行遮断用の樽や砂袋を備えつけ、一方通行の標識を何百も作成してすぐに使える場所に保管し、道をふさぐ車両を撤去するためのレッカー車やブルドーザーを指定し、さまざまな標識を作って保管し、携帯電話からガムテープまであらゆる必需品を買いそろえた。あとは州知事が非常事態宣言を発令すれば、直ちに高速道路の一方通行計画が実行に移される。しかし、主要高速道路を一方通行の避難ルートに変更するのは大きな賭けに出るような面もある。車が一台でも故障すれば何キロメートルにもわたる渋滞を引き起こすので、うまく車を流れさせるためには大勢の警察官とレッカー車の運転手が必要になる。

しかし場所によっては、高速道路をそのときだけ一方通行にするだけでは迅速な避難を保証できない場合がある。フロリダ州当局は、デイド郡の浸水被害予想が三〇センチから六〇センチ以下の場合は避難指示を出さないほうが賢明ではないかと考え始めている。ハリケーンがフロリダ州を横断するときには特に深刻な避難問題が起きる。東西の両沿岸部の人たちが避難する高速道路はフロリダ州中央のオーランドで合流し、ここでとてつもない交通渋滞が起きる可能性がある。ハリケーン襲来時に高速道路上にいることは、一番避けたいことなのだ。

避難所の設置

これらの問題に直面したことで、数年前には考えもしなかった結論に達した災害対策関係者もいた。ハリケーンが去るまで住民は避難させずにその場にとどまらせたほうがよいのではないか。これまでは、危機管理の専門家はこのような考え方を非常識とみなしていた。よく引き合いに出したのは、一九六九年にミシシッピ州沿岸部の町パスクリスチャンで起きた事件で、ハリケーン・カミールが接近しているにもかかわらず、二〇人以上がハリケーン・パーティーを開いていて被害に遭った。そのときの生存者は一人だった。しかし、最近は沿岸部では避難したくてもできない人があまりにも大勢いるので、この事例を引用する人は少なくなった。

その結果、沿岸部の町の多くでは、ハリケーンが迫っても逃げる先がない人のために「最後の手段」としての避難所を用意している。こうした避難所は決して居心地の良い所ではないし、一般的な赤十字の避難所のように便利な設備も整っていない。しかし、少なくともハリケーンからは身を守ることができる。最後の手段の避難場所としては、まずは、学校、消防署、図書館、そのほかの公的機関の建物が候補に挙がる（何より、法的責任を追求される危険を大幅に減らすことができ、利用するための指示を自治体が出すことができる)。映画館、教会、ホテル、ナイトクラブなども役に立つかもしれない。

ある建物が避難所に適しているか決める際に行政官はさまざまな点を考慮する。建築基準を満たして常に修繕がなされているか、主要な避難経路が近くにあるか、池や湖あるいは排水路のように水が溢れる環境が近くにないか、洪水になっても浸水しない高台にあるか(残念ながら多くの防波島に高台はない)、近くに塔や大木などの倒れやすいものがないか、事前に発電機、あるいは少なくとも無線やワイヤーレス電話などの通信設備が用意されているか。避難所での生活環境は良いとは言えない。一人当たりの居住空間は約〇・八平方メートルしかなく(大人がやっと横になれる程度)、これに簡易トイレが数個あるだけになる。生活必需品は持参しなければならず、場合によっては水も持って行かねばならない。嵐が過ぎるまでは我慢を強いられることになる。ハリケーンが比較的速やかに内陸に移動するアメリカ北部では数時間ですむかもしれないが、南部のハリケーンはもっとゆっくり動くので、一日あるいはそれ以上の時間を避難所で過ごす必要が出てくるかもしれない。

最初にこうした避難場所を設けたのはフロリダキーズとガルベストンの二地域だった。どちらも街を破壊するくらい強烈なハリケーンに襲われている。ハリケーン・アンドリューの襲来時にフロリダキーズでは、交通状況に応じて決められた高速道路のチェックポイントを時間内に通過できなかった人たちが所定の避難場所に誘導された。(9) ほかの自治体でも避難所を設置する動きが出ている。たとえばフロリダ州のサニベル島というメキシコ湾岸にある開発の著しい防波島では、本土とは一本の橋でつながっているだけなので、島内のビルはすべて緊急時には一般に解放し、屋内に約二八〇平方メートル分の避難所となる空間を整備するよう求められている。

聖灰水曜日の嵐

残念なことなのだが、開発業者や自治体の行政官が沿岸域の開発について話し合うときに、気象を議題に挙げることはまずない。気象学者に尋ねれば、沿岸地域ではハリケーンの暴風、ノーイースターの強烈な北東風、エルニーニョ関連の嵐のような現象が当たり前のように起きていることを示す長年の記録を見せてくれるのだが、建設業者や行政官たちは、そうした現象があたかも予測不可能な神の仕業であるかのごとく扱いながら企画を通していく。このような考え方は、東海岸ではここ数十年の間ハリケーンの勢力が異常に弱い時期が続いて建設ラッシュが起きてから、ますます定着してしまった。シーツによれば、もしハリケーン襲来が一九四〇年代、一九五〇年代、一九六〇年代くらいの頻度に戻ると、数億ドル〔一ドル一〇〇円として数千億円〕規模の被害が出る災害が毎年恒例のように起きるだろう[10]。

最近では、地球温暖化も嵐の猛威を強める要因ではないかと懸念されている。本当にそうなのか今後ようすを見ていかなければならない。しかし、気象学者にしてみれば辻褄は合う。ハリケーンなどの嵐は暖かい海洋からエネルギーを得る。だから海水温が上がると勢力を増幅させるエネルギーも増えることになる。いずれにしても、ここ数十年は嵐の頻度が低い時代が続いたが、それが今後も続くとは考えられない。ハリケーンの襲来頻度のパターンを研究しているコロラド州立大学のウィリアム・M・グレイは、西アフリカの砂漠地帯のサヘルでたびたび起きる干ばつとの関係を指摘している。西アフリカは嵐の卵が数多く発生する場所で、それらがアフリカ沖で融合した後、大西洋を横断してハリケーンに発達する。サヘルが乾燥すると、アメリカ東海岸に襲来する大きなハリケーンは少なくな

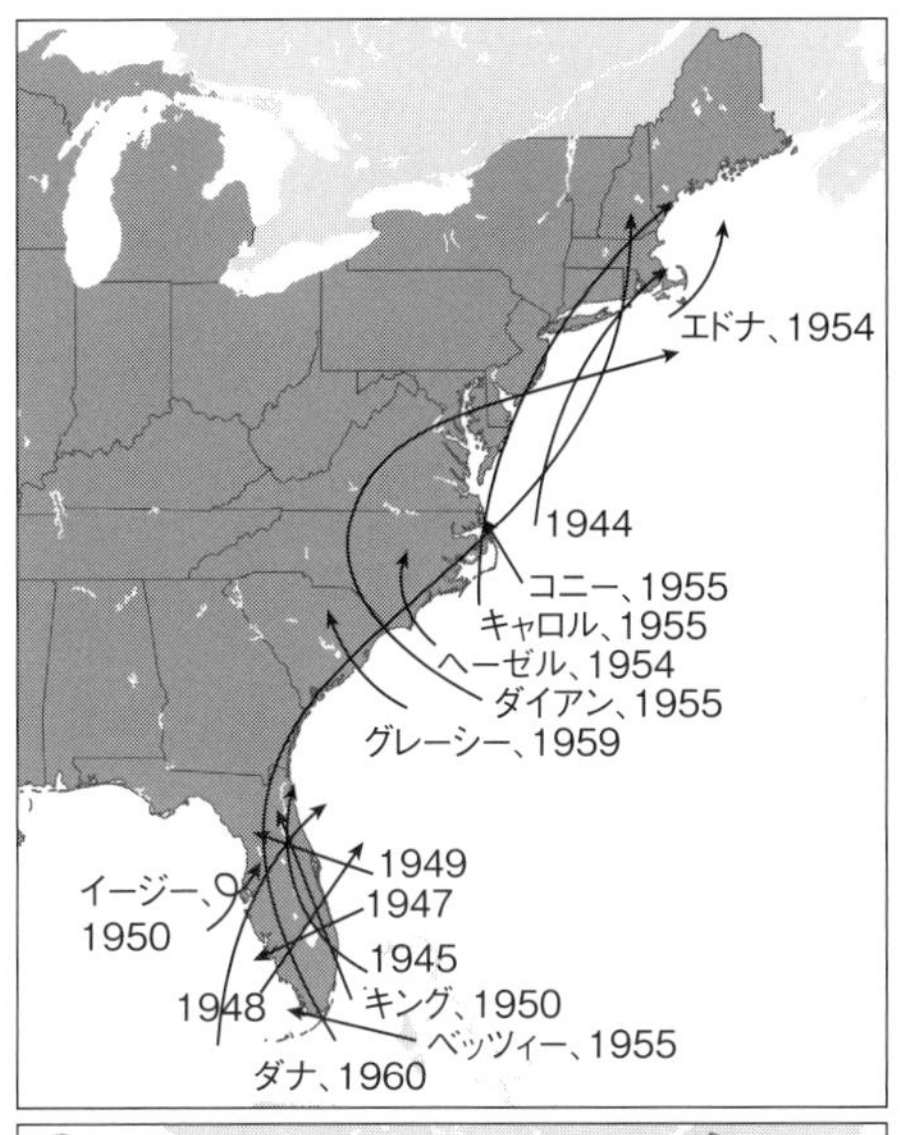

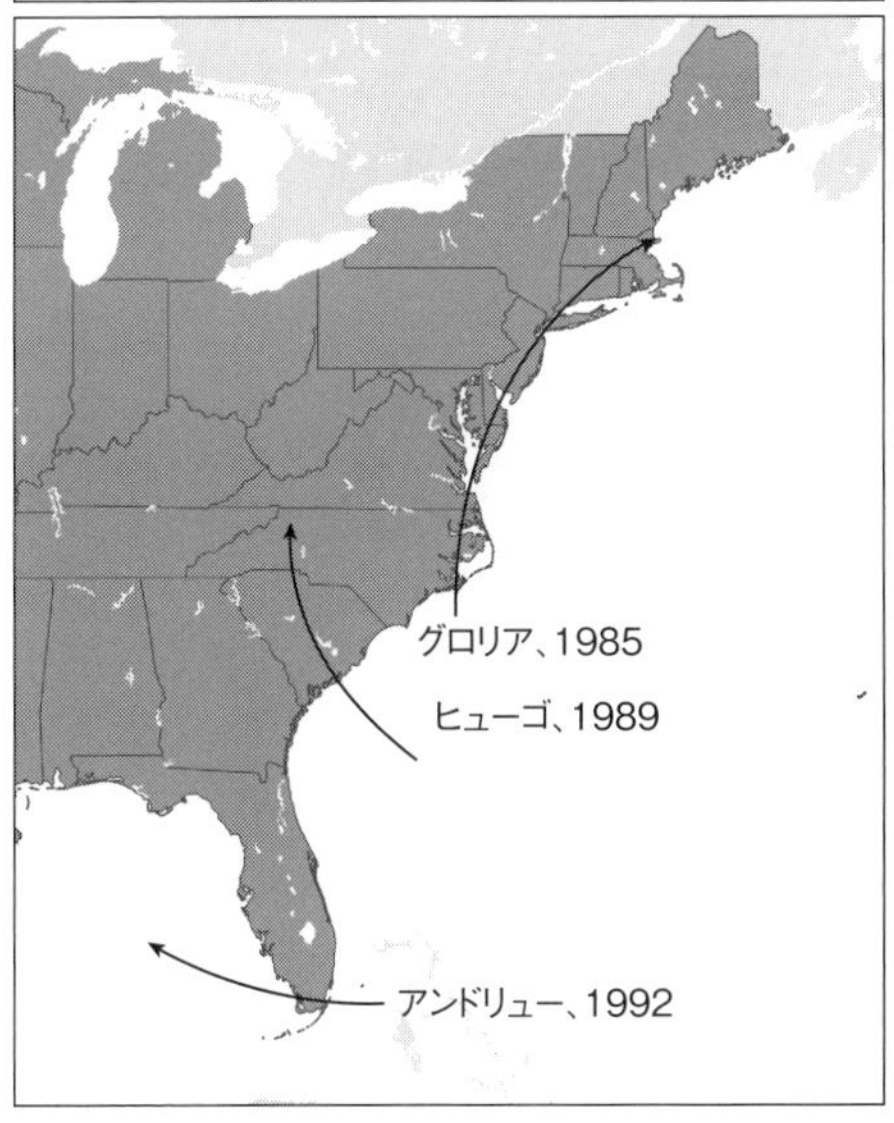

アメリカ東海岸を襲うハリケーンの数は、生まれ故郷である西アフリカで雨が多いか乾燥しているかと関係しているようだ。一番最近の多雨期であった1944年から1960年にかけては多数の強いハリケーンが襲来した（上図）。1960年から1992年にかけてはアフリカの気候は乾燥していて、強いハリケーンはほとんど来なかった（下図）（フロリダ州海岸管理事業／ジェン・クリスチャンセン）

る。一九六六年から一九九〇年にかけてアフリカでは乾燥した時期が続き、アメリカに襲来したハリケーンでカテゴリー3以上のものは三個だけだった。それ以前の二五年間はアフリカで雨が多く、カテゴリー3以上のハリケーンは一五個だった。

ある場所で嵐の襲来頻度を減少させる要因は、別の場所での頻度を増加させることがある。たとえばエルニーニョ現象が起きると、太平洋の温暖な海水が冬にいつもと異なる経路を流れ、それによって生じたジェット気流の変化が大西洋上のハリケーン発生過程に影響を及ぼし、激烈なハリケーンが東海岸を直撃する確率が減る。しかし西海岸でエルニーニョが起きると冬に大雨が続き、荒波が海岸に打ち寄せて崖が崩れて侵食が進んで被害が出る。

ハリケーンは耳目を集めるが、襲来数が多い年でもそれほど頻繁に襲来するわけではないことから、砂浜にとっての一番の脅威ではない。ところが、発達した低気圧によって北東からの強風が吹き荒れる東海岸の「ノーイースター」や、メキシコ湾の沿岸地域を横切る寒冷前線「ノーザース」、あるいは激しい波が打ちつける太平洋沿岸の冬の嵐は頻繁に襲来する。これらの嵐を「変わり種」と呼ぶ人もいるが、決してそうではない。ノーイースターは普通の年でも少なくとも三〇回は大西洋沿岸に接近し、砂浜を侵食するくらいの威力がある。アメリカではどこの海岸も平均すると数年に一回は破壊力の大きな嵐に見舞われている。ハリケーンは速度が速いので砂浜に与える被害は比較的少ないが、大型の冬の嵐はひとところに何日も停滞し、数年のち、ときには数十年のちまで消えない爪痕を残していく。

その中で最も被害が大きかったノーイースターは一九六二年の聖灰水曜日（復活祭の四六日前）に襲来したので「聖灰水曜日の嵐」と呼ばれる。三月五日から八日にかけて大西洋沿岸の一六〇〇キロメートルの範囲で猛威を振るい、その後襲来した嵐の評価基準として今でも使われている。潮が一番高くなる近地点潮の大潮のときに襲来し、満潮が五回巡ってくる間荒れ狂った（いまだに「五回連続の高潮」と呼ぶ人もいる）。このときの高潮は九メートルに達している。このノーイースターは、ニュージャージー州アトランティック・シティの有名な遊園地スチール・ピアと、メリーランド州オーシャンシティの遊歩道を破壊し、何千という海沿いの家を荒波に放り出した。

防波島では浜が次々と砂丘の位置まで侵食され、防波島を乗り越える波に運ばれた多量の砂で道路や住宅地は埋まり、海峡も砂や岩屑で堰き止められた。勢いが弱まった頃には死者が三二名、負傷者は数百名にのぼり、一九六二年当時で五億ドル〔一ドル一〇〇円として五〇〇億円、三六〇円として一八〇〇億円〕以上もの被害になった[11]。今では海岸の開発がさらに進み、不動産価格も上がっているので、この規模の嵐が襲来したときの経済的な損失がどれくらいかは考えるのもいやになる。当然のことながら被害は数十億ドル〔一ドル一〇〇円として数千億円〕にのぼるだろう[12]（一九九三年三月に今世紀最大と言われたノーイースターが東海岸全域を襲った。勢力は聖灰水曜日の嵐ほどではなかったものの、被害額は数十億ドルに達した）。

しかし、聖灰水曜日の嵐が去ったあとに現地視察した海岸研究者たちには衝撃が走った。開発が進んだ島とそうでない島の嵐に対する反応が驚くほど違ったのだ。嵐で大西洋沿岸は広範囲で地形が変わったが、開発の手が及んでいない砂浜はすでに自然に修復が進んでいたのに、開発された地域は進んでいなかった。これを目の当たりにしたことで、沿岸部の開発でも特に防波島の開発は人を危険にさらし、砂浜にとっても有害であることを海岸研究者の多くが確信した。

研究者たちはこう述べている。「一九六二年三月の嵐を通して明らかになったことがある。砂浜や防波島の自然な動きを理解することは、科学的な視点から重要なだけでなく、そこで生活する際に短期的な危険性も長期的な危険性も認識して先を見越した行動をとるために重要になる」[13]。この嵐がきっかけとなって海岸研究が大きく進むことになる。しかし残念ながら、このとき得られた教訓はまだ実践に活かされずにいる。

その原因の一つは、ノーイースターの激しさを比較する基準が大きく混乱していることにある。問題は科学研究とはかけ離れたところにある。海岸を守る技術として砂浜の養浜が役に立つか、実現可能かどうかについての議論の中で、こうした基準は不可欠となる。砂を補充した浜が嵐で侵食されたときに、異常に強い嵐のせいで砂浜がなくなったのか、数年に一度見られるような悪天候でなくなったのかを知ることは重要になる。

一九七一年以降ハリケーンは、マイアミの土木技術者ハーバート・S・サファと、当時の国立ハリケーンセンターの局長ロバート・シンプソンが考案した尺度に基づいて分類されるようになった。この尺度では、ハリケーンの風速、中心気圧、生じる波高を比較する。一番弱いカテゴリー1のハリケーンは少なくとも風速が毎秒三三メートルあり、気圧は九八〇ヘクトパスカル以下で、平均的な波の高さは一・二メートルから一・五メートルになることが多い。この規模のハリケーンによる被害は小さく、木や茂みの枝が折れたり、屋外の家具が飛ばされたり、移動式住宅が損壊を受ける程度に限られる。一番強いカテゴリー5のハリケーンは風速が毎秒七〇メートル以上、気圧は九二〇ヘクトパスカル以下になる。カテゴリー5のハリケーンは高さ五・四メートル以上の波を伴うため、大きな被害が出る。

サファ・シンプソン・スケール（ハリケーン等級）

カテゴリー	風速（m/秒）	中心気圧（hPa）	波高（m）	予想される被害
1	33～42	980以上	1.2～1.5	小さい。樹木、植込み、固定されていない移動式住宅に被害。
2	43～49	965～979	1.8～2.4	中程度。樹木が倒れる場合がある。移動式住宅に大きな被害。屋根に多少の被害。
3	50～58	945～964	2.7～3.7	かなりの被害。樹木の葉がなくなる。大きな木が倒れる。移動式住宅が破壊される。小さな建物の骨組みに被害。
4	59～69	920～944	4.0～5.5	極度。看板が飛ばされる。広範囲にわたって窓、ドア、屋根が破損。10km近く内陸まで水害。海岸近くの建物は1階部分に大きな被害。
5	70以上	920以下	5.5	壊滅的。窓、ドア、屋根が大きく破壊される。小さな建物は倒壊して飛ばされる。海岸から約450m以内、海抜4.5m以下にある建造物に大きな被害。

一〇〇年に一度の嵐

サファとシンプソンの基準には改良の余地があると研究者は感じている。特に波の高さは、ハリケーンの速度、海底地形や上陸する地点の海岸地形によって大きく変わる。シーツによると、同じカテゴリー4のハリケーンでも、波の高さはマイアミビーチで三メートル、フロリダ・パンハンドル地域で七・五から九メートル、ニューオリンズで五・四メートルから六メートルになる。

ノーイースターのような、ハリケーンではない嵐を分類するのはなおさら難しい。通常は、その大きさの嵐が、ある年に襲

ノーイースターの等級

	クラス1	クラス2	クラス3	クラス4	クラス5
	弱	中	強	非常に強い	猛烈な
砂浜侵食	わずか	少し	浜全体	深刻	甚大
砂丘侵食	なし	わずか	見てわかる侵食・浜の後退	砂丘崩壊	
越流	なし	なし	なし	低い浜で深刻	大規模、島一面、水路
物的損害	なし	わずか	局所的	地域全体	市町村全体
平均最大波高(m)	約2	約2.46	約3.2	約5	約6.9
平均停滞時間(時間)	8	18	34	63	96
相対頻度（%）(1年に襲来する確率)	49.7	25.2	22.1	2.4	1

ノーイースターの強さを知るためにバージニア大学の科学者たちが考案した分類表（ロバート・ドーラン）

来するであろう確率を推定して比較する。海岸研究者はこれを嵐の「回帰間隔確率年」と呼ぶ。たとえば、五パーセントあるいは二〇分の一の確率で特定の年にやってくる嵐は、二〇年に一度の嵐になり、一パーセントならば一世紀に一度の嵐ということになる。

この計算方法はとても難解なので、最近になってバージニア大学の海洋地学者ロバート・ドーランと気候学者ロバート・E・デイビスの二人がノーイースターを比較するための等級を新たに考案した。こちらでは、浜と砂丘の侵食量、停滞時間、最大波高のような要因を使って嵐を五段階に分類している。八時間停滞して最大波高が平均二メートルのノーイースターはクラス1になる。多少の砂浜侵食はあるものの、砂丘の侵食や波が島を乗り越えること（越流）はない。この程度の嵐は、冬の間の二週間から一カ月に一度襲来する。クラス3になると海岸全体と砂丘で侵食が起きる。最大波高の平均は三メートル余りになり、停滞時間はおよそ三四時間である。最も破壊的なクラス5では、嵐が四～五日続き、最大波高は六・九メートルに達する。この段階になると壊滅的な侵食が見られ、砂丘は破壊され、防波島の内陸側に膨大な量の砂が運ばれる。これを「一〇〇年に一度の嵐」と言う(14)。

しかしながら、この分類基準はまだ広く利用されているとは言えない。停滞時間を嵐の強さの一因として考慮している点を評価する海岸研究者がいる一方で、かえって矛盾を生むことになると指摘する研究者もいる。たとえばドーランとデイビスの分類によると、聖灰水曜日の嵐は東海岸では五番目に強かったことになる。猛威を振るったが、過ぎ去るのも速かった。いずれにせよ、ノーイースターの強さを正確に比較できるようになれば、海岸管理関係者や緊急対策室には朗報だろう。

ノーイースターは東海岸ではよく見られる悪天候だが、西海岸でも、特にエルニーニョが発生した年は悪天候に悩まされる。最近はエルニーニョ由来の悪天候による甚大な被害が報告されているが、一九世紀初頭の記録や報告書を見ると、当時のカリフォルニアの気象は今とは比較にならないほど問題だったようだ。

リチャード・ヘンリー・デイナは著書『帆船航海記』に、その頃の嵐は凄まじく、予測不可能だと書いている。カリフォルニアの沿岸を航行していても、錨（いかり）を上げて直ちに沖へ避難するよう、いつなんどき警告を受けるかわからなかった。船員たちの証言によれば、風はチリ南端のホーン岬よりも強く、高さ一五メートルから一八メートルの波が打ち寄せたという。二〇世紀にはこれほどの悪天候は見られず、一九八二年から一九八三年にかけての冬でも、一九九〇年代に太平洋の海流が変化してエルニーニョ現象でたちの悪い冬の嵐が起きたときでも、これほどではなかった[15]。

このような嵐は航海を脅かすだけでなく、海岸もえぐり取った。開拓時代のサンディエゴの古い地図に、今は存在しない道が数多く記されているのは、こういう事情がある。過去の気象状況を調べてきた研究者たちは、それが一回限りの例外的なものなのか、あるいは再来して一五〇年前より遥かに大きな経済的損害を出すのか、知るよしもないという[16]。

ハリケーンの被害と対策

一九〇〇年のガルベストンのハリケーン以降、アメリカを襲ったハリケーンによる死者数は激減したが、物的損害は爆発的に増えた。連邦政府の国立防災科学技術センターによると、アメリカでは一九七五年から一九九四年にかけて自然災害関連の費用が平均して週に二億五〇〇〇万ドル〔一ドル一〇〇円として二五〇億円〕支出されていて、このうちの多くが海岸域の被害だった。ハリケーン関連の被害だけでも数十億ドルにのぼった。

アメリカ海洋大気庁によると、被害額の大きかったハリケーンの上位一〇件（インフレ調整なし）は以下の通りになる。

アンドリュー（一九九二年）　二四〇億ドル〔一ドル一〇〇円として二・四兆円〕
ヒューゴ（一九八九年）　七〇億ドル〔同七〇〇〇億円〕
フレデリック（一九七九年）　二三億ドル〔同二三〇〇億円〕

アグネス（一九七二年）　二一億ドル〔同二一〇〇億円〕
アリシア（一九八三年）　二〇億ドル〔同二〇〇〇億円〕
イニキ（一九九一年）　一八億ドル〔同一八〇〇億円〕
ボブ（一九九一年）　一五億ドル〔同一五〇〇億円〕
ユアン（一九八五年）　一五億ドル〔同一五〇〇億円〕
カミール（一九六九年）　一四億二〇〇〇万ドル〔同一四二〇億円〕
ベッツィー（一九六五年）　一四億二〇〇〇万ドル〔同一四二〇億円〕[17]

これらのハリケーンが破壊的な被害をもたらすことになったのは、危険な海岸の沿岸部に多くの建物があったからだ。しかし、このような状況は自治体が適切な建築基準を設定して施行すれば大幅に改善できる。比較的簡便で経費のかからない方法にするだけで、自然災害で発生する莫大な被害額に大きな違いが出る。ハリケーンに耐える頑丈な建造物にすれば、建物損壊の一番の原因である瓦礫(がれき)が宙を舞うのを防ぐことができる。ハリケーン・アンドリューが去った後に連邦緊急事態管理庁が行なった調査では「瓦礫が飛び交ったことで被害が拡大した。瓦礫の大半は剥がれた屋根だったが、金属製の外壁の被いや建物の装飾構造物に混じって、庭の柵などもあった[18]」。宙に舞うものはすべて凶器になりうるのだ。

ハリケーン・アンドリューは、フロリダ南部一帯の手抜き工事の実態や、建築基準法の不備をも露呈させた。連邦緊急事態管理庁の報告書によると「多くの現場で基準に合わない建築が見られた。建物の骨格の組み立て方、建築材、設計時に想定する風圧に耐えるような資材の接続方法に熟知している建設業者ばかりでないのは明らかだった。一方で、優れた技術者による建造物は、確実にその性能を発揮していた」。報告書は、多くの地域で行なわれている建築物検査時の評価についても手厳しい。「建築時の問題が見つかっても、検査でそれがきちんと指摘されていない」。似たような設計の建物が並び、似たような検査が行なわれる大規模な開発地では、このようなことが繰り返し起きる。[19]

これに対処するには、場合によっては建築基準法を改正しなくてはならない。建築基準法の多くは重力に耐える建物の建築を目的としているので、桁や梁で天井や屋根を支えればよい。しかし嵐の襲来時に問題になるのは重力ではなく暴風になる。風に対する基準がある建築法でも、毎秒五四メートルの風速に耐えればよいことになっている。しかし、ハリケーン・アンドリューのときにサウスフロリダ地域では風速が毎秒六三メートルになり、瞬間風速は七六メートルを記録した場所もあった。「建物やその屋内設備が使い捨てでないなら、建築基準を超えた設計をしなくてはならない場合もある」。

ハリケーンの専門家や土木技術者によると、普通の住宅でもハリケーンに耐えられるように改造できる（沿岸部のハリケーンを知っている人は、「耐ハリケーン」建造物などあり得ないと考えるが）。窓には強化ガラスを使い、屋根は頑丈な釘で打ち付け、ハリケーン・クリップと呼ばれる金属の留め具で壁の骨組を屋根の梁に固定するといった比較的簡単な方法で改造できる。屋根板を留めるのにネジを一、二本余分に使うだけでも被害を劇的に減らせる。このような対策をとっておけば家はハリケーンに耐えられ、しかもそれが建物の価格の二～一〇パーセントの追加費用でできると建築家や土木技術者は言う。しかしそれ以上にハリケーン対策で大事なのは、二階部分がせり出すオーバーハング（風で家が引き裂かれやすい）のような構造にしないことだ。ほかにも、伽藍（がらん）天井の大きな部屋は家の強度を保つ柱が少ないし、大きなガラスの明かり取りは壁面が弱くなるし、飾り用のシャッターも問題がある。

シーツは、ハリケーン・アンドリューのあとに上空からサウスフロリダ地域を視察したときのことをハリケーン対策会議で報告している。

ひさしやオーバーハングが多用されたある住宅街は被害が特に大きかった。強風でひさしの下から屋根が引き剥がされたような家が、どの通りにも残っていた。オーバーハングが見事にせり出していて大きな被害を受けた住宅のハリケーン前後の写真を見せながら、「自分の家が空を飛ぶようにしたければ、この屋根にすればよいでしょう」と言った。

そして続けた。「サウスフロリダはここ二〇年の長きにわたって、大型ハリケーンに見舞われなかった。アメリカ北部の様式の家も増えた。まるで建築家たちは、風を受けやすい家造りに神経を使ったようだ」。シーツは、家の半分が吹き飛ばされた住宅の写真を見せて言った。「頑丈に施工してあったからまだ建物が残っているが、設計が良くなかった」。

災害に強い家造りの全国キャンペーンの一環として、連邦緊急事態管理庁は窓の製造業者や家屋修理を全国展開で手がける業者などの民間企業と費用を出し合って、ノースカロライナ州のアウターバンクス北部にある小さな海岸の町サザンショアズに、災害対策を施した住宅を建設した。屋内の壁にはアクリル樹脂のプレキシガラスが貼られ、施工業者や購買希望者は壁の内部を見ることができるようになっている。ほかにも工夫がいろいろあるが、建物には風を受けるオーバーハングがなく、二重窓の二枚のガラスの間には補強のための強化プラスチックが挟んである。保険会社によると、ハリケーン・アンドリューのあとに寄せられた水害の保険請求のうち五〇億ドル〔一ドル一〇〇円として五〇〇〇億円〕は窓ガラスの破損が引き起こしたものだと推定されている。窓が壊れなければ、ハリケーンの暴風が家に吹き込んで屋根を吹き飛ばす被害が半減する。[20]

このプロジェクトでは、上記のような設備投資をしなくても安価に改築できる方法を模索することも目的としている。たとえば、屋根を補強するために天井裏から発泡性の充填剤を屋根の裏側に吹き付けるための装置の開発支援がある。そのうち、成形材で覆われた室内の壁面などに小さな穴を開けるだけで、壁の中の骨組みの継目を強化できるようにしたいと考えている。

しかし、どれほど大きなハリケーンが襲来しても、それだけで住民の意識が変わるとは限らない。シーツは、ハリケーン・ヒューゴのあとにサウスカロライナ州を見て回ったときに、屋根と壁のつなぎを補強する金具（ハリケーン・クリップ）が設置されていない住宅が次々と再建されているのを目にした話をハリケーン会議でしている。なかには、将来生じるかもしれない被害を軽くしようと、軽量コンクリートブロックと鉄骨梁を使っている人もいた。そこに「土木工学的な根拠はなく、ただ、試行錯誤の繰り返しだった」。

そして最後に、アメリカ南部の沿岸地域では、特に年金生活をする定年退職者に好まれている移動式住宅の問題がある。連邦緊急事態管理庁が一九八五年に推奨したように、基礎土台を新しくしたり、ハリケーン・クリップや固定ケーブルなどを設置したりすることで安全性を高めることは可能だが、住宅所有者といっても所得が少ない人たちにとっては大きな経済的負担になる。また、これらの対策をとったとしても、移動式住宅にとってハリケーンは脅威であることに変わりはない。沿岸部では移動式住宅を全面禁止にするべきだという災害対策関係者も多い。連邦緊急事態管理庁はアンドリューのあとに出した報告書で、州と連邦政府レベルで移動式住宅の設計基準を改めるべきだと提案しながらも、「強風警戒区域において、安全で低価格の住宅が供給できるよう、さらに検討すべきだ」と付け加えている。[21]

防災に理想的な自然の緩衝物

ピルキーは、デューク大学沿岸域開発研究センターの仲間や、アメリカ各地に呼びかけて集めた沿岸海洋学者たちと一緒に、『どのように共存していくか』という本を出版していて、太平洋沿岸、メキシコ湾沿岸、大西洋沿岸、そして五大湖沿岸がシリーズになっている。海岸全般における共存するための手順、局所的な海岸でよく見られる手順、そして、その沿岸に襲来した過去の嵐の記録が州別にまとめられている。また、対象とする沿岸のそれこそ一キロごとの状況を詳しく解説し、土地を購入予定の人には危険度が高い場所を避けるための情報が書かれている。すでに土地を所有している人向けには、嵐が来るのを見据えて段階的に改善を施す手順を紹介している。

しかしこのような手順は、その土地で最大限に利益を上げようとした人たち（開発業者や開発地を購入した所有者）が残した破壊の爪痕を元通りにするだけで終わってしまう場合が多い。たとえば、そのシリーズ本では、木や灌木の植え直しや砂丘の再造成を勧めている。こうした自然の緩衝物は嵐から所有地を守るには理想的なのだが、建物からの海の眺めを良くするために（そして販売価格を上げるために）撤去される場合が多い。しかしピルキーが述べているように、「海が見えるということは、海からも見えている」。小さな砂丘の造成や植樹は大きな嵐には役立たないが、小さな嵐には対処できる。植えるなら在来植物が望ましい。在来種は繁茂しやすいし、嵐を耐え抜く力を持っている。

防波島を補強するのに驚くほど効果的な方策として、内陸側にある湿地の形成や成長を促すことも挙げられる。たとえ狭い湿地でもいったん形成されれば、海峡やラグーンに沈んでしまうであろう砂を、植物がつなぎ止め始める。そして砂をたくさん取り込むほど湿地も広がる。それだけで効果的な海岸保護になり、湿地になったはずの部分を隔壁で固めたときのような自然環境の破壊も、栄養となる有機物の喪失もない。

もっと大きな効果が見込める状況改善手順はほかにもあるが、はるかに環境破壊が大きく、費用もかさむ。たとえば、防波島の道路を外洋側から内湾側まで直線にするのではなく、曲がりくねらせるという方法もある。まっすぐならば嵐が来たときに道路から水が溢れて砂丘の背後が水浸しになるが、曲がっていれば砂丘を越えてくる海水を脇へそらせることができる。

建築物は浜から離すように勧めたり、危険区域で建物を再建するのを禁止したり、沿岸部では結局のところは長期的な計画が必要となる。特に、道路や電力設備などのインフラに被害が出た場合には、そのインフラを移動させるか放棄することを考えたほうがよい。

そして最後に、行政はとくに海峡などの危険区域を特定しておく必要がある。そうすれば、海岸沿いの土地を購入するとはどういうことなのか購入者にわかる。たとえば、かつては防波島の切れ目だった場所が住宅地になっている町はたくさんある。もし自治体が人工的にその切れ目を閉じると決めたのなら（近年はそういうことが良くある）、潮の干満でできる潮汐三角州が形成される時間がなかった可能性が高いので、島を頑丈にする過程が欠けていることになる。切れ目の閉鎖が人工的であろうとなかろうと、外洋側と内湾側に変わることなく自然要因が作用しているなら、次の嵐でまたそこに切れ目ができるかもしれない。

侵食が激しい海岸を地図上に記すことを、研究者や沿岸計画を立てる行政当局は折を見ては提案してきた。しかしこれまでのところ、不動産業界や経済界はそれをうまく阻んできた。一番失うものが多いのは、むしろ自分たちであるのに。

第8章　漂砂の手がかりを求めて

自然を師とせよ。

――ウィリアム・ワーズワース『発想の転換』

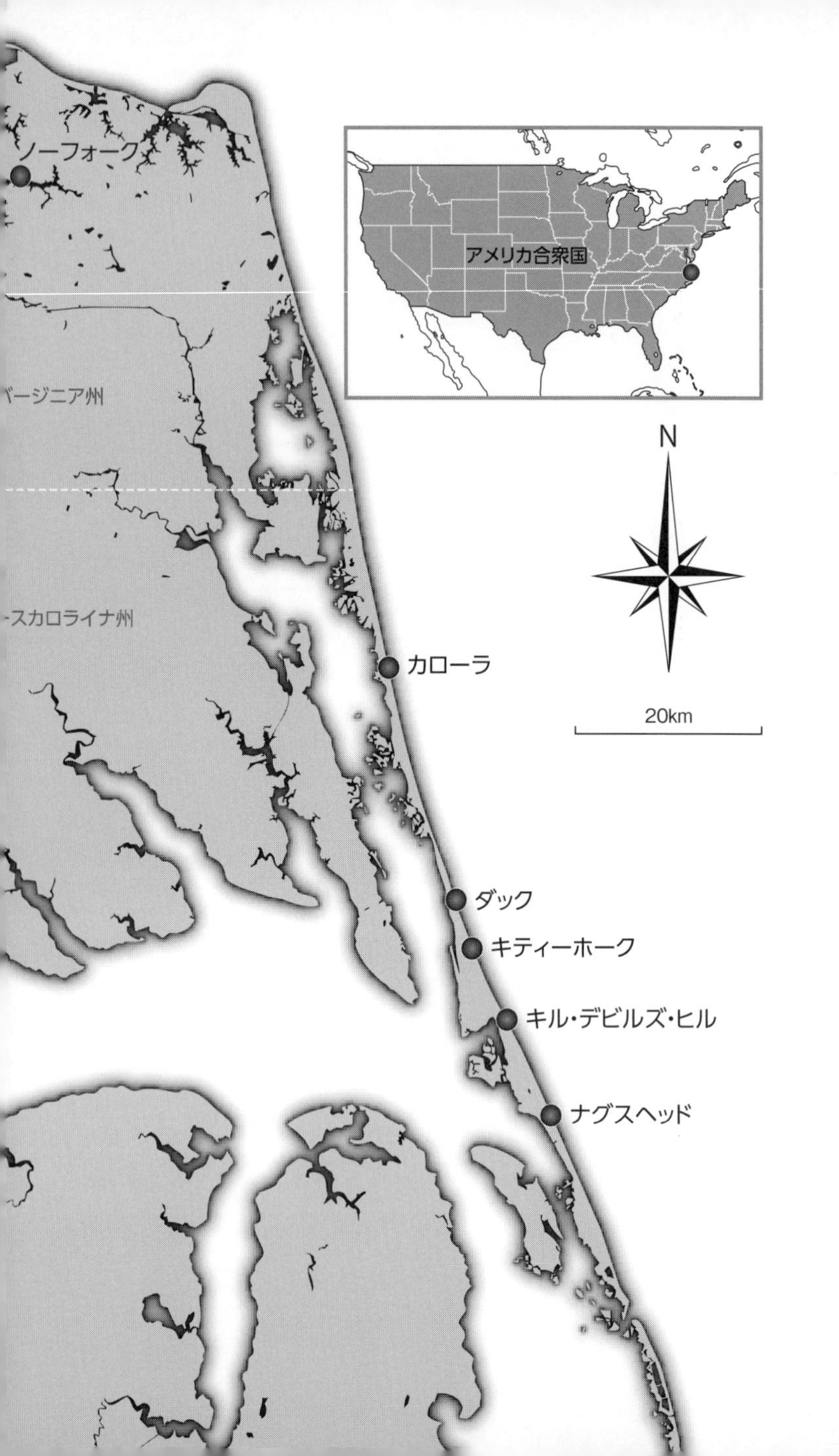
ノーフォーク
アメリカ合衆国
ージニア州
スカロライナ州
N
カローラ
20km
ダック
キティーホーク
キル・デビルズ・ヒル
ナグスヘッド

ダック桟橋

一九九〇年一〇月の夜明け前、ノースカロライナ州ダックにある砂丘に止めてあるトレーラーの寒い車内に二〇人あまりの科学者が肩を寄せ合い、紙コップのコーヒーをすすりながら天候が大荒れになるのを待っていた。海を相手に知恵と腕力と技術をためすためにアメリカ各地からこの寂れた土地に赴き、ごく簡単な疑問の答えを得ようとしていた。アメリカ各地の砂浜はなぜ侵食が進むのだろうか。

大まかな答えはわかっていた。海面上昇のために海岸線が内陸方向に動いているのに、正常な砂の動きが人間によって阻まれ、砂浜が自己防御できなくなっているのだ。しかし、どのように侵食が起きるのかについては、わかっていないことが多かった。大気と陸地と水が砂浜で出合ったときにどうなるのか、正確なことは解明されていなかった。それを調べるために、陸軍工兵隊が運用している小さな研究施設に科学者が集まった。この施設は、以前は工兵隊水路実験施設付属野外研究所と呼ばれ、研究者たちはダック桟橋と呼んでいた。

アウターバンクス海岸は秋になっても暖かい日が多いが、海洋学者・地質学者・情報科学者・土木工学者たちが集まった日はまだ薄暗かったせいもあり、空気は冷たかった。この砂浜の砕波帯（水面下の砂浜・サーフゾーン）や沖合には数多くの機材が肩を並べるように設置してあり、それぞれが担当する計器の作動状況を順番に説明していた。ハリケーンが海岸沿いに北上中で、襲来の影響を観測できるように準備を整えていたのだ。

波が激しく砕け、嵐の接近を示す予兆は何日も続いていたので、砂浜の形はすでに変化していた。

この変化をグラフ・地図・図表などにしてプリンタで打ち出したものをトレーラーの茶色い壁にテープで止めてあった。砂丘から砕波帯までの詳細な地形を見ると、海面より高い浜（潮上帯）の砂の一部が岸近くの海底砂州に移動しているのがわかった。岸に打ち寄せる波は、浜を直撃する前にこの海底砂州で砕ける。海底砂州は最初いびつだったが、嵐に備えて形を整えているかのようだった。

「海底砂州がまっすぐになってきました」と、研究施設の運用に携わる土木工学者のウィリアム・A・ビルケマイヤーが研究者たちに伝えた。「波が立ち上がり、機器に激しく当たっています」。

野外研究所長であるビルケマイヤーは、研究者が必要なデータを確実に集められるようにする役割を担っていた。集まりでは、前日に問題になった事柄や、首尾よくいった事柄を一人ずつ話し、その日と次の日にしたいことの概要を説明した。ビルケマイヤーはそれぞれの話を聞きながら、修理するもの、探し出すもの、移動するもの、取り除くもの、設置するものについてのメモを取った。

カリフォルニア州モントレーの海軍大学院の教授で沿岸潮流を専門とするエド・ソーントンは、浜から沖の海中へ向けて並べて固定してあるパイプ群やケーブル線の束に取り付けた機材について報告した。波の測定をするための水圧センサーは順調に作動しているが、流速計に問題が生じている。水の平行な流れを測定できるように並べて取り付けてあったのに、向きがずれて隣の計器のほうへ向いてしまっていた。計器の向きを直すためにはダイバーが潜る必要があった。

トレーラーに集まっていたほかの研究者も問題を抱えていた。ヒューズが飛んでしまったものもあれば、波浪計からの信号が突然途絶えてしまったものもあった。スクリップス海洋学研究所のボブ・グーザは、岸から沖へと並べて設置してあるセンサーのいくつかから「異常なデータが送られてくる」ので、スクリップス研究所のダイバーに頼んで向きを直してもらうと言った。グーザはアメリカの海岸研究を牽引する研究者の一人で、さまざまな研究テーマに加えて、海軍の要請で水中の音響効果の研究もしているのだが、この朝は場にそぐわない身なりをしていた。短パンをはき、前面から背中にかけて複雑な黒い文字（フジツボの固着力を求めるための計算式）が書かれた白いTシャツを着て、たこができた足は裸足だった。

それぞれが問題点を述べるたびに簡単に議論をして、いつどのように対策を施すかが決められた。ビルケマイヤーは、そこから一番近い（北へ約一一〇キロ）大きな町であるバージニア州ノーフォークに買い出しに行く必要があると話して会議を終わらせた。買い物リストには、ロープ、ケーブル線、電気部品、パソコン周辺機器など、それぞれに必要とするものが書かれていた。午前八時過ぎになると研究者たちは空になったコーヒーカップをゴミ箱に捨てて朝の光の中へ出て作業を始めた。

ダックはキティーホークの町の北側のアウターバンクス海岸にあり、この桟橋が一九七八年に使われ始めた当初は、海岸と平行に走る狭い道路にある曲がり角の村にすぎなかった。砂丘はキンバイカや雑多な広葉樹に覆われ、内陸側の湿地に水鳥が群棲していたことから村の名前がついた。その後、鳥の数は大きく減り、砂丘には高額で貸し出される別荘へ通じる道路が枝を伸ばすように次々と造られたが、防波島の海側から内湾側まで一続きの七〇ヘクタールあまりの土地は陸軍工兵隊が管理していて、手付かずで残されていた。

ダック桟橋では一二人の土木工学者、研究者、技官が正規の職員として働き、高性能な機器類の維持管理をしていた。機材は自分たちで設計した手作りのものが多かった。こうしたゲージやセンサーや計測器は、建物に設置されたり、高さ四〇メートル余りの鉄製の塔からぶら下げられたり、白波が立つ砕波帯から約四〇〇メートル沖合の水深約一〇メートルの地点まで延びる桟橋にロープで結び付けられたりした。天候が良かろうと悪かろうと、来る日も来る日も測定機器は風や波や潮流の強さや向きを計測し続け、変化のようすを記録した。それ以外にも、岸から砕波帯へと移動できる機材があり、これを使って浜の形の変化を地図上に記録した。

ダック桟橋では長年の間に、この地域に広がる砂浜の自然史についての膨大な記録を蓄積してきた。だから、海岸研究者が新しい理論を検証したいときや、新しい機材をためしてみたいときには、ダック桟橋へ出かけていく。海岸の地学的な野外研究をするには、アメリカ中、いや世界中でダック桟橋が一番だと多くの研究者が言う。ダック桟橋で得られた結果（これまで知られていなかった潮流の発見とか、初めて見つかった砂州の動き方など）には、調査した本人さえもが驚くようなものが多い。一つ発見があると、関連する発見が次々と続く。ほとんどの新発見は、ちょうどこの年の一〇月のように、研究者が海に資材を持ち寄って調べたときに集中する。

一連の必要な機器類を維持管理することは海岸研究では常に悩みの種なのだが、これを実現させるために研究者は互いを必要とし合っている。精度が高く、状況の変化に素早く反応し、かつ波にもまれても壊れない強度を持ったセンサーやゲージを設計するのは難しい。こうした機器類は、いたずらや漁船の接触でも故障してしまう。このため、ダック桟橋周辺の砂浜や水域に一般人が立ち入るのを工兵隊が制限できることも、研究者がここを研究フィールドにしたがるもう一つの理由になっている。

その日の夕方、ビルケマイヤーは屋根なしのジープで浜を走り回っていた。並べて設置していた機材の列から、ある計器を収納していた筒がはずれてしまったので、それを探していた。なくなった筒の中には二万ドル〔一ドル一〇〇円換算で二〇〇万円〕もする装置が収められていて、装置はもちろんだが、研究者としてはそこに記録されたデータを失いたくなかった。筒が無傷で浜の高潮線に打ち上げられていてほしいとビルケマイヤーは祈った。そして、桟橋の北へ約八〇〇メートルのところに黒い六〇センチほどの探していた筒が、砂丘との境目にあるハマキビの群落の中に横たわっているのを見つけた。筒は破損していなかったが、異常に重かったので、水が入ったことがわかった。「中でバシャバシャ音がしていないので大丈夫かもしれない」とビルケマイヤーは安心したように言いながら、日が暮れかかった海にうれしそうに目をやった。研究者たちの期待通りに、朝から波は目に見えて高くなっていた。

「雨が降りそうだな。建物の出入り口には板を打ちつけたほうがよいかもしれない」と嬉しそうに言った。

Dデイ上陸作戦

砂浜は氷山のようなものだと海岸地質学者は言う。砂浜の作用の九〇パーセントは水面下で起きるからだ。しかし氷山と同じように、水面下の砂浜の調査は危険を伴うので難しい。このため、浜と平行に移動する潮流については解明があまり進んでおらず、潮流が運ぶ砂の動きもよくわかっていない。波が寄せる浅瀬はいまだに謎の世界と言える。水面下の砂浜で何が起きているのかを、さまざまな方法を使って知ろうとする基礎研究は今も進行中なのだ。

これは何も研究者が砂浜を避けていたからではない。二〇世紀の初めには、砂の岬（砂嘴（さし））がどのように大きくなるかを調べたハーバード大学のウィリアム・モリス・デイビスや、砂浜で起きる作用や砂浜の成長についての最初の専門書の執筆者の一人であるコロンビア大学のダグラス・ジョンソンが、現代の地質学的手法を使って本格的に調べ始めた。海岸の開発が激しくなり、ほとんど間髪を入れずに侵食が始まって新たに建設した構造物が危険にさらされるようになると、こうした初期の研究者の中でも特にジョンソンは、砂浜の住民から発せられる助けを求める声に支援の手を差し伸べた。

ニュージャージー州は最初に海岸が大きく開発された地域だったので、ほかの地域よりも早くから激しい侵食の被害に苦しんだ。一九二二年には海岸侵食に危機感を抱いた州の通商航海委員会が、どこで侵食が起きているかを調べる研究や、どのように侵食を食い止めるかの研究に財政支援を行なった。州政府は連邦政府に助言を求め、連邦政府は陸軍工兵隊に助言を求め、工兵隊はジョンソンに助言を求めた。

ジョンソンはすでにアメリカ研究評議会で海岸線研究委員会を設立する手助けをしていて、この委員会が大西洋岸とメキシコ湾岸の一六州の代表をアメリカ海岸砂浜保護協会に束ね、この協会は今でも発言力が強い。その間、工兵隊は独自に砂移動・砂浜侵食委員会を組織した。のちにこの組織は砂浜侵食委員会になったあと、沿岸域土木工学研究センターができたが、組織が運営され始めた当初の海岸研究は精度を欠いた準備段階のものだった。砂浜の表面の砂の動きを計測するのは大学院生の作業で、簡単な調査道具を携えて砕波帯で計測をしたのだが、あまり深くない場所で、水が冷たすぎない時期に、危険が伴わない状況で行なうだけだった。砂移動の委員会の調査では、学生に潜水マスクを用意して、水面下でじっとしていて砂のサンプルを採取するよう指示したこともあった。船上から調査をした研究者もいたが、船では岸にそれほど近づけなかった。このように砂浜の調査は困難をきわめた。

こうした原始的な調査は、原始的な工学技術を生み出した。当時の防波堤は単純な設計だったと、カリフォルニア大学の海岸工学の名誉教授であり、「バークリー・マフィア」と俗称されるバークリー大学関係者による政策立案集団の初期の一員でもあったロバート・ウィーゲルは言っている。ウィーゲルを称えて一九九三年に開催された会議でウィーゲル本人は、一九三〇年代に海岸工学を始めた頃に広まっていた考え方を回想している。「調達できる限界くらい大きくて重い石を、できるだけ高く積み上げて防波堤にした。それが防波堤の築き方だった」。同じ時代に研究を始めた有名な海岸研究者にウィラード・バスコムがいる。バスコムは、波が砕ける砕波帯に初めて測定機器を固定しようとしたときのことを語っている。「機材を抱えていると、機材ごと浜に打ち上げられてしまった。当時は波の作用について何もわかっていなかった」。

砕波帯の地質調査はとても大変な作業なので研究者も尻込みしてしまうほどだった。だから第二次世界大戦中までは、実際に大がかりな調査は行なわれなかった。しかし戦時中の上陸作戦を計画するために研究者も海に入らざるを得なくなった。D-デイ上陸作戦に備えて、イギリスはあらゆる伝手を使ってフランスのノルマンディー海岸の地質特性についての詳細な情報を集めた。古いガイドブックからは、潮汐、潮流、砂浜の地形のデータが集められた。戦争前にノルマンディー海岸へ観光旅行に行ったことがある人に絵葉書の提供をラジオで呼びかけたところ、初日だけで三万通、合計で一〇〇〇万通もの古い絵葉書が集まった。航空写真を使って上空からのパノラマ写真も作成された。パリにいたフランス・レジスタンスのメンバーは、パリの国立図書館から地形図を四巻盗み、それらをひそかにロンドンへ運んだ。地形図にはローマ軍が行なった古代の調査資料も含まれ、海岸のピート堆積物について記されたラテン語のメモは古典学者が翻訳した。

しかし上陸作戦本部はもっと砂浜について知る必要があった。特に、重機が砂に沈まずに移動できるかどうかが問題だった。そこで一九四三年の大晦日に、二人組の海岸調査隊である「水先案内・砂浜偵察共同作戦第一部隊」が、拳銃と短剣と砂サンプル採取管を持って小型潜水艦に乗り、イギリス海峡を渡って砂浜に上陸することになった。『D-デイ』を執筆したスティーブン・アンブローズは、上陸してから起きたことを記している。「二人は岸によじ登り、内陸へ少し歩き、灯台の光が通り過ぎるたびに地面に伏せ、また少し歩いた。このとき、高潮線よりも低い位置を歩くように気をつけた。砂浜に足跡がついても、夜明けまでに波が消してくれるからだ。持ってきたサンプル管を浜に突き立てて砂のサンプルを集め、腕に取り付けてあった水中記録板に採集するたびに位置を記録した」[1]。重くなった荷物を背負って再び海に入り、小型潜水艦へ戻ろうとすると、砕け落ちる波で砂浜に打ち上げられてしまった。もう一度試したが、また打ち上げられた。三度目にやっと小型潜水艦にたどり着いた。

調査隊は冬じゅう調査を行なって砂のサンプルを集め、ノルマンディー海岸は、重い武器を上陸させてもそれら武器の重みに耐えることが明らかになった。のちに、調査した海岸にはソード、ジュノー、ゴールド、オマハという暗号名がつけられた[2]。

そのころアメリカ軍の作戦本部は、砂浜の状態を研究するのは国家的義務だと海岸研究者に伝え、バスコムも、カリフォルニア大学バークリー校で行なわれていた第二次世界大戦波浪プロジェクトの一環として波の研究を始めた。そして、敵軍のいる砂浜に上陸させる乗り物の特性に波や砂がどのような問題を引き起こすかを知るために、海底地形を調べることになった。バスコムの調査地は太平洋岸のノースウェスト地域の砂浜で、プロジェクトの指揮を執っていたバークリー校の工学部長だったモロー・P・オブライエン（砂移動・砂浜侵食委員会の初期の研究員で、のちに砂浜侵食委員会の委員になった）が、粒子が粗いという理由でここを選んだ。バスコムは何年かあとに、「オブライエンは、そこで作業ができるなら、どこの浜でもできると考えていて、その後の調査で経験を積むにつれて、オブライエンが正しいことがわかった」と語っている。

バスコムは長さ約一〇メートルの水陸両用トラックを乗り回すようになり、五〜六メートルの波が絶えず崩れ落ちる中を、陸上にいた調査官と連携して砕波帯の海底の変化を追った。「無邪気なことに何も知らず、一〇メートルのブリキの船に五メートルの波が崩れ落ちてきても何も問題ないと思っていた」と、のちにバスコムは記している。「私たちが自己責任で作業をしていて、何か困った事態になっても、フンボルト湾の沿岸警備隊救命ボート・ステーションは救助に来てくれないということを知らされていたら、もっと慎重になっただろう。理由は何であれ、救援を期待できないのに、一日で大荒れだとわかる海へ出ていく者がいるということに救助隊があきれていたのは明らかだった。太平洋北部の冬の砂浜にこれほど興味を示す向こうみずは、あとにも先にも私たちだけだった」[3]。さらに悪いことに、「砂浜は常に形を変えたので、調査には終わりがなかった」とも付け足している[4]。

戦争が終わると、オブライエン、ウィーゲル、バスコムをはじめ、そのほかの海岸研究者も、急速に開発が進む海岸に港などの構造物を建設する技術などの平和的研究に目を向けるようになった。そのあと東海岸には激烈なハリケーンが一九五〇年代に続けて襲来し、一九六二年三月の「聖灰水曜日」に強烈なノーイースターが吹き荒れ、海岸開発の土木技術を高めるよう圧力がかかった。そこで、砂浜侵食対策委員会が一九六三年には海岸工学研究センター（ＣＥＲＣ）という研究機関に再編成され、海岸研究を進めるよう広く呼び掛けが行なわれた。ＣＥＲＣは一九八〇年代初頭にミシシッピ州ビックスバーグのミシシッピ川河畔にあった水路実験施設に本部を設置し、一九九六年には工兵隊の水理学研究所と合併して海岸水理学研究所になった。

現在は、スクリップス海洋学研究所にも、ウッズホール海洋研究所にも、カリフォルニア大バークリー校、オレゴン州立大学、フロリダ大学、ルイジアナ州立大学などにも、海岸研究を行なうための大きな実験設備がある。さまざまな工学分野の研究室が独自の波浪タンクや人工水路を持ち、機械的に起こした模擬的な波を砂浜の模型に打ち寄せさせたときに何が起きるかを調べられるようにしている。それでも野外の砕波帯で得られる成果は貴重なので、海に入る作業はこのうえなく気が重いにもかかわらず、研究者はダックにやって来る。

カニ（海岸研究用水陸両用車）

工兵隊が海岸研究のできる場所を探していたとき、このダックという場所はとても都合が良かった。海岸線が比較的まっすぐで、防波島の切れ目やその付近の複雑な潮の流れから遠く離れていた。ほかにもいくつか特別な利点がある。まず、ダック付近の干満の差は平均して三〇センチほどしかなかったため、研究者たちが測定したい波の効果にほとんど影響を及ぼさなかった点が挙げられる。アウターバンクスは海が荒れることで悪名高い海岸だったことも、砂浜侵食の測定にはもってこいだった。また、ダック栈橋が位置する地点の防波島の幅は一・六キロメートルほどしかないので、内湾側の侵食を調べるために外洋側からすぐに内湾側のカリタック入り江へ移動できた。ノーフォークの町も近く、研究者の往来や装備調達にも便利だった。そして何より良かったのは、砂浜を自由に調査できることだった。海軍はここを爆撃練習場に使っていたが、それもやっと中止になった。

ここの野外研究センターには、倉庫、研究室、事務所の入る建物二棟のほかに実験用の鉄塔があり、平均海水面より約八メートル高い桟橋には、重い機材を移動させるためのレールが敷かれていた。ビルケマイヤーとセンターの研究員たちは、設置した装置に記録される通年データを装置から回収したり、測定項目をさらに増やすための機材を設置したりした。こうした機材は、水中の「橇（そり）」と呼ばれる金属製の骨組みに固定されることが多かった。そして、使っていない水陸両用車を軍隊から譲り受け、あるいは、桟橋用に設計された通称「カニ（ＣＲＡＢ）」と呼ばれる奇妙な海岸研究用水陸両用車（Coastal Research Amphibious Buggy）で、この橇を砕波帯に引っぱって行った。「カニ」には約一〇メートルの車輪付きの脚が三本あり、人が二人かろうじて立っていられる運転台がその上に据え付けられている。五三馬力のフォルクスワーゲン社製のエンジンを搭載し、最高時速三キロあまりのゆっくりした速度で、水を満たしたタイヤごと波間へと進む。ひょろっとした巨大な鳥が、波を受けるたびに身震いするように見える。（オランダの研究者は、最近になって世界で二台目となる同様な乗り物を作り、敬意を表して「ユーロガニ」と名づけた）。

形は奇妙だったが、「カニ」はダックの砂浜表面の変化を追跡するのにすこぶる有用だった。「カニ」の運転席に設置した計器は浜にある建物の屋根に設置された装置とレーザー光線で通信でき、「カニ」の上下動をきわめて正確に記録するので、海底で砂が二センチ堆積したか持ち去られたかの違いも見分けることができた。浜から沖へと線状に計測していく位置が正確に決められていて、技術者たちはこの導線に沿って「カニ」を移動させ、嵐の当日を中心にして前後の日々を毎日のように測定した。こうした測定値を、風や波やそのほかの記録と突き合わせると、天候によって砂浜の表面がどのように変化するかが正確にわかる。現在の海岸研究では、二センチ以内の誤差なら非常に精度が高い

海岸研究用水陸両用車の「カニ」は、精度の高い測定のために砕波帯へ機材を運ぶ（アメリカ陸軍工兵隊）

部類に入るが、ビルケマイヤーは「カニ」にもっと正確な値を出してほしかった。二センチは大した差ではないように思えるかもしれないが、一キロメートルも二キロメートルもある砂浜の二センチの厚さの砂ならば膨大な量になるとビルケマイヤーは言う。

科学者の目から見てダック桟橋がとても好ましい理由の一つは、施設職員が頻繁に記録を取り、長期にわたるデータが蓄積されているため、嵐が多かったひと冬の大きな変化や一回の激しい嵐による変化に煩わされずに長期傾向を知ることができる点だった。現在のダック桟橋には、気象、波の方向、砕波帯の幅、水の密度、海底地形などについての長年のデータが蓄積されている。

「砂浜へ出かけて行くのも、そこに短期間滞在して徹底的に記録を取るのも、どこの砂浜であろうと大変なことだ。砂浜には、嵐のときに侵食されて平常時に元に戻る傾向が確かにあるが、調べ始めるときの状態はいつも同じではないので、変化したあとの様相もそのときどきで異なる」とビルケマイヤーは言う。ダックの砂浜では、夏のおだやかなうねりが数カ月かけて砂を岸へ運んで浜の幅が広がったあと、九月と一〇月に一年で一番大きな変化が起きて砂浜が最も不安定になることがわかった。そのあと嵐の季節が始まると砂浜は侵食され始める。海が数カ月荒れると砂が沖合の海底砂州に移動し、二月には浜の幅が一年を通して最も狭くなる。「二月に砂浜の形が大きく変わっていたら、嵐がとても激しかったことになる」とビルケマイヤーは言う。

研究者がダックで期間を区切って集中的に調査をするときには、ダック桟橋の基準データを参照できることを当てにしている。そのかわり、自分の調査で得たデータを基準データに付け足す。波が生み出す泡の効果を調べているグーザのような研究者は、潮流や水中の砂の動きを調べているほかの研究者のデータと自分のデータの相互関係を比較することができる。水中に計器を設置したままにする

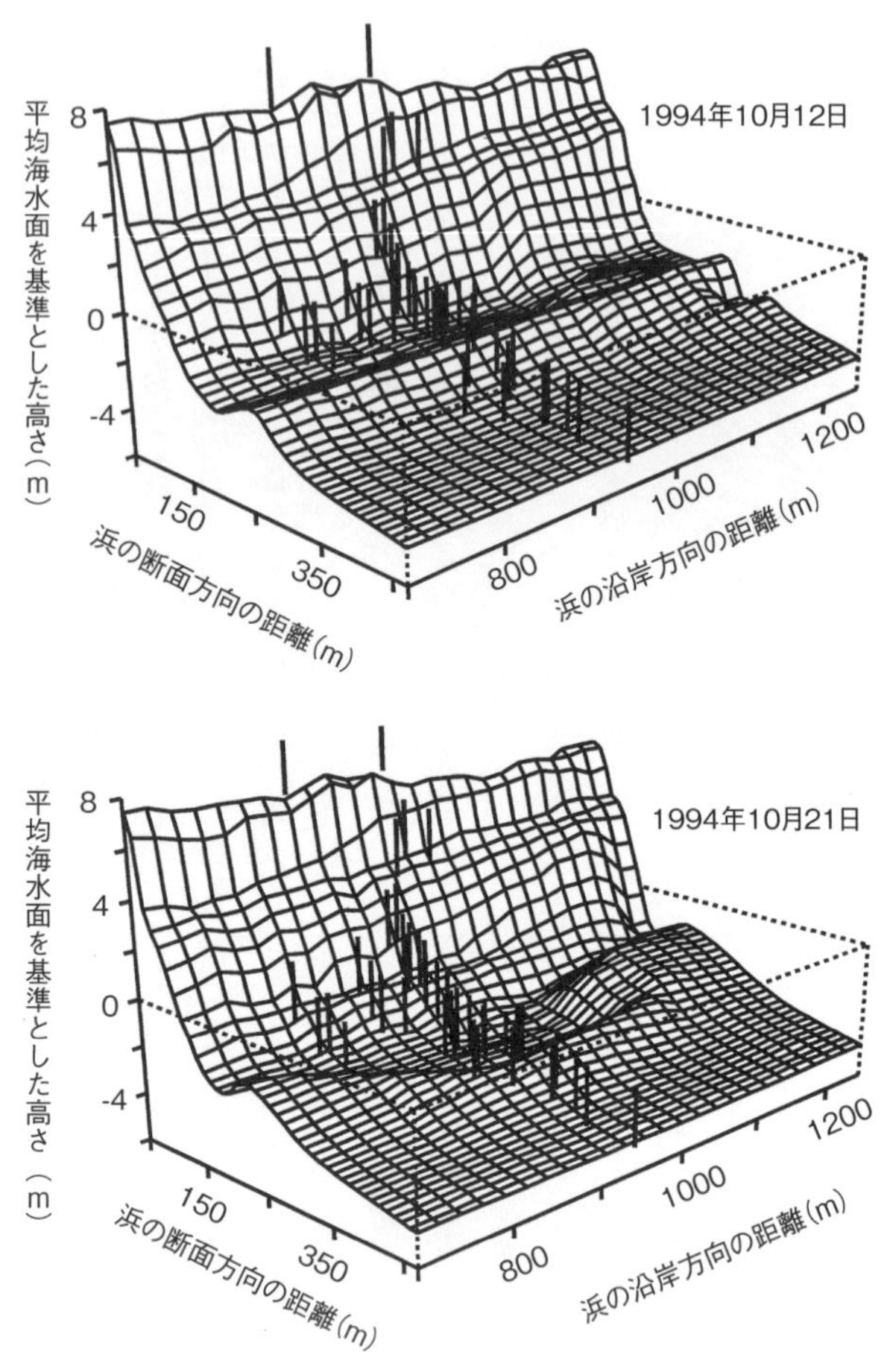

アメリカ工兵隊が計画したサンディ・ダックという調査では、ダックの海中と陸上の浜の形の変化を図にするために特別な装置が使われた。ここに示した図は9日間の日数をおいて作成されたもので、嵐で海底砂州がどのように変化したかがわかる。格子から垂直に立ち上がっている線は、波間や陸上の浜に設置して気象状況、潮流、波の高さといった項目を計測しているほかの機器類の存在を示す（ノースカロライナ州ダックにあるアメリカ陸軍工兵隊水路実験施設野外研究施設）

のはきわめて難しいので、長期傾向を知りたければこうした連携作業は具合が良い。天候が悪いときほど計測を継続することが重要になるが、これは研究者の共同作業があって初めて可能になる。

科学調査で得られるデータはとても多いので（連続作動している一つの機器が記録するデータは数百万に及ぶ）、それを分析・検証して科学雑誌で発表するまでに数年かかる。「砂浜で二カ月過ごしたら、そのあと四年間はコンピューターと向き合いながら、目撃した事象を数値で説明するのに費やす」と、当時デューク大学にいた海岸地質学者のピーター・ハウドは、一九九四年の調査時にぼやいていた。しかしこうして得られた結果から新しい疑問が生まれ、研究がさらに先へと進む。だから、何かの調査が進行している間も、ビルケマイヤーや研究者たちは次なる調査のことを考えている。

ダックで初めての調査が行なわれたのは一九八二年で、砕波帯の海底が嵐のときにどのように変化するのかを知るための最初の計測値が得られた。しかし調査には手間がかかったのに、得られた結果からは詳細なことがわからなかった。一九八五年に行なわれたもっと大掛かりな同じような調査からは、もう少し詳しいことがわかった。海底砂州がどのように形成され、どのように移動し、嵐の前後でどのように形を変えるかを初めて追跡できたのだ。ダック桟橋の職員は、ノーイースターの北東の風が吹き荒れる前後と最中の一七日の間、多いときには一日六回、調査のために砕波帯に設定した一九本の導線に沿って「カニ」を移動させて測定を行ない、延長四五〇メートルほどの砂浜をくまなく調べた（このときの成果を記した調査報告書でビルケマイヤーとハウドは、「悪天候の中を一日中」カニで砕波帯を調べた男たちの不屈の精神がなければ成しえなかったと記している[5]）。

こうして新しい情報が得られたものの、残念ながら海岸地質学者たちは砕波帯の潮流について自分たちがいかに無知であるかを思い知っただけで、一九八六年に行なわれた次の「スーパーダック」調査でもそれは同じだった。スーパーダックでは、砕波帯を浜に沿って流れる沿岸流に焦点を当てて三〇通りの研究プロジェクトが行なわれた。このような流れの一つである陸棚波を調べていたら、それまで誰も見たことがなかった不安定な沿岸流、あるいは流れの揺らぎとも言える事象に遭遇した。この揺らぎは「剪断波（せんだんは）」と呼ばれるようになった。剪断波はそれまで観察されたこともなく、仕組みも解明されていないが、発見者の一人であるコンサルタント会社のクエスト・インテグレイテッド社のジョーン・オルトマン＝シェイが言うように、「沿岸の基本的な波の動きを理解するための決め手」になると地質学者たちは考えている。なぜそのような波が発生するのか、砂浜にどのような影響を及ぼすのかはまだわかっていないが、このような波が見つかったことで、考えていたより沿岸流は複雑なものだということがわかってきた。

　陸棚波は、砂浜を形成するのに重要な役割を担っている。浜に打ち寄せる通常の波とは異なり、浜に沿って移動する。さらに、通常の波が海面を吹く風で起きるのとは違い、波が砕けたり浜に寄せては引いたりという一見単純そうに見える複雑な波のぶつかり合いによって生まれる。

　陸棚波は波頭から波頭までの距離が長いので、出現頻度は通常の波より遥かに少なくなる（数秒間隔ではなく数分間隔）。また、波頭と波底（トラフ）の落差である波高は大きくても数センチにしかならないので、肉眼では波があるようには見えない。しかし、浜の異常に高い位置までときおり波が寄せることがあり、浜の高い位置に立っていて足が濡れるようなときに陸棚波を体感できる。サーファーは誰よりも早く陸棚波を察知し、「波の鼓動（サーフビート）」と呼んでいる。

　数学者たちが最初に陸棚波の理論化を始めたのは一九世紀にさかのぼる。その一〇〇年後の一九四九年にスクリップス海洋学研究所のウォルター・ムンクがカリフォルニアの砂浜で陸棚波を最初に測定し、のちに仲間と一緒に船を海岸に沿って高速で行き来させて陸棚波を発生させようとした。しかし陸棚波の科学的な重要性がわかってきたのは、やっと最近になってからのことで、浜に沿って運ばれる砂の量にも大きな影響を及ぼしているし、三日月形の砂州の形成、離岸流の生成、砂浜に魔法のように出現する規則正しい波模様（ビーチカスプ）にも関係している。まだ知られていない作用もあるはずだ。

陸棚波は海岸のパラドックスを説明するのにも役立つ。嵐のときには、波が崩れるときに波のエネルギーが一番大きく、浜を駆け上るときに小さくなるにもかかわらず、なぜだか浜は大きく侵食される。陸棚波は岸に近づくほど振幅が大きくなるようなので、そのためもあるかもしれない。陸棚波はまだ詳しいことがわかっていなくて解析が進んでいるとは言い難いが、「構造物由来の必要以上に強い波の動きを想定しなくても」、岸近くの浜の特性を簡潔にしかも量的につじつまの合うように説明できるので、海岸地質学者には魅力ある現象に映ると、ダックで何度かプロジェクトを指揮したことがあるオレゴン州立大学の海岸学者ロブ・ホルマンは言う。

調査方針から見ると、陸棚波について重要なのは次のような点になる。陸棚波は五〇年前には実質的に見過ごされていて、構成要素やその作用について研究者が測定し始めたばかりということだ。陸棚波だけを見ても、海岸がいかに解明されていないかがわかる。

スーパーダックが上げた成果は大きかったものの、代償も大きかった。「終わってみたら、あらゆる機器が故障したり壊れたりして使い物にならず、調査参加者もみな疲労困憊して体調を崩していた」と、ダック桟橋の海洋学者カール・ミラーは振り返る。

一九九〇年の調査は「サムソンとデリラ（グーザが海軍の要請を受けて実施していたプロジェクト

の頭文字をとってサムソン、デリラはサムソンの恋人）」と呼ばれ、波と潮流がもう一度集中的に調べられた。一九九四年にはまた水の動きに重点が置かれたが、砂のことや、海底砂州などの浜の「構造物」が波や潮流に及ぼす影響も調べられた。アメリカ・イギリス・カナダの大学、コンサルタント企業、海軍の研究所や大学院大学、ウッズホール研究所やスクリップス研究所から一〇〇人以上の研究者がダック桟橋へやってきて、海中の砂の動きを測定するために考え出した新しい機材をためした。天気が比較的おだやかな夏に砕波帯に多数の機器を設置しておいて、九月に海が荒れ出したら潮流と砂の動きを測定しにやって来た。込み入った調査は長期にわたったが、一九九七年に始まる「サンディ・ダック」という次なる大きな調査で使う調査機器の選別をするための前哨戦にすぎなかった。

いつも予算が乏しい研究者たちにとって、今でも軍部が第二次世界大戦のときと同じように砂浜に関心を抱いていたのは幸運だった。調査をすれば科学者は侵食についての疑問を解決でき、海軍は水陸両用作戦に利用する情報を入手できる。しかしビルケマイヤーは、国の予算が削られて工兵隊が砂浜の養浜事業から撤退することにでもなれば、研究施設には予算がつかなくなり、海岸研究者がさまざまなシミュレーション・モデルに頼り始め、実際に砂浜を観察しなくなると心配した。

海岸の数学モデル

ダックで調査をする科学者は、海岸についての正確な数学モデルに必要なデータを集めるために作業をしているという面もある。しかし、その作業がいかに大変なことであるかを誰よりも知っているだろう。ある浜で明らかになったことを、そのまま別の浜に当てはめることはできないということもよく知っている。それでも厳しい野外調査を行なうのは、正確なモデルがあれば科学者にとっても政策立案者にとっても大きな前進になるからだ。ダック栈橋で得られるような調査データを分析するのにコンピューターの力を借りることができない時代もあった。たとえばグーザは、まだコンピューターがない時代に六〇個ものセンサーを水中に一人で設置し、それぞれのセンサーが数週間にわたって昼も夜も一秒間に四回データを記録するよう設定していた。今は、新しいコンピューターとダック栈橋の機材とを連動させて、観測、仮説設定、実地調査、データ評価などの科学的調査を進めるのが標準的な手法になりつつある。

海岸研究は次の三つの分野のどれかを調べることが多い。一つ目は、砂は、いつ、どこを、どのように移動するか、二つ目は、海岸線の変化(特に侵食速度)を予測するのに既存のデータをどのように使ったらよいか、三つ目は、海岸線の構造物(特に侵食防止のために設計されて次々と建設される構造物)にはどのような作用があるのか、という三つの分野である。こうした事柄を解決するために研究者は数多くの問題設定をしているので、そのいくつかを挙げてみよう。

・砂浜には「平衡状態」があるのか。水際の上へ下へと砂を移動させることで維持しようとしている決まった傾斜があるのか。このような平衡状態は、砂の粒子の大きさと卓越する波の形態(頻度が高い波のパターン)を解析すればわかると、長年の間、海岸研究者の間では自明のこととされてきた。それに対して、ダック栈橋をはじめとするほかの海岸で行なわれた調査が疑問符をつけた。

・浜の沖の海底には、そこより沖へは砂が移動して行かない「限界」水深があるのか。そういう領域があることも自明のこととされてきたが、やはり最近になって疑問視されるようになった。砂浜の養浜を押し進める人たちは、波が浜から砂を持ち去っても限界水深付近の海底に沈むので、沿岸域から失われることはないと長年言い続けてきた。ハウドが言うように、限界水深という考え方がなくなったわけではないが、「かと言って生きながらえているわけでもない」。限界水深についての理論が破綻すれば、砂浜の養浜事業が被る余波は深刻なものになる。

・砂は沿岸の潮の流れに乗って移動するほかに、海底の波形の模様（砂漣）やほかの「海底地形」の間をどのように移動するのか。どの移動方法がより重要なのか。どのような状況でそれが重要になるのか。

・頻度が少ないほかの陸棚波、あるいは長周期波とは何なのか。陸棚波を調べたことで、ビーチカスプの問題は何年も前に説明できたとグーザは思っていたが、カオス理論や複雑系理論が出てきたことによって、また問題になっていると言う。カスプ（尖頭部）が二五メートルあまりの間隔で見られるフロリダ州のカナベラル国立海浜公園の現象をほかの研究者が調べてデータを集めたら、どちらの理論でも説明できるとわかった[6]。「究明は難しい」とその研究者たちは言う。

・防波島は、古い地質学的年代にできた海岸段丘の侵食によって形成されるのか、それとも一部の研究者が言うように、嵐で運ばれる砂によって形成されるのか。

・砂州は、いつ、どのように、なぜ形成され、移動するのか。

ダック桟橋で年間を通じて行なわれた調査によって、砂州の挙動については驚くような新しい知見が得られた。一五年から二〇年前まで研究者たちは、砂浜は夏には沖まで比較的平らで、冬になると一つか複数の海底砂州ができて傾斜が急になるところがほとんどだと考えていた。ホルマンはダックで始めた調査範囲を広げていくうちに、必ずしもそうではないことを見出した。「砂浜という自然環境は考えていたより遥かに動きが大きいことがわかった。今までそれを知らなかったのは、調査を年に三回以上行なわなかったからだ」と言う。

ホルマンは、ダックで砂州の研究をしていたある大学院生の話をしばしば持ち出す。ダックでは冬に通常は浜の沖に海底砂州が陸側と外洋側に二本できる。大学院生は修士論文でこの動きを説明する数学モデルを作った。ところが博士論文のためにもう一度ダックへ戻って調べたら、外洋側の海底砂州がなくなっていた。「状況が完全に変わってしまった。なぜなのかさっぱりわからない。手掛かりすらない。海底砂州が形成される仕組みやその移動についての多くの疑問には、私たちの解明能力が及ばない。しかしもし長期にわたる観測体制が整っていなかったら、そうしたことが起きていることすら知らずに終わる。すると間違った現象のモデルを組み立てることになる」とホルマンは話す。

ホルマンは長年の間海岸研究に携わってきて、砂州の動きがいかに複雑かを知ることになり、その変化を手軽に追跡する方法がないかとずっと考えてきた。そして、浜を見渡せるような小高い場所（ダックにある鉄塔やオレゴン州のヤキーナ・ヘッドの崖のような場所）に設置できるビデオカメラと、日中の明るい時間帯に撮影した一〇秒ごとの映像を解析できるコンピューターを使うことにした。ビデオでは海底砂州の上で崩れる波と、そのあと砂浜に寄せて崩れる波を撮影した。ダックで撮影したビデオの映像と、「カニ」が測定した詳細なデータを比較することで、ホルマンはリアルタイムの映像と一〇秒ごとの測定値の平均を電子化して関連づけるコンピューターソフトを考案し、見た目は不規則な波でも海底砂州の上で崩れているという明確な規則性を明らかにした。こうした波の規則性が

ダックにある工兵隊の研究施設の鉄塔に設置されたカメラは、10分ごとに砂浜を撮影する。でたらめに崩れ落ちるように見える波を写真とコンピューターを使って整理すると、海底砂州が形成されたり移動したりするようすがわかる（ロブ・ホルマン）

長時間続くと、海底砂州が出現したり移動したり消滅したりする。波が崩れているときの海中をコンピューターで画像化して見ると、外側の海底砂州が形成されるようすや、深い海底で砂州の谷部（トラフ）がさまようように動くようすなど、泡立ちながら崩れる波に遮られて見えない水中の現象を垣間見ることができた。この研究からはいろいろなことがわかったが、特に、外側にできる二番目の海底砂州は研究者らが考えていたより遥かに頻繁に形成されるらしいこと、その影響が重要であるらしいことが明らかになった。

コンピューターとビデオカメラを組み合わせたこの装置にホルマンはアルゴスと愛称をつけ、現在はハワイ、オーストラリア、オランダの砂浜にも設置され、撮影された映像はインターネットを通じて瞬時に見ることができる。

連続監視（モニタリング）の必要性

今なら、海岸線の侵食を予測しようとしている科学者は、膨大な過去のデータを地図、図表、航空写真という形で入手できる。

アメリカ東海岸では詳細な海岸測量が一八〇〇年代に始まったが、今の研究者は七〇年前に撮影され始めた多数の航空写真に頼る度合いが増えている。新しいコンピューター技術を使えばカメラの向きによる海岸のゆがみを補正することができ、比較しやすいように電子化もできる。それでもまだ問題は多い。たとえば、ある浜の平均満潮線がどこにあるかを航空写真から知ることはできない。写真からは、撮影されたときの高潮線か、一回前の高潮線しかわからない。傾斜が緩い砂浜では水深の違いが誇張されて撮影されるので、砂浜がそれほど変化していなくても、特に誤差は大きくなりがちになる。また、砂浜の季節変化は大きいと考えられ、数年単位で徐々に見られる小さな変化が覆い隠されてしまう。

データが記録された期間が長いほど、そのデータから得られる結論の信頼度は理論的には上がる。しかし、長期連続データであっても誤った印象を生み出すことがある。たとえば前進と後退を繰り返す海岸では（そういう海岸が多い）、短期的には広がっているように見えるのに、やがて侵食が再開する。長期的なデータがなければ、調査期間中に観察した砂浜の変化が長期的傾向の一部なのか、突発的な現象にすぎないのかがわからない。しかし残念なことに海岸政策は、あまり当てにならない短期間のデータに基づいて立案される。政策立案者には常に信頼できる情報を絶え間なく知らせる必要があることを否定する者はいないが、実際にそのような情報を手にする立案者はほとんどいない。なぜかというと、この類のデータは連続監視（モニタリング）が必要で、連続監視は科学調査ではあまり魅力のない作業なので、継子扱いになるからだ。

凍えるような荒い波が立つ海に入って同じ作業を数週間、数カ月、数年と繰り返す測定は決して楽しいものだとは言えない。費用もかかる。集めた山のようなデータの中から何か意味のある傾向や事

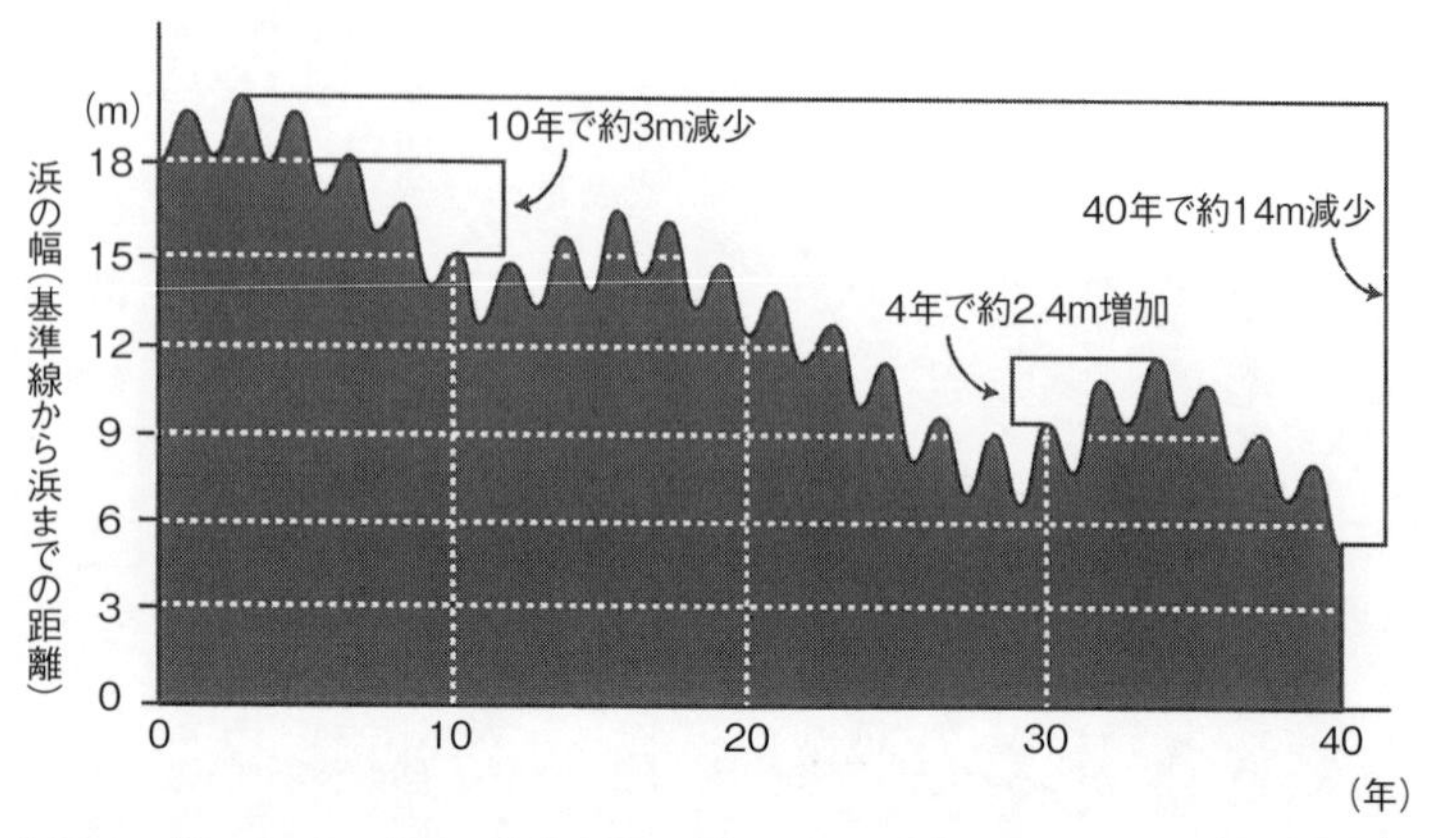

砂浜は、嵐のたび、季節が変化するたび、あるいは毎年のように、絶えず砂が減ったり増えたりしているので、砂の消長を制御しているのが何かを推測するのが難しい。長期的な目で見ると、ここに示した砂浜は年におよそ36 cm分の砂を失っているように見える。しかし10年ごとに見ると、侵食速度はそれより遅いように見える。さらに4年ごとで見ると、年におよそ60 cm増えて砂の堆積が進んでいるように見える（ジェン・クリスチャンセン）

象を示すデータを拾い出すのに数年かかることもあり、これでは時間がかかりすぎてほとんどの海岸研究プロジェクトが成り立たない。たとえプロジェクトが立ち上がることになっても、単に波を監視するだけの調査に予算をつけたがる行政当局はほとんどない。

「本物の学者は波の応用研究には手を出そうとしない。実験室で座っているほうを好むからだ。コンピューター解析を担当する要員の数と野外調査をする要員の数の比率が問題で、野外調査は古くさいとみなされる」と、カリフォルニア大学サンタクルーズ校の護岸壁の専門家のゲイリー・グリッグスは言う。

しかし、もっと野外調査が行なわれなければ、どんなモデルも不完全なものになり、精度も悪く、明らかに的はずれなものになる。砂浜の状態はそれぞれの浜に固有の特徴があり、関係する多くの条件が場所によって変わるので、シミュレーション・モデルを作っても有用な情報が得られることはないと考える海岸地質学者もいる。これに加えて、嵐のデータはやっと数式に組み込めるようになってきた段階で、嵐をシミュレーションするのは砂浜をシミュレーションするのと同じくらい難しい。

砂浜で起きている事象についてのデータが足りないのに、コンピューターを使ったシミュレーション・モデルが増え過ぎることを心配する土木工学者もいる。「物理的な特性が違っていれば、コンピューターがいくら速くても意味がない。私たちは砂浜侵食の現実に即したモデルを作りたい。細かい砂の粒子でできている砂浜を取り上げて、砂を一粒ずつ二〇年間移動させてみたい。そんなことはできない相談だけど」と、ビルケマイヤーは言う。いずれモデルはできるとビルケマイヤーは考えているものの「目の前の砂浜の物理特性を理解するより、月へ行くほうがたやすい」と付け加えた。

護岸壁の問題の追究

護岸壁が侵食を深刻化させるかどうかは、海岸工学にとって長年の間、悩ましい問題の一つになっていて、答えを見つけるためには海岸を連続監視（モニタリング）しなければならない。ダック桟橋は付近に海岸構造物がないという理由で選ばれて調査が行なわれているので、ここでは問題の答えが得られない。答えを出すためには海岸を広範囲にわたって詳細に長期観測するしかなく、工兵隊はやっと最近になってこうした調査に予算をつけ始めた。

護岸壁の背後に砂が溜まる、いわゆる構造物の配置によって生じる砂の消失や、海が陸方向へ徐々に進出して不動の壁に出合うという「受動的侵食」とは違い、「能動的侵食」は、理屈としては壁が通常の波の作用を邪魔して壁の根元の海底が掘られてしまうようなときに起きる。

この能動的侵食の程度は、今まさに議論の最中にある。護岸壁のある海岸ならどこでも大きな問題になることを懸念する海岸地質学者もいれば、それほど確信が持てない人たちもいる。グリッグスは確信を持てないでいる一人で、一九八二年から一九八三年にかけての冬にこの問題に関心を持った。カリフォルニア州のモンテレー湾にあるデルモンテ海岸に貸家を所有している人が切羽詰まって電話してきたのが発端だった。その冬はエルニーニョ現象が見られ、いつになく激しい嵐が襲来し、所有する貸家が海中に崩落するのではないかと心配していた。岩で傾斜護岸を造って所有地を守ろうと考え、州政府から許可をもらうために、傾斜護岸を造っても砂浜には影響がないと断言してくれる科学者を探していた。

グリッグスは仲間と一緒に護岸壁や傾斜護岸のような海岸構造物の有効性を調べる仕事をしたことがあったが、護岸壁が建物を守れるかどうかしか調べたことがなかった。しかしデルモンテ海岸では、護岸壁は砂浜に害を及ぼすのかという別の問題に直面することになった。

「まずは情報を集めるところから始めたが、ほとんど何も見つからなかった。護岸壁を建設すると波のエネルギーを跳ね返すので、砂浜が削られるという直感的な認識が一般にはあるようだった。調べたところ、私には何とも言えなかった。護岸を造るべきだとも、造るべきではないとも言えず、ある意味、途方に暮れてしまった」と、グリッグスは語っている。

結局グリッグスは、問題になっていた構造物は堅固な護岸壁ではなく、岩を緩く組み合わせた傾斜護岸だったので、弊害は比較的少ないとの結論を出した（この傾斜護岸は建設されたが、公共の砂浜に建設されたので、のちに州政府は撤去命令を出した）。このときの経験から、グリッグスは新しい方向へ研究を進めることになった。一九八二年から一九八三年の冬にいくつもの嵐が襲来したことにおびえて護岸壁を建設する許可を求めるカリフォルニア州の人がますます増えたことで、その研究は新たな緊急性を帯びた。グリッグスも程度の差こそあれ、ほかの地質学者と同じように、護岸壁を建設すれば砂浜の消失が加速すると思っていた。「砂浜に垂直に立つように透過性のないコンクリートの壁を築けば、壁が立っているだけで波のエネルギーを跳ね返す度合いが砂浜よりも大きくなるのは当たり前で、何らかの目に見える作用が出てくるだろう」と述べている。これは、水槽に砂浜の模型を作って波を起こしてどうなるかを観察する波浪水槽の実験でも裏付けられている。水槽の砂浜の模型に護岸壁の模型を付け加えると、壁で跳ね返った波が砂を持ち去って、護岸の海側ですぐに砂の侵食が見られる。

しかし残念なことに、護岸壁の問題であろうと海底砂州の問題であろうと、波浪水槽では自然の砂浜の状態を再現することはできないので、正解を得るのは難しい。自然に押し寄せる波は千差万別なのに、波浪水槽の実験で発生させる波は高さも頻度も一定になる（科学者はこれを「均一な波」と呼ぶ）。模型の浜の砂も、自然の浜とは違って砂の粒子の大きさが揃っている。そして、通常の砂の粒子は、縮小した砂浜の模型には相対的に大きすぎるうえに重すぎるので、水槽を設定するときには石炭粉のような代わりになる物を使わねばならない。さらに、ほとんどの自然の浜の形状は、水槽に構築された砂浜より遥かに不規則で、水槽では、沿岸流、防波島に切れ込みができる仕組みやできたあとにもたらす作用、地下水位の変化などを説明することができない。

「長さが二〇〇メートル近くもある砂浜で見られる二メートルを超えるような波を水槽では起こせ

ない。何が起きているかを知りたければ、海岸で実際に測定しなければならない」とグリッグスは言う。

そこでグリッグスは、工兵隊が予算の一部を支援する研究を実施することにして、モントレー湾にある砂浜をいくつか選んだ。護岸壁がある浜もあれば、ない浜もあり、そこで数年かけて詳細な測定を行なって何が起きているかを記録することにした。調査地の一つが護岸壁のあるアプトスだった。アプトスはサンタクルーズ南部の海岸の崖にへばりつくように立地する町で、高さ三メートルほどのコンクリート製の護岸壁が、高さ二四メートル以上そびえる崖の足元に連なっている。ここの護岸壁もほかの多くのものと同じように、波の力を吸収させるための湾曲した面が海に面するように設置され、根元には波消しブロックが並べられていた。そして、百万ドル〔一ドル一〇〇円として一億円〕前後の小奇麗な低層住宅が軒を接するように壁の背後に並んでいる。護岸壁には、登らないようにとの注意書きの札がぶら下がっていた。この部分の海岸が後退しているのは明らかだった。護岸壁が建設されていない区域の崖の上部には崩れたあとが真新しく残っていて、壁がある区域の住民は崖の上部が崩れてこないように網をかけたり黒いビニールシートで覆ったりしていた。

グリッグスと彼の大学院生は一九八六年の秋に浜の測定を開始し、最初は二週間ごと、その後は一カ月ごとに測定した。通常の冬は、護岸壁の前の砂浜は早く狭まることがわかった。壁の前面の砂は濡れているので、波で撹拌されて持ち去られやすいと考えられた。しかし驚いたことに、護岸壁があってもなくても、冬の終わりに浜の幅は同じになり、夏になると前年の夏と同じ幅に広がった。まるで波打ち際から少し高い浜（汀段（ていだん）あるいはバーム）は「冬に何が起きたかを覚えていない」ようにグリッグスには思えた。

「正直なところ、護岸壁は侵食を促すと予測していたのだが、実際に起きたことは予想とは違った」とグリッグスは述べている。

この予備調査の結果を一九九四年に論文にして発表したら物議をかもすことになった。調査結果は「この時期の、この調査地の、この研究」だけに当てはまるものだとグリッグスは論文でわざわざ断ったにもかかわらず、堅牢な構造物建設に反対する海岸地質学者は、この特定の調査結果が護岸壁の規制を緩めるための攻撃材料としてほかの海岸で広く利用されるのではないかと危惧した。グリッグスは、特に厳しい冬に護岸が浜にどのような影響を及ぼすかを見るまでは研究プロジェクトの結論は出せないという立場を取っている一人だった。そして一九九五年に希望通りと言ってもよい冬が巡ってきて、調査地は悪名高い一九八三年の冬以来の激しい冬の嵐に見舞われた。

護岸壁の前面の浜は、比較対象にした護岸のない近くの浜よりも大きく侵食されたように見えた。しかし、壁の端では多少侵食が激しかったものの、嵐が治まった後に侵食の痕跡は長くは残らなかった。「護岸壁がない浜とある浜が一九九五年の嵐の波に対して同じような反応を示したという結果は、私たちの長期観測の結果と矛盾しない」とグリッグスとその仲間は報告している。そして護岸壁の前面の浜の「激しい侵食の跡はすぐになくなり、一九九五年の一連の嵐のあと一カ月も経たないうちに、ふだん通りの均一な砂浜が形成され始めた」。「浜の回復力が損なわれたという証拠は何もない」とグリッグスらは結論を出している。(7)

少なくともこうした結果が出た当初は、多くの海岸研究者が口にはしていたが裏付けられないでいた説を確認するもののように思えた。護岸壁の前面の浜は護岸構造物がない浜よりもたしかに波で大きく削られるが、十分な量の砂が沿岸流に乗って移動している限りは、削られた部分はすぐに修復されるという説だった。

インマンもそう考えていた一人で、ウィーゲルの栄誉を称えてサンフランシスコで開催された会議でこの説を口にしている。「削られ具合は嵐が一番激しいときに一番大きいかもしれないが、一回の潮の干満で砂が補充されることもあり得るのに、私たちはそれを検出できないでいる。侵食の痕跡がそんなに短期間でなくなるのなら、長期的な悪影響はないことになる」と述べている。しかし、インマンが正しいなら、近隣の砂浜が沿岸流に砂を供給し続けさえすれば、グリッグスが調べたような護岸壁は、前面に広がる砂浜にほとんど影響を及ぼさないことになる。そうすると今度は、下流へ流れていったはずの砂を護岸壁が溜め込んでいるのかという問題が持ち上がる。

モントレー湾での研究は、護岸壁のようすを調べるために工兵隊が出資した二つのプロジェクトのうちの一つだった。もう一つはバージニア州のオールド・ドミニオン大学のデイビッド・R・バスコ教授がバージニア州サンドブリッジで指揮を執って実施された。そこの小さな集落では、住民がシートパイルなどの材料を使って自ら護岸壁を建設していた。バスコと彼の大学院生たちは、プロの技術者に補佐してもらいながら数年にわたってここの潮上帯(波打ち際から上の浜)の地形と、水深約七・五〜九メートルの海底の地形を調べ、数値で見る限りは護岸壁がある部分もない部分も、潮上帯が失われる度合いは変わらないことを明らかにした。壁がある部分では冬に砂浜が狭くなる度合いがわずかに大きくなることもわかったが、狭くなっても夏になれば壁がない部分とほとんど変わらないくらいに回復した。

サンドブリッジで問題なのは、急な傾斜地という地形によって波が大きくなり、侵食が大きくなることだとバスコの研究チームは結論づけた。護岸壁そのものが侵食を早めるわけではなかった。しかし、モントレー湾では見られなかった問題点をいくつか明らかにした。壁の両端では浜の削られ具合が深刻だったことと、浜の幅を測るときには低潮線を基準にしなければならなかったことだ。普通は高潮線より高い潮上帯の砂浜を測って浜の幅とするのだが、満潮時には砂浜がなかった。

カリフォルニア州のグリッグスの調査地と同じように、沿岸流に乗って移動する砂がなければ、ここでも侵食はもっとひどくなっていたかもしれない。サンドブリッジでは沿岸流が大量の砂を運んでいると研究者たちは推測している。その量は、年におよそ二二万立方メートルになるだろう。

砂浜に砂がほしいだけ

海岸工学ほどややこしい工学分野はない。ウィーゲルが言うように、「海岸工学は、土木工学の中で最も難しい分野の一つだ。砂浜や沿岸の海底地形が常に変化しているように、波、潮流、風も常に変化しながら構造物に常に大きな環境負荷をかけている。さらに、寸法効果が大きいので、実地調査が必要になる[8]」。ウィーゲルもほかの海岸研究者や海岸工学者と同じように、海岸工学がいかに難しいものであるかを地方自治体、州政府、連邦政府の当局者に知ってほしいと思っている。何がわかっていて何がわかっていないか、何が可能で何が不可能かをもっと知ることが「切迫した課題だ」とウィーゲルは言う。

しかし、何人もの海岸科学者が残念そうに言うように、海岸地域の行政担当者は、財政的な予算を海岸の開発に関連した事業につぎ込みすぎている場合が多い。長期的な目で見た侵食の度合いについてなど知りたくもない。ましてや、新たに再建した砂浜が数年のうちに消失するなどと聞きたくもない。レザーマンが言うように「見て見ぬふりをする」のだ。

アメリカ科学アカデミーがウッズホールに海岸研究者を集めて会合を開いたときには、海岸の科学的知見は行政が手にしている知見より遥かに多いのは明らかだった。しかし科学者は長期的な視点を持っているのに対して政治の世界は目先の事柄に囚われる。「もし三〇年先のことを考えた対策がわかれば、あるいはせめてこれから一五年間のための対策がわかれば、住民はそれを実現するための方法を探そうとするだろう。一般人は地質学者のような悠久な視点は持っていない」と、一九八〇年代にノースカロライナ州ナグスヘッドの市長だったドン・ブライアントは言う。

セバスチャン海峡地域の委員会に名を連ねるフロリダ出身のパーキンソンも、これに同意する。「住民は研究に興味があるのではない。砂浜に砂がほしいだけなのだ」。

海岸工学は研究分野としてはまだ若い。防波島が移動することとか、剪断波が存在するといった大きな発見は今でも続いている。「今は試行錯誤の段階だ。一般の人たちは、研究者と工学者が議論を重ねていることを知らないし、関わっている専門家の間で意見の食い違いがあるとは思っていない。これは白黒をつける問題ではない。私たちは海岸について知らないだけなのだ。二〇〇億ドル〔一ドル一〇〇円として二兆円〕の予算があれば、二一〇年後には答えが出るだろう」とパーキンソンは言う。

しかし、お金をかけて砂浜に海岸構造物を建設するだけでは、現実には害こそあれ益はないことが次第に明らかになりつつある。『海岸保護のための指針』を改訂したことからもわかるように、工兵隊もそれを認めているようなものだ。

海岸構造物についての工兵隊の指南書の最初のものは『技術報告書4——海岸計画と設計』として一九五一年に発行された。一九七三年には内容を三倍にして『ショア・プロテクション・マニュアル

（海岸保護のための指針）』と改題して発行している。二巻からなるこの指南書は工兵隊の事務方や地方政府の役人を対象として書かれたものだが、現在は世界中の大学や土木工学に携わる企業が利用している。海岸工学の指南書としてこれまでで最も信頼できるものと広く認められている。

この『ショア・プロテクション・マニュアル』は一九七七年に改訂されたあと、一九八三年にもう一度改訂されたが、それでもまだ一九七〇年代初頭の技術をもとにした内容だった。当時はまだコンピューターが普及しておらず、数多くのシミュレーション・モデルも考案されていない状況で、波や砂の移動についての新しい知見もなかった。

工兵隊は現在、もっと広範な情報を提供できて、海岸構造物が環境に影響を及ぼすことを新たに強調するような指南書に作り変えようとしている。海岸地質学を扱う項も設ける。海岸工学者が「自然環境に配慮した海岸工学」と呼ぶ資料や、従来の海岸工学技術が引き起こした弊害をどのように緩和したらよいかについても書き加える。定期的に改訂できるように、CD-ROM版を初めて利用できるようにもする。

砂漣の謎を追う

やはり冷え込みがきつい一九九四年一〇月の朝のことだった。科学者たちは、もう一度ダックの砂丘に集まった。その時も間に合わせの会議室に集まり、前日の成果や問題点を報告し合った。一九九〇年のときと同じように風は寒く、空は鼠色で嵐の気配が感じられた。このときはノーイースターの北東からの風がアウターバンクスを吹き抜けていた。大きな波が浜に打ち寄せる中、ホルマンのビデオが沖の海底砂州の奇妙な変化を察知した。「どういうことなのかわからない」とグーザが言った（このときは悪天候に屈して、トレパンとフランネルのシャツを着ていたが、足は裸足のままだった）。

全体として見れば、データの集まり具合は悪くなく、測定機器はうまく連動しながら作動しているようだと研究者たちは報告した。大きな問題は二つしか報告されなかったものの、それを誰もどうすることもできなかった。研究者の一人は、設置した機器のまわりを魚の大きな群れがうろついて測定に少なからず支障をきたすと困っていた。別の研究者は表層の潮流を調べるために海面をレーダーで走査していたのだが、アンテナの一つをダック栈橋近くの空き地に設置したところ、「昨日電話が来て、所有者が建物の建設を始めることになったから地面をならしに来ると言われてしまった！」。

数年しか経っていないのに開発の波はダックにも押し寄せ、調査にいろいろとややこしい問題が生じていた。今年は、研究者たちの宿泊場所を確保しようとビルケマイヤーが栈橋への立ち入りを制限したら、地元住民から抗議が多数寄せられた。議会からの苦情を受けて、ビルケマイヤーは浜と砂丘の境界付近に散策者用の通路を整備した。「科学的な調査ができるかどうか心配している。ほかの海岸でも同様な科学的調査をするのが難しくなってくるだろうことを示している」。

しかし、そうしている間にも、ダックで調査したいと考える研究者の数は増え続けている。プロジェクトの参加者数は最初の頃より遥かに増えた。ビルケマイヤーは、「人数はわからないが、把握しようとはしている。登録者は一一〇人だが、ある時期にいったい何人がここへ来ているのかさっぱりわからない。調査計画は三〇くらいあって、おもだった研究者は四〇人くらいになる。大学院生もいる。電子機器の専門家もいる。スクリップス海洋学研究所は溶接工まで連れてきた。みんな専門家集団を引き連れて来ている。私たちの仕事は、そうした人たちが気持ちよく仕事をして帰れるようにすることになる」。

カナダの研究者たちは、七一万一〇〇〇ドル〔一ドル一〇〇円換算で七一一〇万円〕もする機材と、それを設置するためのアルミの枠を三基携えてやってきたとビルケマイヤーは言っていた。「アルミ枠の二つは波で浜に打ち上げられてしまった。それを私たちが修理した。浮かない顔つきで調査されるのは嫌だからね」。カナダの研究者たちは、砂丘の窪地に別のトレーラーを設置して調査基地にし、カエデの葉の国旗を揚げた（その中の一人は、「寒い日には、いつもほかの研究者に責められる」とぼやいた）。近くにはグーザのトレーラーがあり、海賊旗が翻っていた。グーザは前年の七月に機材を設置するのに二週間かかったが、苦労した甲斐はあった。「砂浜に変化が起きたら、グーザにはすぐわかる」とビルケマイヤーは言った。

多くの研究者は正午になると作業を中断して風が吹く砂浜に集まり、一日の一大行事を見物した。測定装置を満載した橇がまた砕波帯へと引っ張られていくのだ。この作業ができるのは「カニ」だけで、今でも「カニ」は限界に挑んでいる。「カニ」は高さ二メートル弱の波にも耐えられるよう設計されていて、少なくともそれくらいの波をしのぐ高さがあるが、波が来るたびに激しく揺れる。橇を引いているため、何か具合の悪いことが起きてもウィンチを使って浜へ引き戻すことはできない。しかしすべては計画通りに進み、翌朝はトレーラーの中で研究者たちが、橇の機器がしっかりとデータを集めたと報告し合うだろう。

「風速が今朝は一五、六メートルあり、今もそんなものだろう。調査にはぴったりの天候だ」と、ビルケマイヤーは事務所の窓から桟橋に当たって砕ける波を眺めながら満足そうに言った。

その三年後に大掛かりなサンディ・ダックの調査が始まったときに、このときのリハーサル調査が実を結んだ。機器類についての問題点はすでに解決していたものもあれば、設計段階で使用をやめたものもあった。データを取るためや保存するためのコンピューターのソフトも改善されていた。課題のすり合わせも行なわれた。一例を挙げると、嵐のさなかに砂がどのように堆積するかについては申し分のないデータが手に入るようになったが、嵐のあとにその砂がどうなるかについての詳しいデータが遥かに少ないことがわかった。そこで、砂の動きを詳しく追うために、調査した悪天候の直後にコアサンプル（浜の断面がわかる砂のサンプル）を採取する準備をした。機器類の設置、維持管理、取り外しについての詳細な日程が、ときには一時間単位で決められた。

一九九四年のダック栈橋でのプロジェクトのあと、海底にできる波形模様（砂漣）にももっと注意を払うことになった。砂漣は砂が海岸に沿って移動するときに形成されることが多いのだが、まだ謎が多い。「砂漣がどれほど複雑なものであるかを私たちはよく理解していなかった」と、グーザはある朝、砂浜を歩きながら、一連の機器類を波間に沈めてある方向へ目をやりながら言った。「砂漣の稜線の部分は、融合したり、捻じれたり、ひっくり返ったり、現れたり、消えたりする」。グーザは、新しい情報を得ることで研究者の仕事がまたややこしくなることに思いを馳せるように黙り込んだあと付け足した。「知らないほうが、ある意味、幸せなのかもしれない」。

砂浜の数メートル低い場所では、数人の男たちが約二メートル四方の金属製のパイプの枠にかがみ込んで、センサーや計測器などの多数の装置の調整に忙しかった。そして微調整が終わるやいなや、「カニ」はゆっくりと調査開始地点へ移動した。金属製の橇を鎖で「カニ」につなぎ、枠のほとんどが水中に隠れるまで「カニ」がそれをゆっくりと波間へ引きずって行くのを見つめた。調査研究の新たな一日がまた始まったのだ。

この調査は一九九一年に計画が持ち上がり、少なくとも二〇〇〇年まではデータを集めて解析をして、科学雑誌に報告論文が発表される。うまくいけばその頃には、サンディ・ダックに参加した研究者に限らず、さまざまな分野の研究者がさらにデータを集めているだろう。

ビルケマイヤーは、最初はダック桟橋へ大学院生としてやってきた学生が海岸研究の重鎮に成長するのを見てきた。「多くの駆け出しの若者が成長するのを見てきた」と彼は言う。さらに重要なことに、「ここ数年の間、海の動きを追う人たちと、地質学を専門とした人たちの距離が縮まるのも見てきた。この二つの分野は、ふつうは扱う時間の尺度が違う。ここに来て一緒に作業をすると、その溝が埋まることもある」。

そのほかにも、砂浜の下層に広がる変化に富む素材の質（川の泥、岩盤など何であれ）によって、砂浜の示す反応が異なるらしいことがわかってきた。「流動的な泥の層を覆う砂は、もっと硬い素材を覆う砂とは違う動きをする。多量の有機物を含む砂の侵食され具合は、有機物を含まない砂の侵食され具合とは違う」とビルケマイヤーは言う。また、地中の岩に残されている太古の砂浜の痕跡の謎を海岸地質学者が解こうとしたら、現在のダックのような場所で何が起きているかを知る必要があるとの認識がますます深まっている。

こうした物の見方は、海岸線の研究をさらに複雑にしている。「細かい部分に目を向けるほど、もともとの想定を考え直さなければならなくなる」とビルケマイヤーは言う。「以前は、調べるのに必要な手段がなかったので、このような疑問を抱くことすらなかった」。

第9章 見て見ぬふり

風を繰ることはできないが、帆を繰ることはできる。

——テキサス州ハーリンゲンにある教会の掲示板より。当時のアメリカ・ハリケーンセンター長だったボブ・シーツの言葉。

大西洋
N
ノーフォーク
サンドブリッジ
バージニア州
ノースカロライナ州
カローラ
20km
ダック（拡大図p.246）
キティーホーク
キル・デビルズ・ヒル
ナグスヘッド
オレゴン海峡
ピーアイランド島
サルボ
エイボン
ケープハッテラス灯台
ハッテラス海峡
オクラコーク海峡
モアヘッドシティ
ケープルックアウト岬
シャックルフォード・バンク島
アメリカ合衆国

ケープハッテラス灯台の危機

ノースカロライナ州アウターバンクス海岸にあるケープハッテラス灯台は、外洋に面した砂丘を見下ろすように立っている。高さ約六三メートルのほっそりとしたレンガ造りの塔で、外壁には幅の広い白と黒の縞模様が斜めに走る。岬付近の海には絶え間なく変化する浅瀬があり、この「大西洋の墓場」の位置を船に知らせるために一八七〇年に建設された。灯台の光を頼りにしていたのは船乗りだけではなかった。この海岸近辺には、砂丘を馬車で行き来していた時代を覚えている人がまだ住んでいる。霧深い夜に家にたどり着こうと馬を進めていると、灯台の光が見えて安堵したときのことを懐かしむ。

そのような記憶がないノースカロライナ州の人たちにとっても、この灯台は古くから海のロマンのシンボルだった。近代化に脅かされた海辺の物語を思い出す人もいるだろう。アウターバンクス海岸には、もっと小さな灯台がほかにいくつもあるが、ケープハッテラス灯台は最近まで海際に堂々とそびえていたことから、ノースカロライナ州の人たちの心にこれほどしっかりと刻まれている灯台はほかにはない。

建設された当初は海岸線から五〇〇メートル近く離れていて、波の脅威とは無縁だった。しかし、ただでさえ不安定な海岸地形の中でも砂の岬という地形はきわめて不安定で、ケープハッテラス岬はその最たるものだった。長年の間に岬の形も位置も大きく変化したが、海岸線は常に内陸方向へ後退し続けた。第一次世界大戦の頃には、まだ建てられて五〇年も経っていないのに、約三三〇メートル分の海岸がすでに失われていた。第二次世界大戦が終わっても侵食が続いたので、連邦政府はこれを灯台として使うのをやめ、海から離れた位置に鉄塔を建設して代用することにした。古いレンガ造りの塔はやがて国立公園局に所管が移され[1]、すぐにノースカロライナ州の観光名所として利用されることになった。

しかし岬は相変わらず、せわしく形を変えた。戦時中に海軍は灯台の北側に小さな基地を建設して、前面の浜に砂が溜まるようにと、海へ突き出す突堤を三本建設した。すると岸に沿う流れの下流側にある灯台付近で侵食がひどくなり、一番下流にある突堤を補強した。侵食はいくらかましになったものの、やがてその突堤のすぐ南側の海岸が削られ始め、灯台は再び侵食の危険にさらされることになった。

人々が灯台の先行きを心配し始めた頃には、一九八二年の冬に海が大きく荒れて波が灯台の基部を洗うようになり、さらに心細い状態になった。公園局は海岸を守るのに構造物は使わない方針をとってきたのだが、その嵐のときには公園職員が一丸となって「駐車場プロジェクト」を実施して灯台を守ろうとした。「公園職員たちのとっさの機転で駐車場の舗装を剥がし、嵐の真っただ中、（灯台の根元の）海へ投げ入れた」と、ピルキーは語っている。アスファルトの残骸は今も灯台の根元に残っている。その嵐のあと砂浜は多少回復したものの、何か荒療治をしなければ灯台を守れないことは公園局の職員をはじめ誰の目にも明らかだった。では、どうすればよいのだろうか。

ノースカロライナ州西部出身のある実業家は、海岸を守るために、当時の最新技術だった人工海草を購入するための基金を創設した。この技術は、海草の群生地を自然に再生させることを想定した手法で、カリフォルニア州では砂浜を侵食から守るかのように見える場合がある。人工海草の葉状体の片方の端を砂袋で押さえて海底につなぎ止めれば、その部分の水の動きが遅くなり、波で巻き上げられた砂が海底へ沈降しやすくなる。灯台の前面に群生地を造れば砂が溜まると考えられた。ノースカロライナ各地の小学生もこのプロジェクトに五円、一〇円くらいの額を寄付して海草が設置されることになったが、計画が頓挫するのも早かった。葉状体は重しからはずれて海中を漂い、航行する船舶のスクリューに絡みついた。スクリューに捉われなかったものは絡まり合って砂浜に打ち上げられ、海岸は見苦しい状態になってしまった。

灯台の前の浜には、一九六〇年代と一九七〇年代に数回にわたって砂を補充する養浜が行なわれていたが、投入する砂の量よりも侵食される量のほうが多かった。ピルキーの説明によれば、「ここで行なわれた小規模な養浜の一つは、砂浜の養浜事業の歴史の中でもよく知られている。砂をポンプで浜に投入し終わる寸前に嵐になって、まだ浜に残っていたパイプも、投入した砂も、すべて波に持って行かれてしまった」。

公園局は万策尽き、護岸壁を設置して灯台を守れないかと工兵隊に相談した。護岸壁があれば波の侵食でまわりの地面がなくなっても灯台は残るだろう。最終的にケープハッテラス灯台は、そこから三二〇キロメートルほど南にあるサウスカロライナ州のモリスアイランド灯台のように、まわりが海に囲まれた島のようになる。しかし、モリスアイランド灯台は地中深くまで達する硬い地層の上に建てられていた。これに対してケープハッテラス灯台は重さが二八〇〇トンもあるのに、硬い地層は地中二メートルあまりの深さにしか達していなかった。その代わり灯台の土台には、きわめて耐久性があると言われるイエローパインの太い材が使われていた。ただし、その耐久性は真水に対する耐久性だった。防波島では真水が地中深くまで存在することはほとんどなく、もし灯台が立っている防波島の地面が侵食でなくなってしまったら、真水もなくなることになる。要するに、ケープハッテラス灯台がモリスアイランド灯台のように海の中に立つことになっても、土台が腐って灯台は崩れ落ちてしまう。

　ピルキーは、「そんなことをしても倒れるだろう。海中へと倒れてしまうだけだ」と予測した。それにもかかわらず工兵隊は護岸壁の計画を推し進めた。護岸はかなり高くする必要があり、灯台のほとんどの部分、特に、特徴的な根元の部分は護岸に隠れてしまうことになる。技術者の中には、護岸のコンクリートを練るのに必要な量の水をくみ上げると、イエローパインの丸太が危険にさらされるほど地下水位が低下することを心配する者もいた。地下水位が下がってしまっても灯台を残すことはできない。

　そこで、海岸の行く末に関心があるピルキーをはじめとする関係者は別の方法をとることにした。灯台を今ある場所に残せないなら、移動するしかないと考えたのだ。侵食の進み具合が速いときの唯一の対策をピルキーは「海岸線からの撤退」と呼んでいたのだが、これはとても良い先例になりそうだった。ピルキーは思いを同じくする人たちと「灯台を移動させる委員会」を結成し、「かなり波風を立てた」。その結果公園局は、連邦議会が名だたる技術者を招集して組織していたアメリカ技術アカデミーに、灯台を移動させることの是非を調査するよう依頼した。技術アカデミーは、灯台を残すには移動するのが適切であるだけでなく、最も確実な方法だと一九八八年に結論を出した。その報告書には、移動させるために使うレールを敷くコンクリートは、灯台移設の役目を終えたら分解できるように設計するのがよいと書かれていた。そしてその一年後に公園局はこの案を採用した。

　灯台は移動に耐えられないと心配する人も多かったが、移動に適した構造であることがわかった。基礎部分は赤レンガと灰色の天然石で造られていたので重心が低く、塔部分を内側からしっかりと補

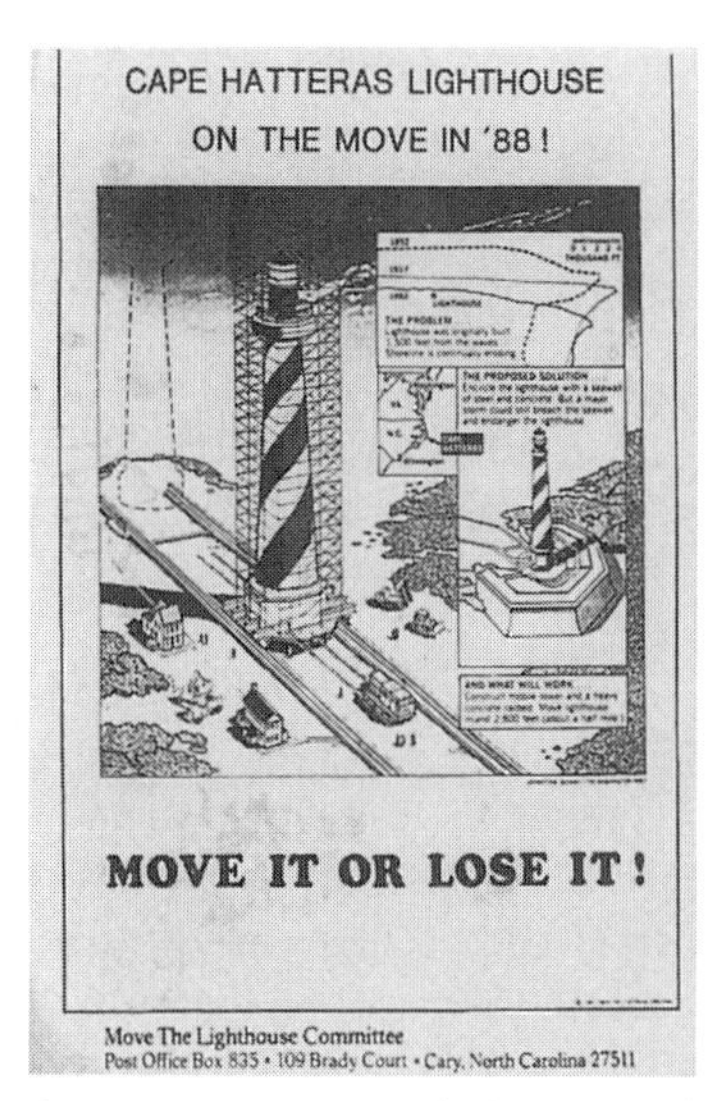

SCIENTIFIC AMERICAN

A WEEKLY JOURNAL OF PRACTICAL INFORMATION, ART, SCIENCE, MECHANICS, CHEMISTRY, AND MANUFACTURES.

NEW YORK, APRIL 14, 1888.

左：ケープハッテラス灯台が浜の侵食に脅かされ始めると、アメリカ研究評議会は危険がない場所に灯台を移動するよう勧告した。「灯台を移動させる委員会」という市民グループは、『ワシントンポスト』紙に載ったイラストを使ってこのようなポスターを作り、灯台の移動の周知を図った（オーリン・H・ピルキー・ジュニア）

右：建物の移動は目新しいことではない。それほど難しいことでもない。1888年4月14日の『サイエンティフィック・アメリカン』誌には、ブルックリンにあるブライトン・ビーチホテルを移動させたことを知らせるこのような記事が載っている（『サイエンティフィック・アメリカン』）

強すれば崩壊の危険はほとんどなかった。ピルキーはこれを「すぐに使える技術」と呼んだ。さらに、移動先には広大な土地も確保できた。四〇〇メートルくらい内陸へ移動すれば、何世代にもわたって灯台は安全なはずだと報告書には書かれていた。

　しかし、これにはすぐに反対の声が上がった。灯台をこよなく愛していた人たちは、移動という手荒な手法に灯台が耐えられるとした技術者たちを信用していなかった。愛しい灯台をジャッキで持ち上げて土台に乗せても、ポンコツ車を台車の上に乗せたような姿をさらすだけだと反対する者もいた。海に没する運命にあるのなら、余計なことをせずに崩れ落ちるがままにすればよい。海岸の後始末は自然に任せるのがよいという立場をとっていたピルキーには、自分の主張とぴったり合うのでそれでもよかった。「あの灯台が海の藻屑になってもよいなら、コンドミニアムが海に没しても何の問題もないだろう。アメリカ中の海岸対策にとって、この上なく都合の良い前例となる」と言い放った。

灯台周辺に限らず海岸沿いに家や事業所を所有する人たちは、まさにそれを心配していた。ピルキーと同様、この灯台の行方が前例になることもわかっていた。もし政府が灯台ですらその場に維持できないなら、自分たちの店舗やホテルや別荘が危うくなったときに支援を得るのが難しくなるのは明らかだった。こうして、海岸沿いの利害関係者から、灯台を移動させないことに反対する声が大きくなっていった。

一九九〇年代の初めになると、灯台が切羽詰まった危険にさらされるようになったら、すぐに移動のための入念な準備を開始すると公園局は約束したが、そう言いながらも、駐車場のアスファルトの残骸の上に砂袋（サンドバッグ）を設置したので、移動推進派は不審に思った。灯台はすでに切羽詰まった危険な状態にあり、激しい嵐に見舞われれば一晩で波間に消えると公園局は言っている。倒れ始めてから移動先を整地して、線路を敷いて、そのほかにも必要なことを準備するのでは遅すぎる。ピルキーは、「ちょうどよい大きさの嵐が、ちょうどよい方向から襲来すれば、明日にでも灯台はなくなる」と、一九九一年に野外実習のためにアウターバンクスへ連れて行った学生たちに語っている。灯台が倒れ始めたら、灯台を守るために政府が大至急護岸建設をすることを建設推進派は期待して、灯台の移動を遅らせているのではないかとピルキーもほかの委員も心配した。そうなれば、護岸が海岸沿いの建物を守る先例になってしまい、広いアメリカの砂浜は失われていくことになる。

サンドバッグは設置してから五年は波に耐えるので、新しいサンドバッグを三〇〇個積んで灯台の基部を守れば、その間に灯台を移動させることができると、海岸管理局のノースカロライナ担当課は一九九六年に公園局に伝えた。灯台を愛していた人たちの多くは、一九九八年の夏の終わりにハリケーン・ボニーがノースカロライナの海岸方向に進路をとったときには気をもんだ。しかし皮肉なことに、このときの嵐の波は灯台の基部をえぐるのではなく砂を増やした。そして一九九九年七月、鋼鉄の台座に乗せられた灯台は、鉄製のレールの上を海岸から五〇〇メートルほど離れた内陸へ移動して新しい落ち着き先に到着した。

海岸からの撤退

海岸侵食対策は、護岸構造物建設、砂の補充、施設撤退の大きく三つに分けられる。二〇世紀以前の対策は撤退だった。今また、撤退という手段に戻るべきだと多くの人が声を上げるようになっている。

砂浜の近くに住んでいても、海辺は住まいとして不向きな場所だということに気づいたら、家や農場を諦めさえすればよい。多くの海岸（特にアメリカ東海岸）は、物言わずしてこれをわれわれに教えているかのようだ。たとえばバージニア州のホッグ島には一八世紀に居住地ができた。浜の砂は増えたり減ったりして大きく変化するのに、その動きを把握する研究はやっと緒に就いたばかりだ。ホッグ島の住民は地形の変化に対処するのに疲れ果て、二〇世紀の初めに最後の住民が島をあとにした。この島は今、自然保護団体のザ・ネイチャー・コンサーバンシーが所有するバージニア州海岸保護区の一部になっている。

もう一つ、ノースカロライナ州のシャックルフォード海岸の例を挙げよう。ケープハッテラス岬の南西に位置するこの防波島には、かつてはダイアモンドシティという町があり、おもに漁業で生計を立てる人たちが五〇〇人ほど住んでいた。頻繁に嵐に見舞われたので居住地は島の内湾側に建設して、大きな砂丘に守られていたが、比較的裕福な住民は外洋側にも簡単な「野営地」を所有していた[2]。嵐によって繰り返し被害が出て、ついに一八九六年と一八九九年に、たぶんハリケーンの襲来に違いないと思われる嵐の被害に遭い、住民は家を捨てるときが来たと悟った。外洋側にたくさんあった木製の小屋はジャッキで持ち上げられ、丸太の上を転がして内湾側の湿地へ運び、艀(はしけ)に乗せて本土へと短い旅をした。このときに無事に移動できた家は、シャックルフォード島からの砂が流れ着く先にある海岸沿いのモアヘッドシティの道沿いに並び、そこへ移動してきたことを示す小さな飾り版が取りつけられている。ダイアモンドシティの名残は島の小さな墓地にいくつか残っている墓石だけで、墓石の上にはみすぼらしい松が枝を伸ばし、島の野生馬とヘビだけが墓参りに訪れる。

そもそもこれまで人間は、海の邪魔にならないように生活してきた。北米大陸にできた最も初期のヨーロッパ人の入植地では、天候の影響を受けやすく土壌が貧弱な砂浜から離れた高台に家を建て、海沿いにはたいてい建物がなかった。たとえばケープコッド岬では（二八ページの地図参照）、外洋側の浜は「裏浜」とか「裏側」と呼んで利用されず、年配者の中には今でもこの言い方をする人がいる。二〇世紀に入ってからもしばらくは、ケープコッド岬の大西洋に面した側に集落はほとんどなく、浜の近くには建物がほとんどなかった。沖の浅瀬で不運にも船を座礁させた船乗りたちの避難所として建てられた小屋がかろうじて見られるだけだった。

ナチュラリストでもあった著述家のヘンリー・ベストンは、一九二〇年代にここの砂浜に建てた小奇麗なコテージでひと冬を過ごした。著書の『ケープコッドの海辺に暮らして』にはそこでの厳しい生活が描かれ、今でも砂浜愛好家に読み継がれている。当時は浜に沿って道路はまだなく、「砂丘を歩くときの運搬にいつも役立ったのはナップザックだけだった」[3]。（ベストンが「船首楼」と呼んだ家は一九七八年までイーストハムの浜辺に残っていたが、その年の冬にアメリカ北東部にかつてないほど強烈な嵐が襲来したときに破壊された。彼の知人や、彼が浜の猛々しい美しさを愛していたことを知っていた人たちはみな、ベストンはその壊れ方が気に入っただろうと言った）。

アウターバンクス海岸でも、海岸侵食や嵐の被害が少ない内湾側に家を建てるという方針は同じだった。一八三八年に二〇〇人の宿泊客を収容できる最初のホテルが建てられたのもナグスヘッドのアルメバール湾に面した側だった。一九二〇年代になると外洋に面してコテージが見られるようになったが、それでも外洋側に建てられたのは、嵐の襲来に備えて移動可能な小屋だった。

今から一〇〇年前には外洋側の土地を捨てるのは難しくなかった。地価は安かったし、まばらな開発しかされていなかったし、家は移動できるくらい小さかった。外洋側の土地のほとんどは利用価値がないとみなされ、せいぜい家畜の餌場として使われるくらいだった。比較的都市化が進む場所でも、内陸へ撤退するための土地があった。たとえばコニーアイランド（六〇ページの地図参照）にあった部屋数が多い高層のブライトン・ビーチホテルは、侵食が迫って一八八八年四月に一四〇メートル足らず内陸へ移動させている。所有者のブルックリン・フラットブッシュ・コニーアイランド鉄道社は建物をジャッキで持ち上げ、特別に敷いた二四本のレールの上を六台の機関車と一一二台の長物車を使って建物をそのまま内陸へ移動させた。移動速度は「早歩き」くらいだったと『サイエンティフィック・アメリカン』誌は一八八八年四月一四日発行の号で報じ、「何の問題も起きなかった」としている。[4]

しかし第二次世界大戦のあと、特にここ二五年ほどは、海岸に人が押し寄せたために土地の需要が膨らみ、海沿いの物件にはアメリカ中で最も高値がつくようになった。そして所有地を限界まで、あるいは限界以上に開発するために投資して、最大限の利益を上げようとした。

海沿いの土地の価格が上がるにつれて、海辺の家はますます豪華になった。砂丘に隠れるように建つ五〇年前の小さなコテージは過去のものとなり、いま新築される海の家には、トイレ・シャワー付きの来客用寝室が四つ、五つどころか、六つもあり、贅沢な設備をそなえている。新築の家の中には居住用のものも、別荘として使われるものもあるが、その多くは賃貸物件で、償却費に見合うような賃料を得ようとしたら、気前よく設備を整えておかなければならない。昔の行楽客は浜の潮風を楽しみにやってきたものだが、今はエアコンとケーブルテレビが要る。

一九九〇年になると、海に面した建物を内陸へ移動させるための十分な空き地を確保できるような場所はアメリカにはほとんどなくなった。それに、危険が迫っている建物は、海に近いからこそ価値があるのに、こうした建物を気まぐれな海岸線から離すように移動させると、建物の価値は上がるのではなく下がる。

だからアメリカ人は、海岸から撤退するのではなく腰を据えることにした。

海岸構造物の規制（沿岸域管理法、アメリカ洪水保険制度、防波島資源法）

一九六二年の聖灰水曜日に襲来した嵐によって東海岸の建物が何千と破壊されたときには、海岸開発には向いていないので建設を制限する対策をとるべきだと、海岸関係の研究者がすでに言い始めていた。しかし、そうした努力も無駄に終わった。海岸開発の狂乱に常識的な対処をしようとする試みもあるにはあったが、たいていは国レベルの試みで、連邦政府の規制がムチとして使われ、連邦政府の所有地に立ち入る権利がアメとして使われた。そのおもな三つが、一九七二年の沿岸域管理法、一九六八年に成立したアメリカ洪水保険制度、一九八二年の防波島資源法になる。しかし記録を詳しく調べても、これらの法や制度はたまに活用された記録があるにすぎない。海岸の軽率な開発をかえって促したように見える場合さえある。

【沿岸域管理法】

沿岸域管理法は海岸に関する最初の法律ではなかったものの、合衆国政府を公式に海岸政策に取り組ませることになった。この法律の目的は、「アメリカの海岸域資源を保護・防護・開発し、可能な場合には資源再生や資源価値を高める施策を行なう」ことと、「海岸域の土地と水資源を有効利用するために」州政府が管理計画を作成・施行するのを促すことだった。

沿岸域管理法では州政府が管理計画を作成することを求め、該当する三五州とその管轄範囲にある二九の地域（アメリカの海岸線の九五パーセントを占める）は、一九九五年までに法に見合う独自の管理計画を整備した。まず「沿岸域」を、沿岸水域と、沿岸水域に接する陸域に分けた。次に、「容認する土地利用と水域利用の形態」と「計画に問題がある区域」を決めた。これはやっかいな作業で、土地利用を行政が規制することに対する反発が強い地域では特に大きな問題になった。そしてそれぞれの州は、海岸利用について取り決めたことが守られているかを監視するための何らかの手順を決めるか、組織を立ち上げるか、仕組みを作り上げるかしなければならなかった。

この法律ができたことで積極的に動いた州もあった。ノースカロライナ州は護岸構造物の建設を禁止した。マサチューセッツ州をはじめとするいくつかの州では護岸構造物が大きく制限された。フロリダ州やサウスカロライナ州では、砂浜から一定の距離をおかなければ構造物を建設できないと定めて建設を制限しようとした。テキサス州は、沿岸域管理法の内容とは少しずれるが「オープンビーチ法」を制定し、海岸侵食が進んだあげく海岸植生よりも海側に取り残されることになった構造物は、法律上はすべて州政府が撤去できるようにした。

沿岸域管理法によって連邦政府が州の開発を阻もうとしていると懸念する声が強かったにもかかわらず、州の海岸管理の決定権が奪われたとみなせる事例を探すのは難しかった。砂浜によって事情は千差万別なので、沿岸域管理法の中で決められた事柄を国中の海岸に適用するのは難しく、同じ州の中でさえも難しい場合があった。たとえばカリフォルニア州の海岸線は一七七〇キロメートルに及び（ボストンからチャールストンまでの距離に匹敵）、多様な海岸がある。また、沿岸域管理法では最新の開発手段と海岸保護の推進を同時に実現しようとしているが、この二つは互いに相容れない場合が多い。

最終的に州政府の関係機関の多くは、海岸開発で経済的利益を得ようとする強い勢力と戦う気がほとんどなくなった。ハリケーン・ヒューゴの襲来のあと、サウスカロライナ州は物件所有者の嘆願に応えて、建物をここまで後退させると決めた境界線より海側に多少の構造物を建設できるよう法を改定した。テキサス州では、住居の破壊が五〇パーセント以内だった人たちは砂浜に家を再建してもよいように州法を変えた。ここでは「破壊」の定義さえも曖昧なままにされた[5]。

【アメリカ洪水保険制度】

連邦緊急事態管理庁が運用する洪水保険制度は、海岸や河川の氾濫原に新たに構造物を建設するのを思いとどまらせることで、災害時の連邦政府の救援費用を削減することを表向きの目的として一九六八年に整備された。新しくできた厳しい建築基準を遵守（ムチ）する見返りに、その地域の人たちは連邦政府が支援する保険に加入できる（アメ）。現在この保険への加入件数は数万件に達し、アメリカ各地の海岸や河川敷での被害に対する補償額を合計すると、数十億ドル〔一ドル一〇〇円として数千億円〕にもなる。

この保険制度は当初は海岸地域では諸手を挙げて歓迎されたのだが、それには理由があった。うまく運用すれば、保険制度は災害の救援方法として最良の手段になる。物件所有者が必ず保険契約をしなければならないようにしておけば、災害時の費用を所有者に肩代わりさせられる。所有者が保険に入っていれば、避けようのない嵐が襲来しても、連邦政府が介入して緊急支援をしなくてすむ。また、運用が始まってしばらくすると、規定（高床式にするのでなければ、一〇〇年に一度の確率で浸水する洪水線よりも高い位置に建てる）に沿って建設された家屋や構造物は、規定に沿わないものよりも被害の度合いが遥かに小さいことも判明し始めた。

そしてしばらくの間は、毎年集める保険料が、支払われる補償額を上回ったので、保険制度の擁護派は、税金を使わずに運用できる対策だと胸を張った。しかし、ハリケーン・ヒューゴやハリケーン・アンドリューが襲来し、天候の荒れた冬が何年か続き、中西部でひどい洪水が一、二度起きると、そのようなことは言っていられなくなった。保険事業は大赤字になり、連邦政府が穴埋めをした。これらの災害によって、保険制度の核心部に大きな欠陥があることが浮き彫りになった。海岸の浸水被害という確実に起きるであろう災害に、連邦政府は財政を賭けていたことになる。

誰かが少し冷静に考えてみれば、こうなることは最初からわかりきっていた。採算をとりたい保険業者なら、かなりの額の保険金を請求されることが明らかなのに、安い保険料で契約を結んだりはしない。そもそも保険が生まれたのも、大きな補償が必要だったからだ。連邦政府の洪水保険が登場するまでは、海に面した土地や建物が波をかぶって被害を受けることに対しては、現実問題として補償はできなかった。州政府の保険備蓄金（備蓄制度を有している州のみ）や、ロンドンのロイズといった保険引受業者が現れたから実現したことになる。損害補償金が支払われない構造物に銀行の多くは抵当権を設定しようとしないので、もし美しい砂浜に面した物件を所有したかったら、現金で購入しなければならなかったことになる。砂浜に面した家屋の多くが簡素だったのも、こうした理由による。簡素なものなら波に持って行かれてもあきらめがつく。

そこへ連邦政府が、水害に遭いやすい浜沿いの土地でも年に数百ドルで加入できる保険制度を作った。お手頃価格の保険ができて、銀行は抵当を取って海岸開発に融資するようになり、海岸沿いに土地を求める動きに火が付いた。すると保険事業を推進する人たちは、今度は、連邦政府による規制が強まったら海沿いの不動産価格が暴落すると言い出した。規制とはつまり「海岸の線引き」のことで、銀行が信用取引を拒否するために架空の地図上で低所得層の居住地域を赤線で囲む「特定警戒地区指定」と同じくらい不当なものだと言われている。社会理論家の多くは（銀行家の多くでさえも）、アメリカで社会的不平等が続く理由の一つが特定警戒地区指定にあると非難している。しかし、波にさらわれる危険がある建物を抵当に取って融資するのを銀行が嫌うことを非難しようとしても、納得がいく根拠を見つけるのは難しい。「火山の噴火口の縁に住んでいる人と保険契約をしますか？」と、スティーブ・レザーマンは問う。

危険と隣り合わせの海岸にある物件のせいで保険事業が危機に陥っていることに気づいた連邦緊急事態管理庁は、危険にさらされている建造物を実質的には所有者が内陸部へ移動するか撤去するなどして取り除くのを促すことにした。この案は連邦議会でアプトン・ジョンズ法として成立し、被害を受けることが明らかな海岸沿いの建物の所有者が建物を取り壊したら、保険金の一一〇パーセントが支払われることになった。別の場所に移動したら五〇パーセントが支払われる。この規定が連邦議会で成立したとき、保険事業を推進してきた人たちの多くは、構造物が内陸部へ移動されるのが目に見えて促されると期待した。

しかし、海岸の魅力が強すぎた。一九九〇年代の半ばまでに保険を利用した物件所有者はたったの数百人で、ノースカロライナ州の人数はそのうちのほんの一握りにすぎなかった。サウスカロライナ州でも、ハリケーン・ヒューゴのあとでさえ、保険請求はわずか五件だった。

これにいら立った連邦緊急事態管理庁は、今度はアメリカ科学アカデミーに問題点を検討するよう依頼した。そしてアカデミーが招集した専門家委員会は、一九九〇年に「海岸にある物件の保険契約の際には、浸水被害だけでなく侵食の被害も考慮すべきで、保険制度を利用したい市町村は、侵食の危険にさらされる区域に住民が建物を造れないように、建築が許される境界線を定める必要がある」

と提案した。アカデミーですら、保険事業にどれほど費用がかかるかという問題には触れたがらなかったことになる。保険制度では、新築の建物に対する保険料をすでに一九八〇年代に値上げしていて、公式には事業が「保険数理上は順調」と発表していたものの、この数値は侵食被害を考慮せずに算出されていた。というような具合ではあったが、この提案によって、ある砂浜がどれくらい経てば侵食されるかを予測するのは可能か、ということが保険制度で議論されるようになっていった。

すでに保険制度によって詳細な海岸地図が作成されていたが、上記の提案を受け入れるなら、さらに費用をかけて地図情報を追加する必要があった。既存の地図では、一〇〇年に一度の嵐（一年に一パーセントの確率で起きる激烈な嵐）によって洪水被害が起きたときに約九〇センチの波が立つ区域と（静水区域、あるいはAゾーン）、波が約九〇センチ以上になって建物の基部を脅かすようになる区域（流水区域、あるいはVゾーン）を線で囲んであった。この地図に加えて、一〇年以内に深刻な危険にさらされることになるEゾーンという侵食危険区域を追加したいと研究者たちは考えた。この区域に新しい構造物を建てても保険に加入できないようにすることも提案したが、このような地図が存在するだけでも侵食危険区域内での軽率な建設をやめさせるのに大いに役立つ（土地の売り手がその地図を買い手に見せる必要が生じたときには特に有効）とも言った。

変化を望まない制度改定反対派は、ある海岸がいつ侵食されるかを研究者が正確に予測できるようには決してならないと言って、地図作成の必要性を問題にした。これは、それなりに的を射た主張で、海岸に沿って部分ごとの侵食率を決めるのは難しい。護岸壁、突堤、導流堤といった構造物や、それと似たものが砂浜に建設されていたらますます難しくなる。防波島が切れて海峡ができた付近の海岸も、砂を投入した養浜海岸と同じように、扱いはさらに難しくなる。養浜された海岸で将来の侵食状況を研究者が予測するためには、問題の事業が最低限の設計基準を満たしているかどうか（場所によっては、この基準はまだ検討中だったりする）、造った構造物や再生した砂浜をどのように維持管理していくかについて、関係する行政機関に合意があるかどうか、こうした計画を実施するのに十分な資金が事業主体にあるかどうか、といったことを考慮しなければならない。

このような状況にもかかわらず、研究者たちは詳細な地図は作れると確信していた。レザーマンは連邦議会でこの提案について陳述した際に、古い地図や写真を電子化する手法をメリーランド大学の同僚たちと開発したので、データをコンピューターで解析できると言っている。連邦議会のある聴聞会では、海岸によっては六〇年前の航空写真が存在し、多くの海岸では二〇〇年前の地図があるとも言っている。侵食を正確に予測したり、市町村や市民団体が地元の海岸計画を立てる際に必要な情報を提供したりするのに、過去六〇年分くらいの豊富な資料をはじめとするデータの蓄積は十分過ぎるほどになるということだった。

そこで連邦緊急事態管理庁は研究者が勧めるEゾーンの対処方法と建築区域を後退させる条件を受け入れ、保険事業の変更点として連邦議会に提出した。もしそれが議会を通って制度が改正されていたら、海岸で行なう必要のある対策の多くが実現していたかもしれない。最初は、議会を通過する見通しが大きかった。保険制度に関わったある行政官は、文字通り退職の前日に開かれた聴聞会で、一〇年以内に侵食される区域にある建物を補償する唯一の理にかなった方法は、補償額の一〇パーセントに当たる額を年間保険料とすることだとさえ断言していた。

もちろん修正案に批判的な研究者もいた。フロリダ大学の海岸工学技師だったボブ・ディーンもその一人で、法案は「善意的」だが曖昧すぎ、砂州が切れてできた海峡で砂を迂回させる事業を進めるためには不十分だと言った。特に東海岸では、この砂の迂回を行なえば侵食問題の多くが解決するとディーンは考えていた。「もし住民に家を諦めて海岸から撤退しなければならないと伝えようとするなら、まずできることを解決してからにしよう」と呼びかけた。

しかし風向きを変えたのは、不動産業者、海岸沿いの市町村当局、そして海岸沿いの物件所有者たちで、こうした人たちの多くは政治的発言力があった。保険制度では銀行にお金を溜め込んでいるので、これまでの保険事業計画を変える必要はないと主張したのだ。いずれにしても、侵食箇所の地図の作成には費用がかかるだろうし、なかなかできないだろうし、できても間違いだらけのものになる。しかし、もし補助金で支援される洪水保険を連邦政府がやめてしまったら、海沿いの物件価格が暴落して困ったことになるというのが彼らの本音だった。

そして、議会に提出された修正案は否決された。否決されたことで連邦政府は、一九八〇年代後半の貯蓄貸付危機で直面したのと同じようなジレンマに陥った。何か問題が起きたら、保険事業者の最後の砦として補償額を支払うが、その法規を決めるのは連邦政府ではなく州政府になる。

皮肉なことに、海岸の洪水危険区域に物件を所有する人のほとんどは保険制度の恩恵を受けない。抵当権を設定するために必要ならば保険の契約はするかもしれないが、保険料を払い続けさせる仕組みがないので支払いをやめてしまう場合が多い。海岸地域に災害が起きたら、これまで長い間連邦政府がしてきたような支援を当てにしているのは明らかだ。アメリカに住んでいて何らかの自然災害(竜巻・地震・ハリケーンなど何であろうと)に見舞われる危険がある人は、連邦政府の「災害保険」に加入するよう義務づけるべきだと主張している連邦議員すらいる。[6]

しかし、そうこうしているうちに民間の保険会社は連邦政府にはできないことを始めた。海岸補償の市場からさらに身を引いたのだ。ハリケーン・アンドリューのあと、総計で一五五億ドル〔一ドル一〇〇円として一兆五五〇〇億円〕の被害補償を行なった小さな保険会社が一〇社倒産し、もっと大きな保険会社の利益も大きく減った。保険会社は契約を破棄し始め、海岸事業者が別の場所へ移るための資金を提供する会社すら現れた。

オールスタット社やステイトファーム社といった保険会社は、保険の販売をフロリダ州、ノースカロライナ州、サウスカロライナ州に限定した。住宅保険の事業者としてはアメリカで五番目に大きなネイションワイド・インシュアランス社は、海岸域では住宅保険の販売数が劇的に減っていると一九九六年に発表した。[7] フロリダ州政府は契約取り消しの一時停止を命じ、災害が起きたときの保険金を補償するための準備金を用意した。にもかかわらず、保険契約者の多くは、保険料や免責額の一方または両方が倍増するのを目の当たりにし、保険料の一年間の増加率は二桁になった。最終的に州政府は引受業務を担う機関を設立するはめになり、今ではそれがフロリダ州で二番目に大きな住宅保険機関になっている。[8]

【防波島資源法】

洪水保険制度（および連邦政府の一般的な災害救済措置という安全網）が存在すれば、たとえば砂浜に家を建てるといった危険を伴うことを気兼ねなく行なっても、その結果として起きる被害から守られていることになるので、ある種の倫理欠如が生まれるのではないかという議論が、今盛んに行なわれている。

一九八二年にできた防波島資源法は、このような論理が働くかどうかを知るための実験のようになった。この法律では、「海岸にある防波島は、素晴らしい景観、科学的探究の場・行楽地・自然環境・史跡としての重要性、考古学的・文化的・経済的価値を資源として備え持っているのに、防波島自体や、その付近一帯の環境は、回復不能なほど破壊されて失われつつある[9]」と断言している。こうした愚かな開発を連邦政府が支援していて、これはやめなければいけない。内務省は民有地になっている防波島と、開発を免れた防波島の一覧を作成し、それをもとに、この法律によって「防波島資源区域」が定められた。その区域内の防波島で開発を行なうことはできるが、洪水保険・道路建設・架橋・上下水道整備・養浜にお金をかけている防波島や砂州については、インフラ整備を連邦政府が支援することを法律で禁止した。

この法律によって区域内にある防波島の開発速度は鈍ったが、それでも開発は続いた。区域内にあったにもかかわらず開発が続いた例の一つとしてトップセイル島が挙げられる。ノースカロライナ州南部の海岸にあるきわめて不安定な防波島で、連邦政府のインフラ整備支援を受けずに開発が進んできた。この島では、激しく変化する砂州の切れ込みの影響で島のほとんどが急速に侵食されている。島にある唯一の道路の脇にはブルドーザーが集めた砂が当たり前のように山盛りにされている。ピルキーはこの島を「ノースカロライナ州で最悪の開発例」と呼んだ。そしてピルキーが正しいことが一九九六年に判明した。

その年の七月、ハリケーン・ベルサが島の近くに上陸し、すでになくなりかけていたトップセイル島の砂丘を持ち去り、家やマンションを水浸しにした。それから二カ月も経たないうちに、遥かに強力な別のハリケーンが襲来した。このハリケーン・フランは九月五日木曜の午後八時にトップセイル島に上陸し、そのときの風速は秒速約五一メートルに達した。砂丘はなくなり、トップセイル島は防護壁を失った。ハリケーンが内陸部へ移動し終わったときには、海岸に面した家々の三分の二は波にのまれ、内湾側の海に浮いているものもあれば、道路に瓦礫と化して横たわっているものもあり、跡形もないものすらあった。島の上下水道も電気網も大破した。[10] ノース・トップセイル・ビーチの町役場は消え失せ、警察署として使っていたトレーラーも流された。

これらの建物はすべて、実質的には防波島資源法の対象となっていたので、法律上は建物の所有者は連邦政府の災害支援を受けられないはずだった。しかし実際は、連邦政府やほかの支援が一年以上も続き、住民は家を建て替え、島の内陸部の脆弱な湿地帯からは大量の瓦礫が取り除かれた。

洪水保険制度は開発を促すものではないと言われていたにもかかわらず、開発業者は防波島資源法が定める境界線を少しずつ蝕む形で開発可能区域を広げ続けた。たとえば第一〇四回アメリカ連邦議会では、フロリダ州の防波島のいくつかをうまく防波島資源法の規制区域から除かせた。こうした動きを開発業者は、間違った土地区分の法律上の「技術的修正」と呼んだ。反対派は、土地を（最終的には）納税者の負担で開発できるよう開放する事例がまた一つ増えただけだと言った。

海岸保護管理計画

連邦政府の洪水保険制度でEゾーンにある建物を補償しないことにしても、別に海岸を見捨てろと言っているのではない。そうではなく、制度によってEゾーンに建物を新築したり再建したりすることをためらうようになれば、建設場所が砂浜から後退していくような流れを生み出すと期待されている。海水面が上昇していく状況では、構造物建設が許される範囲の境界線を何か自然現象に決めておけば（天然の砂丘からの距離、植生限界、平均海水面など）、嵐が襲来するたびに、その境界線は理論的には内陸へ後退していく。

しかし現実には、海岸の物件所有者はこれに真っ向から対抗してくる。聖灰水曜日の嵐で被害が出たあと、バージニア大学のロバート・ドーランは、住民が海岸にある建物を慌てて再建するさまを見て驚いた。嵐から二五年後に次のように記している。「かつて誰かが言っていたが、『砂浜が不安定なものだということを思い出させるような傷跡は、砂浜にはほとんど残らない』。防波島では建物の再建も、新たな開発も、すぐに再開した。家が損傷を受けたり破壊されたりしたときに、家を建てるには危険すぎる場所だと判断した人がいれば、その場所を引き継ぎたいと言い出す人が現れる」[11]。

それを裏付けるかのように、聖灰水曜日の嵐のあと海岸へ引っ越す人が急増した。一九七〇年代と一九八〇年代にはアメリカの建築工事の半分弱が海岸地域で行なわれ[12]、二〇〇〇年までにはアメリカの人口の八〇パーセントが太平洋、大西洋、メキシコ湾、五大湖の沿岸から一時間以内の地域に集中すると推定されている[13]。アメリカ海洋大気庁は、二〇一〇年までに合衆国の人口の半分近くが海岸線沿いの郡部に集中すると推定している[14]。

建物が混み過ぎている海岸の町に嵐が襲来すれば、分別のある開発スピードに戻る良い機会になるのだが、それは再建を望むすさまじい圧力に対して市町村の役人が立ち向かう気力と根性がある場合のみになる。このため、どの町でも嵐による被害を追い風にすることはできなかった。今どきの海岸物件所有者は単に再建するだけではない。たとえばハリケーン・フレデリックが一九七九年にアラバマ州ガルフショアズの海岸付近の防波島に襲来したときには、海岸に面した小さな別荘の多くを波が持ち去った。当時すでにメキシコ湾に面した土地は質素な別荘を建てておくだけではもったいないほどの価値があったので、ガルフショアの砂浜には壊れた家々の代わりに高層マンションが並んだ。かつては防波島の幹線道路だった片側一車線の道路は連邦政府の支援で片側二車線の高速道路になり、新しい上下水道も連邦政府の支援で整備された。

家の再建を本当に防げるくらい厳格な規制に見えても、異議申し立てが出れば弱体化が進む。サウスカロライナ州が建物を後退させるために設けた条件は、訴訟になりかねない異議申し立てがハリケーン・ヒューゴのあとに殺到して、存続することができなかった。州当局は後退の条件をよしとしていたものの、州政府に寄せられる異議申し立てをすべて訴訟で解決したときにかかる費用が、たとえ最終的に勝訴したとしても、州の財政を破綻させかねない額になった。フロリダ州では構造物建設の「境界線」が常に非難の対象になった。ニュージャージー州では海岸からおよそ一五〇メートル以内の開発を規制したが、のちにこの規制は修正されて、建物の数が二四個以下なら適用外という巨大な抜け穴ができた。ニュージャージー州の海岸の実態はまったくひどい。州政府は、広大な砂浜が開発によって断片と化したのを受けて、「海岸保護管理計画」を一九八一年に制定したが、その名が暗示する通り、おもに土木工事で固定して保護することが重視された。

ノーバート・スーティー率いるラトガース大学の研究者たちは一九九六年にその計画を見直し、独自の提案を行なった。今度は市民の安全にもっと配慮し、嵐による経済的損失を減らすことに力点が置かれた。その報告書は「ニュージャージー州海岸災害管理計画」と呼ばれた。危険な海岸で行なわれた開発区域を残すことではなく、開発を進めることを非難する内容になった。「海岸は開発が進みすぎているというのはもっともな懸念で、かつてはどこででも見られた特徴的な自然はわずかに残るだけになり、そしてその自然を、ニュージャージー州の海岸を訪れる数百万人もの観光客が疲弊させている心配が大いにある」。報告書では続けて侵食についても触れ、ニュージャージー州の約二〇〇キロメートルの海岸線の八二パーセントを「危機的」な侵食が起きている地域に分類し、九パーセントは危機的ではないものの侵食が進んでいるとした。安定しているとされた海岸は、たったの九パーセントにすぎなかった。

ニュージャージー州の海岸沿いの居住地では、開発が許される範囲の境界線が砂浜に引かれていたが、その境界線を維持することは、もはやできない。「海岸整備計画は、所有地を守ることではなく、市民の安全が脅かされないようにすることに目を向けるべきだ」と報告書は結論付けた。侵食が進む地域では浜に砂を補充する養浜対策は行なわれるべきではなく、嵐で建造物が破壊されたら内陸部に再建するべきだとも提言した。

しかし、この報告書に対する反応は素早く、たちの悪いものだった。海岸地域の市町村議会や州議会は、この計画を「自殺的な対策」であるとして公然と非難した。州の環境保護課は、報告書について予定されていた公聴会を取りやめたので、報告書で推奨されたことがどれくらい実現するか見通しは立っていない。

サンドバッグ工法という応急措置

海岸線からの撤退のような流れを生むための別の方策としては、海岸にある建物を維持するのに必要な護岸構造物などの建設を禁止するという手がある。そういう対策をとった州もいくつかあるが、規制を守らせるのに手を焼いている。浸水被害に遭った人が家を再建しようとするのを止めるのも難しいが、愛着のある家を守るために砂浜に大きな岩をいくつか投げ入れようとするのを止めるのはさらに難しい。

ノースカロライナ州は海岸地形がとても脆弱だったので、海岸線を固定するのを禁止しようという動きの一つがここで始まり、一九七四年に沿岸域管理法が可決された。この法律は制定された当初から攻撃にさらされてきた。規制を推し進めたい側は、法を整備する公的機関が海岸計画を作成する専門家として中心的な役割を担うことを当初は期待していた。しかし、法の作成に関わったノースカロライナ大学教授のデイビッド・オーウェンスによれば、「関係する地方自治体からの了承は得られないことがわかった。技術者ではなく地元の行政機関が決めると悪影響が大きいと感じた民有地の所有者や開発業者からも反対の声が上がった」[15]。そこで、代わりに市民委員会が作られることになった。

オーリン・ピルキーのような人たちの積極的な水面下の交渉もあり、委員会は建築を許可する条件や構造物を後退させるときの条件を発表し、一九八五年には砂浜を固定化する事業が禁止された。健全な砂浜に市民が自由に立ち入れる状況を維持するためには、これが唯一の効果的な方法だとして州の多くの人がこの措置を支持したものの、この法律の一条項が法をかいくぐるために利用されている。

その条項はサンドバッグ工法に関係するもので、危険な状態に陥った構造物を、養浜事業が始まるまで、あるいは建物を撤去するまで、一時的に保護するための手段として、砂を袋に詰めたサンドバッグの利用を認めている。しかし、それでは規制にならない。住民は、サンドバッグを長期にわたって砂浜を保護するためのものだとみなしていて、サンドバッグの定義も幅があることがわかった。アウターバンクス海岸にあるナグスヘッドなどの住宅地の浜を歩くと、砂丘がすでに侵食で失われたのに、家やホテルやマンションがサンドバッグに囲まれて砂浜に取り残されている光景に出くわす。

ここで使われているのは、サンドバッグと言っても、小さな麻袋に砂を詰めたようなものばかりではない。直径が一メートル以上、長さが五メートルも六メートルもある巨大なチューブに砂を詰めたもので、そのチューブは水を透過しないプラスチックを表面に吹き付けた重厚な「ジオテキスタイル」線維でできていて、防水性がある。これを使う土地所有者がどんどん増えていった。いったん設置すると、見苦しい砂袋の山は見栄えも作用も壁と同じになった。また、サンドバッグの壁もコンクリートの壁と同じようにやがては壊れるが、とても「一時的」と呼べるほど短い時間のうちになくなることはなかった。

この法律に対する最初の営利面からの異議申し立ては、シェル島のライツビル海岸のマソン海峡にあるリゾートマンションから出てきた。浜の構造物を禁止する法律が州議会を通過したあとの一九八五年に二二〇〇万ドル〔一ドル一〇〇円として二二億円〕かけて建設された施設だった。防波島に切れ目が入ってできた海峡の例に漏れずマソン海峡もとても不安定な砂浜で、マンションが建設されてから一〇年経たないうちに、海峡が建物の方向へ約四メートル移動したことが調査でわかった。一六九軒あるマンションの所有者組合は、さまざまな「海峡の動きを止める構造物」の設置許可を取ろうとした。なかには、高さ約五メートル半のプラスチック製の壁も含まれていた。壁の大半を砂に埋め込み、それらを長さ六〇メートル余りにわたって鋼鉄の板でつないで固定するという。

そのマンションは管理会社によってホテルのスイートルームのような運営がされていたのだが、部屋の所有者の弁護団は、要望書を提出すると所有者たちに約束したものの、要望書が受理されるのに時間がかかるために、マンションを守る対策には間に合わないと説明した。マンションと海との間に残る砂浜の幅は六〇メートルもなく、最終的に防護壁建設の要望が許可されるとしても、マンションが被害を受けるまでに建設許可が下りる見通しはなかった。そうこうしているうちに、損をしてでも物件を売却する所有者が増えてきた。買い手は、最終的に行政が介入してなんとかしてくれるという期待に数万ドル〔一ドル一〇〇円として数百万円〕単位の賭けをしたことになる。

以前に委員会が近くのボールドヘッド島にサンドバッグの突堤を建設する許可を出していたことが、こうしたギャンブルとも言える動きに拍車をかけていた。一九六〇年代になってもほとんど人が住んでいなかったボールドヘッド島には広大な湿地や海岸林があり、そこにテニスコートやゴルフコースができ、数多くのマンションや別荘が立ち並ぶ豪華な新天地になった。しかし島はケープフィア川の河口に位置し（というより開発地の一角がケープフィア岬と地続きになっていた）、そこの浜は、岬に続く海岸線ならどこでも見られるような予測できない動きをしていた。一九世紀の半ばから本格的に開発が始まる時期にかけて砂は着実に堆積してきた。しかし一九七四年からすべてがおかしくなった。当てにしていた砂が失われ始めたのだ。この島の研究をした海岸技術者のケビン・ボッジは、「実際に何が引き金になったのかはわからない」と言っている。近くの船の航路の海底で砂の削られ方が変化したか、沖にある浅瀬が嵐で削られたかしたのだろう。原因はなんであれ、ボールドヘッド島の南西の端が深刻な侵食に見舞われた。浜からの距離を十分にとって建てられた家々も、慎重を期して決められた基準も、突然危機に直面することになり、そのときにはすでに波間に消えていた家屋もあった。州政府の海岸委員会は、物件所有者の嘆願に耳を傾けた末に、砂が失われるのを止めるためにサンドバッグを「実験的に」使用することを許可した。あとで浜に砂を補充したときにサンドバッグがあれば、砂をつなぎ止められるだろうという目論見もあった。

しかし実際に使われたサンドバッグは、長さ九〇メートル余り、高さが一・七メートルほどのジオテキスタイル製の巨大チューブに砂を詰めたもので、約二キロメートルの砂浜に設置したところ、外観も効果も突堤とまったく同じになった。設置反対派は、物件所有者が政治的な影響力や余裕のある資金を利用して望み通りの許可を出させたのだと非難した。この海岸事業の承認は、「裕福なエリート層が政治的な影響力を使って海岸管理政策を身勝手な利益のために捻じ曲げた」ことを示すものだと反対派は言っている[16]。

いずれにしても実験は失敗に終わった。補充した砂は波に洗われてなくなり、サンドバッグの突堤が別の場所の侵食を悪化させて悲鳴が上がった。そして数年後には、サンドバッグ自体が崩壊し始め、見苦しい景観という問題が島の悩みに加わった。

海岸の開発を行なったことで砂浜を維持するための費用がかさむようになり、それを捻出するために、海際の家々や賃貸別荘にはすでに税金が追加で課税されていた。それなのに、捻出した費用をどのように使えばよいのか誰にもわからなかった。地質学者は、ケープフィア岬が一九世紀半ばにあった位置に戻る途上にあり、リゾート地としての未来は明るくないと考えている。「ボールドヘッド島は、これからますます問題を抱えることになる」と、ウィルミントンにあるノースカロライナ大学の海岸地質学者ウィリアム・クリアリーは言う。「住民は自らの首を絞め、その状況から抜け出せなくなっている。底が抜けた穴のようなもので、そこに際限なくお金をつぎ込まなければならなくなる[17]」。

海岸沿いの多くの地域がこのような状況にある。

砂浜の命運をかけた法的な戦い

海岸に不動産物件を所有する人の多くは、侵食の危機に直面する場所に構造物を建設する権利を制限するような規制は、どのようなものであっても、所有地の没収という憲法違反に相当すると主張する。そして裁判でその是非を問おうとした。

サウスカロライナ州チャールストンの北にはアイル・オブ・パームズ島があり、一九八六年にデイビッド・H・ルーカスは、そこのワイルドデューンズ地区と呼ばれる開発地の外海に面した二区画を購入した。そして、この所有地に関係した裁判で、前述のような言い分を強く主張した。記録によれば、あいだに一区画あけた二区画を購入するのにルーカスは九七万五〇〇〇ドル〔一ドル一〇〇円として九七五〇万円〕支払っている。購入した区画の間にある区画と両側に隣接する区画には、手の込んだ新しい海岸別荘が建設されていた。島全体としては高台が多く、浸水も見られず、大きな豪奢な家が建つ新しく開発された島だった。ルーカスは購入した区画に同じような海岸別荘を建てようと計画し、それを売却すればかなりの利益が得られると期待していた。

しかしルーカスが購入した土地は、見た目とは裏腹のひどい場所だった。ワイルドデューンズ地区はアイル・オブ・パームズ島の北端にあり、そのさらに北にあるディウィーズ島とはディウィーズ海峡で隔てられている。地質学者たちは、長い目で見たらアイル・オブ・パームズ島はわずかに大きくなっていると考えている。つまり、砂の供給を受けて島は拡大しているということになる。しかし、大量の砂がときたま供給されたときに島に広がると言ったほうが正しく、大きく広がったあとは砂浜が縮小する時期が続く。

この砂浜の消長は、ディウィーズ海峡の入り口に形成される浅瀬から砂が移動してくることで起きる。浅瀬は十分に大きくなると南にあるアイル・オブ・パームズ島の方向へ移動し始め、砂の多くは島に打ち上げられて浜が広がる。しかし、そうしているうちに海峡の入り口には新たに浅瀬が形成されて砂を引き寄せる。するとアイル・オブ・パームズ島の砂浜は侵食され始める。

ルーカス氏が区画を購入した時期に州政府の計画立案者たちは、このような浜の拡大縮小が繰り返す現象について古い地図などの記録を調べていて、二年後の一九八八年にサウスカロライナ州議会を通過した海浜維持管理法には調べた内容が反映された。州の観光経済にとって砂浜は重要であることが明記され、浜に近すぎる位置に半永久的な構造物を建設するのを法律で禁止することによって、サウスカロライナ州の砂浜・砂丘環境を過度の開発による疲弊から守ろうとした。そこで、過去四〇年に実際に起きた侵食とその期間の侵食率にもとづいて、開発が許される地域とそうでない地域を区別することになった。

開発する地域を線引きするに当たり、砂浜の侵食と拡大が長年の間に繰り返し起きたようすがわかる一九四〇年代以降の航空写真が電子化された（ハリケーンや激しい嵐の直後に撮影された写真は実態を歪めると考えて除かれた）。これらの写真を使って建物を後退（セットバック）させるべき位置を示す境界線を定めたわけだが、調べた四〇年間に波が最も内陸まで到達した地点からさらに一二メートルあまり内陸に設定することになった。

ルーカスが購入した区画は一九六三年には完全に水面下にあり、一九七三年には一日二回の満潮時に波が寄せる場所だったので、セットバック境界線はルーカスの区画よりはるか内陸に引かれることになった。近隣の区画はすでに建物が建てられていたので規制の対象にならなかったが、この法律を施行したサウスカロライナ州海岸委員会はルーカスが所有地に半永久的な構造物を建設することを認めず、このためルーカスは、小さなテラスや遊歩道のようなものしか造れなくなった。

ルーカスは委員会を相手取って訴訟を起こし、委員会の規制によって所有地の価値がひどく減少し、これは、所有地の没収あるいは「横取り」に匹敵すると主張した。だから州政府は、自分の所有地が被った損失を補償しなければならないとも主張した。地方裁判所の第一審ではルーカスが勝訴し、裁判所は州政府に損害賠償として一二〇万ドル〔一ドル一〇〇円として一億二〇〇〇万円〕を支払うように命じた。しかし州の控訴裁判所はその判決を覆し、不安定な環境での不法行為を禁じる権利が州政府にはあるとした。そこでルーカスは最高裁判所に控訴した。

このような時期に、ハリケーン・ヒューゴがサウスカロライナ州に襲来した。法律による規制を問う訴訟が多数起きて、それに押された州議会は規制を緩和して物件所有者が適用対象外として認められるための手続きを大幅に簡素化したので、構造物が建設できるようになった。それでもルーカスは訴訟を取り下げることはなく、最高裁判所は、迷惑行為を防止するいくつかの法律と州政府の権限の範囲を勘案したややこしい判決を出して、ルーカスに軍配を上げた。

最終的にサウスカロライナ州はルーカスの区画を一五〇万ドル〔同一億五〇〇〇万円〕ほどで買い取った。州の人たちの中には、チャールストン近隣の低所得者層の子供たち向けの遊園地を建設するのにそこを使えばいいと皮肉る者もいたが、州政府は、その状況下で最もふさわしくない対応をした。開発用地として売却して、二区画のうちの片方には大きな家が建設されたのだ。

数年が経過して、海岸地質学者が予測した通り砂浜が拡大するサイクルが終わり、まずアイル・オブ・パームズ島の北端で侵食が起きた。一九九六年には、問題になった住宅区画や近隣の地区で、満潮時には家々の土台が波で洗われるようになった。必死に家を守ろうとする人たちは、トラックや、土砂を移動するための重機を借りてきて浜の砂をかき集め、侵食が進む浜の一角にある自宅前の海岸に持って来てバーム（汀段）を築いた。

海岸線の動きを詳しく研究したイースト・カロライナ大学の地質学教授のスタンレー・R・リッグスは「バームを維持しようとする行為は、シオマネキが満潮のたびに巣に流れ込んだ砂を運び出す行動とよく似ていて、終わりがない」と言う。「しかしカニたちの行動は、干満のリズムに合わせて悠久の時間をかけて進化させてきたもので、常に変化する自然の大きな力と渡り合える。移動できない家や所有者の好き放題では、自然の力とは決して渡り合えない[18]」。

ルーカスの訴えに対する判決が出たときに環境保全を進める人たちの多くは、海岸は悲惨なことになると予測した。しかしその予測はまだ当たっていない。それは最高裁判所が、あらゆる価値を失わせる規制と、価値を下げるだけの規制を区別したことも一因にあり、単に価値が下がるだけなら接収には当たらず、必ずしも補償する必要はないとしたからでもある。判決は、州議会が経済的な事情を問題にするのではなく、避けられた災害から州の人たちの命と財産を守る必要性を問題にしていれば、規制は有効だったことにも触れている。法律家によれば、一般に州政府が不動産で収益を上げようとしているときには（規制によって経済開発を進めようとしたサウスカロライナ州のように）、所有者に補償金を出さなければならない。被害を防ぐために州政府が所有地を没収するなら、所有者には補償を受ける権利はない。サウスカロライナ州では、州議会が海岸線の規制を作成するに当たり、観光振興や経済開発に有利になることに触れたことが間違いだった。弁護士でもあり、計画立案の専門家であるノースカロライナ大学のデイビッド・J・ブラウアーは、「そうしたことは土地利用を規制する理由にならない」と言う。

ブラウアーやほかの専門家は、規制を有効なものにするために州や市町村がとるとよい方策をいくつか挙げている。

・経済的な価値を完全に排除しない。自分が建設事業に携わることを想定した状況でブラウアーが示したように、これはそれほど簡単ではない。「たとえば、私が土地を一〇万ドル（一ドル一〇〇円として一〇〇〇万円）で購入したとしよう。そこを一〇〇区画に造成すれば利益が最高になる。しかしその土地に規制がかかり、五〇区画しか建てられなくなる。それが次第に二五区画、一〇区画、二区画と減らされていく。やがて、やっとテントを張れるだけの約一一平方メートルになる（ゴミはすべて自分で処分し、飲み水はペットボトルだけとする）。経済価値があると言えるのはどこまでだろうか。この例では決められない」。それでも、「小さな所有地の価値を完全になくすためには、さらに規制をかけ続けなければならない」とブラウアーは続ける。どれほど大幅な減少であっても単に価値が減少するだけなら、土地の接収にはならないことが以前から最高裁の判決で確立している。

・規制に従って有効な土地利用をしている事例を特定し、所有者ができる限りのことをできるようにする（「公平を期すこと」ともブラウアーは言う）。

・行政的な救済方法を考える。たとえば、ある所有地について建築する権利を有していれば、別の土地にも建築できる権利を与える。このような建築密度の変更を裁判所は認めてきた。

・不動産や迷惑行為の防止に関係する法律を調べて、所有者の申請した開発がすでに禁止されていないか確認する。

・問題の土地を州の公益事業に組み込めないか検討する。ブラウアーは、「土地を生産的に利用すること。厄介なことをさせようとしているわけではない。生産的な土地の使い道はたくさんある」と言う。

ペンシルバニア大学法科大学院のジョン・C・キーン教授が一九九五年のアメリカ・ハリケーン会議で述べたように、もし合法な公益事業と建築許可申請の内容に「本質的なつながり（建築物の性質や大きさについて）」があるなら、訴訟になっても規制が持ちこたえる場合が多い。

規制する側が海岸沿いに建築許可を出してもよいという立場をとるなら、どのような質問が寄せられるかにも備えねばならない。

・そこに建築したら、一般納税者にどれくらいの負担がかかるのか。
・許可を得て建築したのに建造物が被害を受けたら、明らかに危険な場所に公的機関が建築許可を出したという理由で裁判を起こすことができるのか。
・Vゾーンに家を建てて被害を受け、自分の家の瓦礫が隣家に被害をもたらしたら、隣家が訴訟を起こす理由になるのか（的を射た質問だが、どの家の瓦礫がどの家に被害を与えたかを知るための良い手法が考案されない限り、訴訟を起こしても意味がない）。
・法律家の中には（行政に反対する立場の活動家には少なからずいる）、規制と関連して起きた被害ならどんな軽微なものでも物件を補償するよう言い出す者がいる。しかしこれには、補償に充てる財源調達の問題とは別に、ややこしい問題がいくつも絡んでくる。一つだけ例を挙げれば、損害額を補償すれば州政府をその物件の利害関係者に含められるか、ということだ。もし含められるなら、理論的には所有者側の出資率が下がるので、州政府はその物件の共同所有者の一人とみなされて、売却すべきかどうかといった決定について口を出せるかもしれない。この場合に、もし物件に抵当権が設定されていたら、州政府の補償金はだれが受け取るのだろうか。所有者なのか融資者なのか。

こうした理論立ては興味深いが、いくつか重要な点が考慮されていない。

まず一つ目として、法律に従うのと引き換えに補償金を要求するのは筋が違うということだ。法律で禁止されている金儲けになる土地利用はいくらでもあるが（大麻の栽培、賭博場経営、住宅地での工場経営など）、たとえ土地を購入したあとに制限区域の線引きをする法律が変わったとしても、普通は土地所有者が補償金を要求することはない。ペース大学法科大学院のジョン・A・フンバック教授が一九九五年にアトランティック・シティで開催されたハリケーン会議の講演で述べている。

実際は、政府の施策は常に土地の価値に影響を及ぼしているのに、被害を受けた土地を税金で補償することはまったく想定していない。連邦準備銀行が金利を上げると、債券価格は下がる。議会が航空会社の規制を撤廃すると、倒産する航空会社が出る。議会が預貯金や融資の規制を撤廃すれば、財政破綻はもっとひどいことになる。こうしたことと同じように、社会的弊害のある土地利用を法律で禁止すると、所有者は反社会的な利用で得たいくばくかの利得を失う。にもかかわらず、憲法はそのような法律を容認していて、ここには土地利用を制限する法律の多くも含まれる。このような法律がなければ、社会的には受け入れがたい事業を自由にできるようになってしまうからだ。[19]

二つ目は、ルーカスのような人が自分の土地に建物を建てて、のちにそれが侵食や波浪によって破壊されたら、誰が損失の穴埋めをするかということだ。これまでの経緯を見ると、みんなで穴埋めをすることになる。つまり、アメリカ洪水保険制度が負担する宿命を負う。

三つ目として、そもそも海岸の土地の価値がなぜ高いかということがある。多くの場合、行政が何らかの形で補助金を出しているから価値が上がっている。ルーカスの事例では、通常の建築支援だけでなく、洪水保険や災害救援費などからも明らかに支援金が出ていた。行政が民間にこの種の建設支援をする必要はなく、侵食によって危機が迫る区域なら、なおさら必要はない。

四つ目は、天然資源を保護したいなら、自然界の現象についての知識が増えるのに合わせて法律や規制は変わらなければいけないということだ。湿地、野生動物、廃屋などは、かつては発展の邪魔になると考えられていた。それが今では、湿原、生物多様性、歴史的建造物は保護すべき遺産とみなされる。

そして最後に、行政による規制で所有者が土地利用に何らかの制限を受けることを「接収」と呼ぶなら、本来なら共有資源であるはずの自然環境を消滅させたり破壊したりする個人の行為も接収と呼ばねばならなくなるということだ。個人の理性的な判断（その個人にとっては最善の行動）が、社会全体にとって望ましくない結果を招く可能性があるのは当然のことで、海岸では明らかにそうしたことが起きている。合理的な経営判断をする合理的な市民が海岸にひしめき合い、それがあまりにも多くなり過ぎた結果、資源としての海岸の価値が市民にとっても一般社会にとっても減少している。そして、こうした損失に対して土地利用者は社会的に償いをするのではなく（彼らが要求する災害関連費用はここでは考慮しない）、景観が悪化してもなお利益を得ようとし続ける。自然の生態系の価値を調べている研究者は、こうした状況（視野の狭い近視眼的な動機付けによって起きる行為と、長期的に維持されるべき健全な環境との間で起きる軋轢）を「社会的袋小路」と呼ぶ[20]。

この袋小路からどうすれば抜け出せるのだろうか。とても答えがわかっている状況とは言えない。海岸資源の利用者それぞれの行為がもたらした結果にもとづいて、個々に対応するのは難しい。弊害がどのようなものか正確に把握されていない場合や、まだ問題が起きていない場合、あるいは因果関係が間接的な場合には特に難しい。一案としては、建設した人から手数料や保証金のようなものを徴収したり、開発によって破壊された海岸環境を修復するための基金を設けたりするのもよいかもしれない。そのようなことは政策的に実現可能なのだろうか。可能だと断言するのは難しい。

一九九四年に共和党が下院の過半数を獲得して勝利したとき、ルーカスと関係者たちが裁判で痛烈に批判した「法律による接収」のようなことは厳しく制限すると約束した。それを、ホワイトハウス内外の環境保全団体が阻止した。土地の所有者は規制というくびきから逃れたがっているが、アメリカ人は全体としては規制による海岸の保護を評価しているのかもしれない。こうしている間にも、砂浜の命運をかけた法的な戦いが続くことは間違いないようだ。最近の最高裁の判決で接収が関係するものは、全体の三分の二が海岸の土地に絡むものだと推定する法律学者もいる。

海岸保護法の成立

法を整備する際の問題点、地域住民の反対、開発が進む海岸線を守るためにかかる莫大な費用といったことから、すべてを連邦政府に丸投げすれば問題は解決すると考える人がますます増えている。しかし皮肉なことに、このような考え方を耳にするようになったのは、海岸開発を続けるためには無限の財源が必要になると連邦政府の役人が気づいてからだった。政府は砂浜との関わりを増やすのではなく減らしたいと思っている。たとえば一九九六年にはクリントン政権が、砂浜の養浜事業から連邦政府が完全に撤退する提案をした。砂浜の侵食は言ってみれば地域の問題なので、それぞれの地域で対処すべきだというのが言い分だった。

この提案は、陸軍工兵隊の予算立案者の耳にはささやき程度のものでしかなかったが、海岸関係者の間で大きな反響を呼んだ。ワシントンのロビー活動家に率いられる海岸域の市町村、事業主、各種団体は、自分たちが「砂浜保護」と呼ぶ支援の継続を求めてロビー活動をするために、すぐにアメリカ海岸連合体を組織した。侵食された砂浜を再建するための費用の支払いをホワイトハウスが中止するようなら、連邦議会にも働きかける勢いだった。

アメリカの砂浜再建を先頭に立って担ってきた陸軍工兵隊はこの動きを支持した。砂浜の養浜の熱心な推進者だったジェイムス・R・ヒューストンは学術雑誌や講演会などでこの問題を取り上げ、砂浜を維持するのに養浜はきわめて効果的な技術であると述べて回った。また、旅行業や観光業は急成長している産業の一つだと繰り返し指摘し、砂浜は財源にもなり得ると断言した。他国（特にスペイン、日本、ドイツ）は、砂浜の保護と砂の投入にアメリカより遥かに費用をかけているとも言っている[21]。海岸開発の反対派の中には、連邦政府の養浜への拠出金が突然なくなると、住民は焦って護岸壁のようなもっと好ましくない手法に目を向けるのではないかと心配して養浜賛同の声を上げる者もいた。

海岸を擁する州の州議会でも連邦政府の下院でも、海岸計画の立案に携わる議員は連携を促されて委員会を立ち上げた。新しくできた議員連合は法律を起草し、連合にとっては嬉しいことに、州議会でも法案ができた。両方で呼び名が同じ「海岸保護法一九九六」という法案では、工兵隊が「連邦政府・州政府・地方自治体・民間の連合体と包括的に連携して、砂浜の再建と定期的な養浜なども含めた砂浜の保護・再建・拡大を促す保護事業や関連調査を推進する」ことが公的な目標として記された。工兵隊は、議会が権限を有して費用負担もする事業の実施を任され、おそらくこれよりも重要なのだが、長期にわたる（通常は五〇年間）事業継続に寄与することになった。

提出された法案では、「経済活動にも、観光業が世界的競争力をつけるためにも、アメリカの海岸自治体の安全のためにも、養浜された健全な砂浜どうしの密な連携が欠かせない」としている。こうした努力が実を結び、法案の核となる趣旨が水資源法案に盛り込まれ、熱もさめつつある第一〇四回連邦議会の終盤になって、ほとんど異論も聞かれないまま海岸保護法が成立した。

海岸政策の立案における問題

こうした海岸地域の混乱を収拾する方法の一つは、海岸に居住したり投資したりする人たちに、海岸開発に伴うリスクやそれにかかる費用は自分たちで負担するよう要求することだろう。かつてレザーマンは「尻ぬぐいは自分たちでさせろ」と言った。しかしレザーマンでさえ、すぐにこの発言を撤回した。レザーマン自身はアーサティーグ島のキャンプ場（四〇〇区画）がある公園のほうが好みだが、ほかの人たちはメリーランド州にあるオーシャンシティの遊園地のような色とりどりの光に包まれた場所を好むことに気づいたからだ。「オーシャンシティは大衆が楽しむための場所で、週末には人口が四〇万人に膨れ上がる。そのような街を破綻させるわけにはいかないと思う」と述べている。しかしそうは言っても、開発した海岸をそのままずっと維持できると思っている人は夢を見ているだけとも付け加えている。「海岸で起きていることは、もはや秘密でも何でもない。数十年前なら秘密にしておけたかもしれない。ほんの数十年前には侵食率について信用できる情報はなかった。しかし今はそれがあり、海岸のおよそ九〇パーセントが侵食されていることがわかっている」。

ロングアイランド島で開かれた会議でフロリダ大学のロバート・ディーンは今後の展望を語った。「私ならこう言うだろう。『ここはとても危険な場所だ。ここに家を建て、それがもし売れれば、その土地を買う人に付近一帯の地形変遷の経緯を知らせなければならない。もし建物が平均満潮線よりも海側に位置するようになっても、なお続けて一年の間住むつもりなら、家を移動してほしいと言いに来る』と」。このようなことを聞くと土地の所有者は仰天する。海岸によっては土地の販売価格が確実に下がる。しかし最終的には現実的な価格に落ち着く。「人は慣れますよ。すぐにというわけにはいきませんが」と、ロバート・シーツは言う。

海岸の動きについてもっと詳しく知るために、ニュージャージー、カリフォルニア、フロリダ、サウスカロライナといった州は、海岸線や海岸侵食をモニタリングする事業を立ち上げた。航空写真や、定位置で行なう定期的な地形調査による継続観測が多い。ニュージャージー州は毎年秋になると、約一八三キロメートルの海岸のおよそ一〇〇カ所で地形調査を実施する。フロリダ州には、地形調査箇所が三五〇〇カ所あり、一〇〇〇フィート〔約三〇〇メートル〕ごとにコンクリートの基準点が設置されている。三年から五年ごとに各基準点で地形を調べ、ひどい嵐が来れば調べる頻度を増やす。砂浜は脆弱なものだという認識に立ち、州政府は二組目の基準点を設置した。将来も確実に調査を継続できるように、砂丘の位置より五〇〇フィート〔約一五二メートル〕内陸にある。

連邦緊急事態管理庁は、最近は全地球測位システム（GPS）の衛星を利用して海岸線の変化を地図に落とす技術を検討している。ミシシッピ州やデラウェアやダックで起こされた訴訟では、基準となる場所にアンテナを立て、四輪駆動車に搭載した機材の位置情報を受け取れるように調整し、車を砂浜の高潮線に沿って走らせた。予備報告書によれば、この方法は従来の航空写真よりかなり精度が高いことが示されている。(22)

問題は、海岸政策を立案する人に知らせるべき情報を手にした科学者と、政策を立案してそれを施行しなければならない人たちの間に大きな溝があることだ。研究者の多くは、ややこしい規制が絡む世界に足を踏み入れたがらない。感情的な応酬が暴力的な事態に発展しかねない海岸開発のような問題はなおさら嫌がる（ピルキーは護岸壁についての集まりで講演したことがあるが、混乱がないように警察にも来てもらうと参加者には伝えられていた）。科学者は研究をしたいのであって、政治をしたいのではない。科学者の中には為政者を研究者の落ちこぼれとみなす者もいて、規制は「成績がCばかりだった学生の復讐」だと言う。

「研究補助金の支給には、方向性を絞った研究が好まれる」と、ダグラス・インマンはウッズホールの会合の帰り間際に言った。仲間の研究者には、研究職に就くのに不利になるので公共政策には関わるな、とアドバイスしている。

そういった理由以外にも、政策概要を作成するには気質的に向いていない科学者が多いということもある。組織を管理する際には、是か否かの答えが求められる。ところが科学者の頭はそのようには働かない。研究者は確率と誤差の世界に住んでいて、確実性が九五パーセントより低ければ、十分に確かなことだとは言わない。だから、アメリカ研究評議会が専門家をウッズホールに集めたときに、海岸では過剰に開発が行なわれていて、開発のスピードが速すぎるとの意見が全会一致をみたものの、まとめられた勧告が海岸の町の役人を相手にする実際の政策にはほとんど役立たなかったのも不思議ではない。そこで出された勧告のほとんどは、海岸の研究に使う費用を増やすことについてだった。

他方で環境保全団体の多くは、環境について統一性のない規制が増えたことを喜んだ。開発計画が持ち上がったときに、計画の進行を何年にもわたって阻止しやすくなったからだ。同じような規制ばかりで、海岸の維持管理の方法も統一されていたら、阻止するのはそれほど簡単ではない。規制を嫌う開発業者でも、今多くの地域で見られるような緩い変化自在な規制よりも厳しい規制を好むと言っている。

サウスイースト灯台の移動

ブロックアイランド島はロードアイランド海峡にある小さな島で、そこにあるサウスイースト灯台にはケープハッテラス灯台ほどの物語はない。しかしそれでも、島を訪れるロードアイランド州の住民は赤レンガのずんぐりした建物を愛している。南方にあるケープハッテラス灯台のときと同じように、島のモヘガン断崖の侵食が進んで、愛しい灯台が海に崩れ落ちそうな危機的状況に陥ったときに、州の人たちは仰天した。そこで一九九三年に灯台を土台から持ち上げて、約七五メートル内陸に移動させた。

高さ約一五メートルの灯台が一八七三年に建設されたときには、ニューイングランド地方では一番背の高い見栄えのする灯台で、当時は崖の縁と灯台の間には九〇メートルあまり地面があった。移動するという決断が下された一九九二年には、その距離が約一八メートルしかなく、灯台を移動するための機材を配置する地面の幅は、高さ約四五メートルの崖から機材が墜落しないための安全を考慮すると、約六メートルしかなかった。そして次の年に作業を開始したときには、崖の縁までの距離はさらに一・五メートル減っていた。

沿岸警備隊から灯台を購入したサウスイースト灯台基金では、当初は深く杭を打ち込んで崖を安定させるのはどうかと話し合いが持たれた。しかし、崖は下部で侵食が続くので、崖全体が崩れる危険があるため現実的ではないという理由でとりやめになった。基金では崖の下部を石で覆うことも検討したが、その部分の侵食は止められても別の場所の侵食がひどくなるだけなので、これもやめた。

そのかわり、灯台を崖の縁から内陸部へ移動させることにした。二六〇万ドル〔一ドル一〇〇円として二億六千万円〕をかけた引っ越しが一九九三年八月一一日に始まったものの、移動が終わるまで崖が持ちこたえてくれるようにと作業員が祈りながらの作業になった。そして、ハリケーン・エミリーがロードアイランド州に接近した八月二七日に移動が完了した。

移動はおおむね滞りなく進んだ。移動を請け負ったニューヨーク州バッファローのインターナショナル・チムニー社（ケープハッテラス灯台の移動にも関わった）と、メリーランド州シャープタウンのエクスパート・ハウス・ムーバーズ社は、灯台の地下部分に対角線方向の桁を渡して固定し、重心を下げるために灯台の基礎部分の建物の窓を貫く形で支持架を通しておいてから塔部分を補強した。塔を補強しなければ、「崩壊することはないかもしれないが、持ち上げるときに問題が起きるのは明らかだった」と、インターナショナル・チムニー社が担当する作業の指揮を執ったメルレ・コープランドは述べている。灯台の建物全体を線路に乗せて最初は北方向へゆっくりと移動させ、続けて西方向へ、そして再び北方向へと、一分間に約三〇センチの速さで動かした。二〇〇〇トンの建物を壁に対して斜めの方向に移動させると崩壊する危険があると考え、壁と平行に敷かれた線路の上を、方向を変えながら動かすことになったのだ。

「唯一の問題は、塔の基礎部分を掘り返した際、建築図面には段切りにした花崗岩塊を使うとあるのに、瓦礫しか埋まっていなかったことだった」とコープランドは語っている。当時も行政の建築契約で不正が行なわれていたのではないかとコープランドは疑っている。

バッファロー出身で、前任地のサウスブロンクスで巨大土木事業を担当していたコープランドは、ブロック島の孤立した小さな町の雰囲気に最初は驚きを隠せなかった。「島の雰囲気に慣れるのにしばらくかかった。車に鍵をかける人はいない。家を出るときに鍵をかける人もいない」。しかし、数カ月にわたる作業は楽しかった。「灯台は約七五メートル内陸へ移動させた。だから八〇年から一〇〇年くらいは持つと思う。崖がどれくらい速く崩れていくかにもよるが、灯台が崖から墜落するのはつらい」。

第10章

売りに出された海岸

楽園を舗装して
駐車場を造ってしまった。

――ジョニ・ミッチェル『大きな黄色いタクシー』

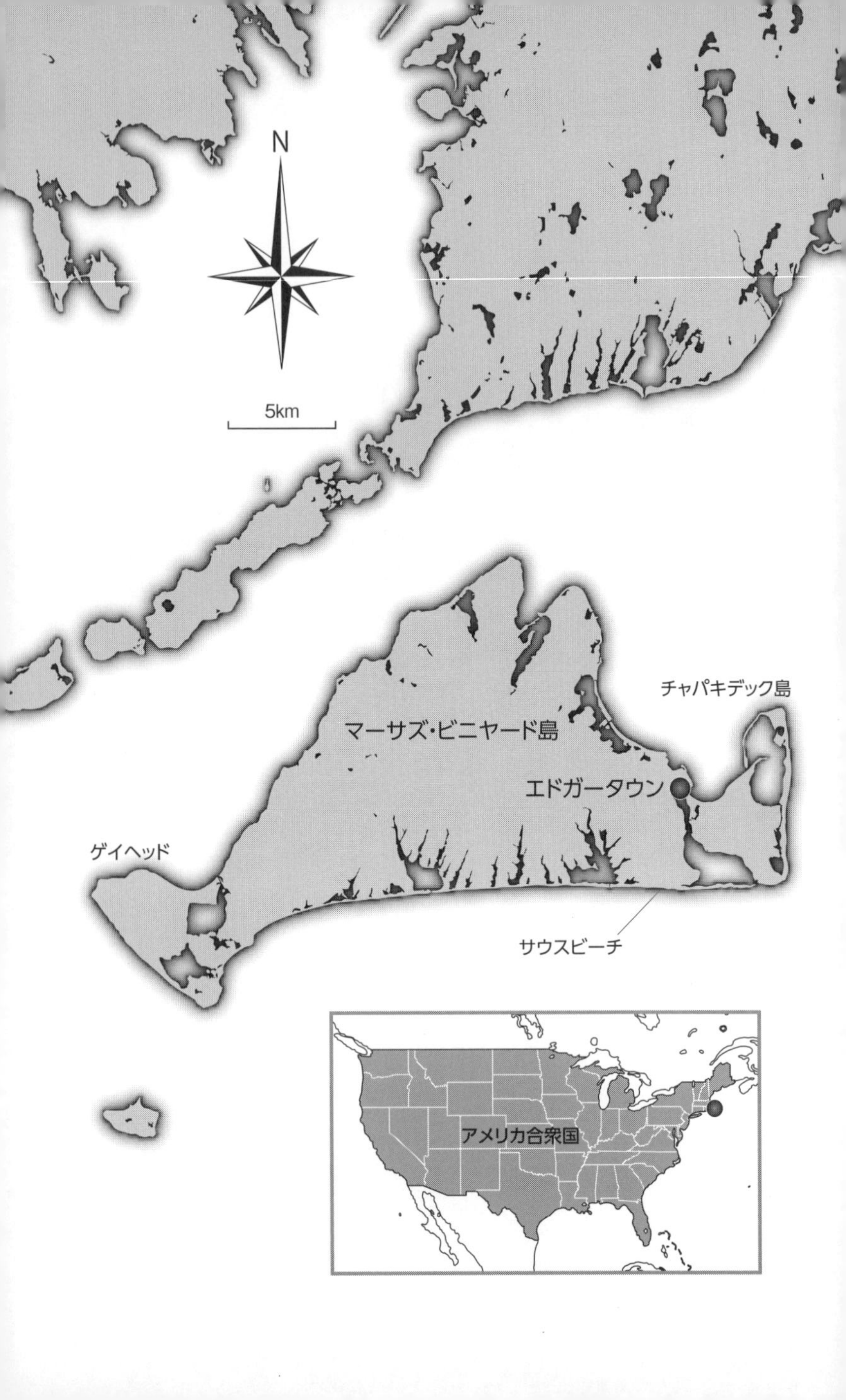
N
5km
チャパキデック島
マーサズ・ビニヤード島
エドガータウン
ゲイヘッド
サウスビーチ
アメリカ合衆国

サウスビーチの略奪

ケープコッド岬の沖にあるマーサズ・ビニヤード島は砂浜が有名で、特に東はチャパキデックから西はゲイヘッドの絶壁までの南岸は、約三二キロにわたって外洋からの波をさえぎる砂の岬（砂嘴（さし））と草の生えた砂丘が続く。この砂浜のほとんどは、個人か、島のいくつかの町の住民にだけ使用が許されている。しかしエドガータウンの砂浜は、私有地ながら何十年もの間島の人たちみなが使ってきた。その海岸の所有者が誰であるかということなど島民が考えもしなかった昔からずっとそうだった。

ビニヤード島の人たちはここをサウスビーチと呼んでいる。恋人たちは代々そこで求婚し、やがて家族を連れてピクニックにやってきた。親たちはサウスビーチで子供に釣りを教え、秋になると父と息子は池や海水の湿地に飛来する水鳥を撃ち、毎年春には浜に注ぐ小川で産卵するニシンをわなで捕えた。ここはいつも太陽と風と空飛ぶカモメを楽しむ場所だった。多くの人にとってサウスビーチはマーサズ・ビニヤード島の生活そのものだった。

だから、一九八七年七月一〇日の『ビニヤード・ガゼット』紙で、サウスビーチの中心部の五・二ヘクタールがビーチ・コーブ・リアリティ・トラスト社という不動産業者に売却されたという記事を読んで島民たちは茫然とした。この業者の計画は、一般の人の砂浜の利用を禁止して、一人約二万五〇〇〇ドル〔一ドル一〇〇円として二五〇万円〕の使用権を買った二五〇人にだけ利用させるというものだった。しかも、八月一日以降は五万五〇〇〇ドル〔同五五〇万円〕になると業者は付け加えた。[1]

開発業者は後日新聞に全面広告を出して計画の概要を説明し、サウスビーチ五・二ヘクタールの使用権契約は「心躍る新しい概念」だとした。しかし、このような使用権を認めること自体は、マーサズ・ビニヤード島でも、マサチューセッツ州やメイン州（マサチューセッツ湾植民地に属した地域）のほかの場所でも別に珍しいことではなかった。この二州では低潮線までが海岸私有地と認められていたのだ。ほかの州では高潮線より低い「湿った砂浜」は共有の場所とみなされるが、この二州では一般の人はそこを歩くことさえ禁止される。

マーサズ・ビニヤード島には海岸利用を管理する砂浜「協会」のある区域がいくつかある。少なくともその一つは一九三〇年代の初頭に設立され、砂浜を所有する家族が相続税を支払うのを助けることを目的にしていた。昔は、おそらく砂浜の入り口に小さな門があり、その鍵は誰でも使えるように近くの岩の下にでも置いてあったのだろう。ところが今は柵がもっと頑丈になり、協会員がそれぞれ鍵を持っている。しかも、マーサズ・ビニヤード島の砂浜の鍵は一〇万ドル〔同一〇〇〇万円〕もする[2]。

その結果、一般人が利用できる砂浜は一層貴重なものになった。サウスビーチはこの島最大の共用の砂浜だったのに、ビニヤード島民が砂浜に立ち入るには不動産業者と契約しなければならなくなるのだ。しかし、二万五〇〇〇ドル〔同二五〇万円〕の使用権を買える家庭は島にはほとんどなかった。

何日も経たないうちに、島民たちは不動産業者への売却に反対するために動き出した。七月一四日付の『ビニヤード・ガゼット』紙の社説によると、「島が売りに出されて安全で神聖なものは何もなくなる。歴史家がサウスビーチの略奪と呼ぶ出来事になるだろう。ビニヤード人が誇るシンボルのようなサウスビーチでさえ、そうなのだから」。論説者は戦いを呼びかけて締めくくった。「ビニヤード人が目覚めて行動を起こすときがきた。これは戦いだ[3]」。

ビニヤードの人たちはこの呼びかけに応じた。エドガータウンの住民の一人は、中心街の角にカードテーブルを置いて、海岸購入のために公債を発行するよう議会に要望する嘆願書に署名を集めた。

数時間で八〇〇人の署名が集まった。別の住民は砂浜で抗議行動をすることにし、ブルドーザーでもない限り、自分を立ち退かせることはできないと宣言した。ボストンの大きな法律事務所は町に法的支援を申し出た。浜を愛する人たちはサウスビーチを考える市民の会を組織し、ほとんどは島で夏休みを過ごす人たちだったが、活動を支援するための寄付がアメリカ各地から集まった[4]。エドガータウン都市行政委員会（行政主体）のメンバーと町の警察署長は開発業者に対し、砂浜に反対する市民が侵入してくるのを防ぎきれないだろうと警告した。

しかしながら、開発業者が砂浜を取り上げると脅すまで、実は島民は砂浜の持ち主が誰なのかあまり考えてこなかった。確かに私有地だったが、第二次世界大戦中の短い間海軍が占領していた以外は、サウスビーチはいつも住民に開放されていた。一九五七年から一九七七年までは、所有者との契約によってエドガータウンの町が砂浜を維持管理した。それ以来、町はその費用に加えてごくわずかな金額を、夏の間砂浜を借りるために所有者に支払ってきた。やがては州がその砂浜を買い取るだろうと誰もが思っていたが、購入を急がせる必要があるとは誰も思わなかった。というのも、ビニヤード島ではよくあることだが、土地の法的権利は、境界線の問題や相続権、未払いの税金などの問題と絡んで昔からあいまいだったのだ。

七月の終わりには、手紙、嘆願書、電話、抗議活動が州政府への圧力になり始め、州当局は問題の地所を土地収用権で取得しようと動き始めた。同時に、マサチューセッツ州務長官は砂浜の株式的販売が州の証券取引法に違反するのではないかと、調査を始めた。さらに町は二つの重要な裁判に勝利した。一件目では、砂浜の利用権の購入者は購入することで訴訟の対象になると通告されることになり、二件目では、新しい所有者は少なくとも当面の間は一般の人を砂浜から閉め出すことを禁じられた。一方で町役場は、砂浜の借用料を払ってきたのだから、ある種の時効取得が成立して実質的に土地を取得した形になっていたと主張することで、そもそもの売却を問題視する訴訟を起こす準備を進めた。「町と一般の人が砂浜をずっと自由に利用できることは周知の事実だった」[5]。

二カ月後の九月の終わり頃になって、開発業者はエドガータウン当局にある提案をしてきた。もし町が訴訟を思いとどまれば、二・八ヘクタール分の砂浜を譲り渡すというものだったが、町当局はこの提案を蹴った。町の公園委員の一人は『ビニヤード・ガゼット』紙の取材に、「私は、これは有利な取引ではないと考える」、「砂浜は公共の資源であり、私たちが所有すべきだ」と述べている[6]。

騒動は翌月の初旬に決着した。マサチューセッツ州議会は公共地の購入のために五億ドル〔同五〇〇億円〕以上の公債を発行する法律の制定に向けて動き出し、そこには海岸の土地を購入するための費用も四〇〇〇万ドル〔同四〇億円〕以上含まれていた。三週間後、環境管理局はサウスビーチを三〇・八ヘクタール購入するつもりでいることと、所有権の問題も何らかの方法で解決させると発表した。そして翌年の春には、町はサウスビーチに再び監視員小屋を建てる準備をし、州もサウスビーチを無期限に一般人が立ち入れるようにする方針を固めていった。

マサチューセッツ州の役人は、ぎりぎりのところで大切なことを学べたと言っている。「ニュージャージー州、デラウェア州、メリーランド州、フロリダ州の海岸を見れば、まだ間に合うとわかった」と、砂浜の構想計画を練る部署の責任者をしている州環境管理局の景観設計者カルスト・フーゲブームも言う。「しかし手遅れになるのも早いので、その前に誰かが声を上げなくてはならない。『この砂浜は貴重なものだ。かけがえのないものだ。私たちの財産だ。それを守るために少し我慢しなければならないこともあるかもしれない』と」[7]。

州環境管理局長のジェームズ・グーテンソーンは、「公債発行が可決される前や、業者が砂浜にコンドミニアムを建てようとする前から、サウスビーチとそれを保護することは、いろいろな意味で住民にとっても行政にとっても試金石になると、私は言ってきました。住民の希望や夢や理想を実現させる力が行政に問われているのです。これらの夢の一つが、大切な天然資源を守り、住民が楽しめる美しい景観を守ることです」と述べている。

ナショナルトラスト

危険を伴う愚かな開発から海岸の景観を守る唯一確実な方法に、土地を買い取るという手法がある。海辺の不動産の価格は長年にわたって上昇してきたため、買い取りなど突飛な考えだと思われ、誰も考えてみようともしなかった（砂浜の権利を主張するキャサリン・ストーンは、このことについて意見を求められ、声高に「海岸を買うですって？　お金はどうするの？　道路を修理するお金も、ホームレスを救済するお金もないのに！」と言っている）。海岸の価格は決して下がっていない。しかし、砂浜保護で負け戦が続いていることの反動もあり、以前より多くの人がお金にはお金で対抗するようになってきた。砂浜が開発業者の手に渡らないようにするには単に買い上げればよいのだ。ときにはマーサズ・ビニヤード島のように行政機関が買い上げることもある。個人や行政機関が民間の保護団体に土地を寄贈する場合もあれば、保全のための利用権を設定して開発から守ることもある。また、ときには環境団体への少額の寄付が積もり積もって、ついに海岸を現金で買い取るまでになることもある。土地を買う資金を捻出するために地方自治体が新たな課税の仕組みを作ることもある。

このようなことでうまくいくのかと思う人は、イギリスに目を向けてみると良い。イギリスでは土地信託団体であるザ・ナショナルトラストが、イングランド地方、ウエールズ地方、さらにノーザン・アイランド地方でかなりの面積の海岸地域を取得して保護してきた。ザ・ナショナルトラストは一八九五年に設立され、開発業者がコーンウォール地方の海岸沿いにあるティンタジェルに大型ホテルを建設すると発表した後の一八九七年に最初の海岸の土地の寄贈を受けている。業者の発表を聞いて、海岸を愛する人たちが隣接するバラスノーズ岬も購入してザ・ナショナルトラストの管理下に置いた。現在は資金の蓄えがあるので、似たような状況の物件が売りに出されると、すぐに行動に移ることができる。一九六五年に「ネプチューン事業」と呼ばれる資金調達計画がエディンバラ公によって始められて以来、ザ・ナショナルトラストは七二〇キロメートル分以上の未開発の海岸線を買える資金を集めてきた。一九八〇年代の半ばまでに、ドーバー海峡の白い絶壁、デボンとコーンウォールの全海岸線の三分の一、さらに、ドーセット、ノーフォーク、ヨークシャー地方のかなりの距離の海岸線も所有するようになった。今後さらに少なくとも六四〇キロメートルを買い取りたいと計画している。

ザ・ナショナルトラストのような団体は、自然の財産を将来の世代に残すことを伝える活動を「ミュージカル・トーク」といった媒体で押し進めていて、掲げる目標は高い。しかし、海岸を開発の手から守るために買い取ることには別の理由もある。それは観光振興で、ますます多くの人がそれに気づき始めた。沿岸地域の経済は観光業に依存している部分が多く、そもそも観光客を引きつけるのは自然の美しさなのだ。民間の土地所有者が海岸を破滅させるまで開発を進めれば、コモンズの悲劇（共有資産の破綻）が繰り返される。一般の人や納税者が支える公的機関が、海岸を利用する事業者から観光業を守る資金を調達しなければならないというのは皮肉なことだが、そうした事業者は自分たちで海岸を守ることもできなければ、守るつもりもないことは目に見えている。

ビニヤード島の住民で口にする人はほとんどいないが、島を訪れる旅行者の多くは砂浜でも特にサウスビーチを楽しみにやってくると知っている。砂浜がなければ、島の商店も、レストランも、ホテルも立ち行かない。

しかしながら、かつて作詞家のジミー・ビュッフェが書いたように「楽園は安くない」。第二次世界大戦の終結以来、海岸の土地の価格は多かれ少なかれ着実に上がっていて、一九八〇年代と九〇年代には急騰した。マサチューセッツ州当局がサウスビーチを保護すると宣言したときでさえ、購入資金をどこから調達するか悩んだ。以前なら十分だった資金でも、もはやほとんど頭金にしかならなかった。「一〇年前なら二五〇〇万ドル〔一ドル一〇〇円として二五億円〕は巨額に思えた」と、環境管理委員のグーテンソーンはサウスビーチ問題について発言している。「それは今でも大きな額だが、土地の価格はマサチューセッツ州各地で明らかに高騰していて、特に海岸沿いでひどい[8]」。

国立海浜公園事業

連邦政府はおそらくいちばん資金を持っているので、ほかの誰よりもたくさん砂浜を買い上げてきた。国立海浜公園事業では現在はかなりの距離の海辺を所有していて、それらの多くは大西洋岸とメキシコ湾岸にある。ほとんどの物件は地元の開発業者の激しい抵抗をしりぞけながら取得されてきた。

ノースカロライナ州アウターバンクス海岸の市民団体が、「ノースカロライナ州と合衆国のための海浜公園」を造れば大恐慌による経済的苦境も砂浜の永久的な侵食も緩和できるかもしれないと思ったことが発端になり、一九三〇年代に海浜公園の事業が始まった。この動きは一九三七年に国会がケープハッテラス国立海浜公園の建設を認可する法案を通過させたときに最高潮に達した。その法律では、連邦政府が不動産を取得できるのは、土地が寄付されるか、土地を購入するために寄付された資金を使う場合に限られていたが、それでも始まりは始まりだった。

最初に寄付されたのは、裕福な実業家が自分の所属する狩猟クラブのために購入した約四〇〇ヘクタールの広大な土地だった。積極的な土地の取得が進められたのは第二次世界大戦後だが、その頃にはアウターバンクス海岸の住民の多くは考えが変わっていた。大恐慌中は海浜公園が仕事をもたらしてくれそうだと歓迎したが、今では石油会社が海岸を調べて回り、採掘権を買い占めたり、試掘を計画したりしていた。アウターバンクス海岸の歴史家のデイビッド・スティック（父親のフランク・スティックは初期の熱心な保護主義者の一人だった）はこう書いている。「大恐慌のときには仕事と収入が得られるとケープハッテラス海浜公園設立計画を熱心に支持した人たちが、今では原油の採掘使用料を前にして、同じくらいの熱心さで公園設立に反対している。アウターバンクス海岸の土地を公園目的にこれ以上寄付するのを禁止する法律をノースカロライナ州の議会に通過させることすらやってのけた[9]」。

石油会社の事件のあとに続いたちょっとした建築ブームで、多くの人は公園計画が消滅するだろうと思っていた。しかし、一九五二年に実業家のアンドリュー・W・メロンの子供たちが創立した財団が、公園用の土地を購入するための資金として州に六一万八〇〇〇ドル〔一ドル一〇〇円として六一八〇万円〕を寄付した。ただし、州が同額の財政支出をするという条件がついていた。そこで州議会は寄付の四日後に、それと釣り合う額を拠出することにした。こうしてついに公園設立が確実になった。

沿岸警備隊を退職したウェイン・グレイは生まれたときからアウターバンクス海岸に住んでいたが、怒りが渦巻く当時のようすを覚えている。人が住む村（ロダンサ、ウェイブズ、サルボ、エイボン、バックストン、フリスコ、ハッテラス、オクラコーク）は公園区域から除外されたが、グレイによれば、対象となった村の住民は公園を嫌っていた。「公園の話が持ち上がり、私たちから土地を取り上げ、『ここでは狩りをしてよいが、あそこではいけない』などと指図した。住民は裁判所で争う金がなかったので、なすすべがなかった」。

ここ二〇～三〇年の開発で住民の考え方は変わった。大洋に面した砂浜が磁石のように旅行者をアウターバンクス海岸に引きつけていると今は多くの人がわかっている。さらに、公園の北に位置するキティーホーク、キルデビィルヒルズ、ナグスヘッドの地域を見れば、彼らが免れた運命を見て取ることができる。これらの町では、ホテル、コンドミニアム、土産物店、そのほか諸々のものが細い防波島に密集し、中央部を走る五車線のアスファルト道路でさえ交通量をさばききれなくなっている。「住民は公園がアウターバンクス海岸を救ったことをよくわかっている」と、グレイは言う。「もし、公園局が動かなかったら、オレゴン海峡からハッテラス海峡まで開発の波にさらされていたことだろう。細い防波島はそんなことには耐えられない。公園局が動いてくれたことに私は感謝している。代々受け継いだ土地は取り上げられたが、それはそれでかまわない」。

海浜公園の設置が連邦議会で承認されると、公園の建設は境界線を決めるところから始まる。そのあと政府はその公園の範囲内の土地を、購入するか、土地収用権によって接収するか、あるいは寄付として受け付けるかして、取得していく。すでに開発済みの場所は、ケープハッテラス海浜公園のように公園の範囲から除かれる場合もあれば、マサチューセッツ州のケープコッド国立海浜公園のようにそこに自宅がある所有者は死ぬまで、あるいは五〇年間、あるいは一定期間そこに住み続けることを許される。ロングアイランド島のファイヤーアイランド国立海浜公園では、すでにあった集落は、内務長官によって定められた建築区域の規制を守る限り、接収の対象にはならない[10]。

公園局は、それぞれの国立海浜公園内を用途によって区分けしている。自然区域には、ピクニックテーブルをあっちこっちに設置する以外ほとんど施設はなく、訪問者は自然状態をあまり変えてはいけない。たとえばケープハッテラス灯台の周辺のような歴史区域では、公園局が自然保護と環境教育を行なっている。自然区域も歴史区域も、どこでも利用者がとても多い。開発区域も同様によく利用されていて、ビジターセンター、キャンプ場、売店、監視員のいる砂浜のような施設がある。そのほかには、公園利用者を支援する施設などの公園振興区域があり、沿岸警備隊の詰所や電波塔などが置かれる特別区域もある。

現在は次のような海浜公園がある。

・ケープコッド国立海浜公園。マサチューセッツ州のチャタム岬からプロビンスタウンの海に突き出た砂嘴までの六二キロメートルの海岸線。連邦政府の土地購入資金の適用が認められた最初の海浜公園。一九六一年設立。

・ファイヤーアイランド国立海浜公園。ニューヨーク州ロングアイランド島の南岸にある防波島の全長三二キロメートルの砂浜、およびグレートサウス湾内の七島。

・アーサティーグ島国立海浜公園。メリーランド州東岸にある長さ約五九キロメートルの防波島。
・ケープハッテラス国立海浜公園。ノースカロライナ州アウターバンクス海岸の一二〇キロメートルに及ぶ砂浜。
・ケープルックアウト国立海浜公園。ケープハッテラス岬南方の七島含む。
・カンバーランド島国立海浜公園。ジョージア州沖。
・カナベラル国立海浜公園。フロリダ州の水鳥がＮＡＳＡ（アメリカ航空宇宙局）の風変わりな鳥と共存。
・ガルフアイランズ国立海浜公園。フロリダ州からミシシッピ州にかけてのメキシコ湾沿岸。
・パドレアイランド国立海浜公園。テキサス州。
・ポイントレイズ国立海浜公園。カリフォルニア州サンフランシスコの北。西海岸唯一の国立海浜公園。

これらの公園の多くは利用者がとても多い。一九六四年設立のファイヤーアイランド国立海浜公園はニューヨーク市から通勤圏内にある。ケープコッド国立海浜公園は、車で一日のドライブで行ける範囲にアメリカの人口の三分の一が住んでいる。利用者が多いにもかかわらず、公園局はどの海浜公園でも景観の野性味を損なわないようにうまく維持管理している。こういった環境保護はいつも簡単だったわけではない。ニューヨークの悪名高い「名建築家」で公園理事をしているロバート・モーゼズは、ファイヤーアイランド島の真ん中に四車線道路を通して島を「安定」させようと数十年にわたって奮闘した。不動産業界はその計画を支持したが、環境保護論者と島の住民の反対で実現しなかった。

アーサティーグ島では、公園局職員がモーテル、海水プール、魚釣り用の桟橋、ショッピング街のある二四〇ヘクタールの商業地区を造る計画を立てた。この計画は、防波島の侵食は避けられない現実であり、そこに広大な恒久的施設を造るのは適切でないことを公園局が認めて、一九七〇年に取り下げられた。

経済界からの強い圧力にもかかわらず生き残った海浜公園もある。カンバーランド島国立海浜公園は、開発計画に反対する住民の力と、メロン財団の一部門からの追加寄付で土地を購入して、やっと現在の形になった。そうでなければ、開発業者のチャールズ・フレイザーがサウスカロライナ州のヒルトンヘッド島に造ったようなリゾート施設ができていただろう。[11]ポイントレイズの海浜公園は、珍しい事業協力によって設立されている。ここは牧場や農場として使われていたのだが、所有者たちが木を伐採して高級リゾート施設を造ろうとした。海浜公園にしようとしていた人たちは、奮闘の末に妥協案にこぎ着けた。土地は政府が買い取るが、公園内にすでに住んでいる人は五〇年間は島にとどまることを認めるというものだった。その結果、公園内の一万ヘクタールあまりが牧場として残ることになった。土地の所有者たちはこの取引で、希望していたほどの額は受け取れなかったが、単なる接収よりは多い額を手にすることができた。公園設立の支持者たちも満足だった。牧場は公園のごつごつした景観に絵のような美しさを添えると考えていたが、それはおおむね正しかった。

ガルフアイランズ国立海浜公園は、自然愛好家だけでなく歴史マニアのおかげでできた公園と言ってよい。一連の一九世紀の沿岸の要塞を保存する努力が公園設立の推進力になった。[12]

野生生物保護区の設立

保護するために買い取る砂浜が残っているということは、ある意味、注目に値する。何らかの大惨事のせいで開発が行なわれなくなって本来の浜が残り、行政や民間団体が保護に動く場合が多い。

惨事が財政的な破綻の場合もある。ニュージャージー州で数少ない自然のままの海岸線を有するアイランドビーチ州立公園の設立がその例だろう。鉄鋼会社を営むアンドルー・カーネギーの共同経営者だったヘンリー・フィップスは、一九二六年にリゾート施設を造るつもりでそこに土地を購入した。ところが株式市場が一九二九年に暴落したため計画は頓挫し、フィップスは翌年死去した。大恐慌とそれに続く第二次世界大戦で計画はますます遠のき、ついに州がその土地を買い取った。今そこは、継続して費用がかかる養浜を必要としないニュージャージー州唯一の長い砂浜になっていて、毎年数十万人もの人々が浜辺のひとときを楽しむ場所になっている。

ノースカロライナ州アウターバンクスの北側の海岸でも、巨大な開発計画が財政破綻したため、カリタック郡がカローラの町の海岸を買い取った。一九二〇年にはそこに裕福な実業家エドワード・ナイトが設立したホエールヘッド・クラブがあった。ナイトの妻は狩猟好きだったが、第二次世界大戦前にアウターバンクス海岸で流行った男性専用の狩猟クラブから閉め出されたことがきっかけでに設立されたクラブだった。その後ここを取得した開発業者は一九八〇年代後半に財政難に陥って土地を手放すことにし、郡が小規模貸別荘から徴収した滞在税を資金にして買い取った。現在は、ボーザール調と民芸調を独特に組み合わせた手の込んだ造りのクラブハウスがカリタック野生生物博物館とホエールヘッド保存財団の本部になっている。博物館には、かつての狩猟の記念の品々やデコイとして用いられた彫り物が展示され、保存財団の財政支援によってクラブハウスが保存されている。

アーサティーグ島では、また違う惨事が開発を阻止した。連邦政府は一九三〇年代から島を公園にしたいと目をつけていた。しかし購入予算を確保するための法案は、議会には提出されたものの、審議委員会で廃案になってしまった。[13] そこで、現在はアメリカ魚類野生生物局と知られている機関が一九四三年に島のバージニア州部分に国立野生生物保護区をつくり、[14] 一九五〇年代に開発業者がメリーランド州に二〇〇ヘクタール以上の土地を寄贈したが、島の北端部分は複数の開発業者が購入して道を縦横に整備してしまった。舗装までした道路もあり、その一つは島の中央部を約二四キロメートルにわたって延びる幅の広いアスファルト道路で、業者はボルティモア大通りと呼んだ。

そして一九六二年に聖灰水曜日の嵐に襲われた。多くの構造物が嵐で破壊され、この島に土地の購入を考えていた人たちを思いとどまらせることになった。そこで連邦政府が土地を購入することになり、一九六五年に国立海浜公園と名付けられた。壮大な開発業者の計画の名残として今も島に残っているのは、アスファルトの断片と、ボルティモア大通りの道路標識と、海岸に建設することがいかに不毛なことかを示す展示物もある自然歴史遊歩道だけになった。

パドレアイランド島でも同様な開発が進められていたが、大恐慌と一九三三年のハリケーンで開発が立往生した。経済が回復した頃にはテキサス州がすでにパドレアイランド協会を設立して、島に州立の公園を造ろうとしていた。ところが今度は第二次世界大戦と土地の所有権をめぐる訴訟のために公園の計画がまた遅れた。しかし、一九五〇年代になって開発の気運が高まるにつれ、公園設立に対する政治的支援も増えた。そして一九六二年にパドレアイランド国立海浜公園が正式に発足した。[15]

土地購入のための資金調達

世界初の民間の保護地区信託団体ザ・トラスティーズ・オブ・リザベイションズが「マサチューセッツ州の景観を守る」ために一八九一年に設立され、民間の土地保護団体のモデルになっている。創設者はボストンのチャールズ・エリオットで、フレデリック・ロー・オルムステッドの仕事仲間の一人であり、一九世紀の景観建築家としてアメリカの名だたる公園の多くを設計した。エリオットは、土地を一区画ずつ購入して維持管理するボランティア組織を作ることを提唱し、「公立図書館が本を、美術館が絵を所蔵しているように、（中略）ここの土地は類まれな美しさと、人を元気づける力を持っていて、一般の人たちが利用して楽しむためにある」と述べている。エリオットは一八九七年に死去したが、その考えは大きく広まっていった。イギリスのザ・ナショナルトラスト、アメリカのザ・ネイチャー・コンサーバンシー、そのほか多くの団体がザ・トラスティーズ・オブ・リザーベーションズをモデルにしている。

ザ・トラスティーズはマサチューセッツ州で数十にのぼる破綻しかけた地域や遺跡を所有して維持管理していて、その多くは海域や海辺に位置する。この団体は募金と土地の寄付を呼びかけているが、しばしば「創造的な」方法もとる。たとえば一九九五年には、ロードアイランド海峡に近いウェストポート川のウェストブランチ地域で家を建てる土地を一〇区画ほど整備し、購入した所有者は保全のための地役権に合意すると言う条件で販売して、二二ヘクタール余りの土地の購入資金に充てた。

ザ・トラスティーズにヒントを得て一九五〇年に設立されたザ・ネイチャー・コンサーバンシーは、海岸の土地を購入する大きな団体になった。ザ・トラスティーズは、ほぼ八〇〇〇ヘクタールの砂浜、湿地、河岸、草地、森林、歴史的庭園と家屋の所有権や管理権を景観保全のために取得したのに対して、ザ・ネイチャー・コンサーバンシーは絶滅危惧種を保護することに主眼を置いている。危機に瀕した動植物の生息地を買い取って保護する場合が多い。ザ・トラスティーズと違うところは、ザ・ネイチャー・コンサーバンシーは土地を購入する一方で、開発業者の手から守ることに同意した行政機関や個人には土地を売る。たとえば、ザ・コンサーバンシーは一九九五年に九〇億ドル〔一ドル一〇〇円として九〇〇〇億円〕でサウスカロライナ州の一一〇六ヘクタールのサウスウィリマン島を取得し、その後、島をアシュポー・カンバヒー・エディスト流域国立河口域研究保護区に加えるために州に売却した。州はザ・コンサーバンシーが購入と法的手続きに要した費用に十分見合う額を支払った（それ以前にも、ザ・コンサーバンシーが購入や寄付によって取得した別の四島についても同州は同様な買い取りをしている）。

一度買ってからまた売る方法は面倒に見えるが、二つの利点がある。一つには、ザ・コンサーバンシーなら税法上は市場価格より低い価格で買い取り交渉ができる場合が多い。もう一つは、ザ・コンサーバンシーは行政機関よりずっと身軽に動ける点が挙げられる。小回りが利くので、土地が売りに出たらすぐに買い取ることができる。買ったあとは、州議会が予算をつけたり、州の人たちが保護債の発行を認めたりするまでの間、その土地を手放さずにいればよい。買わずにそうした手続きを待っていれば、その間に土地は開発業者の手に渡ってしまうかもしれない。

ザ・コンサーバンシーは土地所有者に、その土地を寄贈するか、永久に開発できないような制限をかけて土地を守るようにも促している。このような「保全のための地役権」は、土地はたくさん持っているが手放したくなく、「開発可能な不動産」として高額の資産税が課されるのに実際はお金があまりない人たちにはありがたい。いったん開発が禁止されると、土地の市場価格も税金も下がる。

バージニア州沿岸の防波島を買ったときのように、水面下で動くこともある。一九六九年にニューヨークの投資グループが、手つかずの自然が残るスミス島、マートル島、シップショール島の三島に退職者用住居とレクレーション施設の複合施設を造る計画を発表した。当初の計画では、住宅、商業施設、ホテル、ボートハーバーを建設し、会議場の近くに三・六ヘクタールの自然保護区を設けることになっていた。これらの施設間および本土は、島の沼沢地を通る幹線道路と橋によってすべて結ばれる計画だった。

ところが財政的な問題が生じ、実現性が危ぶまれ、島の水不足が懸念されたことから、開発業者は計画を見直すことになった。そこでザ・コンサーバンシーは、メリー・フラグラー・ケリー慈善財団からの巨額の寄付を得てこの三島を買い取り、さらにそのあとバージニア州の一〇〇キロメートルに及ぶ区域にある防波島をいくつか購入していった。現在その地域は、バージニア海岸保護区として知られている。

保護区の近くの住民の多くは、収益が見込める開発にザ・コンサーバンシーが介入したことに腹を立てた。土地の所有者たちはザ・コンサーバンシーの買い取りの提案に抵抗して、開発を目指す買い手を求め、最終的に「オフショア・アイランド社」への売却に合意した。その会社は、ザ・コンサーバンシーが買い取りを可能にするために自ら設立した会社であることが後になってわかった。一方、アルゲニ・ダック・クラブと呼ばれる団体が防波島の対岸の本土で、開発業者に人気がある海ぎわに特に的を絞って農場を買い集めていた。その幹部もザ・コンサーバンシーと関わりがあることが後になって判明している。

自然保護区を設立するための資金回転や売買は、ザ・コンサーバンシーのような民間団体にしかできない。今ではバージニア州の東海岸で最大の地主になっていて、所有地は植物やさまざまな水鳥の貴重な自然の宝庫である。アメリカ科学財団はここを長期生態学研究地に指定したほどだ。塩性湿地は稚魚の一大生育地になっているので「タンパク質生産工場」とも呼ばれる。島にはトイレや飲み水といった基本的な設備さえないが、毎年数千人もの浜を愛する人たちが訪れる。

しかしながら、ザ・ネイチャー・コンサーバンシーは、雇用が生まれる活気のある経済活動の重要性も認めている。倒壊の恐れのあるブロックアイランド灯台の移転を先に立って支援もしている。その理由の一つは、灯台が観光客を島に呼び寄せるために大切だと考えたからだった。「私たちが目指しているのは、生態系の保護、人の生活の保護、そして持続可能な経済活動の促進である」と、ザ・コンサーバンシー・ロードアイランド支部長のキース・ラングは言っている。つまり、農業、漁業、そして観光ということになる。

ザ・コンサーバンシーと協力したブロックアイランド島の住民は、二五六〇ヘクタールの島の二〇パーセントを購入したり地役権保全をしたりして守っている。二〇世紀に消滅しかかった島の観光業をゆっくり回復させることにも貢献した。ブロックアイランド島は「北のバミューダ島」とも呼ばれ、二〇世紀の変わり目であるにもかかわらず一年を通して島に住む人口はわずか八〇〇人だが、夏の週末に島を訪れる行楽客は数千人規模になるだろう。

ザ・コンサーバンシーは不動産を扱うテクニックを駆使して、こうした環境保護を成し遂げてきた。一一・六ヘクタールの土地を有利な価格で取得するために、税金の控除とモンタナ州にある牧場を代替地として所有者に提供したこともある。また、州政府が二六人の所有者から土地を購入しようとした際には、所有者が土地を分割して売ることで税金を低く抑えられるよう仲介した。[16]
ほかの数多くの環境保護団体の支援も受けている。その中には、環境保全団体のブロックアイランド・コンサーバンシー、オーデュボン協会、ブロックアイランド土地財団、ロードアイランド州環境管理局、州の土地保護のために一九八六年から毎年二〇〇万ドル〔一ドル一〇〇円として二億円〕を寄付しているシャンプリン財団がある。[17]しかしほとんどの島民は、うまく保護できた最大の要因は、島のために自分たちの利益を進んで犠牲にしたことだと言う。島に所有する六区画の一つに家を建て、残りの区画に保全の地役権を申し出た地主をラングは引き合いに出して、「私たちの味方になってくれる人は多い。そういう人たちは、ここが失うには惜しい素晴らしい場所だとわかっている」。
これらの団体を見習うように、海岸各地だけでなくアメリカ各地で土地信託団体が次々と設立されていった。どの団体も、優遇税制や保全地役権、そのほかいろいろな手段で、土地の保全にお金が流れるように工夫している。海岸の土地所有者たちには、安い価格で土地を手放しても、開発の手から逃れるために保全地役権を設定しても、税制面で大きな優遇を受けられることを説明する。
個人が結束して海岸を守ることもある。一般開放された浜があるからこそ生活を楽しめるし、所有地が価値あるものになると気づいたときに海岸を守ろうとする場合が多い。たとえば、サンタバーバラに住んでいた人たちは、その地域で開発の手が及んでいない最後の海岸として知られていた「ウィルコックス地所」が二七・六ヘクタール分売りに出されると、素早く行動に移った。その土地は崖の上にあり、林や草地が砂の絶壁まで続き、崖の下には崩れ落ちた砂が作る狭い浜がある。長年にわたってこの地域の人たちが利用してきた場所だった。多くの人がそこで結婚式をあげ、崖から海に遺灰を撒く人もいた。

「スモール・ウィルダネス・エリア・プリザーブ」という近隣の住民からなる市民団体は、長年にわたってここの地主たちと土地買い取りについての話し合いを持とうとしてきた。しかし、何らかの売買契約が成立しなければ住民側は資金を調達することができず、一方地主たちは、何らかの資金が用意できるまでは交渉に臨もうとしなかった。[18]

そして、市民団体側はやっとサンタバーバラ郡から土地購入のための委託事業を一〇〇万ドル〔一ドル一〇〇円として一億円〕で請け負えることになり、一九九六年の一月中旬に土地が売りに出された。地主たちは販売価格を三五〇万ドル〔同三億五〇〇〇万円〕に設定し、二月下旬までに全額を用意するよう市民団体側に伝えた。住民たちは目まぐるしく資金調達に動いた。お菓子を焼いて売ったり、詩の朗読会やミュージカルを催して寄付を募ったり、夕食を作って友人から代金を徴収したりした。子供たちも、りんごジュース(ジュースは地元の市場が提供)の売店を運営して収益を寄付した。地元の『サンタバーバラ・ニューズプレス』紙が状況を毎日記事にして新聞に載せると、八割方は一〇〇ドル(同一万円)以下の寄付だったものの、数千件という寄付が集まった。ついに二月二九日になったが、目標額にはまだ六〇万ドル〔同六〇〇〇万円〕届かなかった。ところが最後の最後になって、匿名の人物が不足分の寄付を申し出たのだ。こうして実現した土地の購入は、地所の所有者たち、地主たちが取引していた銀行、サンフランシスコを拠点にする土地信託団体が関係する複雑な取引になった。このトラスト・フォア・パブリック・ランドという土地信託団体が正式にこの土地を購入したあと、サンタバーバラの行政機関に所有権が移転された。

不動産価格の変動

多くの海岸地域では、保存する土地を買い上げるための行政公認の機関を、土地購入時に発生する手数料や開発事業から徴収する手数料で費用を賄いながら設立してきた。

マーサズ・ビニヤード島では、マーサズ・ビニヤード土地銀行が一九八六年に住民投票で承認された。その当時、この島では盛んに開発が行なわれていた。土地銀行の一九九六年の年次報告によると、「農業は衰退し、何世紀も維持されてきた牧草地や畑は荒れ放題になっている。遊歩道は通り抜けられないように柵が立てられて『散策の自由』は切り詰められ、浜には門が付けられ、狩猟も制限されている」。ビニヤード島民は、自分たちの島の状態が取り返しのつかないほど悪くなっていることに気づき、対策として出した答えが土地銀行だった。

土地銀行は島で行なわれる不動産取引の大部分に二パーセントの追加手数料を課し、それを資金にして土地を買い集め、最初の一〇年で四四〇ヘクタールを購入した。これは島の一・五パーセントに当たり、その多くが島の海岸沿いにある池や湾と、その隣接地だった。土地銀行は、所有するすべての土地へ住民が出入りするのを認めた（一部の地区では、季節を限って狩猟も認めているので、その時期には立ち入りは制限される）。一部は農業に使われ、そのほかは野生生物のために保護された。どこの所有地でも遊歩道をつけるときは崩れやすい場所を避け、車の駐車は遊歩道の起点にある小さな空き地に限られた。「土地銀行の所有地の維持管理にはバランス感覚がカギになる」と一九九六年の報告書で述べている。

そのときの土地の売り買いの状況を見ながら、マーサズ・ビニヤード島の土地銀行は将来の購入に備えて年に二〇〇万ドル〔同二億円〕、三〇〇万ドル〔同三億円〕、あるいはそれ以上の資金を蓄える[19]。それでも資金調達は依然として厳しい。「収入は、（中略）必要額に照らし合わせると足りない」と報告書は言う。幸運なことに土地銀行が行なう保全活動は、ザ・ネイチャー・コンサーバンシーや、野生生物の生息地の保護に力を注いでいる民間のシェリフス・メドー財団のようなほかの土地信託団体の支援も受けている。

アメリカ国内のほかの州、郡、地域でも、同様の資金提供をする土地購入機関が設立されてきた。しかし、こうした活動は、しばしば不動産業や開発に関係するほかの業界からの激しい抵抗を受ける。マーサズ・ビニヤード島の土地銀行や近くにあるナンタケット島の同様な活動はすぐに軌道に乗ったが、ケープコッド岬では一九八〇年代から土地銀行を設立しようとしてきたものの、失敗に失敗を重ねてきた。これで最後と住民が一九九八年に別の土地銀行を立ち上げて、それがやっとうまくいった。

「この問題については二〇年も三〇年も議論してきた」と、ファルマス出身の州議会議員エリック・T・ターキントンは『ボストン・グローブ』紙に語った。「交通量がどれほど耐え難い程度にまで増えるのか、水の供給量が脅かされるほど開発が進むとはどういうことなのかについて話し合ってきた。今、そうした段階に来ていて、私たちに唯一できるのは土地を買い取ることしかない。これで可能性が広がる[20]」。

しかし、たとえ資金があっても、買いたい土地がいつも簡単に買えるわけではない。土地の価格をどう決めるかということが最も難しい問題の一つになる。

サウスビーチの場合は、最終的に町と州が支払うことになる金額を吊り上げるための策略として売りに出されたのではないかと『ビニヤード・ガゼット』紙は論説で述べている[21]。たとえ浜へ入る権利が一件当たり当初の二万五〇〇〇ドル〔同二五〇万円〕でも、二五〇人分の権利がすべて売れれば、海岸の価値は開発業者が支払った二六五万ドル〔同二億六五〇〇万円〕どころではなくなる。販売した権利を単純に土地の価格として計算すると、六〇〇万ドル〔同六億円〕以上になるのだ。州がサウスビーチ取得のために最終的に支払った金額は、開発業者が浜に入る権利を最初に一件二万五〇〇〇ドル〔同二五〇万円〕で販売していなかった場合にかかったであろう金額より、はるかに高額になった。

同様の問題は、ノースカロライナ州がバードアイランド島を買い取りたいと言ったときにも起きた。この島はノースカロライナとサウスカロライナの州境に位置する小さな防波島で、州で最後に残った無人の民有地の一つだった。島としては取り立てた特徴は何もない。四四〇ヘクタールの面積のほとんどが満潮時には水面下に没する。島を見回すと一五ヘクタール前後は開発できそうだが、島へは船で行くしかないので、開発する価値があるかどうかはわからない。それでも、島には未開発の防波島が持つ魅力のすべてが備わっていた。白い砂、波打つ砂丘、雑木が茂る海岸林、鳥の群れ、そして何ヘクタールにも及ぶ湖面の輝く沼地があった。バードアイランド島を訪れて「世界で最も美しい場所」だと言った人は何人もいた。

州の役人の中には長年この島の近辺で休暇を過ごす者も多く、不動産査定ではわずか一〇〇万ドル〔同一億万円〕あまりのこの島を州が買い取れるように段取りを整えようと言い続けてきた。しかし、島へ渡る橋を海峡に架ける許可を島の所有者が申請したとたん、この査定額が問題を引き起こすことになった。世界で最も美しい場所に一エーカー〔〇・四ヘクタール〕でも自分の所有地があり、そこへ車で行けるとなると、その分の島の土地は不動産市場では確実に五〇万ドル〔同五〇〇〇万円〕の値をつけるだろう。全体で一〇〇万ドル〔同一億万円〕だった島が突如として、計算上は二一〇〇〇万ドル〔同二〇億円〕の価値がある財産になった。

橋は海峡をまたいで沼地の一部を横切るので、その建設を州法で許可できるかどうか、そのあと数カ月にわたって激しい議論になった。反対派の答えは明白だった。州はこのような環境に害を及ぼすだけの建設は許すべきではない。しかし所有者にとっても答えは明白だった。数十年前にあった橋を架け直そうとしているだけなのだ。

一九九六年一月にノースカロライナ沿岸資源委員会はやっと、海峡という危険地域に橋をかけることを禁じる決議をした。それは事実上、マッド海峡を渡ってバードアイランド島に行く道路や橋の建設を禁じるものになった。島の買い取りを進めてきた人たちは、今度は資金調達をしなければならなくなり、州の自然遺産信託財団、ノースカロライナ沿岸土地銀行などいくつもの団体に声をかけている。島の近くに住んで、長年非公式ながら島の自然観察ツアーを行なってきた自然愛好家フランク・ネスミスは、その春に二日間で約七〇〇〇ドル〔同七〇万円〕の寄付を集めた。しかし、誰がどのように島の値段を決めるかは、まだわからない。

開発から海岸を守ろうとしたときに、海岸を不動産市場から切り離すと（合法的であろうとなかろうと）、雇用が失われたり、税収が下がったり、あるいは経済活動が弱まったりといった心配が持ち上がることを覚悟しなければならない。海岸は住民の喜びのために保護されてきたが、その価格よりずっと大きな代償を払って守られてきたことも、そうした心配の延長として覚えておかなければいけない。

浜が開発から守られたことにより、沿岸の町の資産価値や税収にどのような影響があったかについては詳しい研究があまりないが、何か弊害が出るというのは間違いであることを示す証拠はたくさんある。浜を開発から守れば、まずもって防護のための構造物を建設したり、養浜したり、そのほか費用のかさむ維持補修などに出費するのを未然に防ぐことができる。砂浜を調べた経済学者は、浜辺に建てられた家を守るために税金を使わなければならない海辺の町は、税収で潤うことはないと述べている。

しかし、ほかにも砂浜を守る利点はある。浜の近くに建物を建築させないようにすることで海沿いの土地の資産評価は下がるかもしれないが、所有者以外の住民は浜の価値を享受でき、結果として資産価値が上がって税収が増えることすらある。

フロリダ州シーサイドを見ると、このような効果がよくわかる。シーサイドは、ペンサコーラの東にある半島の付け根の海岸に、一九八〇年代初頭に住宅街として建設された。この町は、古い南部の小さな海岸町を再現するために建築制限や建築規制区域を設けたことで知られる。この建築規定のおかげで道路網が整備され、道の両側には、奥まった窓や日陰のポーチがある山小屋風の建物や別荘コテージのような家々が柵で囲まれて立ち並ぶことになった。そして、車ではなく歩いて街の中を行き来できるように造られた。家の敷地区画は小さく、どの家も商店街から四〇〇メートルと離れていない。どの家の裏にも、柵の外に砂の小道が通っている。

この町は、小さな町で見られる地域共同体の親密さを再構築しようという構想をもとに造られた。そこでは誰もが顔見知りで、店、郵便局、教会のようなところへは歩いて行き、ポーチや裏のフェンス越しに近所の人と挨拶を交わすという具合に、ほとんどのことを徒歩ですませ、自動車の中に閉じこもって郊外の店舗を巡るようなことにはならないはずだった。しかし実際はそううまくいかなかった。家は数百軒が建てられたが、年間を通じてここで生活するのはせいぜい数十軒しかない。残りのほとんどは、シーサイドの雰囲気に惹きつけられて休暇をここで過ごす人たちに週単位あるいは月単位で貸し出される（シーサイド当局は、こうした家の割合は、所有者が退職してこの町に移り住んだり、在宅勤務が今より普及したりすれば変わるだろうと言う）。

建築家や都市計画に携わる人たちは、深くはめ込まれた窓、ポーチ、急傾斜の屋根、先のとがったフェンスのある家を建てなければいけないという建築制約に一番関心を持った。これは、アンドレス・ドゥイニとエリザベス・プレイタージバークがメキシコ湾の小さな町をいろいろ旅行して考えついたデザインだ。しかし、砂浜を求めて訪れる人がシーサイドで最も関心を示すのは、砂浜に面して建てられた家が比較的少ないことだろう。町の中心を抜ける道路は何もない砂丘沿いにあり、その脇には二階建ての家（新婚旅行者がしばしば借りるロマンティクな場所）が二、三軒と、店やレストランが集まっている場所が一カ所しかない。肝心の住宅街は、浜からまっすぐ内陸へ向かう数本の道路沿いにあり、そこに、海から離れるにしたがって大きくなる半円状の道路が何本か交差する。浜に出るには、それぞれの半円道路の突き当たりから延びる遊歩道で砂丘を越えていく。昔ながらの木製の見晴らし台が砂丘の上にあり、住民は泳ぎに行く前に木陰に座って砂浜の眺めを楽しむことができる。

通りから見晴らし台に目をやると、砂浜は住民みんなのものであるとひしひしと感じられる。建築家や都市計画に携わる人たちも認めているように、シーサイドはアメリカ社会の公共空間の新しいあり方を示す街になった。町の設計をする際に砂浜は、海辺に家を持っている人だけのものではなく、シーサイドの人みんなの公共の場になるように配慮された。浜に通じる道路の区画割りを考えると、砂丘ができるだけ見えるようにするためには、建物を敷地のかなり後ろにずらさなければならない。住民は好きなだけ高い家を建てることができるが、三階建て以上の場合には、建物の占有床面積が二〇平方メートルを越えてはならない。この規定によって、誰もほかの人から海の眺めを奪い続けることは許されない仕組みになっている。

この新しい設計によって大きな成果が一つ生まれた。シーサイドの不動産価格が高止まりしているのだ。設計者は、シーサイドにアパートやコンドミニアムやさまざまな大きさの家が混在して、収入もいろいろな人たちが惹きつけられることを願っていたのだが、いま町のほとんどは上流中産階級に占められている。ほとんどの海岸町では、海に面した家は高額で貸し出されたり売買されたりするのに、一、二列後ろになると値段が大きく下がる。しかしシーサイドでは、前も後ろもそれほど値段が変わらない。建物を海岸から離して建てると決めたことが、町の不動産の価値を下落させるのではなく、高騰させたと結論せざるをえない。

一九九五年一〇月にハリケーン・オパールがフロリダ州の付け根の海岸地域を襲ったときに、この町の配置には別のもっと貴重な利点があることがわかった。オパールは二〇世紀にアメリカに上陸したハリケーンの中でも最も強烈な部類に属し、この地域に甚大な被害をもたらした。しかし、シーサイドだけは無事だった。嵐の波は砂丘に切り込んだものの、砂丘には高さがあり、膨大な量の砂があったので、海岸沿いのほかの町を破壊した大波や高潮による被害が防がれた。

ほかの海岸町も、浜は住民みんなが楽しむ場所であると公的に位置づけようとしたが、いくら頑張っても、浜に建物を建てる権利を主張する圧力にはかなわないことが多い。たとえばマイアミビーチを最初に開発したカール・フィッシャーは、外洋を臨む浜に建物を配置するのを好まなかった。最初の計画では、マイアミ・ビーチホテルは防波島の内湾側に建て、大洋側には公園を設け、金持ち用の敷地だけを数を限定して整備することにしていた。

フィッシャーが所有していた土地は、今ではマイアミ中心街になっている地区の真ん中にあったが、第二次世界大戦後までは個人の家しか建てられなかった。コリンズ通りは今は交通の大動脈になっているが、当時はそこを通れば海が見えた。しかし一九四七年になると目的別地域区分の規定が変わり、一九三〇年代に設置された建築制限の境界線より海側にプールや「付属の建物」を建てられるようになった。翌年、規定が再び変わって二階建ての建物が建てられるようになった。その後一〇年もしないうちに、高層ホテルが肩を並べるように浜沿いに建てられていった。現在、コリンズ通りを何マイル車で走っても、道沿いに連なるコンドミニアムの裏側に波が打ち寄せている気配を感じられる場所はほとんどない。

海岸を買い取る

もし海辺の土地を開発から守るための運と、お金と、知恵に恵まれたら、それをどのように使えばよいだろうか。浜を破壊することなく楽しめるようにするためは、どのように維持管理したらよいだろうか。

第一歩は、浜の自然現象に介入すれば、その場所、あるいは別の場所に予期せぬ深刻な問題をもたらすおそれがあると冷静に理解することである。維持管理する場合は、地形や自然の営みに合わせて対処する必要があり、対抗してはいけない。その場所の特徴に合わせて決定を下すことになるが、その場所がどのような景観を有していて、生態系がどのように機能しているかをよく知ったうえで決定を下さなければいけない。しかしこれがなかなか難しい。浜を訪れる人たちの誰もが浜に立ち入れるようにすることと、砂浜本来の姿を維持することが合い入れないということを認めたがらないことが大きな原因になっている。

浜の管理者は、誰がいつ浜を利用できるかも決めなくてはならない。レクレーションより生物種の保護に関心のある団体は、一般人の立ち入りを制限しようとする。一方で、たとえばザ・トラスティーズ・オブ・リザベイションズのような団体は、立ち入りを歓迎する。マーサズ・ビニヤード島の最東端にあるチャパキデック島のワスクと呼ばれる特別保護区では、ザ・トラスティーズは四輪駆動車用の道や移設可能な遊歩道を造って歩行者が浜を歩きやすくした。嵐が去ったあとにフォークリフトでこの遊歩道を持ち上げて、地形が変わった浜に設置し直すことができる。

ワスクは、「海岸を買い取る」という活動方針が大成功を収めた例だった。痩せた砂の原野が数百年の間ほとんど放牧地としてのみ使われてきたのだが、一九一三年に一区画一〇アール〔一〇〇〇平方メートル〕の宅地七七五戸分に分割されて、一区画一八五ドル〔一ドル一〇〇円として一万八五〇〇円〕で売りに出された。二つの大戦と不景気のため少ししか売れなかったものの、一九四〇年代の終わりになると、少数ながらチャパキデック島に住んでいた人たちは、自分たちの小さな島が新しい建物でいっぱいになるのではないかと心配し始めた。そのようなことにならないように、チャパキデック島を管轄するエドガータウンの町当局やほかの行政機関に働きかけたが、聞き入れられなかった。そこでザ・トラスティーズに話を持って行くと、事態収拾に乗り出して、問題の地域全体を買い取ってくれることになった。購入に際しては、漁師たちによる出資も多かった。

ザ・トラスティーズは、こうした住民も、海岸を利用するほかの人たちも、島の保全を支える重要な要員だと考えているので、できるだけ多くの人たちに便宜を図ろうとする。傷つきやすい地域への立ち入りをめぐってはさまざまな対立があるが、海岸にすむ絶滅危惧種の鳥が巣作りする夏に、ザ・トラスティーズが四輪駆動車の乗り入れを制限して浜を閉鎖することで、自由な立ち入りに反対する人たちの不満をある程度は解消している。

浜を管理する団体がエコツーリズムによって自然環境保護と経済的利益のバランスをとっている場所もある。そこで事業展開をしている経営者たちが、健全な浜があるからこそ収益を上げられることに気づけば、開発への圧力が弱まるはずだと保全団体側は考える。とはいうものの、この種のバランスをとることは防波島ではそう簡単ではない。行楽客を惹きつけるものはどのようなものでも、何らかの砂浜の犠牲を伴うものになる。

デルマーバ半島沖のアーサティーグ島やシンカティーグ島のような防波島公園では、公園としての魅力が問題を引き起こしている。これらの島には野生のポニーが生息している。難破したスペインの大型帆船で連れてこられた馬の末裔ということになっているが、実はもっとあとの時代になって島に放牧された馬の子孫だ。ポニーは旺盛な食欲で緑の物なら何でも食べてしまい、砂を安定させるのに不可欠なオオハマガヤを特に好む。ポニーはさまよい歩く先々で、島の屋台骨を弱体化させていることになる。

しかし、観光客はポニーが大好きだ。

ノースカロライナ州のケープルックアウト国立海浜公園のシャックルフォード・バンク島では、公園職員がヤギ、ブタ、そのほか牛などの野生化した家畜を島から取り除くことはできたが、行楽客の要望に応えて馬は残すことにした。現在はデューク大学などの研究者が、馬が地形にどれほどの害をもたらしているかを正確に把握しようと調査している。馬が草を食べられない区域を決めて、柵で囲ったのだ。予想通り、柵で囲った湿地では草が勢いよく伸びて砂を溜め込んだ。馬が閉め出されている区域では、島が広がっている。このため、砂浜を守りたい人の多くは、馬はすべて取り除かれなければいけないと主張する。しかし別の見方をする人もいる。馬を見ようと公園にやって来た観光客が防波島の地形の脆さを知ることになり、海岸保護を後押しする力になるのであれば、馬による弊害を遥かに上回る利益をもたらすと言う。

シンカティーグ島では、ポニーを船で本土へ運んで競りにかけることで、年間の馬の頭数を維持管理している。アーサティーグ島では公園当局が銃で不妊薬を注射して、出産を制限しようと試みている。しかし馬は、開発が進む地域では居場所を見つけたのだろう。アウターバンクス海岸の最北端にあるカローラ村では、かつては何もない砂丘をぶらついていた馬が、洒落た海辺の家の間を歩き回ったり、日影になる屋根があってハエもいないショッピングセンターの駐車場でたむろしたりするようになった。豪華な家の購入者やアーケード街の買い物客たちは、馬の悪臭や至るところに落ちている排泄物に苦情を訴えた。交通量が増えるにつれて、馬を巻き込む事故も増え、一五頭が死亡した。そして一九九五年三月に、カローラに残っていた一四頭の馬が捕えられ、町の北端のカローラ灯台の近くに設けられた閉鎖区域に放された。こうして、馬の自由な日々は終わりを告げた。[22]

観光業による収入はアメリカ全体の経済の約六パーセントを占めるが、沿岸地域ではこれが二〇パーセント以上になる。この数値はしばしば開発を継続する根拠として引き合いに出されるが、開発反対の論拠としても同じように使われる。

そして海岸地域の人たちはやっと、観光業が成功を収めるかどうかは、健全な海岸が残っているかどうかにかかっていると認識し始めた。経済成長と雇用促進は、浜に建物を建てることではなく、むしろ浜から建物を排除することで達成できると理解する人が増えている。ホテル、ギャンブル場、Tシャツショップのような施設はどこででも楽しめる。しかし砂浜は海岸でしか楽しむことができない。

フロリダ州では健全な観光収入を上げることが死活問題になるので、州議会は土地購入のために年間三億ドル〔一ドル一〇〇円として三〇〇億円〕を調達する一〇カ年計画を打ち出し、地方自治体も土地の買い上げを始めた。たとえば、フロリダ州ケープカナベラルのすぐ南に位置するブルバード郡の住民は、環境破壊が進む地域の保全事業を立ち上げた。いろいろな活動をしているが、沿岸の土地を保護するかどうかの決断をする際に、生物多様性や生物種の保護を重視するという特徴がある。[23]

自治体には沿岸の開発に伴う税収が入らなくなるが、一般の人が楽しめる海岸線が大きく広がっていることで町の不動産価格が上がり、補って余りあるほどになるかもしれない。自然が近くに残っていれば、それを不動産業者が価値ある快適な環境と宣伝するのはよくあることで、それによって資産価値が大きく上がることもある。そうすれば町当局は、避けられない嵐の被害や浜の修復や保全に伴う出費に直面することもなくなる。海岸の土地購入に高額の費用がかかると考える行政機関は、開発を許可したときにかかる高額の費用も考慮するとよい。上下水道のような基盤整備に直面することは避けられず、それに加えて、橋、道路、そのほか本土への交通手段の確保などを島の新しい住民が必ず要求することになる。もし嵐による被害と災害の軽減を計算に入れるなら、問題が持ち上がる前に解決するための方法として費用対効果が高いのは、土地を買い上げることだろう。

海岸の地域特性の崩壊

海沿いに家を立てる人たちは、その地域社会にインフラ整備や福祉サービスを要求することになり、その費用は、その人たちが支払う税金より高額になることもある。しかも、たいていの開発は多かれ少なかれ環境を悪化させる。コンドミニアムが一つあるだけで、たとえそれが砂に影を落とさず、下水を出さず、ゴミを次から次へ出さないとしても、浜の景観を変えてしまう。

島の最後の開発地にある最後のツーバイフォーの家に最後のクギが打ち込まれたときに初めて、海岸の人たちはそこの地域経済が環境の質と固く結びついていることを悟るかもしれない。しかし、それでは遅すぎる。

開発を行なったときの最大の受益者は地域住民であることが多いので、地域住民が最大限の利益を上げようとするかもしれない。もし土地を所有していたら、農業でかろうじて生計を立てていた土地に法外と思える額を払うと言う人たちが突然札びらを切って群がるかもしれない。そうした人たちの脇には、地方議員、地主、建築家、弁護士、不動産業者も控えているかもしれないが、よほど注意しなければ、得るものより失うもののほうが大きくなる。

ノースカロライナ州マンテオのアウターバンクス歴史センターの学芸員ワイン・ドウは、マンテオの町の北部で育ち、この地域のようすを長年にわたって見てきた。貴重な景観を一時的な高収益とどのように交換したかを示す町の事例として、アウターバンクス海岸北部にあるカローラの町近辺で行なわれた開発をよく引用する。一九八〇年代の半ばまではアウターバンクス海岸にはほとんど人が住んでおらず、波打つ砂丘には、ヤマモモの木、水鳥、ポニー以外は何もいなかった。「舗装道路も一本もなかった」と彼は言う。現在は、三七〇平方メートル以上の特大の家が砂丘の上に建ち並ぶ。「あそこへ上って行けば、バージニア州の（ダグ・）ワイルダー知事、ミズーリ州の（ディック・）ジェファード下院議員、デュポン社やフィップス社の関係者たちが所有する家を通り過ぎる。二〇〇万ドル〔一ドル一〇〇円として二億円〕する建売住宅もある。あの家並みがあるから、砂丘の下に住む私たちは気楽に生活できる。そのうち誰かが週末に三日ほど泊まりに来て、ここで買い物をして小切手をきっていくと知っている」。

しかし、新しい別荘の所有者たちは地域の経済発展にはたいして役に立っていないとも続けた。「彼らは車のトランクいっぱいの食料を持って別荘に泊まりに来て、ゴミの山を残して行くだけだ。地域経済への貢献はせいぜいそんなものだろう」。一方、やってくる人たちはひどい交通渋滞を引き起こし、余分な警察の警備、消防活動、医療サービスを必要とする。「けっこうインフラの整備を要求するのに、地域にはほとんど貢献しない」とドウは語った。

こうしたことが起きると、地域の特性が崩壊することもある。サウスカロライナ州とジョージア州の海岸沿いの島では、このようなことがどこよりも顕著に見られた。そこには、アフリカの伝統と言葉が数百年も生き続けたガラ人の入植地の末裔が数多く住んでいたが、近代で最初の計画的沿岸開発の一つになった「プランテーション」と呼ばれるヒルトンヘッド島の開発を進めるために大規模に土地が買い取られて、アフリカ系アメリカ人のコミュニティとしての文化が完全に払拭された。ほかの開発に比べると、ヒルトンヘッド島はかなり自然環境に配慮している。もっとも、砂浜は島の湿地帯を浚渫した砂で埋め立てて排水した人工ビーチで、常に砂を足して養浜する必要がある（一九九一年に島で最初の総合リゾートセンターであるシー・パインズ・プランテーションを開発したチャールズ・

E・フレイザーは、そこを砂浜にする計画を「凍結」するよう求めた)。

しかし、失われたのは浜だけではない。島の元の住民は一人もいなくなり、もともと住んでいた人たちも、その子供たちも、本土にある自宅から新しいリゾート地の職場に車で通っている。島の多くの土産物屋が売りにしているヒルトンヘッド島の歴史を見ると、初期のフランスやスペインの探検時代、海賊時代、独立革命、南北戦争についてはそれなりに詳しくわかるが、そのあと一〇〇年間の歴史は抜け落ちていて、リゾート地として開発されるまで島に住んでいた人たちについてはほとんど触れられていない[24]。

サウスカロライナ州ビューフォートに本部を置く学術文化保護団体ペン・センターは、かつてサウスカロライナ州沿岸に住んでいた人たちの歴史が消えつつあるのをいくらかでも残せないかと活動している。しかし、解説者の一人が言うように、彼らの多くは「生きていた証を失って死んでいった[25]」。今の島の住民が、開発される前はここに「人は住んでいなかった」と言うことも珍しくない。

サウスカロライナ海洋研究協議会の季刊誌は次のように書いている。

ヒルトンヘッド島の開発が一九六〇年代に盛んになり始めたとき、そのようすをみていた多くの人たちは、(島を含む)ビューフォート郡が将来の海岸の模範になることを期待した。ビューフォート郡でうまくいったことは確かにいくつかある。サウスカロライナ州のほかのどの郡より一人当たりの所得が高く、大学教育を受けた住民の割合も高い。しかしビューフォート郡には貧困層も多く、高校さえ卒業してない住民もかなりいる。

貧しくて学歴のない人たちの多くは島のリゾート施設のサービス業で働く。リゾート施設のサービス業は、（中略）ふつうは賃金が少ない。（中略）サービス業の従業員たちは組合を持たないし、組織化もされていない。冬のオフシーズンは年に五カ月も続くが、多くの従業員は労働時間が少なくても生活していかなくてはならない。こうした労働者は職場の近くに高額な家賃を払って住む経済的余裕がないので、長時間の通勤を耐え忍ばなければならない。（中略）

旅行者や退職者が多い地域では、労働者はサービス業以外にほとんど仕事がない。ビューフォート郡の住民の三分の一は非正規雇用で、年収は一万ドル〔一ドル一〇〇円として一〇〇万円〕に満たない。

ビューフォート郡の住民の中には、南北戦争以来代々受け継いできた土地にかかる地方税を払えない人もいる。こうした地方税は、旅行業や退職者相手の産業に都合の良い、質の良いサービスのために使われている。（中略）ビューフォート郡では、過去一年間に数十区画の住民所有の土地が税金未納のために売りに出された。

沿岸の別の地域でも、（中略）ビューフォート郡と同じように、ほとんどが白人で人数の多い富裕層、ほとんどが黒人で人数が多いサービス業の層、消滅しつつある中流階級という区分に分かれつつある。[26]

ウェイン・グレイは一九四〇年にエイボン村の電気もない木造家屋で生まれて子供時代をアウターバンクス海岸で過ごし、大人になってからは、ほとんどの時間をオレゴン海峡の沿岸警備隊に勤めた。今ではアウターバンクス海岸のほとんど端から端まで舗装道路が通じているが、この道路ができる前の移動手段は船か、浜沿いに馬車を走らせるかしかなく、村ごとに教会、売店、郵便局があった。話し方の違いで、その人がどの村の出身かわかると言う人さえいた。

「私は少年時代に村の人をみんな知っていました」、「エイボンはバクストンから一一キロメートル、サルボから二四キロメートル離れていました。人生のほとんどを生まれた村で過ごすのが普通でした。バクストンに出かけるというのは一大事でした」とグレイは語っている。

グレイは沿岸警備隊を退職して今はデア郡保安官本部で法務官として働いている。昔は誰もが顔見知りで、取り立てて言うほどの犯罪もなかったが、「あまりに多くの人が外から入ってきたので、顔見知りはほとんどいません」と言っている。かつてないほど犯罪も増えた。

昔の生活や経済活動を二一世紀の世界経済の時代も続けられると考えるのは世間知らずと言うものだろう（たとえば、電気のない生活に備えている人はほとんどいない）。しかし、海岸の開発を急ぐことで私たちが何を失うかを考えることには意味がある。

リーナ・リターはそれが意味のあることだと知っている。リターは灰色がかった髪の痩せた女性で、沿岸のオンスロウ郡で生涯を過ごしてきた。一四・八ヘクタールの土地を所有するが、開発する気はまったくない。「私はただ静かに生活したいだけ」とリターは言う。しかし、生活はとても静かとは言えない。漁師の家に生まれ、現在は行きすぎた開発による汚染やそのほかの弊害と戦うことに多くの時間を費やす。リターによると、一九五〇年には海の汚染のためにノースカロライナ州の貝や甲殻類の漁場が二〇〇〇ヘクタール漁獲禁止になり、一九九〇年までに一二万六〇〇〇ヘクタールが永久に漁獲禁止になった。

休暇を過ごす行楽客や退職者のために開発業者がいったん海岸を変え始めると、そうした人たちを惹きつけた海岸の特性そのものが劇的に変わり始めるとリターは話す。「新しく来た人たちはしばらくすると退屈し始めます。そして都会にはあった夜型の生活が恋しくなります」。「医療機関は××分以内にありますと開発業者が言えるように」、（おそらく今までは必要なかった）新しい医療施設も必要になるに違いない。

リターは、オーリン・ピルキーが最近ノースカロライナ州の海岸の現地調査へ連れて来た大学生たちにこうも言った。「あなたたちのような若い人が私のような子供時代を過ごしたければ、それを買い戻さなければなりません」。「私は水辺ですばらしい子供時代を送りました。でも、今やそのような水辺はなくなりつつあります。あと二〇年もしたら、本当になくなってしまうでしょう」。

エピローグ

自然の好きにさせてやろう。
どうしたらよいか、私たちよりよく知っている。

——モンテーニュ『エセー』

構造物が「自然の攪乱」を「自然が引き起こす被害」に変えた

一九九五年八月半ばのことだった。カリブ海北部で熱帯低気圧が発達して西へ進んでいた。歩くより少し速いくらいの速さで進みながらバミューダ諸島を通過して、ノースカロライナ州のアウターバンクス海岸へ向かっていた。風は毎秒約三三メートルの強さだったので、かろうじてハリケーンに分類できるくらいだったが、直径は大きかった。ハリケーンの目（低気圧の中心）からの半径は二九〇キロメートル近くあり、このためサウスカロライナ州からマサチューセッツ州にかけての浜には高い波が打ち寄せていた。やがて八月一六日にはハリケーン・フェリックスとなり、大西洋岸の町に次々と壊滅的被害をもたらすことになった。

たとえばバージニア州サンドブリッジでは、海に面した家々を海から守っていたのは矢板の隔壁だけで、それに激しい波が打ちつけた。満潮時には波が隔壁を越えて陸側に溜まり、その重さに耐えかねて隔壁の多くが倒れてしまった。護岸壁はどこも基部が波でえぐられ、沈下したり倒壊したりしたものが多数あった。住民がハリケーンのあとに家に戻ってみると、窓ガラスは割れ、屋根板は吹き飛ばされ、ベランダやテラスは波に洗われていた。家の前の浜は満潮時には幅が数メートルしかなくなるほど狭まっていて、倒れた隔壁の残骸が散乱していた。砂浜を再建したほかの海岸と同じように、住民は嵐の傷跡を調べて被害の程度を集計し、最近はなぜ気象が年々悪化するのかと訝った。

マーサズ・ビニヤード島も被害を受けた。南部の浜では、海から約二キロメートルも内陸で波が打ち寄せる音が聞こえたほどの荒波が打ち寄せた。チャパキデック島のワスクでは、浜が狭まって満潮時に砂丘の上で波が砕けるようになったので、保護地信託団体のザ・トラスティーズ・オブ・リザベイションズは浜への立ち入りを禁止した。団体が保有する島の所有地の最高責任者であるデイビッド・F・ベルチャーが嵐のあとに行ってみると、砂止め柵も倒れていたので、同行した仲間が立て直した。島を乗り越えた波が砂丘に多量の砂を置き去りにした場所では遊歩道が砂に埋まっていたので、作業員が掘り起こして砂丘の上に設置し直した。

ハリケーンが通りすぎて一日ちょっと経つと、また砂浜に立ち入れるようになった。浜の幅は狭まっていたものの、嵐で打ち上げられた海草に混じって小さな海の生き物がたくさん打ち上げられ、カモメやアジサシやイソシギがそれをお腹いっぱい食べ歩くには十分な広さがあった。すぐに子供たちも波間を飛び回るようになり、浜の長椅子に寝そべって見守る親たちは、近くにいる釣り人の邪魔をしないよう子供たちに声をかけた。傷んだ砂丘が回復するまでには長い時間がかかるかもしれない。以前より少し内陸側に位置がずれるかもしれない。それでも砂浜はなくならなかった。

天候が荒れることが多くなったと海岸に住む人たちが言うのも無理はない。しかし、アメリカの海岸で嵐の被害が大きくなったのは風や水のせいではない。「自然の攪乱」を「自然が引き起こす被害」に変えたのは、延々と新たに建設した構造物なのだ。ワスクでは、海岸に襲来する嵐が引き起こす問題に対処するために、砂浜への人の立ち入りや建物の建設を制限するという昔ながらの手法を駆使している。しかし、ほかのサンドブリッジのような場所では、護岸壁、隔壁、傾斜護岸、突堤など、海岸工学が生み出したさまざまな構造物に頼っている。海岸を守るに当たり、必ずしも構造物の設置が適していないような場所でも、問題が起きたら土木事業によって構造物が設置される。もちろん、このような手法でうまくいく場所も、うまくいかせなければならない場所もあるが、全体として見ると勝ち目のない勝負になる。海岸線の後退を止めるために構造物を建設する手法は、遅かれ早かれ海岸資源管理という一線を越えて、環境破壊へと突き進む。

アメリカでは、政治組織も、昔から伝わる言い伝えでさえも、自然現象の不確実さや柔軟性とは相性が悪い。砂浜の侵食のような問題に直面したときに、そのような状況と共存するのではなく、問題として解決しようとするからだ。手に負えないと認めたり、人間が海に合わせなければならないと敗北を認めたりすることをアメリカ人らしくないとさえ感じる。自然災害と呼ばれる事象の中には、生態系を維持する過程の一部だったり、生態系がうまく機能するのを助ける過程だったりするものがあるが、それを認めたがらない人はさらに多い。国有地の森林を管理する人たちは、長年の議論の末にやっとこのことに気づき、稲妻によって国有地の森林の藪に火災が起きても、反射的に行動を起こすようなことはなくなった。適度な山火事は自然なことであり、必要なものだとわかったのだ。あの忌まわしいハリケーン・アンドリューでさえも、フロリダ州のビスケーン湾を通過したときには自然環境に多少なりとも恵みをもたらした。

侵食は砂浜にとって脅威ではない。もし海水面が上昇するなら、砂浜は後退すればよいだけなのだ。砂浜に建物がなく、人が投資する物件もなく、開発が進んでいなければ、砂浜の後退が静かに進行するだけで、誰もその経済的損失を集計することもない。しかし、誰かが海岸を財産だと主張したとたん、市民も公的機関も、砂浜を保護するか、砂浜の背後にある建物を保護するか、どちらが大切か決めなければならなくなる。長い目で見て砂浜を保護するためには、砂浜を後退させることが一番適切な実現可能な手段になる。環境に配慮した手段としてとれる次の手段は、浜に砂を投入する養浜なのだが、これは信じられないくらい費用がかかり、結局は骨折り損に終わる。海岸を固めようとする人たちは、建設した構造物がときを経るにつれて維持するのが難しくなり、ますます費用がかかるようになるものであることを見越しておかなければいけない。つまり、いずれは整備計画を変更する心づもりをしておかなければならないことになる。

ヨーロッパからの入植者が北アメリカの海岸を最初に目にしたとき、多くの人にとって海岸はうっそうとした得体の知れない場所で、近づきがたいところだった。しかしすぐに木をいくらか伐採し、魚を捕るわなを仕掛け、海岸で生活するようになった。多くの人は、アメリカの先住民と同じように地形の変化に合わせて身軽な生活をし、これは二〇世紀初頭まで続いた。しかし今日、開発が進んだ海岸では浜をアスファルトやコンクリートで封じ込めてしまった。かつてそこに砂浜が広がっていたことを売りにする場所でもそうだった。メリーランド州のオーシャンシティでは、市当局が街の真ん中のおよそ九メートル四方の土地を柵で囲って砂丘を築くことまでしている。海岸沿いにマンションが立ち並ぶ以前の砂浜を思い出させる手法として、これは奇妙というほかない。ほかの多くの場所と同じように土産物店や美術品店には、この地域がかつて漁業や航海で潤っていたことを示す商品が並ぶ。しかしそれは、もはや存在しない海の文化を売っているだけなのだ。

上流中産階級向けに台所用品をカタログ販売するウィリアムス・ソノマ社の子会社は、一九九五年に「砂浜のガラス」を詰めた匂い袋を販売し始めた。割ったガラスを研磨用の容器に入れて回転させて角を取り、実際に砂浜で拾える丸みを帯びたガラスのかけら（ビーチグラス）に似せただけのものだが、このガラスを見れば、砂浜に行かなくても砂浜を「体験」することができる。二〇〇グラム余りのガラスを袋に入れてラフィアヤシの繊維で口を縛り、匂い油の小瓶とセットにして一五ドル〔一ドル一〇〇円として一五〇〇円〕で販売した。アメリカ合衆国の砂浜がまだ人工構造物で覆われてしまっていないことを確認するための嘘っぽい商品の最たるものだろう。こうした物はほかにいくらでも探せる。

マイアミ港のフィッシャー島のような場所を考えてみよう。人工島の本体は、海底から掘り上げた土砂でできている。島の人工ビーチは、バハマ諸島から輸入した砂を突堤などの海岸構造物で囲って、波に持ち去られないようにした。すぐ近くにあるマイアミビーチは人工ビーチの最たるものだ。マイアミビーチでは、日陰が多いテラス、雨戸のある窓、木陰を作る中庭などがある古くからのフロリダ低層住宅の建築はとうの昔にやめてしまった。その代わりに、窓を開けずに常時エアコンを使うガラス張りの高層ビルが延々と並び、エアコンが唸る音が波の音をかき消している。サウスビーチにあるアールデコ調のレストランのテラスから砂浜はほとんど見えず、目の前の通りを行き交う無数の車のエンジンの音にかき消されて、波が砕ける音も、まず聞こえない。そこからさらに北には六車線の高速道路があり、海岸沿いに連なるマンションを横目で見ながら何キロも車を走らせることができるが、そのマンションの反対側に砂浜があることには誰も気づかない。

カリフォルニア州パサネダにある美術大学アートセンター・カレッジ・オブ・デザインの教員の一人は、この残念な問題に対する革新的な解決策となる技術を考案した。ビデオ装置をビルの海側に設置して海岸のようすを撮影し、その映像をビルの道路側にある「ビデオ壁」に映し出すというものだ。ビルを通して海の景色が見える。実際の海よりもよく見えるように映像を修正できるという利点もある。たとえば重く雲が垂れ込める日には、ビデオ壁に快晴時の砂浜の映像を映すよう調整することもできる。足りないのはCM広告くらいだろう。

インフラとしての砂浜

ピルキーは数年前の春に、デューク大学の地質学科の学生を講義の一環でナグスヘッドの砂浜を見に連れて行った。ここでは毎年数軒ずつ家が波間に消えていく。ある地点で車から降りて見た家は周囲に砂袋が積み上げてあり、別の家では砂袋の壁は役に立たなくなって家が砂浜のほうに倒れそうになっていた。まわりには壊れたテラスや引きはがされた板などの瓦礫が散乱していた。

すでに砂が漏れ始めていた黒いジオテキスタイルのサンドバッグをピルキーは指さして憤慨した。「美しい砂浜なのに、この見苦しい代物を見ろ。私たちみんなの所有物がこのようなことになってしまっているのだ。君たちが孫の世代に手渡すのは、ゴミが散乱していない広々とした浜であるべきだ」。

その近くの砂浜には壊れたレンガの家があった。残骸を調べていた学生が瓦礫の中から何か引っ張り出した。看板だったので、その学生はそれを傾いた家に立てかけた。「貸家」と書かれていた。

それから数カ月あと、パーキンソンは数百キロメートル離れたセバスチャン海峡にかかる橋の上に立って南を眺めた。家々がじわじわと海岸から撤退していた。「この部分の海岸はまだ遅すぎない。現在は、あそこで建物を後退させている。建物が十分にまばらになれば、あのような後退が可能になり、すぐに問題が起きるような性急な対策をとらずにすむ」。

しかし住民は許可が出なくても建築するし、許可を申請することなく建築してしまうし、建築条件を無視してでも建築する。「建築許可をとるために訴訟を起こし、許可が出ても建築条件を守らないのに、規制に携わる機関には違反者を取り締まる職員がいない」と、パーキンソンは悲しそうに言う。そして木々の間から新しい屋根の先端が見える海岸を指さして付け加えた。「こっちの海岸は最終的には開発され尽くす。常に海の脅威にさらされることになり、州政府は財政をここにつぎ込み続けることになる」。

浜に砂を投入する養浜、構造物の建設、あるいは海岸線の固定などの対策を主張する人たちは、こうした対策を「海岸の保護」と呼び、学校や道路などのインフラに対して地域行政が文句を言わずに提供する支援と同じ類の支援をするべきだと言う。海岸事業に反対する人たちについては、道理に基づいて反対しているのではなく、海岸に土地を所有する人たちに対する謂れのない憤りで反対しているのだとも言う。

彼らが言っていることの多くは正しい。

しかし、人が家を建てて住まなければ学校は造られないし水道も引かれない。だから砂浜では事情が異なる。砂浜をインフラと呼ぶなら、人の手による支援などまったく必要とせずに問題なく存続するインフラになる。砂浜は自然の脅威を受けているわけではない。自然な海岸線を「保護」する必要もない。嵐に反応して形や位置が変化するかもしれないが、誰かが海に近過ぎる位置に何かを建てない限り、何の問題も起きない。人が何か手出しをしない限り、侵食「問題」も起きない。しかし人が手出しをするので、海水面上昇が続くと問題がまた大きくなると思われる。

長い目で見る

アメリカの東海岸でハリケーン・フェリックスが暴れ回っていた頃、チャパキデック島では侵食が突然進み、島の南東の隅の形が大きく変わってしまった。なぜそのようなことが起きたのか誰にもわからなかったが、何らかの理由で砂が沖へ移動して、大きな浅瀬を形成しつつあった。住民は、細い防波島に切れ目ができて、スワン・ポンドと呼ぶ小さな池が海とつながるのではないかと心配した。その池では鳥たちが巣作りをしていたからだ。ケープコッド岬、マーサズ・ビニヤード島、ナンタケット島にある土地信託団体の所有地の最高責任者だったクリス・ケネディは、対策を話し合うために一九九七年の夏に島の住民の会合に出席した。最初のうち、彼が言うことは心もとないものだった。二年間でおよそ三・六平方キロメートルの砂浜が海に没したと言ったからだ。

「最初に侵食が始まったとき、『これはひどいことになる』と思った。しかし、長い目で見るよう心掛けた」とケネディは言いながら、一九四〇年代に撮影されたワスクの航空写真を引き伸ばしたものを集まった人たちに見せ、その当時の島はもっと小さかったこと、スワン・ポンドもなかったことを説明した。「砂浜はできたり消えたりする。そのうちまた元に戻る。来年ではないし、再来年でもないかもしれないが、そのうちワスク・ポイントの海岸は元に戻る」。

謝辞

本書はジャーナリストが書いたもので、科学者や学者が執筆したものではない。関係者への取材、学術会議への参加、現地調査旅行への同行、東海岸・西海岸・メキシコ湾岸を一〇年以上にわたって歩き回った時の立ち話、といった情報の糸で織り上げた物語と思ってほしい。本を出版して終わりという問題でもない。終わりにはできないほど、アメリカ各地で次から次へと新しい事態が進展している。アメリカの海岸の未来のための悪戦苦闘は今でも続いているので、本書が海岸についての理解を深めるための一助になることを願っている。

執筆にはたくさんの人が手を貸してくれた。最初に挙げるべきは、数多くの海岸研究者や海岸工学の技術者のみなさんだろう。私の質問に答えてくれて、野外調査に同行させてくれて、執筆した論文のコピーを送ってくれて、さまざまな情報源を紹介してくれた。この人たちの助けがなければ本書は世に出なかった。

ここに名前を挙げさせてもらう。デイビッド・G・オーブリー、ウィラード・バスコム、ケビン・ボッジ、チャールズ・A・ブックマン、デイブ・ブッシュ、ニコラス・コッホ、リチャード・クリーター、ロバート・G・ディーン、キャシー・ディクソン、ロバート・ドーラン、ブルース・ダグラス、レインハード・E・フリック、アーサー・ゲインズ、グラハム・ガイス、ジェームズ・W・グッド、ゲイリー・グリッグス、マーク・ヘイ、ロブ・ホルマン、ピーター・ハウド、ダグラス・インマン、クリス・ジョーンズ、ティモシー・W・カナ、ジョーゼフ・ケリー、ポール・コーマー、スティーブ・レザーマン、バージニア・リー、ロバート・H・オズボーン、ランダール・W・パーキンソン、シー・ペンランド、ベルナード・W・ピプキン、オーリン・H・ピルキー・ジュニア、ノーバート・スーティー、スタン・リッグス、ハリー・H・ロバーツ、ダン・ルーベンスタイン、S・P・シフ、ボブ・シーツ、デイビッド・スケリー、デイビッド・ソイリュー、トム・テリック、ボブ・ウィーゲル、ジェフ・ウィリアムズ、カール・ツィマーマン。

アメリカ陸軍工兵隊にはたいへんお世話になった。特に、ミシシッピ州ビックスバーグ水路実験施設の研究者と技術者のほか、職員のみなさん、そして、ウィリアム・A・ビルケマイヤーとノースカロライナ州ダックにある工兵隊の野外研究施設の職員のみなさんは、私と話をするのに時間を割いてくれて、惜しみないアドバイスをくれた。

デウィット・ウォーレス基金と、ジャーナリスト向けの特別研究員制度にも感謝している。この制度のおかげでノースカロライナ州ボウフォートにあるデューク大学海洋研究所に一カ月滞在することができ、ジョー・ラムスとシンディー・ボールドウィン・アダムズをはじめとする、研究者や職員のみなさんに助けてもらった。

州政府や市町村当局、土地利用についての専門家、市民団体の代表、開発業者、海岸沿いの居住者の以下のみなさんからも貴重な情報が寄せられ、協力いただいた。デイビッド・ベルチャー、ダニエル・V・ベッセ、ブルース・ボーツ、ドナルド・W・ブライアン、デイビッド・ブラウアー、マイク・バックリー、アーマンド・カンティニ、バーバラ・クランツ・クルーズ、マーク・クロウェル、サリー・

S・ダベンポート、トッド・デイビソン、ウェイニー・ドウ、ラッセル・アイトル、ジェームズ・E・ファウツ、ピーター・H・F・グレイバー、ジャック・グレイ、ウェイン・グレイ、カミラ・ヘーレビッチ、クリストファー・ケネディ、マイケル・ケネディ、デイビッド・ルーカス、オリビレとカレン・マグーン、ジェームズ・M・マックロイ、ベス・ミルマン、トッド・ミラー、ボブ・モートン、デイビッド・オーエンス、ジョージ・オーエンス、リーナ・リター、ハリー・シフマン、ボブとマーリーン・シーボーン、リック・ショー、ジェフとダーラ・サイモン、ケン・スミス、ゲリー・ストッダード、キャサリン・ストーン、スタン・テイト、バージニア・K・ティッピー、ゲイリー・A・ビグリアンテ、グレゴリー・ウッデル、ポート・カナベラル委員会の職員のみなさん。

また、ガルベストン図書館のローゼンバーグ文庫、マサチューセッツ州ウェストポートとチャタムの市民図書館、ウッズホール海洋研究所、アメリカ合衆国最高裁判所の図書館司書や研究補助員のみなさんにも感謝する。マサチューセッツ州エドガータウンの『ビニヤード・ガゼット』紙のユーラリー・レーガンには特にお世話になった。

最後に、長期にわたる私のプロジェクトを支えてくれた友人や家族にも感謝する。特に母のウィニフレッド・ディーンと妹のバーバラ・ディーン、そして、サンドラ・ブレイクスリー、ジョナ・フリードマン、カール・マンハイム、キャサリン・W・オマリー、T・Jとアン・オマリー、サリー・リッグスとマイク・コリガン、エドウィナ・リスラード、ハロルドとロイス・シュメックは、家に私を泊めてくれるなど、いろいろとお世話になった。また、本書を執筆することを多くの人が反対するなか、コロンビア大学出版会のエド・ルージェンビールは執筆を応援してくれて、その同僚のホリー・ホッダーは、ジョナサン・スラツキー、アン・マッコイ、スーザン・ヒースとともに出版の段取りを整えてくれた。

ほかにも多くの人の手を借りながらの執筆だった。これらの人たちが寄せてくれた情報をもとに、できるだけ正確なものを書こうとしたが、もし不適切な記述があれば、その責任はすべて私にある。

訳者あとがき

身近な環境として砂浜と出会ったのは、二〇〇一年に宮崎に移住したときだった。住まいを探すために海岸沿いにあるホテルに滞在すると、窓の外には砂浜と太平洋が広がっていた。素晴らしい所に住めると感激したのを覚えている。浜へ出てみると「アカウミガメを守りましょう!」という看板があり、日本でウミガメが産卵することも知らなかった私は、さらに嬉しくなった。

その後、宮崎野生動物研究会に入会し、ウミガメの調査を手伝わせてもらえることになった。メンバー数人でグループを組み、夜に砂浜を歩きながら産卵上陸するウミガメを探したり、卵を産んで埋め戻された巣穴を数えたりした。波打ち際に近いところにある巣穴の卵は、台風で砂浜が削られたときに波に持ち去られないように浜の高い位置へと移植した。たまに、大きなウミガメに出会えるのは感動ものだったが、浜に置かれているコンクリートブロックの間に落ち込んで身動きがとれないウミガメ救出に駆けつけたときには、なぜウミガメはこれほど危ない浜に産卵に来るのだろうと思った。砂浜の侵食が進んでいることを当時はまだ知らず、浜にブロックが置かれるようになったのがここ二〇年から三〇年ほどのことだということも知らなかった。

そのうち、いろいろな事情で夜の調査に参加するのが難しくなったので、砂浜に残る産卵の痕だけを数える昼間の調査に変えてもらった。アカウミガメが産卵上陸するのは五月から八月にかけてなので、暑い盛りの日中に砂浜を数キロメートルも歩くのはとても大変なことだったが、明るい時間帯に海岸へ行くと、砂浜のようすが一望できた。目を遮るもののない自然景観を眺めるのは、パソコンに向かって翻訳をする身には、とてもよい気晴らしになった。そして、宮崎の砂浜には、さまざまなコンクリート構造物が建設されているのを知るきっかけになった。なかでも傾斜護岸が建設されている浜では、ウミガメは上陸しても産卵しないで海に戻ってしまうことが多い。なぜコンクリート護岸を造らなければいけないのだろうという素朴な疑問が湧いた。

砂浜に関する本を読み始めたのは、この頃だったと思う。高度経済成長期に書かれた本を読むと、砂浜や砂丘や海岸林などは生産性の低い空き地なので有効利用すべきだと書かれていた。何でもかんでも経済的な生産性に換算して価値を推し測る時代だったので仕方がなかったのかもしれないが、宮崎では砂浜に港ができ、川の河口には長い防波堤が延び、空港滑走路が海へ突き出し、砂丘には有料道路ができ、海岸林の中にはゴルフコースやレクレーション施設が建設された。本書では、砂浜に構造物を造ると砂が自由に動けなくなり、砂が足りなくなって浜が狭まってしまうような事例が多数紹介される。宮崎の浜でも似たようなことが起きていたのだろうと、本書を訳し終えた今ならわかる。

せっかく砂浜の近くに住んでいるのに、知っているのはウミガメ調査を担当する砂浜だけというのももったいないと思い、宮崎各地の浜を見て歩き始めた。ちょうどその頃、日本自然保護協会が日本の海岸植物の調査の一環として宮崎の海岸の植物群落調査をすることになったので、それにも参加させてもらった。私は川南町から都農町にかけての一〇キロメートルほどの砂浜が担当になり、毎日一、二キロメートルずつ歩いてこの区間の植物を調べた。海辺で出会った人には、海岸の名前や最近の砂浜のようすを尋ねた。サーフィン、犬の散歩、砂丘のラッキョウ畑の手入れ、護岸工事の作業、護岸点検など、砂浜に頻繁に通う人は多かったが、官民問わず、誰もが砂浜の縮小を心配し、歎いていた。港や護岸ができてから砂浜がなくなったと言う人も多かった。

見聞きしたことを自分だけの知識にしておいてはいけないと考え、小さな海岸情報誌『宮崎の海岸』を発行し、海岸に関心がある人に出会うたびに配り始めた。砂浜や護岸をデジカメで撮影した写真を載せ、感じたことや考えたことを自分なりの言葉にしただけのものだったが、文章にして紙に印刷したとたんに、砂浜の行く末を心配していた人たちとのつながりが驚くほど増えた。

海岸保全運動と言うと、住民と行政が対立して怒鳴り合うような場面しか思い描けなかったのだが、実態はそれとは違った。海岸をそのままの姿で残したい住民と、海岸に構造物を造って安全を優先したい住民の駆け引きが見えない所で続いていて、海岸工事を行なう行政が間に立たされて困っているというのが私の印象だった。これまでは海岸に構造物を建設すれば安全だという人の声が大きかったこともあって開発一辺倒だったが、もともとの自然な砂浜があってこそ、海岸地域の安全も守られるし、宮崎らしい地域づくりができるという声がもっと大きくならなければいけない時期に来ているとも感じた。

そして二〇〇六年に、宮崎市の北側の浜の砂がなくなったという理由で大きなT字型突堤を七基建設する計画が持ち上がった。その少し前に海岸法が改正されていたので、一般市民が意見を述べる場が用意されたり、専門家による委員会が公開されたりするようになっていた。計画されているものと同じような突堤が栃木県の鹿島灘にすでに完成していると知り、はるばる出かけて見にも行った。宮崎でも本当にあのようなものができるのだろうかと成り行きが気になり、専門家による委員会を傍聴したり、市民・専門家・行政が意見交換する場へ出かけたりするようになった。
そうした専門家の侵食対策委員会の一つで委員長をされていたのが、本書に「日本語版への解説」を書いてくださった佐藤愼司先生だった。委員会を傍聴したあと、『宮崎の海岸』を手に自己紹介しに行き、顔を覚えてもらった。のちに、サーファーや地元住民と一緒に立ち上げた市民団体「ひむかの砂浜復元ネットワーク」が開催したシンポジウムで講演をお願いしたところ、快く引き受けてくださった。そして私が翻訳を仕事にしていると知り、アメリカではこんな本が出版されていると教えてくださったのが、コーネリア・ディーン Cornelia Dean さんが執筆した、この『Against the Tide』だった。ディーンさんは、環境問題の著名なジャーナリストで、アメリカのブラウン大学で科学ジャーナリズムの講師を務めるサイエンスライターでもある。原書はアメリカ国内でも反響を呼び、いまだにアマゾンの読者書評では評価が高い。

「ひむかの砂浜復元ネットワーク」の活動では、市民団体を率いて突堤建設反対運動をすることが求められた。見よう見まねで組織運動をしてはみたが、これは私にはなかなか難しかった。しかし翻訳ならできる。素晴らしい砂浜保全の本がアメリカで書かれているのだから、これを翻訳することが私の砂浜保全活動になると感じた。本書で紹介されている砂浜の多くは、日本の砂浜とは成り立ちも規模も随分と異なるが、第一章だけ訳して砂浜仲間に読んでもらったところ、「宮崎とおんなじ！」という感想が寄せられた。そこで、本にしてくれる出版社を探したのだが、あいにく、原書が出版されてから一〇年が経っていたこともあり、私の話の持って行き方が不慣れだったこともあり、引き受けてくれる所が見つからなかった。その後、いろいろと人生の雑事にまみれているうちに、さらに一〇年近くの歳月が過ぎてしまった（ちなみに、大きなT字型突堤七基は、少し小さなI字型突堤三基に計画が変更になった。しかし建設することに変わりはなく、すでに部分的に建設が始まっている）。

二〇一一年には東北地方で大地震が起き、津波が海岸を襲った。日々打ち寄せる波と津波は、起きる仕組みも、陸域に及ぼす影響も大きく異なるので、日常の砂浜侵食に焦点を当てた本書の内容は震災復興にはあまり役に立たないだろうと思っていたところ、海岸に巨大な防潮堤を建設するという話を耳にするようになった。建設に反対している地域もあるという。あれほどの被害があった海岸で、大きな防潮堤を造らないという選択をしようとすると、とてつもない勇気が要るだろう。そうしたニュースを聞きながら、住民、行政、研究者、自然保護団体が押したり引いたりしながら海岸をつくってきた百年の歴史が書かれている本書の内容が、もしかすると役に立つかもしれないと思うようになった。本書第三章に「建物と砂浜のどちらを守るかという選択を迫られたときに、砂浜を選ぶほど勇気がある人（先見の明がある、善意がある、十分な資金があるでもよい）はほとんどいない。とりあえず護岸壁が欲しい。砂浜の心配はあとでしよう」とある。早くこの本を訳しておけばよかったと悔やまれた。

その後二〇一五年に、家族の事情で宮崎から福岡へ移住することになった。宮崎では一〇年以上砂浜に関わってきたので、福岡でも足はついつい砂浜へ向いてしまう。しかし、宮崎のように遥かかなたまで続く長い砂浜の海岸はなかった。本書の砂浜の情景がよみがえり、また読み直してみた。二〇年前に出版された本と言うと出版業界では古すぎるのかもしれないが、悠久の時を経てできあがる砂浜を見ていると、「たった二〇年」という気持ちになる。やはり翻訳したいという気持ちが頭をもたげた。何かしたいことがあれば、それを口に出してみるのが実現への第一歩になると昔から考えているので、福岡で新しい知り合いができるたびに、翻訳をしていることや砂浜保全に関わってきたことを話すことにした。そうしたら嬉しいことに、フロリダ州マイアミで子供時代を過ごした宮下純さんと、アラバマ州バーミンハムに数年滞在したことのある堀内宜子さんが、一緒に翻訳しようと言ってくれた。仲間ができれば心強い。そこで、出版してくれるところをもう一度探してみることにした。

地人書館は三つ目に連絡をとった出版社だった。編集を担当してくれた塩坂比奈子さんは私の大学時代の後輩で、生物関係のいい本を作っていると聞いていた。アメリカのジャーナリストが書いた砂浜保全の本の出版を相談されても迷惑かもしれないと思いつつ、電話をしてみた。二〇年前の本と伝えたら、やはり躊躇したような気配が感じられたが、最近は海の関係の本も出しているということで、編集会議で検討してくれることになった。

そして数週間後に詳細な検討結果を知らせてくれた。原書に書かれている内容は決して古びておらず、出版する意義はあるが、世の中の一般的な基準からすると二〇年前に出版された本は確かに古い。しかしこの二〇年間、日本は毎年のように自然災害に見舞われ、砂浜侵食対策も遠い外国の話ではない。まさに日本の課題であることを読者にわかってもらうために、日本の海岸保全の現状などについての説明が欲しい。原著を紹介してくれた佐藤愼司先生が日本語版への解説文を書いてくださるなら出版しましょう、ということだった。すぐに佐藤先生にメールを出してお願いすることにした。そして今回も、快諾してくださった。お忙しいはずなのに、本当にありがたかった。

本を一冊出版するには、とてもたくさんの人の手を借りなければならない。生物学を学んだ私が砂浜保全の本を翻訳するということは、砂浜について教えてくれた人が多数いたことを意味する。この場を借りて（ほんの一部ではあるが）、お名前だけ挙げて謝意を表したいと思う。

砂浜調査や海岸シンポジウム開催の支援をしてくれた、ひむかの砂浜復元ネットワーク（故山口正士さん、三浦知之さん、青木幸雄さん、長友純子さん、ほか多数）、住吉海岸を守る会（川崎和馬さん、佐藤しのぶさん、川越康平さん、佐藤和也さん、中村美紀さん、ほか多数）、日本自然保護協会（開発法子さん、大野正人さん、朱宮丈晴さん、ほか多数）、宮崎文化本舗（石田達也さん、相馬美佐子さん、下村ゆかりさん、ほか多数）。ウミガメ調査でお世話になった宮崎野生動物研究会（竹下完さん、故児玉純一さん、岩本俊孝さん、岩切康二さん、故石井正敏さん、ほか多数）、赤江浜を守る会（土居睦生さん、上村貴志さん、長野徹さん、ほか多数）。海岸のようすを教えてくれた安藝國宏さん、芥川仁さん、宇野木早苗さん、岡本清英さん、奥村千尋さん、尾澤征昭さん、籠橋隆明さん、柏田倬身さん、門川貴信さん、亀崎直樹さん、河野耕三さん、久島昌志さん、藏治光一郎さん、塩月由香さん、田中雄二さん、つる詳子さん、藤木哲朗さん、富士持吉人さん、古田栄子さん、松原学さん、故三戸サツエさん、安田仁奈さん、矢野純一さん、山田秀一さん、吉田孝夫さん。

『宮崎の海岸』の発行を応援してくれた、青木豊子さん、今井滋郎さん、故上野登さん、川原一之さん、木佐貫ひとみさん、坂元守雄さん、園田米男さん、中川修治さん、中務秀子さん、西亮さん、故林智さん、林秀剛さん、日高晃さん、外前田孝さん、村上哲生さん、八代佳代子さん。

海岸シンポジウムや砂浜勉強会などで海岸保全について教えてくれた、宇多高明さん、須田有輔さん、清野聡子さん、堤裕昭さん、村上啓介さん。

また、宮崎県河川課、宮崎県港湾課、国土交通省九州地方整備局宮崎河川国道事務所、国土交通省

大阪航空局宮崎空港事務所といった行政部署の担当者のみなさんや、宮崎海岸侵食対策についての市民談議所に参加していたみなさんにも、いろいろなことを教えていただいた。

原著者のコーネリア・ディーンさんには、日本語版を出版するにあたり、図や写真をそのまま転載できるよう著作権の調整にお骨折りいただいた。また、地人書館の塩坂比奈子さんをはじめとする編集部のみなさんには、あとがきの数行で書ききれないほどお世話になった。原書には海岸の位置を示す地図はほとんどないが、場所がわかるように地図を載せたいという私の希望に応えて、一章ごとに地図を作成してくれた。本文に登場する地域や地名への理解を深めるためにも、また日本ではなかなか目にすることのない防波島という海岸地形を知っていただくためにも、この地図をぜひ活用してほしい。

みなさんのご支援がなければ、砂浜問題に気づくこともなかったし、海岸について学ぶこともなかったし、本書を翻訳することもなかった。謹んで御礼を申し上げます。

二〇一九年四月　　林　裕美子

日本の海岸保全はどうあるべきか――日本語版への解説

高知工科大学教授　佐藤愼司

海と陸の境界である海岸域の重要性

原書『Against the Tide』は、アメリカ合衆国のジャーナリスト、コーネリア・ディーンが、海岸保全の取り組みについて長年にわたる綿密な取材に基づいて執筆したものである。海岸の諸現象とそれを制御する各種構造物や養浜の機能、さらには、海岸域の土地所有の在り方などについて、具体的な事例を紹介しながらわかりやすく議論している良書である。

海を題材とする一般向けの書物は、自然科学、海洋学を中心にいくつかあるが、海岸域に焦点を当てたものは少ない。本書は、アメリカにおけるハリケーンなどによる海岸災害との闘いの歴史を通じて、人間社会と海とが、どのように共生していけばよいかを議論したものである。特に、自然現象の理解のみでなく、社会的な背景や制度の在り方にまで言及している点が、ジャーナリストならではの独特な視点であり、自然と社会の両方の影響を受ける海岸域の特徴を適切に反映する視点のもとで、新鮮で含意に富む内容となっている。

海は地球表面の七〇パーセントを占め、陸地を含めた地球環境や多様な生態系の形成と維持に本質的な影響を与えている。主として陸域で営まれる人間社会は、海からさまざまな恩恵を受けており、古来、文明は、海の豊かさを利用し続けている。それらは、船の航行としての水面利用、物資の運搬、漁業、発電、鉱物資源開発、観光、レクリエーション利用などきわめて多岐にわたる。また、海に近接する沿岸域は、海の豊かさを直接的に享受しやすいうえ、利便性の高い低平地であることが多いため、集落や都市は沿岸に形成されることが多い。現代においても、東京、ニューヨーク、上海、サンパウロなど多くのメガシティは沿岸に形成されている。

海と陸の境界である海岸域は、海水と淡水、陸地、大気のそれぞれが接するかけがえのない空間である。そのため、人間のみならず多様な生物が、それぞれの生活史の一部において海岸を利用しており、地球の生態系サービスの持続性を考えるうえでも、海岸域は貴重な場所である。一方で、陸地を主たる活動拠点とする人間社会からは、海はやや遠い存在であり、自然現象の理解も陸上の諸現象に比べると遅れている。このように、海の豊かさを享受することは、文明の発展に不可欠である一方で、少ない情報のもとで海の危険性とも隣り合うという側面を持つ。

海の波や流れは河川や湖沼のものに比べて変動が大きいうえ、潮汐により絶えず変動している。水の流れによって土砂などの物質が大量に輸送される点にも特徴があり、沿岸地形はこれらのバランスによって数千年の長い期間で形成されてきたものである。人間社会は、このように変動が激しい沿岸域を、自然と折り合いをつけながら巧みに利用してきた。その手法は、地域に固有の文化や風土を生み、歴史的に継承されている。

近代においては、沿岸域の重要性はますます増大している。たとえば、臨海工業地域の形成や、それに伴う港湾や漁港の整備、沿岸道路、空港の整備などがわかりやすい例であろう。経済成長と土木技術の発展にも支えられ、大規模な埋め立てや施設の建設が可能となった反面、無秩序な人為改変が環境問題や海岸侵食問題を生み出すことも問題となっている。これらの問題の多くは、利用に関する陸地の計画手法をそのまま海岸にも適用したことが原因と考えられる。陸地では、ゾーニングにより分割した区画は個々に独立しているため、区画ごとに用途を設定した計画が可能であるが、海岸は、海水を介して広い範囲がつながっており、波や流れによって運ばれる土砂も連続する場合が多い。したがって、遠く離れた場所での開発や改変の影響が、長い時間をかけて徐々に波及し、環境劣化や海岸侵食などの問題を引き起こすことになるのである。すなわち、海岸域においては、局所的な視点のみで最適な計画を策定することは困難であり、より広域的かつ一体的な視点が重要となる。

海岸工学の誕生と日本の海岸保全

人間社会が、海や海岸を安全かつ持続的に利用することは、現在においても、国連のＳＤＧｓ(Sustainable Development Goals、持続的な開発目標)にも掲げられる重要テーマの一つであるが、歴史的には、一九五〇年代初め頃に、世界的にその重要性が認識されることになった。アメリカでは、西海岸を中心にマリーナ(ヨットやモーターボートなどレジャー船の停泊施設)の埋没や、海岸侵食が連鎖的に発生した。ヨーロッパでは、一九五三年に北海の低気圧による高潮が発生し、オランダのロッテルダム周辺で大規模な浸水災害が起きた。日本でも一九五三年の台風一三号により、中部・近畿地方の海岸で浸水被害が発生し、たとえば三河湾では、二週間以上の長期にわたって浸水が継続する深刻な事態となった。

このような海岸災害が世界でほぼ同時期に生起した背景には、海の自然現象である高波・高潮に関して科学的知識や観測情報が不足していたことと、第二次世界大戦後に起きた世界各地の急速な経済発展により、沿岸域の開発が散発的に進められてきたことの両者が関係していると認識された。そして、このような状況を改善するには、海の自然現象と人間社会の望ましい関係を考え直すための基盤学術が必要であると認識され、海岸の諸過程を科学的・工学的に扱う学術基盤（海岸工学）を土木工学の一分野として形成することとなった。

河川工学は明治時代にすでに学術分野として定着していたが、海岸工学は第二次世界大戦後に誕生した新しい分野ということになる。分野の形成に関するこのような背景から、海岸工学では、沿岸で生起する自然現象の諸過程を正しく科学的に記述し理解することが何よりもまず重要であると認識され、工学と理学の中間的な色彩が強いものとなった。これが必然的に、室内実験や野外観測を重視し、理論と実践の相互展開による段階的な発展を促すこととなった。このような考え方は、現在でも尊重されており、二年に一回の頻度で開催されている海岸工学国際会議では、さまざまな観点から実証的な議論が展開されている。

人間社会に重心を移して海岸とのつき合いを考えると、国土の一部である海岸域を安全かつ持続的に利用し、かけがえのない環境を保全するための取り組みや制度が必要となる。このような取り組みを「海岸保全」という。沿岸の諸現象は、地域によって大きく異なるため、海岸を保全する手法は地域性が強く、どの地域にも適用できる万能の技術はない。海岸域の環境に影響する、波、流れ、潮汐、地質などの自然条件、人口や経済成長の程度などの社会的状況、海との接し方、文化、歴史などの諸条件は、個々の地域ごとに大きく異なり、固有性が極めて強い。たとえば基盤的な自然条件である潮汐の大小や海流の強弱は、地球全体の気候や地球自転の影響を強く受ける。たとえば日本は、太平洋の西端に当たるため、強い海流が発達し、南西地域では潮汐が増幅されることなど、独特な海象環境が創出されている。地質的にも、日本列島がユーラシア大陸から離れて形成された過程の影響を強く継承しており、山がちな国土、急勾配の海岸、入り組んだ海岸線など、地質的・地勢的な要因は独特である。

このように海岸は地域性がきわめて強いため、その保全方法もさまざまな考え方、手法があり、汎用的で万能な手法があるわけではない。たとえば、日本のような山がちな国土では、可住地である沿岸の低平地に人口が密集することになるが、急勾配で入り組んだ海岸地形により、海の荒波がそのまま海岸に作用するため、海岸域の安全を確保しようとすると、堤防や護岸などの防護構造物が必要になることが多い。これに対して、アメリカ東海岸やヨーロッパ中北部の海岸では、沿岸に数万年かけて形成された広大な低平地が広がり、単調で緩勾配の海岸が多いため、堤防を建設するより、砂浜の管理を中心にした保全策のほうが合理的である。

沿岸域の地形は、河川からの土砂流入量や流入の仕方にも影響する。日本では急流の河川が洪水時に一気に海に流れ込み、大量の土砂が海岸に供給されるのに対し、アメリカ東海岸やヨーロッパ中北部の海岸では、大河川からの土砂供給は、長い時間スケールでのみ生じる。そのため、アメリカやヨーロッパに比べると、日本の海岸のほうが地形が急変しやすく、管理が難しいことが想定される。アメリカの海岸保全は、一九六〇年代までは構造物による対策が主流であったが、その後、より長期的な侵食問題の重要性が認識され、一九七〇年代以降は、不足した土砂を人工的に補給する養浜による対策が中心となっている。養浜による対策は日本でも導入されているが、急勾配で変化の激しい海岸地形の特徴を考えると、すべての海岸保全を養浜のみで実現するのは現実的ではない。

日本の海岸保全は、一九五六年に制定された海岸法のもとで進められてきた。それ以前は、国家的な対策はとられてこなかったが、先述した一九五三年に発生した海岸災害を契機として、陸地を防護するための計画的な対応が必要とされたものである。海岸法のもとで、堤防・護岸などの整備が計画的に進められ、これにより、沿岸域の治水安全度は飛躍的に向上した。その一方で、環境問題や海岸侵食が各地で顕在化することになり、たとえば、一九七〇年代に深刻化した静岡県の富士から遠州灘にかけての海岸の侵食、一九九七年に日本海で発生したロシア船籍タンカー「ナホトカ号」の重油流出事故など、陸地の防護を主目的とする海岸法のみでは対応できない課題も頻出することとなった。

砂浜保全の重要性に着目した海岸法の改正と自然災害の多発

これらを受けて、一九九九年には海岸法が改正された。新しい海岸法では、陸地の防護、海岸の利用、環境保全の三要素の調和がとれた海岸づくりを実現して、「安全で美しくいきいきとした海岸」を創出していくことが目標とされた。具体的には、砂浜の持つ防災機能が認識され、堤防や護岸などに加えて、砂浜自身も海岸保全施設として認定できる制度が導入された。従来は、砂浜の侵食が進んでも堤防が危険な状態となるまでは対応しづらく、侵食対策は後追い的な対策となりがちであったが、砂浜そのものを施設として認定し、管理対象とすれば、より早い段階から対策ができ、結果としてコストが抑えられ、海岸域の安全度も向上することになる。このように一九九九年の海岸法改正では、陸地の防護を効率的に進めるためには、環境・利用の基盤となる砂浜の保全が重要であることが認識され、従前より柔軟な海岸保全が進むことが期待された。

防護、利用、環境のそれぞれにおいて中心的な役割を果たす砂浜を海岸保全施設として明確に位置づけられるようになったことは、従来の「施設」の概念を革新する画期的な概念であり、自然の営力を活用するグリーンインフラの考え方にも通じる先駆的な改正である。しかしながら、「施設としての砂浜」の指定事例は約二〇年経った現在においても一例もなく、改正時の理念が実現されているとは言い難い。

その理由の一つは、海岸法改正後の海岸をめぐる状況において、自然災害および社会状況の変化が激しかったことにある。それゆえ、防護、利用、環境の調和を目指す、当初の理念の実現は遅れることになってしまった。自然災害においては、二〇〇四年のスマトラ島沖地震で発生したインド洋津波被害、二〇〇五年にアメリカ西部に襲来したハリケーン・カトリーナによる高潮災害、二〇一一年の東日本大震災における巨大津波被害、二〇一三年の台風三〇号によるフィリピン高潮災害、二〇一八年の西日本豪雨や台風二一号による強風・高潮災害など、内外の大災害や顕在化しつつある気候変動の影響への対応などを受けて、防災対策の見直しが緊急の課題となっている。これに加えて、諸外国における落橋事故や、二〇一二年の中央自動車道笹子トンネル事故などの影響で、老朽化したインフラ施設の維持管理を総点検する必要性も加わってきた。こうした状況の中、二〇一三年には減災・維持管理を加える形で、海岸法が再改正されることとなった。

その過程では、津波を含む巨大外力に対する減災を進めるうえでは、防災概念に基づく海岸保全施設のみでは限界があることを踏まえ、二段階の外力レベルに基づく多段階的な対策を進めることも定められた。すなわち、高さは低いが数十年から百数十年に一回程度と発生頻度が比較的高い「レベル1津波」に対しては、海岸法のもとで導入される海岸堤防などの防護施設で陸地の浸水を防ぐ対策を目指すが、千年に一度あるかないかの低い頻度でしか発生しないが最大級の「レベル2津波」に対しては、陸地への浸水を許容しながら、早期避難、陸域の土地利用、各種防護施設などを組み合わせて、多段階的かつ総合的に津波に強い地域づくりを推進することとされた。陸域で必要となる対応については、海岸法の対象外となるため、新たに「津波防災地域づくり法」も二〇一一年に制定された。こうして二一世紀初頭の海岸行政は、一九九九年に海岸法を改正した当時の想定とは異なり、計画を超える巨大外力を含めた災害対応と施設の管理制度の構築に追われることとなった。

海と人間社会の望ましい関係の構築のために

原書が発刊された一九九〇年代後半には、アメリカにおいて、海岸保全とは何であるのかを根源的に考える議論が繰り広げられていた。波と流れが海岸の地形を形成していく長い歴史の中で、海岸保全は長期的には無駄であるとする地質学者と、人間社会の諸活動の影響を緩和するためには構造物や養浜による海岸保全が必要であり、適切な維持管理のもとで実施すべきであるとする海岸工学者の間での活発な議論である。本書の第二章でも、その議論の一部が紹介されている。一九九二年のハリケーン・アンドリュー（第七章）、一九九五年のハリケーン・フェリックス（エピローグ）など度重なる海岸災害を経験したものの、クリントン政権（一九九三〜二〇〇一年）下で財政が逼迫し、事業仕分けが厳格に実施され、海岸保全のための連邦予算は大幅に削減されることになった。理念よりも財政を優先せざるを得ない現実となったわけである。

日本においても、二〇一一年の東日本大震災では、大津波により破壊された海岸堤防の復旧に関して、巨大な堤防の必要性が議論され、海岸保全の根源的な意味が、いわゆる「防潮堤問題」として議論された。速やかな復興を進めるためには陸地を守る堤防が必要であるが、海岸域の利便性や環境を考えると堤防が邪魔になる、というものである。津波からの復旧という時間的制約の中での議論は困難であったが、論点の多くは、先に述べた一九九九年の海岸法改正時のものと共通するものであった。すなわち、防護、利用、環境の調和のとれた海岸づくりこそが重要であり、頻度の低い大津波を含めて、調和のとれたまちづくりを実現することが再確認されたことになる。このように、海岸保全をめぐる状況は、大災害の発生や社会状況の変化の影響を受けて目まぐるしく変化するものの、基本的な考え方には普遍性があるものと思われる。

翻訳者である林裕美子さんとは、二〇〇六年頃に宮崎海岸の侵食問題を検討する委員会で知り合った。海岸保全の考え方を解説した一般向けの書籍として原書を紹介させていただいたことがきっかけで、翻訳に取り組まれることとなった。原書の初刊が出版された一九九九年は、日本では、海岸法が改正された年である。海岸と人間社会の望ましい関係を構築するための考え方を、時代背景と災害の歴史を踏まえながら具体的な事例に基づいて紹介した解説書である本書は、初刊から約二〇年が経過しているものの、海と社会の望ましい関係について根源的で新鮮な記述が多く、現在においても、また近い将来においても、含蓄の深い書物であることは間違いない。林裕美子さんたちの名訳で、原書が伝えたかったと思われる海の荒々しさと豊かさ、陸地の利用と海の利用との考え方の違い、さらには海岸を保全するために必要な制度について、アメリカの海岸事情に精通していない人々にも理解しやすい平易な文章で記述されている。海岸になじみが薄い読者はもちろん、海岸保全に取り組む専門家にも読んでいただき、海と社会の関係をさらに望ましいものへ発展させるうえでの参考として欲しい。

(12) Wolverton and Wolverton, *National Seashores*, pp.166-170.

(13) Joseph J. Thorndike, *The Coast: A Journey Down the Atlantic Shore* (New York: St. Martin's, 1993), pp.134-135.

(14) Wolverton and Wolverton, *National Seashores*, p.69.

(15) 同上, p.192 ff.

(16) Peter Lord, "Rare Earth: Block Island Wins Recognition as One of Hemisphere's 'Last Great Places'," *Providence Sunday Journal*, May 12, 1991, p.A1.

(17) 同上.

(18) Carla Hall, "Fund-Raising Frenzy Buys Santa Barbara Park." *Los Angeles Times* (Washington ed.), March 12, 1996, p.B2.

(19) *Vineyard Gazette*, July 5, 1996.

(20) Thomas Farragher, "Summer Traffic Crunch Lifts Cape Land-Bank Campaign," *Boston Sunday Globe*, July 19, 1998, p.B1.

(21) "Tidal Pool of Tears," *Vineyard Gazette*, July 24, 1987.

(22) Marilyn W. Thompson, "Wild Horses Champ at Tourist Bit," *Washington Post*, August 30, 1996, p.A1.

(23) Duane De Freese, "Protecting Coastal Diversity: A Local Perspective," *Coastal Currents* 2, no. 3 (Summer 1994), pp.12-13.

(24) Margaret Greer, *The Sands of Time: A History of Hilton Head Island* (Hilton Head, S. C.: South/Art, 1989).

(25) Gunnar Hansen, *Islands at the Edge of Time* (Washington, D.C.: Island Press, 1993).

(26) *Coastal Heritage* 6, no. 1 (Winter 1991), pp.5-6.

(15) David Owens, *The Coastal Management Plan in North Carolina* (Raleigh: Department of Environmental, Health, and Natural Resources), p.29.
(16) Barry Yeoman, "Shoreline for Sale," *Coastal Review* 14, no. 2 (Summer 1996), p.8.
(17) Craig Whitlock, "Fighting Their Watery Fate," *Raleigh News and Observer*, March 6, 1998, p.A1.
(18) Stanley R. Riggs, "Conflict on the Not-So-Fragile Barrier Islands," *Geotimes* 41, no. 12 (December 1996): p.15.
(19) John A. Humbach, "Private Property vs. Civic Responsibility," National Hurricane Conference, (Atlantic City, N. J., April 13, 1995) で配られた資料。
(20) Robert Costanza et al., "Valuation and Management of Wetland Ecosystems," *Ecological Economics* 1 (1989), pp.335-361. と、Robert Costanza and Charles Perrings, "A Flexible Assurance Bonding System for Improved Environmental Management," *Ecological Economics* 2 (1990), pp.57-75.
(21) James R. Houston, "International Tourism and U.S. Beaches," *The CERCular* 96, no. 2 (June 1996).
(22) Mark Crowell, Second Thematic Conference on Remote Sensing for Marine and Costal Environments, 1993 での発表。

第10章　売りに出された海岸

(1) *Vineyard Gazette*, July 10, 1987.
(2) Jason Gay, "Private Beach Access Costs Are Climbing," *Vineyard Gazette*, July 5, 1996, p.1D.
(3) Gay, "Dunkirk at South Beach," *Vineyard Gazette*, July 14, 1987.
(4) Dorsey Griffith, "Furor Rises on Sale of South Beach, Developers Warned of Legal Action," *Vineyard Gazette*, July 24, 1987, p.1.
(5) Griffith, "Edgartwon Regains South Beach Control in Court Suit to Block Private Developers," *Vineyard Gazette*, July 31, 1987, p. 1.
(6) Griffith, "Town Rejects Offer from Beach Buyers," *Vineyard Gazette*, October 2, 1987, p.1.
(7) Griffith, "The Story of South Beach: Victory for Town and State," *Vineyard Gazette*, May 12, 1988.
(8) Griffith, "James Gutensohn Speaks Out Over South Beach," *Vineyard Gazette*, September 8, 1987.
(9) David Stick, *The Outer Banks of North Carolina* (Chapel Hill: University of North Carolina Press, 1958), p.250.
(10) Ruthe Wolverton and Walt Wolverton, *The National Seashores* (Kensington, Md.: Woodbine House, 1988), p.43.
(11) John McPhee, *Encounters with the Arch-Druid* (New York: Noonday, 1971), pp.77-150.

(4) 同上，pp.233-234.
(5) Peter A. Howd, and William A. Birkemeier, "Storm-Induced Morphology Changes During Duck85," Nicholas C. Kraus 編, *Coastal Sediments '87*. New York: American Society of Civil Engineers, 1987, p.846.
(6) J. R. Allen et al., "A Field Data Assessment of Contemporary Models of Beach Cusp Formation," *Journal of Coastal Research* 12, no. 3 (Summer 1996), p.622, 629.
(7) Gary Griggs et al., "The Effects of Storm Waves of 1995 on Beaches Adjacent to a Long-Term Seawall Monitoring Site in Northern Monterey Bay, Calif.," *Shore and Beach* 64, no.1 (January 1996), pp.34-39.
(8) Robert L. Wiegel, "Coastal Engineering Trends and Research Needs," Billy L. Edge 編, *Proceedings of Twenty-First Coastal Engineering Conference* (New York: American Society of Civil Engineers, 1988), p.1.

第９章　見て見ぬふり

(1) Lorance Lisle and Robert Dolan, "Coastal Erosion and the Cape Hatteras Lighthouse," *Environ Geol Water Sci* 6, no. 3 (1984), pp.141-146.
(2) Harker's Island, N.C., United Methodist Women, *Island Born and Bred* (1986; reprint, Morehead City, N.C.: Herald Printing, 1991), p.3.
(3) Henry Beston, *The Outermost House* (New York: Ballantine, 1971), p.7.
(4) 同上，p.230.
(5) Coastal Engineering Research Board, *Proceedings of the Sixty-first Meeting of the Coastal Engineering Research Board* (Washington, D.C.: U.S. Army Corps of Engineers, May 10, 1995), p.22.
(6) Bill Emerson and Ted Stevens, "Natural Disasters: A Budget Time Bomb," *Washington Post*, October 31, 1995, p.A13.
(7) Joseph B. Treaster, "Insurer Curbing Sales of Policies in Storm Areas," *New York Times*, October 1, 1996, p.A1.
(8) Leslie Scism and Martha Brannigan, "Florida Homeowners Find Insurance Pricey, If They Find It at All," *Wall Street Journal*, July 12, 1996, p.A1; Mireya Navarro, "Florida Facing Crisis in Insurance," *New York Times*, April 25, 1996, A16.
(9) Rutherford Platt, *Land Use and Society* (Washington, D.C.; Island Press, 1996), p.431.
(10) Anna Griffin and Jack Horan, "Teary Residents Shocked at Decimation at Topsail Beach," *Charlotte Observer*, September 8, 1996, p.A16.
(11) Robert Dolan, "The Ash Wednesday Storm of 1962: 25 Years Later," *Journal of Coastal Research* 3, no. 2 (1987), p. ii - iii .
(12) Peter Benchley, *Ocean Planet* (New York: Abrams, 1995), p.147.
(13) *America's Coasts: Progress and Promise* (Coastal States Organization, 1985).
(14) *Coastal Ocean Program: Science for Solutions* (Washington, D.C.: National Oceanographic and Atmospheric Administration [Coastal Ocean Office], 1992), p.4.

Conference. Atlantic City, N. J., April 11-14, 1995, p.56.
(7) Mark E. Leadon, "Hurricane Opal: Erosional and Structural Impacts to Florida's Gulf Coast," *Shore and Beach* 64, no. 4 (October 1996), pp.5-14.
(8) National Oceanographic and Atmospheric Administration (Coastal Ocean Office), "Coastal Ocean Program: Science for Solutions" (Washington, D.C., 1992), p. 10.
(9) Sheets, "Stormy Weather," p. 57.
(10) 同上 , p.61.
(11) Robert Dolan and Harry Lins, *The Outer Banks of North Carolina*, U.S. Geological Survey Professional Paper 1177-B (Washington, D.C.: United States Government Printing Office, 1986), p.23.
(12) S. Jeffess Williams, "Geomorphology and Coastal Processes Along the Atlantic Shoreline, Cape Henlopen, Delaware to Cape Charles, Virginia," 1994 年 4 月 16 日の Assateague Shore and Shelf Conference で配られた資料。
(13) Robert Dolan, Harry Lins, and Bruce Hayden, "Mid-Atlantic Coastal Storms," *Journal of Coastal Research* 4, no. 3 (Summer 1988), p.418.
(14) Robert Dolan and Robert F. Davis, "Rating Northeasters," *Marine Weather Log* (Winter 1992), pp.4-11.
(15) Gerald G. Kuhn and Francis P. Shepard, *Sea Cliffs, Beaches, and Coastal Valleys of San Diego County* (1984; reprint, Berkeley: University of California Press, 1991), p.29. R. H. Dana, *Two Years Before the Mast* から引用。海岸沿いに牛皮革を運搬する船についての調査を R. H. Dana が説明している。
(16) Kuhn and Shepard, *Sea Cliffs*, p.167.
(17) Paul J. Herbert, Jerry D. Jarrell, and Max Mayfield, "The Deadliest, Costliest, and Most Intense United States Hurricanes of This Century" (Coral Gables, Fla.: National Oceanographic and Atmospheric Administration Technical Memorandum NWS NHC-31, 1995).
(18) "Building Performance: Hurricane Andrew in Florida" (Washington, D.C.: Federal Emergency Management Agency, 1992), p.37.
(19) 同上 .
(20) Michael Quint, "A Storm Over Housing Codes," *New York Times*, December 1, 1995, p.D1.
(21) "Building Performance," p.75.

第８章　漂砂の手がかりを求めて

(1) Stephen E. Ambrose, *D-Day, June 6, 1944: The Climactic Battle of World War II* (New York: Simon and Schuster, 1994), p.74.
(2) 同上 , pp.73-76.
(3) Willard Bascom, *Waves and Beaches: The Dynamics of the Ocean Surface* (Garden City, N.Y.: Anchor Press/Doubleday, 1980), p.231.

Beach (July 1993): p.4.
(8) 同上，p.9.
(9) David C. Slade et al., "Putting the Public Trust Doctrine to Work: The Application of the Public Trust Doctrine to the Management of Lands, Waters, and Living Resources of the Coastal States" (Connecticut Department of Environmental Protection, November 1990).
(10) *Orion* 対 *Washington*, 109 Wash, 2d 621, 747 p.2d 1062 (1987), *Washington Sea Grant Marine Research News*, January 31, 1991. に引用されている。
(11) Seth Mydans, "City of Angels Makes Peace in Water Wars," *New York Times*, October 3, 1994, p.A10.
(12) *Phillips Petroleum Co.* 対 *Mississippi*, 108 S. Ct. 791 (1988).
(13) *Marks* 対 *Whitney*, (1971) 6 Cal. 3d 251.
(14) Katherine Stone and Benjamin Kaufman, "Sand Rights: A Legal System to Protect the 'Shores of the Sea,'" *Shore and Beach* 56, no. 3 (July 1988), pp.7-14.
(15) Katherine Stone, "The Use of 'Sand Rights' to Fund Beach Erosion Control Projects," 1989 California Shore and Beach Preservation Association Annual Conference で配布された資料 p.3.
(16) Douglas Inman, "Dammed Rivers and Eroded Coasts," *Critical Problems Relating to the Quality of California's Coastal Zone* の中の California Academy of Sciences January 12-13, 1989. のワークショップ向け参考資料。
(17) Frank Clifford, "Grand Canyon Flood," *Los Angeles Times*, March 3, 1996.
(18) Gregory McNamee, "After the Flood," *Audubon* (September/October 1996).
(19) Tom Kenworthy, "River Flow Limits in Grand Canyon Made Permanent," *Washington Post*, October 10, 1996, p.A16.
(20) Clifford, "Grand Canyon Flood."
(21) Clifford, "Pumping Life Back Into the Grand Canyon," *Los Angeles Times*, March 27, 1996.

第７章　特大が接近中、避難せよ

(1) Robert McNamara, *In Retrospect* (New York: Times Books, 1995), p.161.
(2) 北から南へ移動しながら３区域を襲う確率はそれぞれ 19%、20%、19%。
(3) 北から南へ移動しながら３区域を襲う確率はそれぞれ 34%、30%、30%。
(4) Edward N. Rappaport, "Preliminary Report Hurricane Andrew 16-28," August 1992, Coral Gables, Fla., National Hurricane Center (updated December 10, 1993).
(5) Lawrence S. Tait 編，"Coastline at Risk: The Hurricane Threat to the Gulf and Atlantic States," *Proceedings of the Fourteenth Annual National Hurricane Conference*, April 8-10, 1992, Norfolk, Virginia.
(6) Robert Sheets, "Stormy Weather," in Lawrence S. Tait編, "Hurricanes ... Different Faces in Different Places" *Proceedings of the Seventeenth Annual National Hurricane*

1992).
(11) Committee on Beach Nourishment and Protection, "Beach Nourishment," p.179.
(12) Orrin H. Pilkey et al., "Predicting the Behavior of Beaches: Alternatives to Models," *Littoral* 94 (September 26-29, 1994).
(13) Shoreline Protection and Beach Erosion Control Task Force, U.S. Army Corps of Engineers, "Shoreline Protection and Beach Erosion Control Study" (Washington, D. C.: Office of Management and Budget, 1994).
(14) Anthony DePalma, "Pumping Sand: New Jersey Starts to Replenish Beaches," *New York Times*, February 27, 1990.
(15) Jon Nordheimer, "As a Beach Erodes, So Does Faith in Costly Restoration Project," *New York Times*, November 18, 1995, p.B1.
(16) Jon Nordheimer, "U.S. Says Beach Restoration Will Need a Lot More Sand," *New York Times*, August 29, 1995.
(17) Andy Newman, "Effort to Save Strip of Beach May Not Work, Engineer Says," *New York Times*, August 2, 1996, p.B1.
(18) Jerry Allegood, "Town Considers Assessments to Restore Beach," *Raleigh News and Observer*, October 25, 1996, p.3A.
(19) Jerry Allegood, "Out to Sea," *The Economist*, June 20, 1998.
(20) Mike Clary, "Miami Beach's Shoreline Under Siege," *Los Angeles Times* (Washington ed.).
(21) Rachel Carson, *The Edge of the Sea* (1955; reprint, Boston: Houghton Mifflin, 1983), p.140.
(22) ある日、この浜を歩きながら砂の硬さに驚いていたら、長さ10 cmほどの亜鉛メッキの釘が砂の上に落ちているのが目についた。どれくらい砂が硬いか気になり、釘を手に取って砂に突き立ててみた。ところが釘は、砂に5 mmあまりしか突き刺さらなかった。

第6章　山から下る砂がつくる浜

(1) Wilson, Scott, "In the Shadow of Cliffs Lies a Shodow of Ruin," *New York Times*, March 10, 1993, p.A14.
(2) Gary Griggs and Lauret Savoy, *Living with the California Coast* (Durham, N.C.: Duke University Press, 1985), p.14.
(3) Gerald G. Kuhn and Francis P. Shepard, *Sea Cliffs, Beaches, and Coastal Valleys of San Diego County* (1984; reprint, Berkeley: University of California Press, 1991), p.52.
(4) Griggs and Savoy, *Living*, p.21.
(5) Prentiss Williams, "Los Angeles River Overflowing With Controversy," *California Coast & Ocean* (Summer 1993): p.10.
(6) Kuhn and Shepard, *Sea Cliffs*, p.46.
(7) Reinhard E. Flick, "The Myth and Reality of Southern California Beaches," *Shore and*

第４章　砂州の切れ目に導流堤は不親切

(1) Bert and Margie Webber, *Bayocean: The Oregon Town that Fell Into the Sea* (1989; reprint, Medford, Ore., Webb Research Group, 1992), pp.73-74.

(2) 同上，p.75.

(3) Henry L. Whiting, *Recent Changes in the South Inlet Into Edgartown Harbor, Mrtha's Vineyard*, Report of the Superintendent, U.S. Coast and Geodetic Survey, Appendix No. 14 (Fiscal Year Ending June, 1889), (Washington, D.C.: United States Government Printing Office, 1890)

(4) Robert Dolan and Robert Glassen, "Oregon Inlet, North Carolina: A History of Coastal Change," *Southeastern Geographer* 13, no. 1 (1973), p.9.

(5) Karl Nordstrom et al., *Living with the New Jersey Shore* (Durham, N.C.: Duke University Press, 1986), p.38.

(6) 同上，p.39.

(7) Mindy Fetterman, "Bertha Whips Up Island Debates," *USA Today*, July 15, 1996, p.3A.

(8) Tony Boylan, "Brevard Barks at Erosion's Bite," *Florida Today*, September 24, 1995, p.1A.

(9) Erik J. Olsen, "Beach Management Through Applied Inlet Management," 1993 年に開催された Florida Shore and Beach Preservation Association 後援の Beach Preservation Technology Conference で配られた資料, pp.9-10.

(10) 著者と縁戚はない。

(11) Peter Benchley, *Ocean Planet* (New York: Abrams, 1995), p.146.

第５章　養浜された海岸の異常な食欲

(1) Susan Miller, "You Want to Stroll the Beach? — Just Try It," *Miami Herald*, May 25, 1970, p.1.

(2) Jay Clarke, "The Sands of Time Are Running Out for Miami Beach," *New York Times*, May 10, 1970, p.51.

(3) フロリダ大学のディーン教授と同様、エドウィン・B・ディーンも著者と縁戚はない。

(4) Committee on Beach Nourishment and Protection, Marine Board, Commission on Engineering and Technical Systems, National Research Council, "Beach Nourishment and Protection" (Washington, D.C.: National Academy Press, 1995), pp.168-169.

(5) Philip P. Farley, "Coney Island Public Beach and Boardwalk Improvement," *The Municipal Engineers Journal* 9 (1923), p.136.3.

(6) 同上，p.136.18.

(7) 同上，p.136.19-20.

(8) 同上，p.136.19.

(9) James R. Houston, "Beachfill Performance," *Shore and Beach* (July 1991).

(10) Orrin H. Pilkey, "Another View of Beachfill Performance," *Shore and Beach* (April

Municipal Engineers Journal 9（1923）, p.136.9-136.10.

(7) Philadelphia District, U.S. Army Corps of Engineers, *P4 Technical Review Submission, New Jersey Shore Protection Study*（*Townsends Inlet to Cape May Inlet*）, p.74 ff.

(8) Orrin H. Pilkey and E. Robert Thieler, "Artificial Reefs Do Not Work." *The Press*（Atlantic City, N. J.）, November 1, 1994, p.A4.

(9) Robert G. Dean, *Independent Analysis of Beach Changes in the Vicinity of the Stabeach System at Sailfish Point, Florida: Second Report July 1988 to April 1990*, Coastal Stabilization, Inc.,（Rockaway, N. J.）のために書かれた原稿。

(10) *Methodology for Evaluating the Performance of Shore Protection Methods*（Washington, D.C.: Marine Board, National Research Council, 1996）.

(11) *Beach Nourishment and Protection*（Washington, D.C.: Marine Board, National Research Council, 1995）, p.92.

(12) J. Richard Weggel, "Seawalls: The Need for Research, Dimensional Considerations, and a Suggested Classification." *Journal of Coastal Research* special issue 4（Autumn 1988）, pp.29-39.

(13) *Duke Research*, 1992 の p.60 に引用がある。

(14) *Managing Coastal Erosion*（Washington, D.C.: Marine Board, National Research Council, 1990）, p.59.

(15) Mary Jo Hall and Orrin H. Pilkey, "Effects of Hard Stabilization on Dry Beach Width for New Jersey," *Journal of Coastal Research* 7, no. 3（Summer 1991）, pp.771-785.

(16) Weggel, "Seawalls," p.32.

(17) Orrin H. Pilkey and Howard L. Wright 3d, "Seawalls Versus Beaches," *Journal of Coastal Research* special issue 4（Autumn 1988）: 51 ff.

(18) Hall and Pilkey, p.776.

(19) William J. Neal et al., *Living with the South Carolina Coast*（Durham, N.C.: Duke University Press, 1984）, pp.114-115.

(20) Thomas J. Schoenbaum, *Islands, Capes, and Sounds*（Winston-Salem, N.C.）John F. Blair, 1982）, p.161.

(21) P. J. Godfrey, *Oceanic Overwash and Its Ecological Implications on the Outer Banks of North Carolina*（National Park Service Report, 1970）.

(22) Robert Dolan, Harry Lins, and William F. Odum, "Man's Impact on the Barrier Islands of North Carolina," *American Scientist* 61（March/April 1973）, pp.152-154.

(23) 同上, pp.159-160.

(24) Robert Dolan and Harry Lins, *The Outer Banks of North Carolina*, U. S. Geological Survey Professional Paper 1177-B（Washington, D.C.: United States Government Printing Office, 1986）, p.38.

(25) Weggel, "Seawalls," p.31.

(26) *Rhode Island Development Council Interim Report, Hurricane Rehabilitation Study*, October 1954.

ウェイ海洋研究所はジョージア大学の研究部門の一つである。
(3) U.S. Coast and Geodetic Survey, *Report of the Superintendent Showing the Progress of the Work During the Fiscal Year Ending with June 1889* (Washington, D.C.: United States Government Printing Office, 1890), p.23.
(4) 同上, p.409.
(5) Stephen P. Leatherman, Graham Giese, and Patty O'Donnell, *Historical Cliff Erosion of Outer Cape Cod* (National Park Service, 1981).
(6) U.S. Coast and Geodetic Survey, *Report*, p.404.
(7) Leatherman, Giese, and O'Donnell, *Historical Cliff Erosion*, p.10.
(8) Orrin Pilkey and Wallace Kaufman, *The Beaches Are Moving* (Garden City, N.Y.: Anchor Press/Doubleday, 1979), p.38.
(9) アメリカ東海岸では、太古の防波島の痕跡である砂の稜線が海底の大陸棚を横切る。1920年に海底の尾根や谷が海岸と平行に走るのが発見された際、研究者は太古の河川の跡だと思った。David B. Duane et al., "Liner Shoals on the Atlantic Inner Continental Shelf, Florida to Long Island" Donald J. P. Swift et al. 編, *Shelf Sediment Transport: Process and Pattern* (Stroudsburg, Pa.: Dowden, Hutchinson, and Ross, 1972), pp.447-498.
(10) Gary Griggs and Lauret Savoy 編, *Living with the California Coast* (Durham, N.C.: Duke University Press, 1985), p.34.
(11) Admont Clark, *Lighthouses of Cape Cod — Martha's Vineyard — Nantucket* (East Orleans, Mass.: Parnassus Imprints, 1981), p.33.
(12) 同上, p.35.
(13) Graham Giese, "Cyclical Behavior of the Tidal Inlet at Nauset Beach, Chatham, Massachusetts," D. G. Aubrey and L. Weishar 編, *Hydrodynamics and Sediment Dynamics of Tidal Inlets* (New York: Springer-Verlag, 1988), p.280.
(14) Timothy J. Wood, *Breakthrough: The Story of Chatham's North Beach* (Chatham, Mass.: Hyora Publications, 1991), p.23.

第３章　突堤を突き出して砂を止めたい

(1) Joseph M. Heikoff, *Politics of Shore Erosion: Westhampton Beach* (Ann Arbor, Mich.: Ann Arbor Science Publishers, 1976), p.41.
(2) 同上, p.43.
(3) *New York Times* (1994年12月30日)
(4) Bruce Lambert, "Lines in the Sand: The Beach as Battleground," *New York Times* (1999年5月23日、第14節：ロングアイランド), p.8.
(5) "Preserving Long Island's Coastline: A Debate on Policy," *Proceedings of the Fifth Annual Conference of the Long Island Coastal Alliance, Hauppauge, N.Y., April 22, 1994* (Coastal Reports, Inc., 1995).
(6) Philip P. Farley, "Coney Island Public Beach and Boardwalk Improvement," *The*

原　注

プロローグ

(1) Joseph Slight (*New Bedford Standard Times* 紙の記者)。Everett S. Allen の *A Wind to Shake the World* (Boston: Little, Brown, 1976) から引用。

第 1 章　九月のハリケーン、護岸壁の街の行く末

(1) Issac Monroe Cline, *A Century of Progress in the Study of Cyclones, Hurricanes, and Typhoons* (New Orleans: Rogers Printing, Co., 1942), p.26（出版社の所在地は代表の住所。アメリカ気象学会の 1934 年 12 月 29 日の Pittsburgh meeting にて)。
(2) David G. McComb, *Galveston: A History,* 第 2 版 . (Austin: University of Texas Press, 1991), p.123.
(3) Cline, *Century of Progress*, pp.27-28.
(4) 同上，pp.29-31.
(5) Murat Halstead, *Galveston: The Horrors of a Stricken City* (American Publishers' Association, 1900), p.78.
(6) McComb, *Galveston*, p.142.
(7) 同上。
(8) *Galveston News*.
(9) McComb, *Galveston*, p.142.
(10) 死者の数は 8 人から 10 人とばらつきがある。
(11) Peter Benchley, *Ocean Planet* (New York: Abrams, 1995), p.147.
(12) *America's Coasts: Progress and Promise* (Coastal States Organization, 1985).
(13) Rhode Island Sea Grant, *NOAA's Coastal Ocean Program: Science for Solutions* (Washington, D.C.: National Oceanographic and Atmospheric Administration, Coastal Ocean Office, 1992). ここにはアラスカ州の数値は含まれない。

第 2 章　波にのまれる砂の岬

(1) レザーマンは 1998 年にフロリダ州マイアミにある国際ハリケーンセンターの所長になった。この頃には、アメリカの砂浜「ベスト 10」を決めることが副業になっている。最初は、取材されたときに思いつくままに語っていただけだったが、毎年「ベスト 10」を発表したら広く報道されるようになり、アメリカの最高の砂浜について書き溜めていたメモをもとに、1998 年に本を出版した。現在は「砂浜博士 (Dr. Beach)」と肩書を入れた名刺を持ち歩く。
(2) Orrin H. Pilkey, et al., *Saving the American Beach: A Position Paper by Concerned Coastal Geologists* (Savannah, Ga.: Skidaway Institute of Oceanography, 1981). スキダ

1993.
"Tidal Pool of Tears." *Vineyard Gazette*, July 24, 1987.
Twining, Mary A., and Keith E. Baird. *Sea Island Roots*. Trenton, N.J.: Africa World Press, 1991.
Wolverton, Ruthe, and Walt Wolverton. *The National Seashores*. Kensington, Md.: Woodbine House, 1988.

1987. P. 1.

Griffith, Dorsey. "The Story of South Beach: Victory for Town and State." *Vineyard Gazette*, May 12, 1988, p. 1.

Hall, Carla. "Fund-Raising Frenzy Buys Santa Barbara Park." *Los Angeles Times* (Washington edition), March 12, 1996, p. B2.

Hansen, Gunnar. *Islands at the Edge of Time*. Washington, D.C.: Island Press, 1993.

Hayden, B. P., et al. "Long-term Research at the Virginia Coast Reserve." *BioScience* 41, no. 5 (May 1991).

"Houlahan Family Gives Its Position on Sale of Beach." *Vineyard Gazette*, July 17, 1987.

Johnson, Madeleine C. *Fire Island, 1650s-1980s*. Mountainside, N.J.: Shoreline, 1983.

Jones-Jackson, Patricia. *When Roots Die: Endangerd Traditions on the Sea Islands*. Athens and London: University of Georgia Press, 1987.

Khoury, Angel Ellis. "Saving Grace: The Resurrection of Corolla's Past." *Outer Banks Magazine* (1996/7): 9-12.

"Land Bank Revenues." *Vineyard Gazette*, July 5, 1996, p. 9E.

"Land Buyers Named." *Vineyard Gazette*, July 31, 1987, p. 11.

"Local Nonprofits as the New Guardians." *California Coast & Ocean* (Summer 1995): 16-17.

Lord, Peter. "Rare Earth: Block Island Wins Recognition as One of Hemisphere's 'Last Great Places.' " *Providence Sunday Journal*, May 12, 1991, p. A1.

McPhee, John. *Encounters with the Arch-Druid*. New York: Noonday: 1971.

Mohney, David, and Keller Easterling, eds. *Seaside: Making a Town in America*. New York: Princeton Architectural Press, 1991.

Ray, G. Carleton, and William P. Gregg Jr. "Establishing Biosphere Reserves for Coastal Barrier Ecosystems." *BioScience* 41, no. 5 (May 1991).

Riddle, Lyn. "As Hilton Head Grows, What of the Environment?" *New York Times*, July 28, 1991, p. 27.

Sinclair, Robert S. "Preserving Paradise." *The Washingtonian* (February 1996): 37-43.

Soper, Tony. *A Natural History Guide to the Coast*. 1984. Reprint, London: Bloomsbury, 1993.

Stick, David. *The Outer Banks of North Carolina*. Chapel Hill: University of North Carolina Press, 1958.

Stolzenburg, William. "Hovering on the Edge." *Nature Conservancy* (March/April 1995): 25-29.

The Trustees of Reservations. "A Guide to the Properties of the Trustees of Reservations." Beverly, Mass. 1992.

Thompson, Marilyn W. "Wild Horses Champ at Tourist Bit." *Washington Post*, August 30, 1996, p. A1.

Thorndike, Joseph J. *The Coast: A Journey Down the Atlantic Shore*. New York: St. Martin's,

Raleigh News and Observer, June 27, 1996.
Treaster, Joseph B. "Insurer Curbing Sales of Policies in Storm Areas." *New York Times*, October 1, 1996, p. A1.
Whitlock, Craig. "Fighting Their Watery Fate." *Raleigh News and Observer*, March 6, 1998, p. A1.
Williams, Mark L., and Timothy W. Kana. "Inlet Shoal Attachment and Erosion on Isle of Palms, South Carolina: A Replay." In Nicholas C. Kraus, ed., *Coastal Sediments '87*, pp. 1174-1187. New York: American Society of Civil Engineers, 1987.
Wolverton, Ruthe, and Walt Wolverton. *The National Seashores*. Kensington, Md.: Woodbine House, 1988.
Yeoman, Barry. "Shoreline for Sale." *Coastal Review* 14, no. 2 (Summer 1996): 8-9.

第10章　売りに出された海岸

Burn, Billie. *An Island Named Daufuskie*. Spartanburg, S.C.: The Reprint Co., 1991.
Caro, Robert. *The Power Broker: Robert Moses and the Fall of New York*. 1975. Reprint, New York: Vintage, 1975.
De Freese, Duane. "Protecting Coastal Diversity: A Local Perspective." *Coastal Currents* 2, no. 3 (Summer 1994): 12-13.
Di Silvestro, Roger. "Only Fools Build on Shifting Sands." *Audubon* (1989): 106-113.
Di Silvestro, Roger. "How a Grandiose Scheme Became a Grand Preserve." *Audubon* (1989): 110.
Dolan, Robert, Bruce P. Hayden, and Gary Soucie. "Environmental Dynamics and Resource Management in the U.S. National Parks." *Environmental Management* 2, no. 3 (1978): 249-258.
Duany, Andres, and Elizabeth Plater-Zyberk. *Towns and Town-Making Principles*. New York: Rizzoli, 1991.
"Dunkirk at South Beach." *Vineyard Gazette*, July 14, 1987.
Ericson, Jody. "Island of Hope." *Nature Conservancy* (January/February 1992): 14-21.
Gay, Jason. "Private Beach Access Costs Are Climbing." *Vineyard Gazette*, July 5, 1996, p. 1D.
Greer, Margaret. *The Sands of Time: A History of Hilton Head Island*. Hilton Head, S.C.: South/Art, 1989.
Griffith, Dorsey. "South Beach Is Sold in Major Chunks to Developers at $2.65 Million Price." *Vineyard Gazette*, July 10, 1987.
Griffith, Dorsey. "Furor Rises on Sale of South Beach. Developers Warned of Legal Action." *Vineyard Gazette*, July 24, 1987, p. 1.
Griffith, Dorsey. "Edgartown Regains South Beach Control in Court Suit to Block Private Developers." *Vineyard Gazette*, July 31, 1987, p. 1.
Griffith, Dorsey. "Town Rejects Offer From Beach Buyers." *Vineyard Gazette*, October 2,

Coastal Hazard Management Plan for New Jersey. Summer 1996.

Jones-Jackson, Patricia. *When Roots Die: Endangered Traditions on the Sea Islands*. Athens and London: University of Georgia Press, 1987.

Keene, John C. "Recent Developments in the Law of 'The Takings Issue.' " Paper presented at the National Hurricane Conference, Atlantic City, N. J., April 13, 1995, as revised by the author.

Leatherman, Stephen P., and Jakob J. Møller. "Morris Island Lighthouse: A 'Survivor' of Hurricane Hugo." *Shore and Beach* 59, no. 1 (January 1991): 11-15.

Lisle, Lorance and Robert Dolan. "Coastal Erosion and the Cape Hatteras Lighthouse." *Environ Geol Water Sci* 6, no. 3 (1984): 141-146.

Livermore, S. T. *History of Block Island*. 1877. Reproduced and enhanced by the Block Island Committee of Republication for the Block Island Tercentenary Anniversary, 1961.

Mathews, Jessica. "If a Hurricane Hits Miami." *Washington Post*, October 22, 1996, p. A19.

McHarg, Ian L. *Design With Nature*. Garden City, N.Y.: Doubleday/Natural History Press, 1971.

McPhee, John, *Conversations With the Archdruid*. New York: Farrar, Straus and Giroux, 1971.

Monk, John. "Storm Cycle May Make Evacuations Frequent." *Charlotte Observer*, September 8, 1996, p. A1.

National Oceanographic and Atmospheric Administration (Coastal Ocean Office). "Coastal Ocean Program: Science for Solutions." Washington, D.C., 1992.

Navarro, Mireya. "Florida Facing Crisis in Insurance." *New York Times*, April 25, 1996, p. A16.

Owens, David. "The Coastal Management Plan in North Carolina." Raleigh, N.C.: Department of Environmental, Health, and Natural Resources.

Platt, Rutherford. *Land Use and Society*. Washington, D.C.: Island Press, 1996.

Riggs, Stanley R. "Conflict on the Not-So-Fragile Barrier Islands." *Geotimes* 41, no. 12 (December 1996): 14-18.

Scism, Leslie, and Martha Brannigan. "Florida Homeowners Find Insurance Pricey, If They Find It at All." *Wall Street Journal*, July 12, 1996, p. A1.

Shipman, Hugh. *Potential Application of the Coastal Barrier Resources Act to Washington State*. Proceedings, Coastal Zone '93, July 19-23, New Orleans, La. New York: American Society of Civil Engineers, 1993, pp. 2243-2251.

Stick, David. *The Outer Banks of North Carolina 1584-1958*. Chapel Hill: University of North Carolina Press, 1958.

Terchunian, Aram V. "Permitting Coastal Armoring Structures: Can Seawalls and Beaches Coexist?" *Journal of Coastal Research* special issue 4 (Autumn 1988): 65-75.

Thompson, Estes (Associated Press). "Hotel at Precarious Site Is Denied a Seawall."

Beston, Henry. *The Outermost House*. New York: Ballantine, 1971.
Coastal Engineering Research Board. *Proceedings of the Sixty-First Meeting of the Coastal Engineering Research Board*. D.C.: U.S. Army Corps of Engineers, 10 May 1995.
Costanza, Robert, et al. "Valuation and Management of Wetland Ecosystems." *Ecological Economics* 1 (1989): 335-361.
Costanza, Robert, and Charles Perrings. "A Flexible Assurance Bonding System for Improved Environmental Management." *Ecological Economics* 2 (1990): 57-75.
Crowell, Mark, Stephen P. Leatherman, and Michael Buckley. "Historical Shoreline Change: Error Analysis and Mapping Accuracy." *Journal of Coastal Research* 7, no. 3 (Summer 1991): 839-852.
Crowell, Mark, Stephen P. Leatherman, and Michael Buckley. "Shoreline Change Rate Analysis: Long Term Versus Short Term Data." *Shore and Beach* (April, 1993): 13-20.
Culliton, Thomas J., et al. *Selected Characteristics of Coastal States, 1980-2000*. National Oceanographic and Atmospheric Administration, October 1989.
Culliton, Thomas J., et al. *Fifty Years of Population Change Along the Nation's Coasts, 1960-2010*. Rockville, Md.: National Oceanic and Atmospheric Administration, April 1990.
Culliton, Thomas J., et al. *Building Along America's Coasts*. Rockville, Md.: National Oceanic and Atmospheric Administration, August 1992.
Denison, Paul S. "Beach Nourishment/Groin Field Construction Project: Bald Head Island, North Carolina." *Shore and Beach* 66, no. 1 (January 1998): 2-9.
Dolan, Robert. "The Ash Wednesday Storm of 1962: 25 Years Later." *Journal of Coastal Research* 3, no. 2 (1987): ii-vi.
Emerson, Bill, and Ted Stevens. "Natural Disasters: A budget Time Bomb." *Washington Post*, October 31, 1995, p. A13.
Goudie, Andrew. *The Human Impact on the Natural Environment*. 1981. Reprint, Cambridge: Harvard University Press, 1994.
Griffin, Anna, and Jack Horan. "Teary Residents Shocked at Decimation at Topsail Beach." *Charlotte Observer*, September 8, 1996, p. A16.
Harker's Island, N.C., United Methodist Women. 1987. *Island Born and Bred*. Morehead City, N.C.: Herald Printing, 1991.
Harper, Jim. "BHI to Seek Groins, but Year's Delay Expected." *The [Southport, S.C.] State Port Pilot*, August 31, 1994.
Holing, Dwight, et al. *State of the Coasts*. Washington, D.C.: Coast Alliance, 1995.
Houston, James R. "International Tourism and U.S. Beaches." *The CERCular* 96, no. 2 (June 1996).
Humbach, John, A. "Private Property vs. Civic Responsibility." Paper presented at the National Hurricane Conference, Atlantic City, N.J., April 13, 1995.
Institute of Marine and Coastal Sciences, Rutgers the State University of New Jersey.

Holman, R. A., and T. C. Lippmann. "Remote Sensing of Nearshore Bar Systems —— Making Morphology Visible." In Nicholas C. Kraus, ed., *Coastal Sediments '87*, New York: American Society of Civil Engineers, 1987.

Howd, Peter A., and William A. Birkemeier. "Storm-Induced Morphology Changes During Duck85." In Nicholas C. Kraus, ed., *Coastal Sediments' 87*, New York: American Society of Civil Engineers, 1987.

Kraus Nicholas C. "The Effects of Seawalls on the Beach: An Extended Literature Review." *Journal of Coastal Research* special issue 4 (Autumn 1988): 1-28.

Kraus, Nicholas C. and William G. McDougal. "The Effects of Seawalls on the Beach: Part 1, An Updated Literature Review." *Journal of Coastal Research* 12, no. 3: 691-701.

Moody, Paul Markert, and Ole Secher Madsen. "Laboratory Study of the Effect of Sea Walls on Beach Erosion." *Massachusetts Institute of Technology Sea Grant Technical Report* 95, no. 3.

Quinn, Mary-Louise. "The History of the Beach Erosion Board, U.S. Army Corps of Engineers, 1930-63." Fort Belvoir, Va: Dept. of Defense, Dept. of the Army, Corps of Engineers, Coastal Engineering Research Center, 1977.

Sallenger, Asbury H. Jr., et al. "A System for Measuring Bottom Profile, Waves, and Currents in the High Energy Nearshore Environment." *Marine Geology* 51 (1983): 63-76.

U.S. Geological Survey. *National Coastal Geology Program*, 1990.

Weggel, J. Richard. "Seawalls: The Need for Research, Dimensional Considerations, and a Suggested Classification." *Journal of Coastal Research* special issue 4 (Autumn 1988): 29-39.

Wiegel, Robert L. "Coastal Engineering Trends and Research Needs." In Billy L. Edge, ed., *Proceedings of Twenty-First Coastal Engineering Conference*. New York: American Society of Civil Engineers, 1988.

Wise, Randall A., and S. Jarrell Smith. "Numerical Modeling of Storm-Induced Beach Erosion." *The CERCular* 96, no. 1 (March 1996).

Zinn, Donald J. *The Handbook for Beach Strollers*, 1973. Reprint, Chester, Conn.: The Globe Pequot Press, 1973.

第９章　見て見ぬふり

Allegood, Jerry. "A Soul-Searching Issue." *Raleigh News and Observer*, April 8, 1996, p. 3A.

Allegood, Jerry. "Still Fishing for '96 Litter." *Raleigh News and Observer*, February 23, 1998, p. 1A.

Beatley, Timothy. *Ethical Land Use*. Baltimore and London: Johns Hopkins University Press, 1994.

Beatley, Timothy, et al. *Coastal Zone Management*. Washington. D.C.: Island Press, 1994.

Benchley, Peter. *Ocean Planet*. New York: Harry N. Abrams, 1995.

Tait, Lawrence S., ed. "Coastline at Risk: The Hurricane Threat to the Gulf and Atlantic States." Excerpts from the Fourteenth Annual National Hurricane Conference, Norfolk, Virginia, April 8-10, 1992.

Tait, Lawrence S., "Hurricanes... Different Faces in Different Places." Proceedings, Seventeenth Annual National Hurricane Conference, April 11-14, 1995, Atlantic City, N.J.

Williams, S. Jeffess. "Geomorphology and Coastal Processes Along the Atlantic Shoreline, Cape Henlopen, Delaware to Cape Charles, Virginia." Paper presented at the Assateague Shore and Shelf Conference April 16, 1994.

第８章　漂砂の手がかりを求めて

Allen, J. R., et al. "A Field Data Assessment of Contemporary Models of Beach Cusp Formation." *Journal of Coastal Research* 12, no. 3 (Summer 1996): 622-629.

Ambrose, Stephen E. *D-Day, June 6, 1944: The Climactic Battle of World War II*. New York: Simon and Schuster, 1994.

Baird, Andrew J., and Diane P. Horn. "Monitoring and Modeling Groundwater Behavior in Sandy Beaches." *Journal of Coastal Research* 12, no. 3: 630-640.

Basco, David R. "Preliminary Statistical Analysis of Beach Profiles for Walled and Non-walled Sections at Sandbridge, Virginia." Paper presented at Twentieth Assateague Shelf and Shore Workshop, Ocean City, Maryland, April 15-16, 1994.

Bascom, Willard. *Waves and Beaches: The Dynamics of the Ocean Surface*. New York: Anchor Press/Doubleday, 1980.

Birkemeier, William A. *The Duck94 Nearshore Experiment*. Vicksburg, Miss.: U.S. Army Corps of Engineers, 1994.

Bokuniewicz., H., and J. Tanski. *Development of a Coastal Erosion Monitoring Program for the South Shore of Long Island, New York*. Proceedings of a workshop held November 13-14, 1990. New York: Sea Grant Institute.

Dolan, Robert. "Experiences with Atlantic Coast Storms, Barrier Islands, Oregon Inlet, and Douglas Inman." *Shore and Beach* 64, no. 3 (July 1996): 3-7.

Fucella, Joseph E. and Robert Dolan. "Magnitude of Subaerial Beach Disturbance During Northeast Storms." *Journal of Coastal Research* 12, no. 2 (Spring 1996): 420-429.

Griggs, Gary, et al. "The Effects of Storm Waves of 1995 on Beaches Adjacent to a Long Term Seawall Monitoring Site in Northern Monterey Bay, Calif." *Shore and Beach* 64, no. 1 (January 1996): 34-39.

Hemsley, J. Michael, David W. McGehee, and William M. Kucharski. "Nearshore Oceanographic Measurements: Hints on How to Make Them." *Journal of Coastal Research* 7, no. 2 (Spring 1991): 301-315.

Holman, R. A., and R. T. Guza. "Measuring Run-up on a Natural Beach." *Coastal Engineering* 8 (1984): 129-140.

Federal Emergency Management Agency. "Building Performance: Hurricane Andrew in Florida." Washington D.C., 1992.

Federal Emergency Management Agency. "Coastal Construction Manual." Washington, D.C. 1985.

Federal Emergency Management Agency. "Manufactured Home Installation in Flood Hazard Zones." Washington, D.C., 1985.

Gray, William M., et al. "Long Period Variations in African Rainfall and Hurricane Related Destruction Along the US East Coast." Paper presented at Fourteenth Annual National Hurricane Conference, Norfolk, Va., April 10, 1992

Hayden, Bruce. "Secular Variation in Atlantic Coast Extratropical Cyclones." *Monthly Weather Review* 109, no. 1 (January 1981).

Herbert, Paul J., Jerry D. Jarrell, and Max Mayfield. "The Deadliest, Costliest, and Most Intense United States Hurricanes of This Century." Coral Gables, Fla.: National Oceanographic and Atmospheric Administration, Technical Memorandum NWS NHC-31, 1995.

Holleran, Michael, Michael Everett, and Judith Benedict. *Building at the Shore*. Providence, R. I., Rhode Island Department of Coastal Management (undated).

Kuhn, Gerald G., and Francis P. Shepard. "Should Southern California Build Defenses Against Violent Storms Resulting in Lowland Flooding As Discovered in Records of Past Century?" *Shore and Beach* (October 1981).

Kuhn, Gerald G., and Francis P. Shepard. *Sea Cliffs, Beaches and Coastal Valleys of San Diego County*. 1984. Reprint, Berkeley: University of California Press, 1991.

Leadon, Mark E. "Hurricane Opal: Erosinal and Structural Impacts to Florida's Gulf Coast." *Shore and Beach* 64, no. 4 (October 1996): 5-14.

Mayer, Caroline E. "Withstanding a Huff and a Puff." *Washington Post*, August 31, 1996. p. E1.

National Oceanographic and Atmospheric Administration (Coastal Ocean Office). *Coastal Ocean Program: Science for Solutions*, Washington, D.C., 1992.

Neuman, Charles J. *Tropical Cyclones of the North Atlantic Ocean, 1871-1986* (with additions). 3d rev. Asheville, N.C.: National Climatic Data Center in Cooperation with National Hurricane Center, 1987.

Nichols, Robert J., et al. "Erosion in Coastal Settings and Pile Foundations." *Shore and Beach* 63, no. 4 (October 1995): 11-17.

Platt, Rutherford, et al., eds. *Cities on the Beach*. Chicago: University of Chicago Press, 1987.

Quint, Michael. "A Storm Over Housing Codes." *New York Times*, December 1, 1995, p. D1.

Rappaport, Edward N. *Preliminary Report Hurricane Andrew, 16-28 August 1992*. Coral Gables, Fla.: National Hurricane Center (updated December 10, 1993).

1994, p. A10.
Reisner, Marc, "Cadillac Desert: The American West and Its Disappearing Water." 1986. Reprint, New York: Penguin, 1993.
Slade, David C., et al. "Putting the Public Trust Doctrine to Work: The Application of the Public Trust Doctrine to the Management of Lands, Waters and Living Resources of the Coastal States." Connecticut Department of Environmental Protection, November 1990.
Stone, Katherine, "The Use of 'Sand Rights' to Fund Beach Erosion Control Projects." Paper presented at California Shore and Beach Preservation Association annual conference, 1989.
Stone, Katherine and Benjamin Kaufman. "Sand Rights: A Legal System to Protect the Shores of the Sea." *Shore and Beach* 56, no. 3 (July 1988): 7-14.
Wicinas, David. *Sagebrush and Cappuccino: Confessions of an LA Naturalist*. San Francisco: Sierra Club Books, 1995.
Wiegel, Robert L. "Ocean Beach Nourishment on the USA Pacific Coast." *Shore and Beach* 62, no. 1 (January 1994): 11-36.
Williams, Prentiss. "Los Angeles River Overflowing with Controversy." *California Coast & Ocean* (Summer 1993): 6-18.
Wilson, Scott. "In the Shadow of Cliffs Lies a Shadow of Ruin." *New York Times*, March 10, 1993, p. A14.
Woodell, Gregory, and Ricky Hollar. "Historical Changes in the Beaches of Los Angeles County." *Proceedings, Coastal Zone '91*. New York: American Society of Civil Engineers, 1991, pp. 1342-1355.

第７章　特大が接近中、避難せよ

Ballance, Alton. *Ocracokers*. Chapel Hill: University of North Carolina Press: 1989.
Buckley, J. Taylor. "Aid and Insurance Help, but the Victims Pay a Lot." *USA Today*, September 6, 1996, p. 1A.
Dolan, Robert. "The Ash Wednesday Storm of 1962: 25 Years Later." *Journal of Coastal Research* 3, no. 2: ii-vi.
Dolan, Robert, and Robert E. Davis. "Rating Northeasters." *Marine Weather Log* (Winter 1992): 4-11.
Dolan, Robert, and Bruce Hayden. "Storms and Shoreline Configuration." *Journal of Sedimentary Petrology* 51, no. 3 (September 1981): 737-744.
Dolan, Robert, and Harry Lins. *The Outer Banks of North Carolina*. U.S. Geological Survey Professional Paper 1177-B. Washington, D.C.: United States Government Printing Office, 1986.
Dolan, Robert, Harry Lins, and Bruce Hayden. "Mid-Atlantic Coastal Storms." *Journal of Coastal Research* 4, no. 3 (Summer 1988): 417-433.

Reference to Its Effectiveness During Hurricane Hugo." *Journal of Coastal Research* special issue 8 (1991): 249-261.
Wiegel, Robert L. "Keynote Address: Some Notes on Beach Nourishment." Gainesville, Fla.: *Proceedings, Beach Preservation Technology '88*. March 23-25, 1988.

第６章　山から下る砂がつくる浜

Adler, Tina. "Healing Waters." *Science News* 150 (September 21, 1996): 188-189.
Carson, Rachel. *The Edge of the Sea*. 1995. Reprint, Boston: Houghton Mifflin, 1983.
Clifford, Frank. "Grand Canyon Flood." *Los Angeles Times*, March 25, 1996.
Clifford, Frank. "Pumping Life Back Into the Grand Canyon." *Los Angeles Times*, March 27, 1996.
Coastal Engineering Research Board. *Proceedings of the Sixty-First Meeting of the Coastal Engineering Research Board*. Washington, D.C.: U.S. Army Corps of Engineers, May 10, 1995.
Flick, Reinhard E. "The Myth and Reality of Southern California Beaches." *Shore and Beach* 61, no. 3 (July 1993): 3-13.
Griggs, Gary B. "California's Retreating Shoreline: The State of the Problem." *Proceedings, Coastal Zone '87*, New York: American Society of Civil Engineers, 1993, pp. 1370-1383.
Griggs, Gary, and Lauret Savoy. *Living with the California Coast*. Durham: Duke University Press, 1985.
Inman, Douglas L. "Dammed Rivers and Eroded Coasts." In *Critical Problems Relating to the Quality of California's Coastal Zone*. Background papers for California Academy of Sciences workshop, January 12-13, 1989.
Kenworthy, Tom. "River Flow Limits in Grand Canyon Made Permanent." *Washington Post*, October 10, 1996, p. A16.
Kuhn, Gerald G., and Francis P. Shepard. "Beach Processes and Seacliff Erosion in San Diego County, California." In Paul D. Komar, ed., *CRC Handbook of Coastal Processes and Erosion*, Boca Raton, Fla.: CRC Press, pp. 267-284.
Kuhn Gerald G., and Francis P. Shepard. *Sea Cliffs, Beaches, and Coastal Valleys of San Diego County*, 1984. Reprint, Berkeley: University of California Press, 1991.
Leidersdorf, Craig B., Ricky C. Hollar, and Gregory Woodell. "Beach Enhancement through Nourishment and Compartmentalization: The Recent History of Santa Monica Bay." In *Beach Nourishment Engineering and Management Considerations*. Proceedings, Eighth Symposium on Coastal and Ocean Management, American Shore and Beach Preservation Association/American Society of Civil Engineers, New Orleans, La., July 19-23, 1993, pp. 71-85.
McNamee, Gregory. "After the Flood." *Audubon* (September/October 1996).
Mydans, Seth. "City of Angels Makes Peace in Water Wars." *New York Times*, October 3,

Farley, Philip P. "Coney Island Public Beach and Boardwalk Improvement." *The Municipal Engineers Journal* 9 (1923).

Houston, James R. "Beachfill Performance." *Shore and Beach* 59, no. 3 (July 1991): 15-24.

Houston, James R. "The Economic Value of Beaches." *Coastal Engineering Research Center CERCular* 95, no. 4 (December 1995).

Jones-Jackson, Patricia. *When Roots Die: Endangered Traditions on the Sea Islands*. Athens and London: University of Georgia Press 1987.

Leatherman, Stephen P. Statement to Maryland State Legislature Committee on Appropriations, Annapolis, Md., January 28, 1992.

May, James P., and Frank W. Stapor Jr. "Beach Erosion and Sand Transport at Hunting Island, South Carolina, U.S.A." *Journal of Coastal Research* 12, no. 3 (Summer 1996): 714-725.

McNinch, Jesse, and John T. Wells. "Effectiveness of Beach Scraping as a Method of Erosion Control." *Shore and Beach* 60, no. 1 (January 1992): 13-20.

Miller, Susan. "You Want to Stroll the Beach? —— Just Try It." *Miami Herald*, May 25, 1970, p. 1.

Newman, Andy. "Effort to Save Strip of Beach May Not Work, Engineer Says." *New York Times*, August 2, 1996, p. B1.

Nordheimer, Jon. "Beach Project Pumps Sand and Money." *New York Times*. March 12. 1994.

Nordheimer, Jon. "U.S. Says Beach Restoration Will Need a Lot More Sand." *New York Times*, August 29, 1995.

Nordheimer, Jon. "As a Beach Erodes, So Does Faith in Costly Restoration Project." *New York Times*, November 18, 1995, p. B1.

Paquette, Carole. "Fire I. Owners Propose Tax District." *New York Times*, January 21, 1996, p. 13LI.

Pilkey, Orrin H. "Another View of Beachfill Performance." *Shore and Beach* 60, no. 2 (April 1992): 20-25.

Pilkey, Orrin H. Jr., et al. "Living With the East Florida Shore." Durham: Duke University Press, 1984.

Pilkey, Orrin H., et al. "Predicting the Behavior of Beaches: Alternatives to Models." *Littoral 94* (September 26-29, 1994).

Shoreline Protection and Beach Erosion Control Task Force, U.S. Army Corps of Engineers. *Shoreline Protection and Beach Erosion Control Study*. Washington, D.C.: Office of Management and Budget, 1994.

Tait, Lawrence S., ed. *Sand Wars, Sand Shortages & Sand-Holding Structures. Proceedings, Eighth National Conference on Beach Preservation Technology*. Tallahassee, Fla.: Florida Shore and Beach Preservation Association, 1995.

Wells, John T., and McNinch, Jesse. "Beach Scraping in North Carolina with Special

Rambo, Gus, and James E. Clausner. "Jet Sand Bypassing, Indian River Inlet, Delaware." *Dredging Research* 89 (November 1989).

Roberts, Russell and Rich Youmans. *Down the Jersey Shore*. New Brunswick: Rutgers University Press, 1993.

Scott, Jane. *Between Ocean and Bay*. Centreville, Md.: Tidewater, 1991.

Terich, Thomas A., and Paul D. Komar. "Bayocean Spit, Oregon: History of Development and Erosional Destruction." *Shore and Beach* 42, no. 2: 3-10.

United States Park Service. *Assateague Island* (Handbook 106). Washington, D.C.: United States Government Printing Office, 1980.

Webber, Bert, and Margie Webber. *Bayocean, The Oregon Town that Fell Into the Sea*. Medford, Ore.: Webb Research Group, 1989.

Whiting, Henry L. *Recent Changes in the south Inlet Into Edgartown Harbor, Martha's Vineyard*. Report of the Superintendent, U.S. Coast and Geodetic Survey, Appendix No. 14 (Fiscal Year Ending June, 1889). Washington, D.C.: United States Government Printing Office, 1890.

第５章　養浜された海岸の異常な食欲

Allegood, Jerry. "Town Considers Assessments to Restore Beach." *Raleigh News and Observer*, October 25, 1996, p. 3A.

Armbruster, Ann. *The Life and Times of Miami Beach*. New York: Knopf, 1995.

Ashley, Gail M., et al. "A Study of Beachfill Longevity, Long Beach Island, N. J." In Nicholas C. Kraus, ed., *Coastal Sediments '87*, New York: American Society of Civil Engineers, 1987.

Clarke, Jay. "The Sands of Time Are Running Out for Miami Beach." *New York Times*, May 10, 1970, p. 51.

Clary, Mike. "Miami Beach's Shoreline Under Siege." *Los Angeles Times* (Washington ed.).

Committee on Beach Nourishment and Protection, Marine Board, Commission on Engineering and Technical Systems, National Research Council. *Beach Nourishment and Protection*. Wahington, D.C.: National Academy Press, 1995.

Committee on Sea Turtle Conservation, Board on Environmental Studies and Toxicology, Board on Biology, Commission on Life Sciences, National Research Council. *Decline of the Sea Turtles*. Washington, D.C.: National Academy Press, 1990.

Dean, R. G. "Principles of Beach Nourishment." In Paul D. Komar, ed., *CRC Handbook of Coastal Processes and Erosion*. Boca Raton, Fla.: CRC Press, pp. 217-231.

DePalma, Anthony. "Pumping Sand: New Jersey Starts to Replenish Beaches." *New York Times*, February 27, 1990.

Emmet, Brian K., et al. "Coney Island Storm Damage Reduction Plan." *Shore and Beach* 63, no. 4 (October 1995): 15-24.

(1984): 531-545.

Boylan, Tony. "Brevard Barks at Erosion's Bite." *Florida Today*, September 24, 1995, p. 1A.

Clausner. James, et al. "Sand Bypassing at Indian River Inlet, Delaware." U.S. Army Corps of Engineers Waterway Experiment Station. *The CERCular* 92, no. 1 (March 1992): 1-6.

Clausner, James E., David R. Patterson, and Gus Rambo. *Fixed Sand Bypassing Plants: An Update. Conference Proceedings of Beach Preservation Technology '90*. St. Petersburg, Fla.: Shore and Beach Preservation Association, 1990.

Dolan, Robert, and Robert Glassen. "Oregon Inlet, North Carolina: A History of Coastal Change." *Southeastern Geographer* 13, no. 1.

Dorwart, Jeffrey M. *Cape May County, New Jersey*. New Brunswick: Rutgers University Press, 1993.

Fetterman, Mindy. "Bertha Whips Up Island Debates." *USA Today*, July 15, 1996, p. 3A.

Giese, Graham. "Cyclical Behavior of the Tidal Inlet at Naudet Beach, Chatham, Massachusetts." In D. G. Aubrey and L. Weishar, eds., *Hydrodynamics and Sediment Dynamics of Tidal Inlets*. New York: Springer-Verlag, 1988.

Herbst, Joyce. *Oregon Coast*. Portland: Frank Amato, 1985.

Hurley, George M., and B. Suzanne. *Ocean City*. Virginia Beach, Va.: Donning, 1979.

Komar, Paul D. *The Pacific Northwest Coast*. Durham: Duke University Press, 1998.

Leatherman, Stephen P., and Jakob J. Møller. "Morris Island Lighthouse: A 'Survivor' of Hurricane Hugo." *Shore and Beach* 59, no. 1 (January 1991): 11-15.

Leatherman, Stephen P., et al. "Shoreline and Sediment Budget Analysis of North Assateague Island, Maryland." In Nicholas C. Kraus, ed., *Coastal Sediments* '87, New York: American Society of Civil Engineers, 1987.

Leatherman, Stephen P., et al. *Vanishing Lands*. College Park, Md.: University of Maryland, 1995.

McBride, Randolph A. "Tidal Inlet History, Morphology, and Stability, Eastern Coast of Florida, USA." In Nicholas C. Kraus, ed., *Coastal Sediments* '87, New York: American Society of Civil Engineers, 1987.

Methot, June. *Up and Down the Beach*. Navesink, N.J.: Whip, 1988.

Nordstrom, Karl F., et al. *Living With the New Jersey Shore*. Durham: Duke University Press, 1986.

Olsen, Erik J. "Beach Management Through Applied Inlet Management." Paper presented at 1993 Beach Preservation Technology Conference sponsored by Florida Shore and Beach Preservation Association.

Pilkey, Orrin H. "Barrier Islands: Formed of Fury, They Roam and Fade." *SeaFrontiers* (December 1990): 30-36.

Quinn, John R. *One Square Mile on the Atlantic Coast: An Artist's Journal of the New Jersey Shore*. New York: Walker, 1993.

of Shore Protection Methods." [Statement of research agenda]. Washington, D.C., 1996.

McCormick, Larry R., et al. *Living with Long Island's South Shore*. Durham: Duke University Press, 1984.

Neal, William J., et al. *Living with the South Carolina Shore*. Durham: Duke University Press, 1984.

Philadelphia District, U.S. Army Corps of Engineers. *P4 Technical Review Submission, New Jersey Shore Protection Study (Townsends Inlet to Cape May Inlet)*.

Pilkey, Orrin H., and E. Robert Thieler. "Artificial Reefs Do Not Work." *The Press* (Atlantic City, N.J.), November 1, 1994, p. A4.

Pilkey Orrin H., and Howard L. Wright. "Seawalls Versus Beaches." *Journal of Coastal Research* special issue 4 (Autumn 1988).

"Preserving Long Island's Coastline: A Debate on Policy." *Proceedings, Fifth Annual Conference of the Long Island Coastal Alliance*, Hauppauge, N.Y., April 22, 1994. New York: Coastal Reports Inc., 1995.

Rather, John. "Coastal Geologist Questions Plan for Restoration of Barrier Beach." *New York Times*, March 24, 1996, sec. 8 (Long Island), p. 8.

Schoenbaum, Thomas J. *Islands, Capes, and Sounds*. Winston-Salem, N.C.: John F. Blair, 1982.

Shipman, Hugh, and Douglas J. Canning. "Cumulative Environmental Impacts of Shoreline Stabilization on Puget Sound." *Proceedings, Coastal Zone'93*, New York: American Society of Civil Engineers, 1993, pp. 2233-2242.

"State Officials Defend Beachsaver After Charges." *Ocean City Sentinel-Ledger*. November 1994.

Stick, David. *The Outer Banks of North Carolina*. Chapel Hill: University of North Carolina Press, 1958.

Terchunian, A. V., and C. L. Merkert. "Little Pikes Inlet, Westhampton, New York." *Journal of Coastal Research* 11, no. 2 (Spring 1995): 697-703.

Terich, Thomas A. *Structural Erosion Protection of Beaches Along Puget Sound: An Assessment of Alternatives and Research Needs*. Washington Division of Geology and Earth Resources Bulletin 78, 1989.

Thorndike, Joseph J. *The Coast: A journey Down the Atlantic Shore*. New York: St. Martin's, 1993.

Weggel, J. Richard. "Seawalls: The Need for Research, Dimensional Considerations, and a Suggested Classification." *Journal of Coastal Research* special issue 4 (Autumn 1988): 29-39.

第４章　砂州の切れ目に導流堤は不親切

Aubrey, D. G., and P. E. Speer. "Updrift Migration of Tidal Inlets." *Journal of Geology* 92

Engineering and Technical Systems, National Research Council). *Beach Nourishment and Protection*. Washington, D.C.: National Academy Press, 1995.

Department of the Army, Waterways Experiment Station, Corps of Engineers, Coastal Engineering Research Center, *Shore Protection Manual*, Vols. 1 and 2. 4th ed. Washington D.C., 1984.

Dolan, Robert. "Barrier Dune System along the Outer Banks of North Carolina: A Reappraisal." *Science* (April 21, 1972): 286-288.

Dolan, Robert, and Bruce Hayden. "Adjusting to Nature in Our National Seashores." *Environmental Journal* (June 1974): 9-14.

Dolan, Robert, and Harry Lins. *The Outer Banks of North Carolina*. U.S. Geological Survey Professional Paper 1177-B. Washington, D.C.: United States Government Printing Office, 1986.

Dolan, Robert, Harry Lins, and William E. Odum. "Man's Impact on the Barrier Islands of North Carolina." *American Scientist* 61 (March/April 1973): 152-162.

Farley, Philip P. "Coney Island Public Beach and Boardwalk Improvement." *Municipal Engineers Journal* 9 (1923).

Farrell, Stewart. "Preliminary Analysis of the Impact of New Beach Technology on Avalon, New Jersey." Paper presented at Twentieth Assateague Shelf and Shore Workshop, Ocean City, Maryland, April 15-16, 1994.

First Coastal Corporation. "Dune Road Westhampton —— Potential for Overwash & Breaching." Westhampton Beach, N.Y., 1992.

Fowler, Jimmy E. *Scour Problems and Methods for Prediction of Maximum Scour at Vertical Seawalls*. Washington, D.C.: Department of the Army, U.S. Army Corps of Engineers, 1992.

Fulton-Bennett, Kim, and Gary B. Griggs. *Coastal Protection Structures and Their Effectiveness*. Marine Sciences Institute, University of California, Santa Cruz and State of California Dept. of Boating and Waterways.

Griggs, Gary B., James F. Tait, and Wendy Corona. "The Interaction of Seawalls and Beaches: Seven Years of Monitoring in Monterey Bay, California." *Shore and Beach* (July 1994).

Hall, Mary Jo, and Orrin H. Pilkey. "Effects of Hard Stabilization Dry Beach Width for New Jersey." *Journal of Coastal Research* 7, no. 3 (Summer 1991): 771-785.

Heikoff, Joseph M. *Politics of Shore Erosion: Westhampton Beach*. Ann Arbor, Mich.: Ann Arbor Science Publishers, 1976.

Leatherman, Stephen P. *Shoreline Changes at Wainscott, East Hampton, New York*. College Park: University of Maryland, Laboratory for Coastal Research, 1989.

Managing Coastal Erosion. Washington, D.C.: Marine Board. National Research Council, 1990.

Marine Board, National Research Council. "Methodology for Evaluating the Performance

Society, 1988.
Norris, Robert M. "Sea Cliff Erosion: A Major Dilemma." *California Geology* (August 1990).
Pilkey, Orrin H., et al. "Saving the American Beach: A Position Paper by Concerned Coastal Geologists." Savannah, Ga., Skidaway Institute of Oceanography, 1981.
Pilkey, Orrin, and Wallace Kaufman. *The Beaches Are Moving*. Garden City, N.Y.: Anchor Press/Doubleday, 1979.
Sergeant, William. *Storm Surge*. Hyannis, Mass.: Parnassus Imprints, 1995.
State of the Cape, 1994. Orleans, Mass,: Association for the Preservation of Cape Cod, 1993.
Strahler, Arthur N. *A Geologist's View of Cape Cod*. Orleans, Mass.: Parnassus Imprints, 1966 [1988 ed.].
Thoreau, Henry David. *Cape Cod*. New York: Little, Brown, 1865. Reprint, New York: New York Graphic Society, 1985.　邦訳『コッド岬—海辺の生活』(工作舎，1993)
Thorndike, Joseph J. *The Coast: A Journey Down the Atlantic Shore*. New York: St. Martin's, 1993.
U.S. Coast and Geodetic Survey. *Report of the Superintendent Showing the Progress of the Work during the Fiscal Year Ending with June, 1889*. Washington, D.C.: United States Government Printing Office, 1890.
Wood, Timothy J. *Breakthrough: The Story of Chatham's North Beach*. Chatham, Mass.: Hyora, 1991.
Zeigler, John M. *Beach Studies in the Cape Cod Area (August 1953-April 1960)*. Woods Hole, Mass.: Woods Hole Oceanographic Institution, 1960.

第３章　突堤を突き出して砂を止めたい

Alexander, John, and James Lazell. *Ribbon of Sand*. Chapel Hill, N.C.: Algonquin, 1992.
"An Assessment of Shoreline Protection Measures along the Central California Coast," University of California, Santa Cruz, E/G-2, 1983-84.
Basco, David R. "Boundary Conditions and Long-Term Shoreline Change Rates for the Southern Virginia Ocean Coastline." *Shore and Beach* 59, no. 4 (October 1991): 8-13.
Basco, David R., et al, "Preliminary Statistical Analysis of Beach Profiles for Walled and Non-Walled Sections at Sandbridge, Virginia." Paper presented at 7th National Conference on Beach Preservation Technology, Tampa, Fla., February 9-11, 1994.
Birkemeier, William, Robert Dolan, and Nina Fisher. "The Evolution of a Barrier Island: 1930-1980." *Shore and Beach* (April 1984): 3-12.
"Cape May County and Monmouth County Field Trip Guides." Assateague Shore and Shelf Workshop Twenty-One (held at Richard Stockton College of New Jersey, Pomona, N. J., April 21-22, 1995).
Committee on Beach Nourishment and Protection (Marine Board, Commission on

第２章　波にのまれる砂の岬

Beston, Henry. *The Outermost House*. New York: Ballantine, 1979.

Brigham, Albert Perry. *Cape Cod and the Old Colony*. New York: Grossel and Dunlap.（初版は 1923 年以前、復刻版は 2011 年に出版）

Chamberlain, Barbara Blau. *These Fragile Outposts*. Yarmouthport, Mass.: Parnassus Imprints, 1981.

Clark, Admont. *Lighthouses of Cape Cod —— Martha's Vineyard —— Nantucket*. East Orleans, Mass. Parnassus Imprints. 1992.

Dolan, Robert, and Harry Lins. *The Outer Banks of North Carolina*. U.S. Geological Survey Professional Paper 1177-B. Washington, D.C.: United States Government Printing Office, 1986.

Duane, David B., et al. "Linear Shoals on the Atlantic Inner Continental Shelf, Florida to Long Island." In Donald J. P. Swift et al., eds., *Shelf Sediment Transport: Process and Pattern*. Stroudsburg, Pa.: Dowden, Hutchinson, and Ross, 1972, pp. 447-498.

Finch, Robert. *Outlands: Journeys to the Outer Edges of Cape Cod*. Boston: David R. Godine, 1986.

Fox, William T. *At the Sea's Edge*. New York: Prentice-Hall, 1983.

Giese, Graham. "Cyclical Behavior of the Tidal Inlet at Nauset Beach, Chatham, Massachusetts." In D. G. Aubrey and L. Weishar, eds., *Hydrodynamics and Sediment Dynamics of Tidal Inlets*. New York: Springer-Verlag, 1988.

Goudie, Andrew. *The Human Impact on the Natural Environment*. Cambridge, Mass.: MIT Press, 1994.

Griggs, Gary and Lauret Savoy, eds. *Living with the California Coast*. Durham, N.C.: Duke University Press, 1985.

Hay, John. *The Great Beach*. New York: Norton, 1963［1980 ed.］.

Klauber, Avery. "Our Disappearing Coastline: Losing More Than Just the Sand on the Beach." *Nor'easter*（Fall 1989）.

Komar, Paul. "Ocean Processes and Hazards Along the Oregon Coast." *Oregon Geology* 54, no. 1（January 1992）.

Letherman, Stephen P. "Time Frames for Barrier Island Migration." *Shore and Beach* 55, nos. 3/4（July/October 1987）: 82-86.

Letherman, Stephen P. *Cape Cod Field Trips*. College Park, Md.: Laboratory for Coastal Research, University of Maryland, 1988.

Leatherman, Stephen P., Graham Giese, and Patty O'Donnell. "Historical Cliff Erosion of Outer Cape Cod." National Park Service, 1981.

Marindin, H. L. "Encroachment of the Sea upon the Coast of Cape Cod." In *Annual Report, U.S. Coast and Geodetic Survey, 1889*. Appendix 12, pp. 403-407: appendix 13, pp. 409-457.

Nickerson, Joshua Atkins. *Days to Remember*. Chatham, Mass.: The Chatham Historical

参考文献

原注で断った箇所以外の引用は、著者が対面取材した場合か、発表会に参加して見聞きしたことに基づいている。

プロローグ

Allen, Everett S. *A Wind to Shake the World*. Boston: Little, Brown, 1976.
"Complete Historical Record of New England's Stricken Area." *New Bedford Standard Times*, September 21, 1938.
"The Hurricane of '38." *New Bedford Standard Times*, September 21, 1988.

第１章　九月のハリケーン、護岸壁の街の行く末

Baker, T. Lindsay. "Galveston Graderaising Was a Big Engineering Project." *Galveston Daily News*, May 11, 1974, p. 8A.
Cline, Isaac Monroe. "A Century of Progress in the Study of Cyclones, Hurricanes, and Typhoons." New Orleans: Rogers Printing Co., 1942. (President's Address, American Meteorological Society, Pittsburgh Meeting, American Association for the Advancement of Science, December 29, 1934).
Coastal Ocean Program: Science for Solutions. Washington, D.C.: National Oceanographic and Atmospheric Administration (Coastal Ocean Office), 1992.
Department of the Army, Waterways Experiment Station, Corps of Engineers, Coastal Engineering Research Center. *Shore Protection Manual* (vols. 1 and 2). Washington, D.C.: 1984.
Eisenhour, Virginia, *Galveston —— A Different Place*. 5th ed. Galveston, Texas 1991.
Green, Nathan C., ed. *Story of the Galveston Flood*. Baltimore: Woodward, 1900.
Halstead, Murat. *Galveston: The Horrors of a Stricken City*. American Publishers' Association, 1900.
Hansen, Gunnar. *Islands at the Edge of Time*. Washington, D.C.: Island Books, 1993.
McComb, David G. Galveston, *A History*. 2d. ed. Austin: University of Texas Press, 1991.
Miller, Ray. *Galveston*. 5th ed. Houston: Gulf Publishing, 1993.
National Research Council. *Managing Coastal Erosion*. Washington, D.C.: National Academy Press, 1990.
Thorndike, Joseph J. *The Coast: A Journey Down the Atlantic Shore*. New York: St. Martin's, 1993.
Weems, John Edward. *A Weekend in September*. 5th ed. College Station: Texas A&M University Press, 1993.

【わ行】

【欧文】

【や行】

【ら行】

【ま行】

【た行】

【さ行】

【か行】

索　引

■著者

コーネリア・ディーン（Cornelia Dean）

『ニューヨーク・タイムズ』紙の科学記事編集者を経て、サイエンス・ライター、ジャーナリストとして活躍。アメリカ科学振興協会の一員であり、メットカーフ環境海洋報告諮問委員会の創設メンバーでもある。また、米国のハーバード大学、コロンビア大学、ブラウン大学などで科学ジャーナリズム学を教え、ハーバード大学では優秀な教員に与えられる賞を二度受賞している。

コロンビア大学出版会から出版された本書は、海岸問題の記事を多数執筆していた時期に書かれた初の著作で、『ニューヨーク・タイムズ』紙が選ぶ1999年の書籍の最高傑作、および『図書館ジャーナル』ベスト本になっている。そのほかの著作として、研究者が一般市民やメディアに正確な科学情報を伝える際の姿勢や方法を指南するガイド本『Am I Making Myself Clear?（私の言っていることがわかりますか？）』（2009年）がある。

■訳者

林　裕美子（はやし・ゆみこ）

兵庫県生まれ。信州大学理学部生物学科卒業。同大学院理学専攻科修士課程修了。翻訳関係の個人事務所（HAYASHI 英語サポート事務所）を運営。主に、動物学や陸水学の英日・日英の翻訳に携わる。監訳書に『ダム湖の陸水学』（生物研究社）、『水の革命』（築地書館）。訳書に『砂—文明と自然』、『貝と文明』（ともに築地書館）、『日本の木と伝統木工芸』（海青社）。

担当：プロローグ、第1、2、3、8、9章、エピローグ。

宮下　純（みやした・じゅん）

千葉県生まれ。16歳までをカリブ海小アンティル諸島セント・マーチン島、南米ガイアナ、北米フロリダ州マイアミで過ごし、高校一年生のとき帰国して、国際基督教大学高等学校へ編入。上智大学比較文化学部卒業。仏教美術と日本画を学ぶ過程で、画材になる砂と砂浜に関心を持つ。馴染みのあるマイアミビーチの変貌のようすが書かれている記述に興味を惹かれて本書の翻訳に携わる。

担当：第5、6、7章。

堀内　宜子（ほりうち・よしこ）

山口県生まれ。九州大学文学部英語学・英文学専攻卒業。同大学院文学研究科修士課程修了。元九州大学文学部助手。元福岡教育大学講師。現在、福岡工業大学エクステンションセンター英語講師。書籍の翻訳は本書が初めて。幼いころ遊んだ山陰海岸の砂浜、アメリカ合衆国アラバマ州滞在中に訪れたメキシコ湾岸のまぶしいほど白い砂、自らの子供達を遊ばせた福岡の浜辺を思い出しながら、翻訳に取り組む。

担当：第4、10章。

消えゆく砂浜を守る
海岸防災をめぐる波との闘い

2019年9月20日　初版第1刷

著　者　コーネリア・ディーン
訳　者　林　裕美子・宮下　純・堀内宜子
発行者　上條　宰
発行所　株式会社　**地人書館**
〒162-0835 東京都新宿区中町15
電話 03-3235-4422　　FAX 03-3235-8984
郵便振替 00160-6-1532
e-mail chijinshokan@nifty.com
URL http://www.chijinshokan.co.jp/
印刷所　モリモト印刷
製本所　カナメブックス
地　図　石田　智

ISBN978-4-8052-0931-8 C0051